FACHSTUFEN BAU/AUSBAU

Fliesen-, Platten- und Mosaikleger

TECHNOLOGIE

Herausgeber: Dipl.-Ing. Friedemann Enssle

Autoren:

Dipl.-Ing. Robert Ackermann
Dipl.-Ing. Friedemann Enssle
Dipl.-Ing. Dietrich Erdmann
Dipl.-Ing. Imrich Šille

9., überarbeitete Auflage

Mit vielen Aufgaben, Zusammenfassungen
und zahlreichen, z. T. zweifarbigen Abbildungen

HANDWERK UND TECHNIK • HAMBURG

Bildquellenverzeichnis

Verfasser und Verlag danken den nachstehend genannten Firmen, Privatpersonen und Institutionen für die Überlassung von Vorlagen bzw. die Abdruckgenehmigung zu folgenden Abbildungen:

AEG Hausgeräte AG, Nürnberg, Seite 147 (2, 4)
Agrob Buchtal GmbH, Schwarzenfeld, Seiten 51 (2, 3), 61 (1), 121 (1), 153 (2), 166 (1)
Arbeitsgemeinschaft der Bau-Berufsgenossenschaften, Wuppertal, Seiten 17 (1, 2), 19 (1, 2, 3), 31 (2), 34 (2), 36 (1, 2)
Ulrich Bubeck, Stuttgart-Plieningen, Seite 4 (1)
Buderus AG, Wetzlar, Seite 126 (2)
Dr. Harald Busch, Seite 4 (3)
Ceresit GmbH, Unna, Seite 110 (4)
Karl Dahm & Partner GmbH, Seebruck, Seiten 20 (2, 3, 4, 5), 21 (1), 23 (1, 7, 8), 24 (8, 11), 26 (9), 27 (6), 30 (1, 2)
DASAG Deutsche Naturasphalt GmbH, Eschershausen, Seite 65 (1)
Deitermann Chemiewerk GmbH + Co. KG, Datteln, Umschlagfoto, Seite 117 (2)
Dörentrup Klinkerplatten GmbH, Dörentrup, Seiten 93 (3), 135 (1)
Dyckerhoff Sopro GmbH, Wiesbaden, Seiten 88 (2), 164 (3, 4, 5)
Dyckerhoff Zementwerke AG, Wiesbaden, Seite 90 (1, 2, 3)
Edelstahl-Technik Ulm GmbH, Neu-Ulm, Seite 144 (1)
Gail AG Architektur-Keramik, Gießen, Seite 54 (1, 2, 3)
Granit + Ceramic GmbH, Mettmann, Seite 64 (4)
Grünzweig + Hartmann AG, Ladenburg, Seiten 115 (1), 116 (2, 3)
Hansa Metallwerke AG, Stuttgart, Seite 124 (1, 3)
Industrieverband Solnhofener Natursteinplatten e. V., Pappenheim, Seiten 62 (1, 2, 3), 64 (1, 2)
Horst Jach GmbH, Böblingen, Seite 93 (1, 2)
JUMA NATURSTEINWERKE, Gungolding-Altmühltal, Seiten 64 (3), 85 (1)
Kerapid Krüger und Schütte KG, Hildesheim, Seiten 157 (1), 162 (1), 163 (2, 3)
Rainer Kiedrowski, Ratingen, Seite 5 (2)
Gebr. Knauf Westdeutsche Gipswerke, Iphofen, Seiten 47 (3), 148 (5)
Kunstverlag Edmund v. König GmbH & Co. KG, Dielheim, Seiten 4 (4), 5 (1)
Landesbildstelle Berlin, Seite 5 (4)
Wilhelm Layher GmbH & Co. KG, Güglingen-Eibensbach, Seiten 31 (3), 37 (1, 3), 38 (1, 2, 3)
Migua Hammerschmidt GmbH + Co., Heiligenhaus, Seite 112 (2)
Verlagsgesellschaft Rudolf Müller GmbH, Köln, Seite 60 (3) (aus der Artikelfolge „Alles über Cotto" von Harald Jerschabek
   veröffentlicht in „Fliesen und Platten" 1/83 bis 3/83), Seite 133 (1) (aus: „Fliesen und Platten", 10/94)
Bernd Mürdter, Altdorf, Seite 172 (3, 4)
Ostara-Fliesen GmbH, Meerbusch, Seiten 120 (1, 2), 121 (2)
PCI Augsburg GmbH, Augsburg, Seiten 72 (1, 2), 73 (1, 2, 3), 86 (2), 88 (1), 89 (2, 3, 4), 103 (1, 2, 3, 4, 5), 104 (1), 109 (2)
Perlite-Dämmstoff GmbH, Dortmund, Seite 116 (1)
Polytherm Vertriebsgesellschaft haustechnischer Artikel mbH, Ochtrup, Seite 148 (3)
Putzmeister-Werk Maschinenfabrik GmbH, Aichtal, Seite 29 (6)
Reinhold & Mahla GmbH, Mannheim, Seite 130 (6)
Rippenstreckmetall-Gesellschaft mbH, Leverkusen, Seite 73 (4)
Röben Tonbaustoffe GmbH, Zetel, Seite 92 (2)
Schlüter-Systems GmbH, Iserlohn, Seite 75 (2), 130 (1), 137 (3)
Schmieder GmbH & Co., Stuttgart, Seiten 22 (1, 3–6), 23 (2–6, 9, 10), 24 (1–7, 9, 10), 25 (1–9), 26 (1–8), 27 (1–5, 7), 28 (1–6), 29 (1, 3), 69 (3, 4)
Schönox GmbH, Rosendahl, Seiten 72 (3–8), 86 (1), 88 (3), 98 (1), 99 (2, 3, 4), 100 (2, 3), 103 (8, 9, 10), 165 (2)
Ströher GmbH, Dillenburg, Seite 101 (1)
Stuttgart-Marketing GmbH, Seite 63 (1)
Teroson GmbH, Heidelberg, Seite 109 (1)
Thyssen Hünnebeck GmbH, Ratingen, Seite 32 (1)
Tourist-Information, Trier, Seite 4 (2)
TRUST Systemkeramik GmbH, Mogendorf (Systementwicklung: Prof. F. Huster, Neckartenzlingen), Seite 131 (2, 5)
Villeroy & Boch AG, Mettlach, Seiten 52 (1), 56 (1), 122 (1), 154 (1, 2), 155 (1)
wedi GmbH, Emsdetten, Seiten 81 (4, 5), 111 (2, 4), 128 (3a, 3b), 159 (3, 4), 160 (1–5), 161 (2), 165 (1)
Zawe HEXA-Maschinen, Alling, Seiten 29 (2), 100 (1), 104 (2)
ZDB Zentralverband des Deutschen Baugewerbes, Bonn, Seite 150 (1–4)

Die Normblattangaben werden wiedergegeben mit Erlaubnis des DIN Deutsches Institut für Normung e. V.
Maßgebend für das Anwenden der Norm ist deren Fassung mit dem neuesten Ausgabedatum, die bei der
Beuth Verlag GmbH, Burggrafenstraße 6, 10787 Berlin, erhältlich ist.

ISBN 978-3-582-03587-5

Verlag Handwerk und Technik G.m.b.H., Lademannbogen 135, 22339 Hamburg; Postfach 63 05 00, 22331 Hamburg – 2007
E-Mail: info@handwerk-technik.de – Internet: www. handwerk-technik.de

Layout und Satz: Satzpunkt Ursula Ewert GmbH, 95444 Bayreuth
Druck und Bindung: Offizin Andersen Nexö Leipzig

Vorwort

„Fachstufen Bau/Ausbau – Fliesen-, Platten- und Mosaikleger – Technologie" knüpft an die Bildungsinhalte der Grundstufe „Lernfeld Bautechnik" an. Der Aufbauband vermittelt die technologischen Inhalte der Fachstufen 1 und 2 entsprechend den Vorgaben des Bundesrahmenplans, den Lehrplänen der einzelnen Bundesländer und des Stufenplans der Bauwirtschaft.

Neben den traditionellen Arbeitstechniken sind auch neue Verfahren und Materialien berücksichtigt.

Viele Abbildungen erleichtern Lehrern und Schülern das Arbeiten mit dem Lehrbuch. Der Stoff ist in erprobte Lernschritte gegliedert. Nach jedem Themenbereich folgen eine Zusammenfassung und eine Aufgabensammlung, die eine Lernerfolgskontrolle ermöglichen. Durch diesen konsequent durchgeführten Aufbau eignet sich das Buch auch zum Selbststudium.

Die aktuellen Entwicklungen von Technik und Normung, insbesondere das Fortschreiten der europaweiten Normung, haben wiederum Änderungen notwendig gemacht. Beispielhaft seien hier die Anforderungen an Mörtel und Klebstoffe (DIN EN 12004) oder an Fugenmörtel (DIN EN 13888) genannt.

Wir danken an dieser Stelle allen, die durch Hinweise und Vorschläge zur Weiterentwicklung dieses Werkes beigetragen haben.

Die Verfasser

Inhaltsverzeichnis

Inhaltsverzeichnis

Inhaltsverzeichnis

1 Berufsbild und Ausbildungsverordnung

1.1 Stufenausbildung

Das Verlegen von Fliesen, Platten oder Mosaik hat eine jahrtausendealte Tradition. Es mag deshalb etwas verwundern, dass dieses Handwerk in Deutschland erst seit dem Jahre 1936 als Ausbildungsberuf anerkannt ist.

Am 15. Mai 1974 wurde im Bundesgesetzblatt die „Verordnung über die Berufsausbildung in der Bauwirtschaft" verkündet. Nach einer Übergangszeit von vier Jahren muss seitdem nach dieser Ordnung ausgebildet werden. Als wesentliche Neuerung für die Bauwirtschaft ist darin die Stufenausbildung festgelegt.

Stufenausbildung in der Bauwirtschaft

Gliederung der Stufenausbildung

Die Stufenausbildung ist in zwei Stufen gegliedert und dauert 36 Monate.

Den Berufsschulen stehen zur Erfüllung ihres Bildungsauftrags insgesamt 39 Wochen Blockunterricht zur Verfügung. Wie diese Wochenzahl auf die drei Jahre verteilt wird, liegt im Ermessen der Bundesländer.

Seit dem 1.8.1999 gelten für die Bauberufe neue, nach Lernfeldern strukturierte Lehrpläne, welche eine gleichmäßige Verteilung von 13/13/13 Wochen nahelegen.

Die Ausbildungszeit in überbetrieblichen Ausbildungsstätten ist wie folgt geregelt:

1. Jahr   17 ... 20 Wochen

2. Jahr   11 ... 13 Wochen

3. Jahr   4 Wochen

Die restliche Zeit entfällt – entsprechend der gewählten Verteilung – auf die Ausbildung im Betrieb.

Die **Stufe I** besteht aus zwei Abschnitten. Der erste Abschnitt dauert ein Jahr. In ihm erhalten die Auszubildenden aller Bauberufe eine **berufliche Grundbildung** nach einem einheitlichen Plan.

Der zweite Abschnitt dauert ebenfalls ein Jahr. Er dient der **allgemeinen beruflichen Fachbildung** in den drei Bereichen Hochbau, Tiefbau und Ausbau.

Der Ausbaufacharbeiter wird dabei schwerpunktmäßig auf einen der Ausbauberufe vorbereitet, z. B. in Fliesen-, Platten- und Mosaikarbeiten, im Estrichlegen usw.

Am Schluss der Stufe I steht die Prüfung zum Hochbau-, Tiefbau- oder **Ausbaufacharbeiter.**

Auszubildende, deren Befähigung oder Leistungswille dieser Stufe entsprechen, können nach bestandener Prüfung eine Arbeitsstelle als Facharbeiter in der Bauwirtschaft antreten. Wer sich jedoch weiterqualifizieren will, setzt die Ausbildung in Stufe II fort.

Die **Stufe II** dient der **besonderen beruflichen Fachbildung** (Spezialisierung) und dauert zwölf Monate. Sie endet mit der Abschlussprüfung, z. B. als Maurer, Zimmerer oder **Fliesenleger.**

1.2 Berufsbild

Darunter versteht man die Zusammenfassung der Tätigkeiten, der Fertigkeiten und Kenntnisse, die zu einem bestimmten Beruf gehören. Die Grenzen zwischen benachbarten Berufen sind oft fließend. Als Beispiel seien die Berufe Fliesenleger, Estrichleger und Stuckateur genannt. Der Fliesenleger greift in beide Berufe ein; er stellt sowohl (Zement-)Estriche als auch Putze für das Dünnbettverfahren her. Seit dem 21. Mai 1977 gilt die Verordnung über das Berufsbild und die Prüfungsanforderungen im praktischen und fachtheoretischen Teil der Meisterprüfung für Fliesen-, Platten- und Mosaikleger. Darin aufgeführt sind Tätigkeiten, Kenntnisse und Fertigkeiten.

1

1 Berufsbild und Ausbildungsverordnung

(1) Dem Fliesen-, Platten- und Mosaikleger-Handwerk sind folgende **Tätigkeiten** zuzurechnen:

1. Ausarbeitung von Werk- und Verlegeplänen sowie Ausführung von Fliesen-, Platten- und Mosaikarbeiten einschließlich der Herstellung von notwendigen Dämm- und Sperrschichten, Putz-Untergründen und Estrichen;

2. Herstellung und Aufstellung von Trennwänden sowie Einbau von Fertigteilen;

3. Herstellung von chemisch beständigen Belägen.

(2) Dem Fliesen-, Platten- und Mosaikleger-Handwerk sind folgende **Kenntnisse und Fertigkeiten** zuzurechnen:

1. Kenntnisse über Bauphysik;

2. Kenntnisse über Wärme-, Schall- und Feuchtigkeitsschutz;

3. Kenntnisse der Massenberechnungen;

4. Kenntnisse der Ansetz- und Verlegetechniken für Fliesen, Platten und Mosaik sowie der Verankerungstechniken für Platten;

5. Kenntnisse der Ausführung von chemisch beständigen Belägen;

6. Kenntnisse über die Eignung von Untergründen für Beläge;

7. Kenntnisse über Farblehre und Gestaltung;

8. Kenntnisse der Bau- und Hilfsstoffe;

9. Kenntnisse der einschlägigen Vorschriften der Unfallverhütung, des Arbeitsschutzes und der Arbeitssicherheit;

10. Kenntnisse der einschlägigen DIN-Normen und der Vergabe- und Vertragsordnung für Bauleistungen sowie über die Vorschriften der Bauaufsicht;

11. Anfertigen und Lesen von Entwurfsskizzen sowie von Werk- und Detailzeichnungen;

12. Übertragen von Höhen und Aufteilen von Flächen;

13. Prüfen und Vorbereiten von Untergründen;

14. Zubereiten von Mörtel sowie Verarbeiten von Dünnbettmörtel, Kleber und Kitt;

15. Herstellen von Unterputzen und Estrichen;

16. Herstellen und Aufstellen von Trennwänden;

17. Versetzen von Glasbausteinen;

18. Einmauern von Einbauteilen;

19. Messen, Teilen, Schleifen und Bohren von Fliesen und Platten;

20. Ansetzen und Verlegen von Fliesen, Platten und Mosaik sowie Verankern von Platten;

21. Einbauen von Formstücken;

22. Herstellen von chemisch beständigen Belägen;

23. Ausfugen der Beläge sowie Anlegen und Verfüllen von Dehnungs- und Trennfugen;

24. Anarbeiten der Beläge an Bau- und Einbauteile sowie Herstellen von elastischen Anschlussfugen;

25. Verarbeiten von Stoffen zur Wärme- und Schalldämmung sowie zum Feuchtigkeitsschutz;

26. Aufstellen einfacher Arbeits- und Schutzgerüste;

27. Warten der Maschinen und Geräte sowie Instandhalten der Werkzeuge.

Neben dem eigentlichen Berufsbild gibt es noch für jeden Ausbildungsberuf ein **Ausbildungsberufsbild.** Darin sind diejenigen Fertigkeiten und Kenntnisse zusammengefasst, die innerhalb der Ausbildungsstufen vermittelt werden. Da alle Lehrpläne dieses Ausbildungsberufsbild zu berücksichtigen haben, sind die Unterschiede zwischen den einzelnen Bundesländern nicht sehr groß.

Zusammenfassung:

Für die Bauwirtschaft ist die Stufenausbildung festgelegt. Sie dauert 36 Monate und besteht aus zwei Stufen.

Stufe I dient – im ersten Jahr – der breiten beruflichen Grundbildung,
im zweiten Jahr der allgemeinen beruflichen Fachbildung.

Am Schluss steht die Prüfung zum Hochbau-, Tiefbau- oder Ausbaufacharbeiter.

Stufe II dient der besonderen beruflichen Fachbildung. Sie dauert 12 Monate. Am Schluss steht die Prüfung zum Zimmerer, Fliesenleger o. a.

Das Berufsbild fasst die zu einem Beruf gehörenden Tätigkeiten, Fertigkeiten und Kenntnisse zusammen.

2.1 Geschichtliche Entwicklung der Fliese

2.1.1 Begriffsbestimmung

Keramische Erzeugnisse werden auf verschiedene Weise in der Innenarchitektur dekorativ verwendet: als Boden-, Wandfliesen und als Ofenkacheln. Zwischen den Bezeichnungen „Fliese" und „Kachel" wird im Sprachgebrauch oft kein Unterschied gemacht; nach wissenschaftlichen und handwerklichen Gesichtspunkten sollte jedoch eine entsprechende Trennung vorgenommen werden.

Fliese bedeutet ursprünglich eine kleine Steinplatte, hergeleitet von „flins" (althochdeutsch) über „vlins" (mittelhochdeutsch) und seit dem 17. Jahrhundert als „vlise" (mittelniederdeutsch). Für Bodenbeläge und Wandbekleidungen wurden keramische Fliesen auf verschiedene Weise verziert:

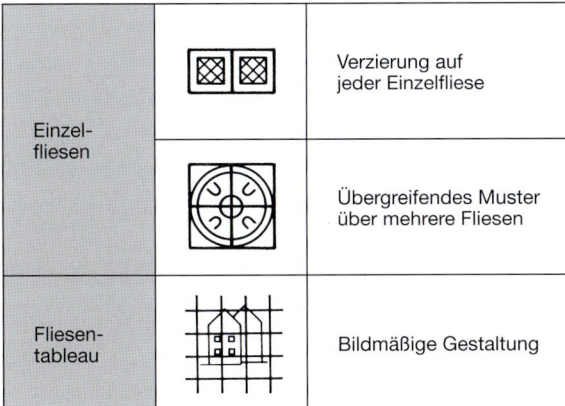

Einzel-fliesen		Verzierung auf jeder Einzelfliese
		Übergreifendes Muster über mehrere Fliesen
Fliesen-tableau		Bildmäßige Gestaltung

Kachel leitet sich von „chachala" (althochdeutsch) her und ist ein Bauelement des Ofens. Sie ist in der Hauptsache durch den rückseitigen Rumpf, auch Zarge oder Steg genannt, gekennzeichnet; bei Fliesen ist, abgesehen von einer gewissen Stärke, kein Rumpf vorhanden.

2.1.2 Geschichtliche Entwicklung

Häuser aus luftgetrockneten und gebrannten Tonziegeln hat man schon in sehr früher Zeit (4000 v. Chr.) in **Ägypten** mit glasierten Ziegeln oder Fliesen mit blauer Kupferlasur geschmückt.

Als Weiterentwicklung wurden vor dem Glasieren Linien in den Ton geritzt, sodass sich ein Muster gegen einen andersfarbigen Hintergrund geheimnisvoll abhob (1300 v. Chr.). Die Fliesen weisen Menschenbildnisse, Fabeltiere, symbolische Zeichen und Ornamente auf. Im Euphrat-Tigris-Gebiet (Mesopotamien) entanden Keramiken mit weiß-blauen Streifenverzierungen, Stiftmosaik aus farbigen Stein- und Tonstiften, die in dicken Wandputz gesteckt wurden (4000–3000 v. Chr.).

600 v. Chr. erlebte **Babylon** den Höhepunkt einer kulturellen Entwicklung (babylonischer Turm). Es entstanden

1   Ägyptische Symbole mit farbiger Glasur (1180 v. Chr.)

Wandbilder mit großen figürlichen Motiven aus Glasurziegeln und farbig glasierten Relieffliesen. Die Entwicklung der Fliese wurde natürlich von **China,** dem großen Zentrum der Keramik, ebenfalls beeinflusst. Um 1500 v. Chr. entstand ein feines weißes Steingut mit der ersten chinesischen Glasur.

Eine neue keramische Tradition mit Einflüssen aus China entstand im **islamischen Reich** (800–1000) in Persien mit transparenten Glasuren und Mosaiken aus zerteilten gebrannten Fliesen. Die Fliesenkunst Persiens gelangte durch den Islam in die Mittelmeerländer, 711 nach **Spanien.** In der maurischen Baukunst war die Fliese ein Bauelement von überragender Bedeutung. In fast allen bürgerlichen und sakralen Bauwerken wurden die Sockel verfliest. Es entstanden farbenfreudige **geometrische** Ornamente mit Band- und Flechtwerkmuster. Im 13. und 14. Jahrundert erreichte die Fliesenkunst in Spanien ihre Blüte (Alhambra v. Granada, Alcázar von Sevilla).

2   Spanische Bodenfliese mit geometrischem Muster (16. Jahrhundert)

Sevilla war führend in der Fertigung von Fliesenmosaiken; hier wurden gesägte Fliesenstücke zu Mustern zusammengefügt.

Als begehrter Ausfuhrartikel kam die spanische Fliese nach Italien, Frankreich, England und Holland. Die Insel Mallorca war Hauptumschlagplatz spanischer Fliesen, darum benannte man später alle farbig glasierten Fliesen **„Majolika".**

Die mittelalterliche Bodenfliese kam um das Jahr 1000 von Kreuzfahrern aus dem Vorderen Orient zuerst nach Frankreich. In Anlehnung an das Mosaik wurden erst **Schnittwerkfliesen** hergestellt. Über herausgearbeitete Figurenreliefs bei Natursteinplatten entwickelten sich verschiedene Techniken zur Herstellung von **Relieffliesen,** z. B. wurde der Ton in ein Negativmodell eingeknetet, die vertieften Ornamente wurden oft mit Kreide oder neuem Pfeifenton gefüllt.

	Antike		Mittelalter	
Epoche	Griechenland 900 v. Chr.–200 n. Chr.	Rom 500 v. Chr.–476 n. Chr.	Romanik 800–1250	Gotik 1250–1530
Gesamteindruck	Gliederbau mit vertikal tragenden Säulen und horizontal lastendem Gebälk	Massenbau, ermöglicht durch die Verwendung von starken Mauern, Bögen und Wölbungen	Massige und wuchtige Bauwerke mit mächtigen Mauern und Gewölben; Gliederung durch Wandvorlagen und Nischen	Betonung der senkrechten Linie; Auflösung der Wandflächen zugunsten eines Stützen- und Gliederbaus (Strebwerk)
Stilelemente	Anwendung geometrischer Gesetze (goldener Schnitt)	Verbindung von Säule und Bogen als Grundelement	Rundbogen, Tonnen- und Kreuzgewölbe	Spitzbogen Rippengewölbe Maßwerkfenster
Bauwerke	Heiliger Bezirk in Delphi Sportarenen in Olympia **Akropolis in Athen**	Kolosseum in Rom Wohnhäuser in Pompeji **Porta Nigra in Trier**	Abteikirche Maria Laach Dome in Speyer und Worms **Klosterkirche Alpirsbach (1095)**	Kölner Dom Straßburger Münster Stiftskirche Stuttgart **Ulmer Münster (1377–1529)**

Neuzeit			
Epoche	Renaissance 1530–1600	Barock und Rokoko 1600–1800	Klassizismus 1800–1850	Baukunst des 20. Jahrhunderts
Gesamteindruck	Bauelemente und Formen der Antike, Betonung der waagerechten Linie	Gleiche Bauelemente wie in der Renaissance; sie werden in bewegten und geschwungenen Formen verwendet	Klassische Nüchternheit (Formen griechisch-römischer Baukunst) löst dekorative und verspielte Elemente ab	Funktion bestimmt Form des Bauwerks; Bedingungen der Technik bestimmen den Charakter der Architektur
Stilelemente	Dreiecks- oder Segmentgiebel	Sprenggiebel Stucküberladene Innenausstattung (Schnörkel, Schnecken)	Fassade bleibt schmucklos	Betonung des Materials; Sichtbarmachung der Konstruktionsteile (Stahlbeton)
Bauwerke	Altes Schloss zu Stuttgart Rathaus Augsburg Schloss in Dresden	Schloss in Ludwigsburg Klosterkirche Neresheim Frauenkirche Dresden Würzburger Residenz	Schloss Rosenstein in Stuttgart Nikolaikirche in Potsdam	Olympiastadion München Fernsehturm in Stuttgart

Ottheinrichsbau des Heidelberger Schlosses **Zwinger in Dresden** **Brandenburger Tor** **Kongresshalle in Berlin**

In St. Urban (Schweiz) entstanden um 1250 **Stempelfliesen.** Dabei wurde mit verschiedenen großen Stempeln (bis 18 cm Ø) das Negativ des Ornaments eingedrückt.

Den Stempelfliesen ähnlich waren die **Ritzfliesen.** Hierbei wurde das gewünschte Bild in den plastischen Ton eingeritzt.

Die Dekoration der Fliesen im Mittelalter konnte aus Lilien, Rosen, Fabelwesen, aus komprimierten Szenen von der Jagd, Geschichte und Sage bestehen; als Standardform wurde das Quadrat verwendet.

Viele Länder Nordeuropas gerieten durch den Renaissancestil unter **italienischen Einfluss.** Die Formen sind quadratisch, rechteckig und länglich, sechseckig. Die Bemalung war sehr kunstvoll – Tiere, Blüten – in hell- und dunkelblau, rotorange, gelb und grün. Bei der Herstellung wurde auf den Scherben eine undurchsichtige Zinnglasur geschmolzen, darauf wurde das Bild gemalt und zu seinem Schutz eine durchsichtige Bleiglasur verwendet. Diese Fliesen wurden nach der Stadt Faencea (westlich von Ravenna) als „**Fayence**" bezeichnet.

Die holländische Fliese

Die Entwicklung der Fliesenherstellung beginnt in Antwerpen um 1500, beeinflusst durch spanische Fayencen mit geometrisch bestimmten Dekoren, maurische Elemente und die Farbigkeit italienischer Fayencen. 1550 ließ sich in Antwerpen ein italienischer Fayencekünstler (Guido di Savino) nieder; er war der Begründer einer eigenen Fayenceproduktion. Anfänglich wurden nur Bodenfliesen hergestellt; später kamen Wandfliesen in Mode.

1   Holländische Fliese (1650)

Die Bemalung der Fayencen war bunt, erst um 1600 nahm die Buntfarbigkeit ab und man beschränkte sich auf kobaltblaue Bemalung auf weißem Grund (Delfter Fliesen). Bei dieser Entwicklung spielte der Import von chinesischem Porzellan mit blauem Dekor eine bestimmte Rolle. Auch im Dekor fanden Veränderungen statt. Das reine, streng ornamentale Muster mit Flechtwerk (Ende 16. Jahrhundert) wurde ergänzt durch wenig ornamentales Dekor in der 2. Hälfte des 17. Jahrhunderts.

Die Motive auf den holländischen Fliesen waren einfach. Bilder aus dem täglichen Leben, der Natur, Geschichten aus dem Theater, Prozessionen ... Die Fliesen waren entweder als Einzelbilder gedacht oder aber hatten Eckfüllungen, die für den Übergang zur nächsten gleichen Fliese gedacht waren. Fliesengemälde oder „Tableaus" wurden weiterentwickelt und gezielt als Hausschilder, Dekoration und Werbestücke eingesetzt.

Die technische Entwicklung der Fliesenherstellung wurde in **England** verbessert. 1750 entwickelten John Stadler und G. Green in Liverpooler Manufakturen die Bemalung der Fliesen mit Abziehbildern, die als Schablonen dienten. Über 150 Muster dieser Liverpooler Druckfliesen sind bekannt. 1840 entwickelte Richard Prosser (Birmingham) die Trockenpresse, die handwerksmäßig hergestellte Fliese wurde mehr und mehr durch die Technisierung in den Hintergrund gedrängt.

Zusammenfassung:

Die Geschichte der Fliese mit ihren Anfängen in Mesopotamien und Ägypten führt über die Entwicklung der islamischen und spanischen Fliesen zu den Fayencefliesen niederländischer Herkunft, die durch Menge, Qualität und Variantenreichtum im Mittelpunkt der Fliesenproduktion stehen. Niederländische Fliesen beeinflussen stark die weitere Produktion in allen Nachbarländern bis zur Gegenwart.

Aufgaben:

1. *Worin besteht der wesentliche Unterschied zwischen romantischer und gotischer Baukunst?*

2. *Skizzieren Sie je ein typisches Stilelement der Romanik, Gotik und Renaissance.*

3. *Stellen Sie die Unterschiede zwischen barocker und klassizistischer Baukunst heraus.*

4. *Welche Merkmale kennzeichnen die Baukunst im 20. Jahrhundert?*

5. *Welchen Einfluss hat die Technisierung auf die Baukunst der Neuzeit?*

6. *Beschreiben Sie die geschichtliche Entwicklung der Fliese von der Antike bis in die Neuzeit.*

3 Vergabe- und Vertragsordnung

3.1 Vergabe- und Vertragsordnung für Bauleistungen (VOB)

Im Jahre 1926 wurde für den Bausektor eine Ordnung geschaffen, die die Vergabe von Bauleistungen und deren Ausführung zum Gegenstand hat. Sie wurde mehrfach überarbeitet und dem technischen Stand der Gegenwart angepasst. Sie ist für die öffentlichen Auftraggeber, wie z. B. Bund, Länder, Landkreise und Gemeinden, „Durchführungsvorschrift", an die sich die Behörden zu halten haben. Auch im privaten Bauen bildet die VOB eine einheitliche Grundlage für Bauverträge. Zuletzt wurden die Bestimmungen („a-Paragrafen") der Europäischen Union aufgenommen. Damit ist die Teilnahme am Wettbewerb über die nationalen Grenzen hinweg geregelt.

Ablauf einer Vergabe von Bauleistungen

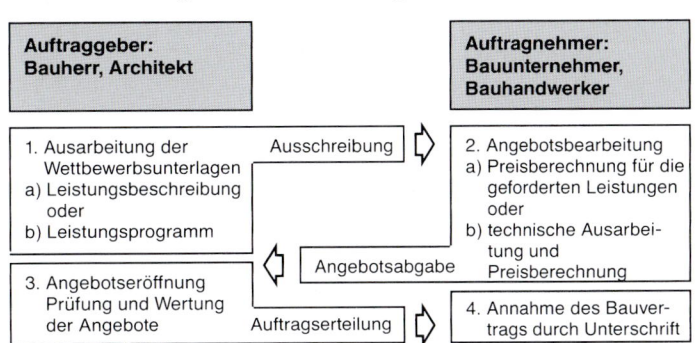

Die Vergabe- und Vertragsordnung gliedert sich in drei Teile.

Teil A: Allgemeine Bestimmungen für die **Vergabe** von Bauleistungen (DIN 1960)

Teil B: Allgemeine Vertragsbedingungen für die **Ausführung** von Bauleistungen (DIN 1961)

Teil C: **Allgemeine Technische Vertragsbedingungen** (ATV) für Bauleistungen (DIN 18299 ... 18451)

Bauleistungen sind alle **Bauarbeiten** mit oder ohne Lieferung von Stoffen und Bauteilen

Das Verfahren, das zur Erteilung eines Bauauftrages führt, wird Vergabe genannt. Der übliche Ablauf einer Vergabe ist folgender:

> Die Vergabe- und Vertragsordnung für Bauleistungen beruht auf dem Grundsatz des Leistungswettbewerbs

Dafür bietet sie verschiedene Möglichkeiten, die im Teil A samt dem üblichen Vergabeverfahren aufgeführt sind.

1. Öffentliche Ausschreibung: Durch öffentliche Bekanntgabe werden Unternehmer zur Einreichung von Angeboten aufgefordert.

2. Beschränkte Ausschreibung: Eine beschränkte Zahl von Unternehmern wird zur Einreichung von Angeboten aufgefordert.

3. Freihändige Vergabe: Erfolgt ohne förmliche Verfahren eventuell nach öffentlicher Aufforderung zur Teilnahme am Wettbewerb.

Position	Beschreibung der Leistung			Einzelpreis	Gesamtpreis
1.0	Wandfliesen STG, weiß gehämmert, 1. Sortierung, Format 15/15 cm, im Dünnbettverfahren auf Kalkzementputz (bauseitig vorhanden) mit geeignetem Fliesendünnbettmörtel angesetzt, Fugen weiß				
	ca. 80 m²	Material: Verlegelohn:	12,40 33,10	€ 45, 50	€ 3640,–
1.1	Wandfliesen wie Pos. 1.0 jedoch an ca. 50° geneigter Dachschräge angesetzt				
	ca. 10 m²	Material: Verlegelohn:	12,40 43,10	€ 55, 50	€ 555,–
1.2	Alternative Fliesen wie Pos. 1.0 beschrieben, jedoch im Mörtelbett angesetzt, Untergrund vorwiegend Bimsmauerwerk, gelegentlich Beton				
	Einheitspreis je m²	Material: Verlegelohn:	13,40 55,10	€ 68, 50	
1.3	Zuschlag zu Pos. 1.0–1.2 für Verfugung mit Epoxidharz (im Bereich der Duschen)				
	ca. 10 m²	Material: Verlegelohn:	6,50 15,00	€ 21, 50	€ 215,–
	Übertrag				€ 4410,–

Ausschnitt aus einem Leistungsverzeichnis

3 Vergabe- und Vertragsordnung

Beim Abschluss eines Bauvertrages sind verschiedene Vertragsarten möglich:

A Einheitspreisvertrag: Preise werden für Einheiten (z. B. m, m^2, m^3, Stück) von Teilleistungen vereinbart. Abgerechnet wird durch Ausmessen der erbrachten Teilleistungen und Multiplikation mit den vereinbarten Preisen (siehe Ausschnitt aus Leistungsverzeichnis).

B Pauschalvertrag: Für die gesamte Bauleistung eines Unternehmers wird ein Preis vereinbart. Dies ist nur möglich, wenn Art und Umfang der Bauleistung genau vorher bestimmt sind.

C Stundenlohnvertrag: Arbeiten, die überwiegend Lohnkosten verursachen, können durch Nachweis der aufgewandten Stunden abgerechnet werden.

D Selbstkostenerstattungsvertrag

> Die Regeln von Teil A der VOB sollen möglichst eine Gleichbehandlung der Teilnehmer am Wettbewerb sicherstellen.

VOB Teil B enthält „Allgemeine Vertragsbedingungen" für die Ausführung von Bauleistungen". Es kann jedoch durch Festlegung von anderen **besonderen Vertragsbedingungen** davon abgewichen werden.

Die wichtigsten Regeln sind:

Auftraggeber und Auftragnehmer tragen jeweils die **Haftung** für eigenes Verschulden und für das Verschulden der von ihnen beauftragten Personen.

Der Auftragnehmer ist gegenüber dem Auftraggeber für die Einhaltung der „Regeln der Technik", z. B. DIN-Normen, sowie der gesetzlichen, behördlichen und berufsgenossenschaftlichen Vorschriften verantwortlich.

Bedenken gegen die vorgesehene Art der Ausführung hat der Auftragnehmer dem Auftraggeber bzw. dem Architekten unverzüglich schriftlich mitzuteilen.

Die **Ausführungsfristen** müssen von den Auftragnehmern im Interesse eines geordneten und zügigen Baufortschritts eingehalten werden. Es können **Vertragsstrafen** für das Überschreiten sowie Prämien für eine Unterschreitung von Ausführungsfristen vereinbart werden.

Nach Fertigstellung einer Bauleistung wird diese abgenommen. Bei der **Abnahme** wird die vertragsgemäße Ausführung der Leistung festgestellt. **Mängel** und auch eine eventuelle **nicht fristgerechte Ausführung** werden gerügt. Die festgestellten Mängel müssen **kostenlos** beseitigt werden. Für Mängel, die nur mit unverhältnismäßig hohen Kosten beseitigt werden können, kann eine **Minderung** der Vergütung der Leistung verlangt werden. Wenn keine **förmliche Abnahme** vereinbart ist, gilt eine Leistung **12 Werktage** nach der Mitteilung der Fertigstellung bzw. **6 Werktage** nach dem Beginn der Benutzung durch den Auftraggeber als **abgenommen.** Der Auftragnehmer haftet auch noch nach der Abnahme innerhalb der **Gewährleistungsfrist** für den vertragsgemäßen Zustand seiner Leistung.

Ist keine besondere Frist vereinbart, beträgt sie 4 Jahre für Verträge auf der Grundlage der VOB, für alle anderen Verträge gelten 5 Jahre nach dem Bürgerlichen Gesetzbuch (BGB).

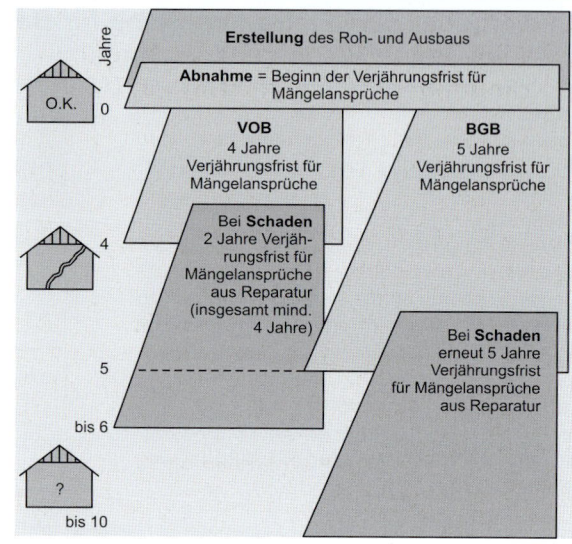

Stundenlohnarbeiten müssen vom Auftragnehmer dem Auftraggeber **vor Beginn** angekündigt werden. Der Aufwand an Material sowie der Einsatz von Maschinen und Arbeitskräften ist vom Auftragnehmer auf **Stundenlohnberichten** (Rapporte) aufzustellen und dem Auftraggeber zur Unterschrift vorzulegen.

Auftragnehmer:	Fliesengeschäft Heinz Walther
Auftraggeber:	Architekt Fritz Bauer
Bauwesen:	Wohnhaus Singer Neustadt

Rapport Nr. _1_ vom _18.5.2006_

Beanstandungen innerhalb von 2 Tagen

Zumauern	von Installationsschlitzen
2	Fliesl. je 8 Std. = 16 Std.
1	Bauwerker 7 Std. = 7 Std.
40	Bimssteine 1 1/2 NF
200 l.	Mörtel

Ort: _Neustadt_   Tag: _18. Mai 2006_

Heinz Walther   _Fritz Bauer_
Auftragnehmer   Auftraggeber

3.2 VOB, Teil C: Allgemeine Technische Vertragsbedingungen für Bauleistungen (ATV)

Teil C der VOB stellt eine Sammlung von etwa 50 DIN-Normen dar. Darin sind – getrennt nach Fachgebieten – **alle** Bauleistungen enthalten. Hier eine Auswahl:

DIN 18300 Erdarbeiten
DIN 18330 Mauerarbeiten
DIN 18331 Betonarbeiten
DIN 18332 Naturwerksteinarbeiten
DIN 18333 Betonwerksteinarbeiten
DIN 18335 Stahlbauarbeiten
DIN 18336 Abdichtungsarbeiten
DIN 18350 Putz- und Stuckarbeiten
DIN 18352 Fliesen- und Plattenarbeiten
DIN 18353 Estricharbeiten
DIN 18451 Gerüstarbeiten

Für alle Fachgebiete gemeinsam gilt die DIN 18 299 „Allgemeine Regeln für Bauarbeiten jeder Art". Diese Norm legt allgemein fest, welche Angaben eine Leistungsbeschreibung enthalten soll. Besonders wichtige Punkte sind:

– die Baustelle: Lage, Erschließung, Besonderheiten;

– die Ausführung: Sie soll umfassend beschrieben sein;

– Nebenleistungen: Solche Leistungen werden nicht extra vergütet, sondern sind in die Angebotspreise einzukalkulieren;

– besondere Leistungen: Sollen z. B. Verlegepläne angefertigt werden;

– Stoffe und Bauteile: Sie müssen ungebraucht und für den jeweiligen Verwendungszweck geeignet sein. Sofern es DIN-EN-Normen gibt, müssen die darin geforderten Güte- und Maßbestimmungen eingehalten werden.

> In jeder ATV werden Vorschriften über die zu verwendenden **Stoffe** und **Bauteile** gemacht, die den DIN-EN-Normen entsprechen müssen.

3.2.1 Fliesen- und Plattenarbeiten

DIN 18352

Die ATV „Fliesen- und Plattenarbeiten" gelten für das Ansetzen und Verlegen von Fliesen, Platten und Mosaik sowie für Solnhofener Platten, Natursteinfliesen und Natursteinriemchen.

Sie gelten nicht für:

– andere Platten aus Naturwerkstein (ATV DIN 18332),

– Platten aus Betonwerkstein (ATV DIN 18333),

– Platten aus Gussasphalt (ATV DIN 18354).

> Für die Ausführung der Arbeiten, Beschaffenheit der Stoffe, über Nebenleistungen und besondere Leistungen sowie für die Abrechnung werden allgemeingültige Regeln gegeben.

Ausführung

Der Auftragnehmer hat vor der Ausführung von Belagsarbeiten den Untergrund auf seine Eignung für die geplante Ausführung zu prüfen und gegebenenfalls **Bedenken** schriftlich geltend zu machen bei:

– ungeeigneter Beschaffenheit des Untergrundes (Ansetz- oder Verlegefläche), z. B. groben Verunreinigungen, Ausblühungen, zu glatten, zu feuchten, verölten oder gefrorenen Flächen und bei Rissen

– größeren Maßtoleranzen und Unebenheiten als nach DIN 18 202 (Maßtoleranzen im Hochbau) zulässig

– fehlenden Höhenbezugspunkten je Geschoss

– fehlendem, ungenügendem oder von den Angaben der Ausführungsunterlagen (Zeichnungen und Leistungsbeschreibung) abweichendem Gefälle.

Fliesen, Platten und Mosaik sind bei Innenarbeiten erst **nach** dem Anbringen von Fenster- und Türzargen, Anschlagschienen, Installationen und Putz anzusetzen oder zu verlegen. Sie sind senkrecht, fluchtrecht, waagerecht oder mit dem angegebenen Gefälle unter Berücksichtigung des angegebenen Höhenbezugspunkts anzusetzen oder zu verlegen.

Ansetzen und Verlegen im Dickbett
Mörtelbettdicken:

– Wandbekleidungen	15 mm
– Bodenbeläge	20 mm
– Bodenbeläge auf Trennschicht innen	30 mm
– Bodenbeläge auf Trennschicht außen	50 mm
– Bodenbeläge auf Dämmschicht innen	45 mm
– Bodenbeläge auf Dämmschicht außen	50 mm

Für keramische Fliesen und Platten ist als Bindemittel **Zement** nach DIN 1164-1, bei Solnhofener Platten, Natursteinfliesen, Natursteinmosaik und Natursteinriemchen **Trasszement** zu verwenden.

Ansetzen und Verlegen im Dünnbett

Für das Ansetzen und Verlegen im Dünnbett gelten:

DIN 18157-1	Ausführung keramischer Bekleidungen im Dünnbettverfahren; hydraulisch erhärtende Dünnbettmörtel
DIN 18157-2	Ausführung keramischer Bekleidungen im Dünnbettverfahren; Dispersionsklebstoffe
DIN 18157- 3	Ausführung keramischer Bekleidungen im Dünnbettverfahren; Epoxidharzklebstoffe

Fugen

Die Fugen sind gleichmäßig breit anzulegen. Die Fugenbreite richtet sich nach der Art und dem Format der verwendeten Fliesen oder Platten. Näheres siehe Kap. 9, S. 97, Tabelle. Maßtoleranzen der Belagstoffe sind in den Fugen auszugleichen. Das Verfugen muss durch Einschlämmen erfolgen. Es ist grauer Zementmörtel zu verwenden.

Bewegungsfugen wie Gebäudetrennfugen, Feldbegrenzungsfugen, Rand- und Anschlussfugen sind beim Verlegen im Dünnbettverfahren entsprechend DIN 18157 und bei Fassadenbekleidungen entsprechend DIN 18515 anzuordnen und mit Fugendichtungsmassen oder Profilen zu schließen. Für Bewegungsfugen im Dickbett gilt das Gleiche.

Gebäudetrennfugen müssen an gleicher Stelle und in ausreichender Breite durchgehen. Es dürfen keine Überbrückungen entstehen.

Aufmaß und Abrechnung

Abrechnungseinheiten:

Nach **Flächenmaß** (m^2), getrennt nach Bauart und Maßen:

- Vorbehandeln des Untergrunds
- Ausgleichsschichten
- Trennschichten
- Dämmschichten
- Unterböden
- Decken-, Wand- und Bodenbeläge
- Oberflächenbehandlung der Beläge
- Bewehrungen, Trag- und Unterkonstruktionen
- Wände (Trennwände)

Nach **Längenmaß** (m), getrennt nach Bauart und Maßen:
- Stufen und Schwellen
- Sockel und Kehlen
- Gehrungen an Fliesen- und Plattenkanten
- Schrägschnitte
- Profile und Leisten aus Formstücken
- Rinnen und Roste
- Schienen
- Ausbildung von Bewegungsfugen

Nach **Anzahl** (Stück), getrennt nach Bauart und Abmessungen:
- Stufen und Schwellen
- freie Stufenköpfe
- Zwickel bei abgestuften Begrenzungen von Belägen, z. B. bei Treppen
- Bekleidung besonderer Bauteile, z. B. Fundamentsockel, Pfeiler und Säulen
- Einmauern von Bade- und Brausewannen
- Anarbeiten an Waschtische, Spülbecken, Wannen, Brausewannen, Wannenuntertritte und schräge Wannenschürzen
- Einbauen von Einbauteilen und Schienen
- Formteile und Zierplatten
- Einsetzen von Schaltern, Steckdosen und Sinkkastenaufsätzen

Die Leistung kann entweder aufgemessen oder aus der Zeichnung ermittelt werden.

Es werden aufgemessen:
- Flächen mit begrenzenden Bauteilen: bis zum Rohmaß der begrenzenden Bauteile
- Flächen ohne begrenzende Bauteile: mit den Maßen der zu belegenden Fläche
- Flächen, die an Stehsockel, Kehlsockel, Kehlleisten oder ausgerundete Ecken oder unmittelbar auf den Boden aufsetzen: ab Oberkante Sockel oder Bodenbelag
- bei Fassaden: die Maße der Bekleidung
- bei Stufenbelägen, Schwellen, Kehlen, Gehrungen, Sockeln, Plattenkanten, Schrägschnitten, Leisten, Schienen und Beckenköpfen: deren größtes Maß

- Wandbekleidungen, deren letzte Schicht mehr als eine halbe Schichthöhe hat, mit vollen Schichthöhen, wenn nicht im Leistungsverzeichnis die Höhe vorgeschrieben war oder die gesamte Raumhöhe belegt wird oder wenn die Schichthöhe größer als 30 cm ist
- bei einbindenden Fliesentrennwänden wird der Belag der Wand durchgemessen
- bei der Ermittlung nach Längenmaß wird die größte bauteillänge gemessen
- bei Aufmaß nach Flächenmaß werden Zierleisten, Zierplatten und Formteile übermessen

Abzüge:

- bei Abrechnung nach Flächenmaß: Aussparungen und Öffnungen über 0,1 m^2
- bei Abrechnung nach Längenmaß: Unterbrechungen von über 1 m Einzellänge

Aufmaßregeln

Innenwandbekleidung auf Flächen mit begrenzenden Bauteilen (Innenecke):

Flächenmaß bis zu den begrenzenden, ungeputzten, ungedämmten Bauteilen **(Rohbaumaße)**

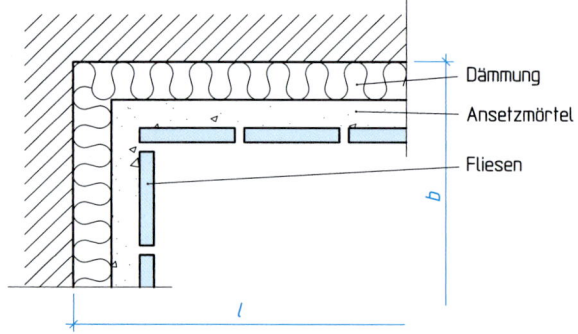

Innenwandbekleidung auf Flächen ohne begrenzende Bauteile (Außenecke):

Flächenmaß der zu bekleidenden Fläche (Dickbett: **Rohbaumaße**/Dünnbett: **verputzte Flächen**)

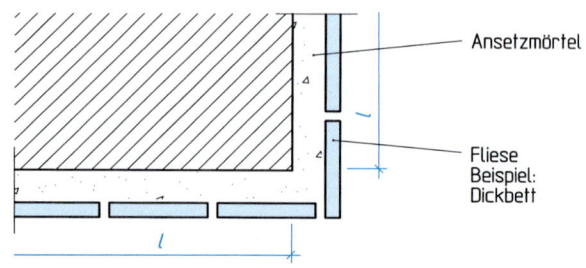

Wandbekleidungen mit einem Sockel:

Flächenmaß ab **Oberkante Sockel.**

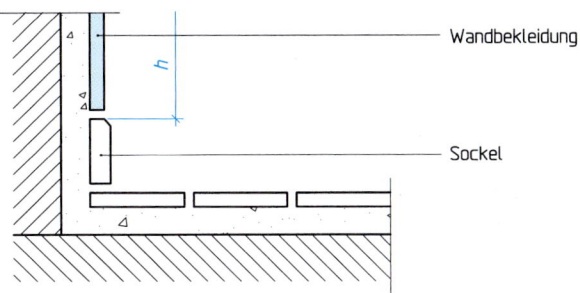

Wandbekleidungen ohne einen Sockel:

Flächenmaß ab **Oberkante Bodenbelag.**

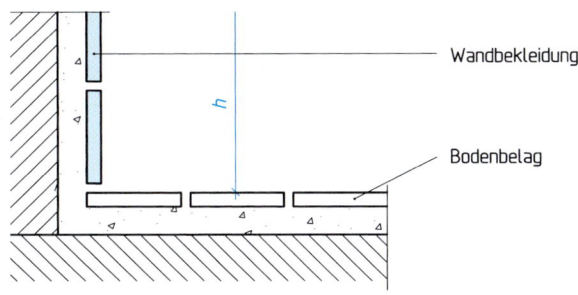

Bodenbeläge, Unterböden, Trennschichten, Dämmschichten:

Flächenmaß bis zu den begrenzenden Bauteilen **(Rohbaumaße)**.

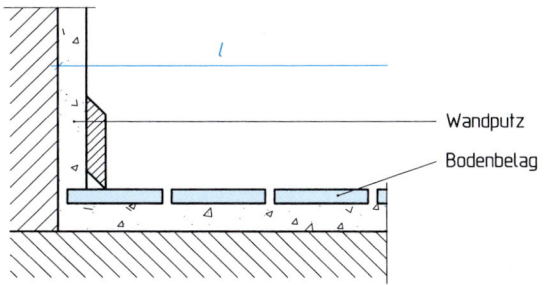

Innenwandbekleidung raumhoch:

Oberkante Wandbekleidung gleich **Rohbaumaß.**
Unterkante Wandbekleidung gleich **Oberkante Bodenbelag,** bei einem Sockel gleich **Oberkante Sockel.**

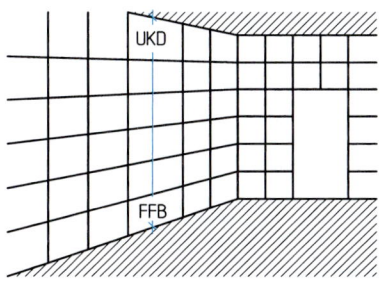

Innenwandbekleidung aus Schichten:

Wird die Höhe in der Leistungsbeschreibung durch Maßangabe festgelegt oder ist die Schichtenhöhe größer als 30 cm, wird mit der **tatsächlichen Höhe** abgerechnet.

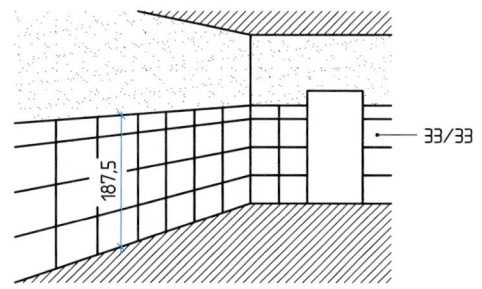

Innenwandbekleidung aus Schichten:

Hat eine Schicht nicht die volle, jedoch mehr als die halbe Schichthöhe, so wird diese Schicht mit der **vollen Schichthöhe** abgerechnet.

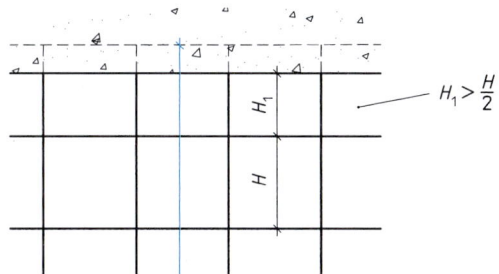

Unterbrechungen der Einzellängen:

Bei Abrechnung nach Längenmaß werden nur Längen **über 1,00 m** Einzellänge **abgezogen.**

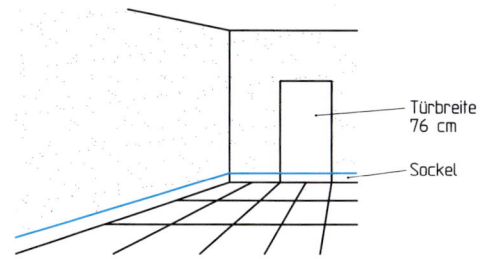

Aussparungen, Öffnungen:

Bis Einzelgröße 0,10 m² übermessen, **über 0,10 m² abziehen.**

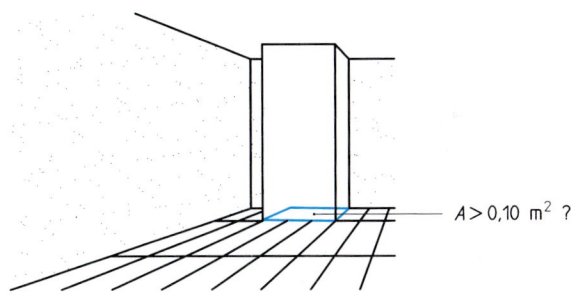

Fliesentrennwände:

Bei Fliesentrennwänden, die sich kreuzen oder ineinander einbinden, wird nur **eine Wand** berücksichtigt.

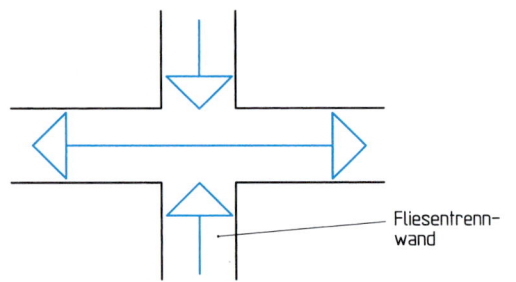

Fliesentrenn-
wand

Aufmaßblätter

In der Praxis erstellt man das Aufmaß auf besonderen Aufmaßblättern.

Die Aufmaßblätter sind der Schlussrechnung beizulegen, damit die Bauleitung die Maße prüfen kann.

Häufig wird gemeinsam aufgemessen: Der Auftragnehmer (Fliesenlegerbetrieb) und die Bauleitung tragen die ermittelten Maße ein. Bei dieser Verfahrensweise entfällt die nachträgliche Prüfung der Aufmaßblätter.

Außenwandbekleidungen:

Flächenmaß der Bekleidung **(Außenmaße)**.

Überdeckungen bleiben dabei unberücksichtigt.

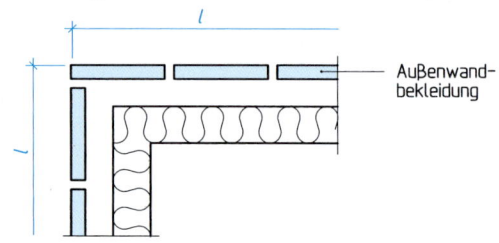

Außenwand-
bekleidung

Abgerechnet wird grundsätzlich nach deren **größten Maßen** (rechtwinklig gemessen), dies entspricht dem kleinsten umschriebenen Rechteck.

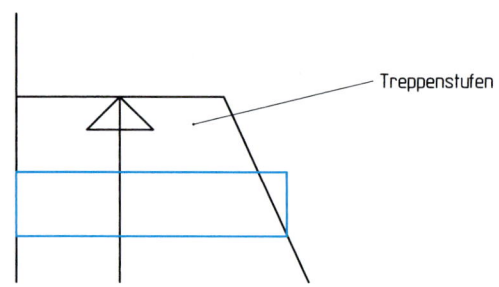

Treppenstufen

Schema der Aufmaßblätter

Pos. Nr.	Bezeichnung	Stück		Abmessungen			Mess-gehalt	Abzug	Reiner Messgehalt
		+	−	lang	breit	hoch			

Zusammenfassung:

Die Vergabe- und Vertragsordnung für Bauleistungen VOB enthält Regeln für die Ausschreibung und Vergabe sowie die Ausführung und Abrechnung von Bauleistungen. Sie gliedert sich in 3 Teile.

Teil A enthält allgemeine Bestimmungen für die Vergabe von Bauleistungen (DIN 1960).

Teil B enthält allgemeine Vertragsbedingungen für die Ausführung von Bauleistungen (DIN 1961).

Teil C enthält allgemeine technische Vertragsbedingungen (ATV) für Bauleistungen.

Teil B und C sollten deshalb Bestandteil jedes **Bauvertrages** sein.

Aufgaben:

1. Erläutern Sie die Abkürzung VOB.

2. Erklären Sie, was ein Leistungsverzeichnis ist und wozu es dient.

3. Erläutern Sie die Gewährleistung nach VOB und geben Sie an, wie lange die Gewährleistungsfrist nach VOB dauert.

4. Unterscheiden Sie Einheitspreisvertrag, Pauschalvertrag und Stundenlohnvertrag.

5. In den Allgemeinen Technischen Vertragsbedingungen DIN 18352 für Fliesen- und Plattenarbeiten wird dem Auftragnehmer die Pflicht auferlegt, Untergründe auf Eignung für die Durchführung seiner Leistung zu überprüfen und Bedenken schriftlich anzumelden. Nennen Sie Beispiele dafür.

6. Nennen Sie wichtige Bestimmungen der ATV DIN 18352 bezüglich:

a) Mörtelbettdicke,

b) Fugenbreite für verschiedene Belagsmaterialien,

c) Mörtelzusammensetzung für Fliesen- und Plattenarbeiten,

d) Fugenmaterial und Herstellung der Fugen.

7. Nennen Sie die wichtigsten Aufmaßregeln für Beläge.

8. Eine 3,50 m hohe Rundsäule hat einen Rohdurchmesser von 30 cm und soll mit Spaltriemchen in Mörtelbett (Konstruktionsdicke 2,5 cm) verkleidet werden. Berechnen Sie den Materialbedarf an Spaltriemchen (5,2 × 24 cm) bei 2 % Verhau.

4.1 Baubetrieb

4.1.1 Arbeitsvorbereitung

Bevor am Bau mit Arbeiten begonnen werden kann, sind wichtige Vorarbeiten zu leisten, ohne die die eigentlichen Arbeiten nicht zufriedenstellend ausgeführt werden können:

1. Besichtigung der Baustelle und Kontrolle von Vorleistungen anderer Unternehmer.

Die Zugänglichkeit der Baustelle, deren Versorgung mit Energie und Wasser, der Stand der Arbeit und die **Eignung der vorhandenen Untergründe müssen rechtzeitig überprüft werden.** Mängel und zu erwartende Beeinträchtigungen der eigenen Arbeiten müssen dem Auftraggeber (Bauherren, Architekten) schriftlich mitgeteilt werden.

> Bedenken gegen die vorgesehene Ausführung oder gegen Vorleistungen anderer Unternehmer sind vor Arbeitsbeginn **schriftlich** anzumelden.

2. Die **Massen** der auszuführenden Arbeiten müssen **überprüft** und das **Material** muss rechtzeitig **bestellt** werden. Bei Stellung des Materials durch den Auftraggeber muss dieser rechtzeitig benachrichtigt und die Eignung des Materials für die geplante Verwendung überprüft werden. Bei Zweifeln an der Qualität und Eignung muss ebenfalls der Auftraggeber benachrichtigt werden.

3. Die zur Verfügung stehenden Arbeitskräfte sind entsprechend dem Leistungsumfang einzuteilen. Zulieferfirmen oder Nachunternehmer sind rechtzeitig zur Leistung aufzufordern.

4.1.2 Baustelleneinrichtung

Vor Beginn der Arbeiten wird die Baustelle eingerichtet. Arbeitsmittel, Material, Geräte, Werkzeuge, Maschinen und Fördergeräte werden angeliefert. Ein geeigneter abschließbarer Raum für die Unterbringung derselben sollte bereitgestellt werden. Das Vorhandensein von Bautoiletten und Aufenthaltsräumen ist zu überprüfen. Anstelle von Hütten werden heute wegen des einfachen Transports oft Wagen verwendet. Gerüste müssen, sofern erforderlich, bereitgestellt werden. Sollen vorhandene Gerüste mitbenutzt werden, so muss deren Eignung und Standsicherheit vor der Benutzung überprüft werden. Der Benutzer von Gerüsten haftet für seine eigene Sicherheit.

> Vor Arbeitsbeginn ist die Baustelle einzurichten. Die Baustelleneinrichtung zählt mit zu den Leistungen des Unternehmers.

Näheres über Baustelleneinrichtungen unter Kap. 4.3, Arbeitsmittel, sowie bei Kap. 5, Gerüste.

4.1.3 Kontrolle des Arbeitsablaufs

Das planmäßige Fortschreiten der Arbeit ist eine der wichtigsten Voraussetzungen für die Wirtschaftlichkeit.

Um den planmäßigen Ablauf von Arbeiten zu ermöglichen, wird ein **Terminplan** erstellt. In ihm werden Zeitdauer, Beginn und Ende aller Arbeiten an einem Bauvorhaben festgelegt. Dies ist besonders wichtig, wenn nur eine kurze Bauzeit zur Verfügung steht. Es müssen dann verschiedene Arbeiten nebeneinander ausgeführt werden. Dabei muss gewährleistet sein, dass diese sich nicht behindern.

Es gibt zwei Arten der Darstellung für einen Terminplan. Der **Balkenplan** zeigt auf einfache Art jede Leistung als einen Balken in einem Zeitdiagramm. Beginn, Dauer und Ende der Arbeiten sind leicht abzulesen. Nachteile: Der Zusammenhang verschiedener Leistungen ist nicht ohne Weiteres ablesbar. Außerdem sind die Auswirkungen von Terminüberschreitungen nicht sofort zu erkennen.

Der **Netzplan** stellt jeden Arbeitsgang in einem Kreis dar und gibt seine vorgesehene Dauer an. Durch Linien werden die Zusammenhänge einzelner Arbeitsgänge dargestellt. Es entsteht ein netzähnliches Gebilde. Durch Untergliederung des Gesamtplanes in Teilpläne kann jede Arbeit im Voraus in ihrem Zusammenhang zum Ganzen dargestellt werden.

Terminverzögerungen können in ihrer Auswirkung auf andere Arbeiten und die Gesamtbauzeit sofort erkannt werden.

Der Kontrolle des Baufortschritts dienen auch **Bauberichte,** die auch Grundlage der Abrechnung sein können. In ihnen werden neben der Arbeitsleistung (Art, Menge) auch die Arbeitskräfte (Name, Tarifgruppe), verbrauchtes Material (Art, Menge) und der Einsatz von Maschinen erfasst.

Durch laufende Kontrolle können Verzögerungen und unwirtschaftliches Arbeiten rechtzeitig erkannt werden und durch geeignete Maßnahmen, z. B. mehr Arbeitskräfte oder Maschineneinsatz, ausgeglichen werden.

> Kontrollen des Arbeitsfortschritts und Arbeitsablaufs sind nötig, um die rechtzeitige und wirtschaftliche Erbringung einer Leistung sicherzustellen.

4.1.4 Kontrolle der Qualität und Abnahme von Arbeiten

Vor der Übernahme von Leistungen durch den Auftraggeber werden in der Regel deren Qualität und Gebrauchsfähigkeit überprüft. Mängel führen zu Beanstandungen und müssen kostenlos beseitigt werden. Wenn dies unmöglich ist, wird meist ein Abzug von der Vergütung vorgenommen (Minderung).

Beides, Mängelbeseitigung und Abzug an der Vergütung, kann der Unternehmer gemäß Akkordvertrag an die ausführenden Arbeiter weitergeben. Deshalb sind schon während der Arbeiten laufende Kontrollen der Qualität wichtig.

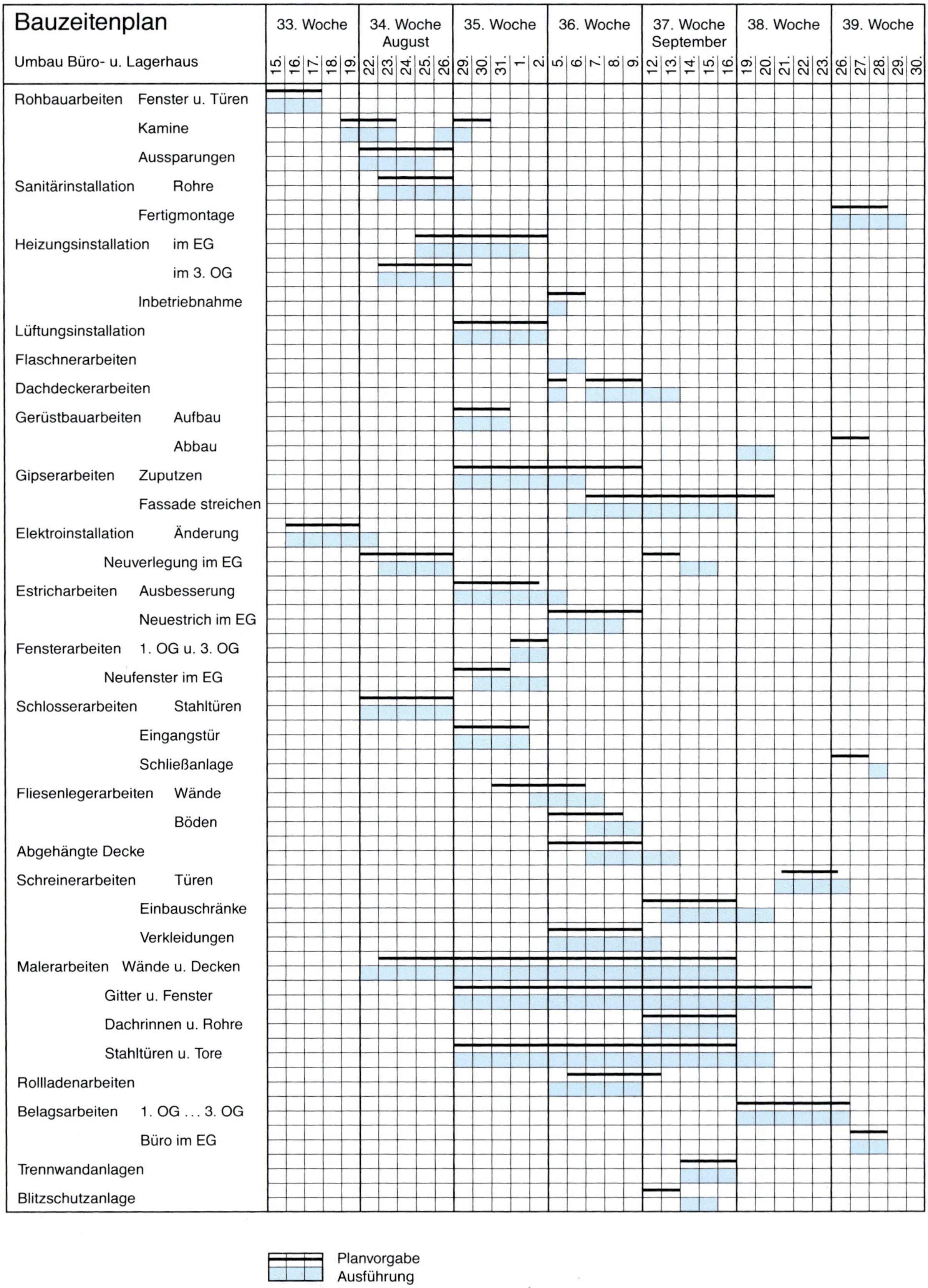

Bauzeitenplan
Umbau Büro- u. Lagerhaus

Woche	33. Woche	34. Woche August	35. Woche	36. Woche	37. Woche September	38. Woche	39. Woche

Tage: 15. 16. 17. 18. 19. | 22. 23. 24. 25. 26. | 29. 30. 31. 1. 2. | 5. 6. 7. 8. 9. | 12. 13. 14. 15. 16. | 19. 20. 21. 22. 23. | 26. 27. 28. 29. 30.

Rohbauarbeiten	Fenster u. Türen
	Kamine
	Aussparungen
Sanitärinstallation	Rohre
	Fertigmontage
Heizungsinstallation	im EG
	im 3. OG
	Inbetriebnahme
Lüftungsinstallation	
Flaschnerarbeiten	
Dachdeckerarbeiten	
Gerüstbauarbeiten	Aufbau
	Abbau
Gipserarbeiten	Zuputzen
	Fassade streichen
Elektroinstallation	Änderung
	Neuverlegung im EG
Estricharbeiten	Ausbesserung
	Neuestrich im EG
Fensterarbeiten	1. OG u. 3. OG
	Neufenster im EG
Schlosserarbeiten	Stahltüren
	Eingangstür
	Schließanlage
Fliesenlegerarbeiten	Wände
	Böden
Abgehängte Decke	
Schreinerarbeiten	Türen
	Einbauschränke
	Verkleidungen
Malerarbeiten	Wände u. Decken
	Gitter u. Fenster
	Dachrinnen u. Rohre
	Stahltüren u. Tore
Rollladenarbeiten	
Belagsarbeiten	1. OG ... 3. OG
	Büro im EG
Trennwandanlagen	
Blitzschutzanlage	

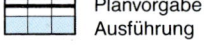

Planvorgabe
Ausführung

Spätere Mängelbeseitigung ist aufwendig und meist nicht durchführbar, ohne Spuren zu hinterlassen.

Häufigste Mängel sind:

Ungenaues Arbeiten	Nicht in Flucht, Lot und Waage, ungleiche Fugenbreite
Unsauberes Arbeiten	Verschmutzungen, schlechtes Anarbeiten, schlechte Aufteilung, Zementschleier
Beschädigungen	Ausgebrochene Kanten, Kratzer, losgetretene Teile, Risse

Da Beschädigungen häufig an der fertigen Leistung durch Nachfolgehandwerker hervorgerufen werden, muss durch **Verwahren** und **Absperren** die Leistung geschützt werden.

> Sofortige Kontrolle erspart Reklamationen und ist billiger als Nachbesserung. Verwahrung und Absperrung sind nicht nur in der VOB vorgeschrieben, sondern zahlen sich auch aus.

4.1.5 Räumung der Baustelle

Nach Beendigung der Arbeiten und Sicherung der fertigen Leistung vor Beschädigung ist die Baustelle wieder zu räumen. Die Reste des Materials, die Baustelleneinrichtung und der Schutt (Abfälle der eigenen Leistung) sind abzutransportieren. Es empfiehlt sich, um Beanstandungen zu vermeiden, die geräumte Baustelle an den Auftraggeber zu übergeben (Teilabnahme).

Dies kann auch in Verbindung mit einer Abnahme der Leistung und dem Aufmaß der Leistung erfolgen.

Zusammenfassung:

> **Arbeitsvorbereitungen** sind: Besichtigung der Baustelle, Überprüfung der vorhandenen Vorleistung auf Eignung, Anmeldung von Bedenken, rechtzeitige Bestellung der Materialien und Bereitstellung und Einteilung der Arbeitskräfte. Die **Baustelleneinrichtung** umfasst Arbeitsmittel, Material, Geräte, Werkzeuge, Maschinen, Fördergeräte, Gerüste und gegebenenfalls auch Pausenunterkünfte. Der **Arbeitsablauf** wird durch laufende Kontrollen auf Wirtschaftlichkeit und Übereinstimmung mit dem **Terminplan** überprüft.
>
> Bauberichte machen den Arbeitsfortschritt deutlich und dienen als Abrechnungsgrundlage.
>
> **Qualitätskontrollen** gewährleisten einwandfreie Arbeit. Die fertige Leistung ist vor Beschädigung zu schützen. Zur Räumung der Baustelle gehört neben dem Abtransport der Baustelleneinrichtung auch das Beseitigen des eigenen Bauschutts.

Beispiel eines Tagesberichts

Aufgaben:

1. Nennen Sie Vorarbeiten, die den eigentlichen Bauarbeiten vorausgehen müssen.

2. Bei der Überprüfung eines Untergrundes stellen Sie fest, dass die Maßabweichungen größer sind als in DIN 18202 festgelegt. Erläutern Sie, was Sie tun.

3. Erklären Sie die Aufgabe von Bauberichten und machen Sie Angaben über deren Inhalt.

4. Nach Ablauf der Hälfte der Ausführungsfrist stellen Sie fest, dass noch mehr als 60 % der Leistung unausgeführt sind. Schlagen Sie Maßnahmen vor, um trotzdem eine termingerechte Fertigstellung der Leistung zu erreichen.

5. Nennen Sie zwei verschiedene Arten der Darstellung einer Terminplanung und deren wichtigste Merkmale.

6. Begründen Sie die Notwendigkeit einer Terminplanung.

7. Ein Bauherr stellt bei der Abnahme von Bauleistungen Mängel fest. Nennen Sie mögliche Folgen, die auf den Unternehmer und seine im Akkord arbeitenden Mitarbeiter zukommen.

4.2 Arbeitssicherheit

Arbeitsstellen müssen sicher sein. Arbeitsunfälle verursachen Schmerzen, Krankheitskosten und Arbeitsausfall und häufig auch zusätzlich Sachschaden.

Das **Gewerbeaufsichtsamt** und die für die Versicherung der Arbeitenden zuständige **Bauberufsgenossenschaft** überwachen die Einhaltung der gesetzlichen Vorschriften.

Jeder Unternehmer ist für die Durchführung der **Arbeitsstättenverordnung** und der **Unfallverhütungsvorschriften verantwortlich.** Bei groben Verstößen gegen diese Vorschrift fordert die Bauberufsgenossenschaft die entstehenden und von ihr bezahlten Kosten vom Unternehmer zurück. Bei Mängeln und Verstößen gegen die Arbeitsstättenverordnung und Unfallverhütungsvorschriften kann der Baubetrieb behördlich eingestellt werden. Gegen die Verantwortlichen kann gegebenenfalls strafrechtlich vorgegangen werden.

> Die Arbeitssicherheit wird durch Einhaltung der gesetzlichen Regelungen, wie die Arbeitssstättenverordnung und die Unfallverhütungsvorschriften, verbessert.

4.2.1 Arbeitsstättenverordnung (Arb.Stätt.V)

Die Arbeitsstättenverordnung (Arb.Stätt.V) enthält die Mindestanforderungen an den Arbeitsplatz. Der Arbeitsplatz der am Bau Beschäftigten ist die jeweilige **Baustelle.** Ständige Überwachung der Einhaltung der Vorschriften des Gesetzes ist deshalb noch notwendiger als bei einer **festen** ständigen Arbeitsstelle.

Die wichtigsten Anforderungen sind:

Arbeitsplätze und Verkehrswege sind so herzurichten, dass sich die Arbeitnehmer bei jedem Wetter sicher bewegen können. Arbeitsplätze und Verkehrswege müssen zu beleuchten sein.

Werden an einer Baustelle ständig mehr als vier Arbeitnehmer oder weniger als vier Arbeitnehmer länger als eine Woche beschäftigt, so sind Tagesunterkünfte zur Verfügung zu stellen.

Tagesunterkünfte sind Räume in Gebäuden, Baracken, Baustellenwagen oder Containern oder Raumzellen, in denen sich Arbeitnehmer in **Pausen** oder bei sonstigen **Arbeitsunterbrechungen** aufhalten können.

Diese Räume müssen wärmegedämmte Umfassungen (Wände, Boden, Decken) haben, im Winter auf mindestens 21 °C heizbar und beleuchtbar sowie mit Fenstern von mind. 1/12 der Grundfläche versehen und ihre Ausgänge müssen als Windfang ausgebildet sein. Die Mindestraumhöhe muss 2,30 m betragen. An Einrichtungen müssen leicht zu reinigende Tische, Sitzgelegenheiten mit Rückenlehne, Kleiderhaken oder Schränke und Abfallbehälter vorhanden sein.

Werden weniger als vier Arbeitnehmer längstens eine Woche beschäftigt, braucht keine Tagesunterkunft vorhanden zu sein. Der Arbeitgeber muss dann dafür sorgen, dass die Arbeitnehmer, gegen Witterungseinflüsse geschützt, sich umkleiden, waschen, wärmen und ihre Mahlzeiten einnehmen können.

Der Arbeitgeber muss jedem Arbeitnehmer einen abschließbaren Schrank mit Lüftungsöffnungen zur Aufbewahrung seiner Kleidung und Einrichtungen zum Trocknen der Arbeitskleidung zur Verfügung stellen.

Ab zehn Arbeitnehmern und längerer als zweiwöchiger Beschäftigung sind **Waschräume** zur Verfügung zu stellen, wenn die Arbeitnehmer nicht regelmäßig nach Beendigung der Arbeitszeit in Betriebsgebäude mit Waschräumen zurückkehren.

Auf jeder Baustelle muss mindestens eine abschließbare Toilette zur Verfügung stehen, die zu belüften, zu beleuchten und im Winter (15. Oktober bis 30. April) auf mindestens 18 °C zu beheizen ist. Der Arbeitgeber ist verpflichtet, die Arbeitsstätten entsprechend den Vorschriften der Arbeitsstättenverordnung instand zu halten und in hygienisch einwandfreiem Zustand zu erhalten.

4.2.2 Unfallverhütungsvorschriften

Jedes Jahr erleiden unzählige Arbeitnehmer Unfälle an ihrem Arbeitsplatz. Neben Schmerzen und oft bleibenden körperlichen Schäden oder gar dem Tod der Betroffenen entstehen in der Volkswirtschaft Aufwendungen durch Arbeitsausfall, Krankenbehandlung, Krankentagegeld und Invalidenrenten. Es muss deshalb sowohl im Interesse des einzelnen Arbeitnehmers als auch der gesamten Volkswirtschaft liegen, Unfälle und ihre Folgen nach Möglichkeit zu verhindern.

Die Berufsgenossenschaften, die für die Versicherung der Arbeitnehmer am Arbeitsplatz zuständig sind, haben deshalb **Unfallverhütungsvorschriften** ausgearbeitet. Durch diese Unfallverhütungsvorschriften werden sowohl die **Arbeitgeber** als Verantwortliche für die Bereitstellung von Arbeits-, Hilfs- und Betriebsstoffen als auch die **Arbeitnehmer** im Umgang mit diesen Stoffen bei der Arbeit angesprochen.

> Besondere Vorsicht ist geboten im Umgang mit sogenannten **gefährlichen Arbeitsstoffen,** das sind alle **explosionsgefährlichen, brandfördernden, leicht entzündlichen, giftigen, gesundheitsschädlichen, ätzenden** und **reizenden Ausgangs-, Hilfs- und Betriebsstoffe.** Gefahrenstellen sind mit Schildern (Verbots-, Warn- und Gebotszeichen) kenntlich zu machen.

Bei manchen Arbeiten treten besondere Gefahren auf:

1. Umgang mit Werkzeugen, die schneidende, quetschende, sich drehende Teile aufweisen,

z. B. Messer, Meißel, Zangen, Scheren, Sägen, Schleifgeräte, Rührstäbe, Mischer, Bohr-, Fräs- und Hobeleinrichtungen sowie Geräte zum Bolzensetzen (Schussapparate).

Beispiel:

Umgang mit Trennschleifern und Winkelschleifern. Schutzhaube der Trennscheibe nicht drehen oder entfernen, nur zugelassene Trennscheiben benutzen! Nur am Geräteschalter ein- und ausschalten! Nachlaufzeit berücksichtigen beim Weglegen des Gerätes! Maschine mit beiden Händen festhalten, nicht verkanten! Schneidgut festlegen, dass keine Verschiebung desselben durch den Schneidvorgang möglich ist!

> Die Vorschriften und Sicherheitsregeln für den Umgang mit Geräten sind zu beachten. Schutzeinrichtungen dürfen nicht beseitigt oder außer Funktion gesetzt werden.

2. Umgang mit elektrischem Strom

Alle Anlagen und Betriebsmittel müssen den Bestimmungen des **Verbandes Deutscher Elektrotechniker** (VDE) entsprechen und dieses Zeichen tragen. Für Baustellen wurden besondere Vorschriften erlassen. Elektrische Betriebsmittel auf Baustellen müssen von besonderen **Speisepunkten** aus versorgt werden.

Als Speisepunkte gelten in der Hauptsache Baustromverteiler, daneben aber auch Transformatoren mit getrennten Wicklungen (Trenntransformatoren) oder besondere, der Baustelle zugeordnete Abzweige vorhandener ortsfester Verteilungen, z. B. bei Baustellen in Industriewerken.

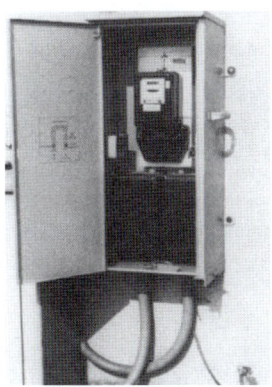 

1 Anschlussschrank   2 Verteilerschrank

Keine Speisepunkte dagegen sind **Wandsteckdosen** in Hausinstallationen oder ähnlichen ortsfesten Anlagen, an die weder Baumaschinen noch -geräte angeschlossen werden dürfen. Ausnahmen, d. h. der direkte Anschluss an eine Wandsteckdose, sind nur gestattet, wenn lediglich Handleuchten, Lötkolben, Schweißgeräte, Elektrowerkzeuge nach VDE 0740 (z. B. Bohrmaschinen, Tellerschleifer, Polierer) und andere Handgeräte einzeln verwendet werden. Unter diese Ausnahme fallen auch einzeln eingesetzte kleine Betonmischmaschinen unter der Bedingung, dass sie schutzisoliert sind oder mit Schutztrennung bzw. Schutzkleinspannung betrieben werden.

Vor Anschluss der Baustellenanlage ist zunächst mit dem zuständigen Elektrizitätswerk zu klären, unter welchen Voraussetzungen der Anschluss an das Verteilungsnetz erfolgen kann. Das zuständige Versorgungsunternehmen nimmt den Anschluss sowie den Ein- und Ausbau der Messeinrichtungen durch seine Beauftragten vor.

Die „Bestimmungen für Baustromverteiler für Nennspannungen bis 380 V Wechselspannung und für Ströme bis 250 A" VDE 0612/7.67 enthalten genaue Angaben für die Ausführung und Prüfung der Baustromverteiler.

Für den Elektroanschluss der Baustelle stehen drei Schranktypen zur Verfügung.

Da auf Baustellen häufig Feuchtigkeit auftritt, sind Arbeiten mit elektrischem Strom besonders gefährlich. Deshalb werden **Fehlerstromschutzschaltungen** eingebaut, die im Falle eines auftretenden Fehlerstroms den Stromanschluss unterbrechen. Dazu ist eine wirksame **Erdung** der Anlage erforderlich.

Leitungen auf Baustellen werden besonders strapaziert. Zugelassen sind deshalb nur starke Gummischlauchleitungen. Ausnahmen werden für Handleuchten und Elektrowerkzeuge gestattet.

Die Leitungen müssen ölfest und unverbrennbar sein. Leitungen mit thermoplastischen **Kunststoffhüllen** genügen den Anforderungen **nicht.** Leitungen sollen möglichst nicht am Boden liegen, sondern hochgelegt werden.

> Als Steckverbindung sind nur zwei- und mehrpolige Schutzkontaktsteckvorrichtungen zulässig. Bevor Maschinen transportiert oder repariert werden, sind Steckverbindungen zu lösen.

Sicherungen in elektrischen Anlagen haben, wie der Name besagt, Sicherungsaufgaben. Sie sollen bei Überschreitung der jeweils höchstzulässigen Stromstärke etwa durch Kurzschluss oder Überlastung die Leitungen vor Zerstörung durch Überhitzung schützen, indem sie den Stromkreis unterbrechen.

> Durchgebrannte Sicherungen dürfen keinesfalls geflickt oder überbrückt werden.

Leuchten auf Baustellen, ausgenommen solche für Schutzkleinspannung, müssen mindestens in der Schutzart „regengeschützt" ausgeführt sein. Die Schutzart ist am Typenschild der Leuchte angegeben.

Elektrowerkzeuge müssen zum Ein- und Ausschalten mit einem Schalter ausgerüstet sein und dürfen höchstens mit einer Netzspannung von 380 V betrieben werden. Für Werkzeuge, die im **Nassbereich** oder an leitenden Anlagen wie Rohren oder Behältern eingesetzt werden, ist die Gefahr bei auftretender Berührungsspannung besonders groß. Sie müssen deshalb entweder mit Schutzkleinspannung von höchstens 45 V oder Schutztrennung über einen Trafo ohne Erdung und Schutzleiterklemme betrieben werden.

Betriebsmittel, deren Teile der Berührung ausgesetzt sind, erhalten das Zeichen für Schutzisolierung, wenn sie dauerhaft isoliert sind.

> Elektrische Anlagen und Betriebsmittel dürfen nur vom Fachmann erstellt und repariert werden. Basteleien können tödliche Folgen haben.

Von Hochspannungsleitungen ist ein Sicherheitsabstand von 5 m einzuhalten; sonst ist das E-Werk zu benachrichtigen.

3. Arbeiten, die gesundheitsschädlichen Staub erzeugen, z. B. auch Steinsägen, Schleifen, Trennschleifen sowie Sandstrahlgebläse. Durch den feinen Staub wird die Lunge verstopft. Es entsteht die sogenannte Silikose (Steinlunge), **Schutzmasken** für Augen und Atmung sind zu tragen.

> An Arbeitsstellen **Staubabsaugungseinrichtungen** und **Filteranlagen** einsetzen. Staubentwicklung möglichst vermeiden.

4. Arbeiten mit Stoffen, die gesundheitsschädliche oder explosionsgefährliche Dämpfe entstehen lassen, z. B. Lösungsmittel, Reinigungsmittel, Kraftstoffe, Kleber und Anstrichmittel. Diese Stoffe müssen besonders gekennzeichnet sein. Auf der Verpackung müssen Hinweise auf notwendige Schutzmaßnahmen aufgedruckt sein.

Bei Arbeiten mit gesundheitsschädlichen und/oder explosionsgefährlichen Stoffen sind **Atemschutz** und größte Vorsicht geboten. Funken, offene Flammen und übermäßige Erwärmung sind absolut zu vermeiden.

Feuerlöscher in Reichweite bereitstellen.

Die wichtigsten Sinnbilder an elektrischen Geräten

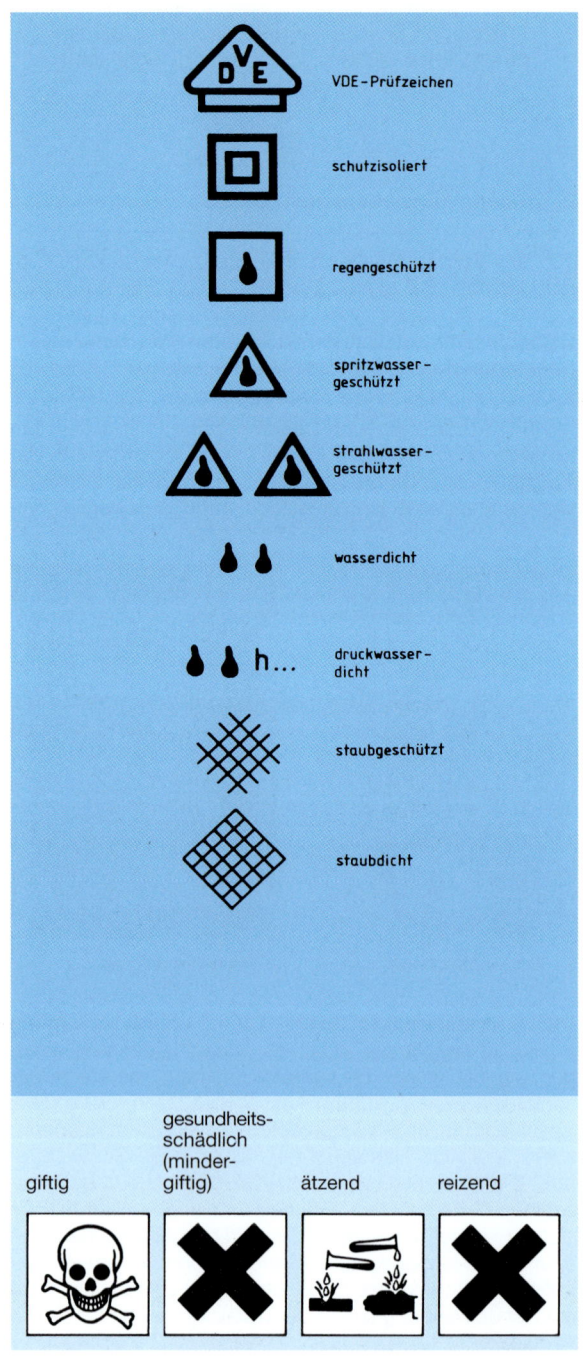

Welche Eigenschaften haben gefährliche Arbeitsstoffe?

Sie können sein:

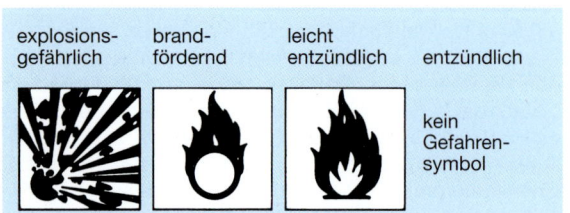

5. Umgang mit Flüssiggas und offenen Flammen

Bei Löt-, Schweiß- und Klebearbeiten sowie beim Beheizen von Unterkünften und zur Bautrocknung wird meist Flüssiggas verwendet. Es handelt sich dabei um leicht siedende Kohlenwasserstoffe wie Propan, Butan und deren Gemische. Propan siedet bei −42,3 °C, Butan bei 0 °C.

Die Verdampfung dieser Stoffe erzeugt in den Vorratsbehältern Druck. Bei Entnahme von Gas wird durch Verdampfen aus dem Flüssiggas der Druck wieder hergestellt. Allerdings wird die zum Verdampfen notwendige Energie dem flüssigen Gas entzogen, es kühlt sich ab. An Armaturen und Behältern kann sich so Reif bilden. Durch Druckregler wird der höhere Druck der Flaschen auf den für den Betrieb notwendigen Druck von höchstens 4 bar geregelt. Butan und Propan verbrennen als Gas unter Zufuhr von Sauerstoff zu Wasserdampf und Kohlendioxid, bei ungenügender Sauerstoffzufuhr bilden sich Ruß und das giftige **Kohlenmonoxid.** Butan und Propan bilden mit Luft explosive Gasgemische (2,1–9,5 % Gas in Luft).

Es muss deshalb auf jeden Fall verhindert werden, dass Gas unkontrolliert ausströmt und sich mit Luft vermischt.

> Gasflaschen, Absperr- und Druckregelarmaturen, Schlauchverbindungen und Verbrauchseinrichtung müssen deshalb stets in einwandfreiem Zustand sein und laufend überprüft werden.

Bei Arbeiten in geschlossenen Räumen ist für Belüftung zu sorgen. Die Dichte von Flüssiggas ist größer als die von Luft. In Räumen unter Erdgleiche sind deshalb besondere Sicherheitsmaßnahmen erforderlich, da Flüssiggas nach unten absinkt.

1   Ablagevorrichtung für einen Handbrenner

6. Aufbau, Abbau und Benutzung von Gerüsten, Leitern und Tritten (siehe Kap. 5 Gerüste)

> Jeder Benutzer einer Leiter, von Tritten, Treppen oder Gerüsten hat deren Sicherheit selbst nachzuprüfen.

7. Umgang mit Hebezeug, Aufzügen, Fördereinrichtungen

Die zur Beförderung von Lasten zugelassenen Einrichtungen dürfen meist nicht zur Personenbeförderung benutzt werden. Ausnahmen bedürfen einer besonderen Zulassung. Wichtig: Gehweg im Arbeitsbereich absperren!

Schwenkarm-Hebezeug

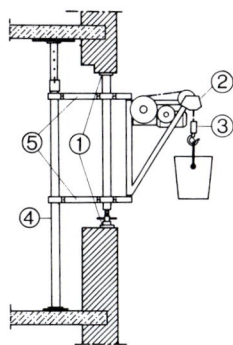

2   Fensterstütze

(1) Säule entweder formschlüssig an standfestem, mindestens 24 cm dickem Mauerwerk mit ausreichend hohen Anschlägen an Kopf- und Fußplatten befestigen oder Säulen kraftschlüssig zwischen Fenstersturz und -brüstung einspannen und zusätzlich je nach Bauart und örtlichen Verhältnissen

1. mit zweiter geschosshoher Säule (4) dicht hinter standfesten Bauteilen zug- und druckfest verbinden (5) oder

2. Kopf- und Fußplatte verankern (mit Dübelkonstruktionen) oder

3. Säule zu rückwärtigen standfesten Bauteilen abspannen.

(2) Umlenkrollen durch Abweisbleche o. Ä. gegen Hineingreifen sichern.

(3) Lasten mit Sicherheitshaken oder fester Seilendverbindung anhängen (keine Seilknoten).

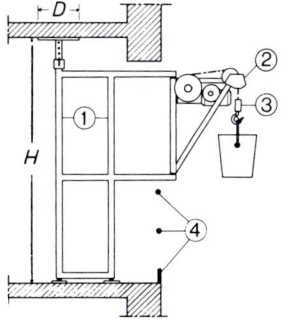

3   Geschosshohe Stütze

(1) Säule kraftschlüssig zwischen Decken einspannen und zusätzlich je nach Bauart und örtlichen Verhältnissen

1. hinter standfesten Gebäudeteilen anordnen oder

2. Kopf- und Fußlatte verankern (mit Dübelkonstruktion) oder

3. Säule zu rückwärtigen standfesten Bauteilen abspannen.

(2) Umlenkrollen durch Abweisbleche o. Ä. gegen Hineingreifen sichern.

(3) Lasten mit Sicherheitshaken oder fester Seilendverbindung anhängen (keine Seilknoten).

(4) Seitenschutz in 1,00 m Höhe.

Zum Anschlagen von Lasten dürfen nur genormte Ketten und Seile mit Typenschild und Tragkraftangabe verwendet werden. Sie müssen mit Haken und mit Sicherungsbügeln gegen Aushängen gesichert sein. Die Tragfähigkeit von Ketten und Seilen ist abhängig vom Anschlagwinkel. Je größer der Anschlagwinkel, desto geringer die Tragfähigkeit.

> Hebezeuge niemals überlasten. Aufenthalt unter schwebender Last vermeiden!

8. Umgang mit ätzenden Stoffen

Am Bau werden ätzende Stoffe wie Säuren und Laugen oft verwendet. Zement und Kalk sind Laugen, die die Haut, insbesondere Schleimhäute (Augen, Lippen) verätzen. Reinigungsmittel enthalten meist Laugen oder Säuren.

> Schutzkleidung, Schutzhandschuhe und Schutzbrillen sind erforderlich im Umgang mit diesen Stoffen. Bei Unfällen ätzende Stoffe sofort mit viel Wasser abspülen.

9. Arbeiten unter der Einwirkung von gesundheitsschädlichem Lärm

Bolzenschussgeräte, Presslufthämmer, Explosionsrammen, Rüttelgeräte, Sägen und Schleifgeräte erzeugen Lärm, der sich schädigend auf das Nervensystem, insbesondere das Gehör, auswirkt.

Bei einer Lärmintensität von 90 dB(A) und mehr ist deshalb ein Gehörschutz vorgeschrieben. Diese Arbeitsbereiche sind durch das blaue Gehörschutzgebotszeichen kenntlich zu machen.

Als Gehörschutz kann dienen: gut sitzende Wattepfropfen, besser formbare Gehörschutzstöpsel. Der Lärm kann um bis zu 30 dB(A) vermindert werden. Noch besseren Schutz bieten Gehörschutzkapseln. Sie lassen tiefere Frequenzen wie Sprache noch vernehmbar durch und dämmen die höheren Frequenzen des schädlichen Lärms.

Außerdem sind laufend ärztliche Vorsorgeuntersuchungen durchzuführen, unabhängig davon, ob die persönlichen Schutzausrüstungen benützt werden. Die geltenden **Unfallverhütungsvorschriften** sind an geeigneter Stelle im Unternehmen auszulegen und die Arbeitnehmer sind über die bei ihrer Tätigkeit auftretenden Gefahren zu informieren und über Maßnahmen zur Abwendung derselben in angemessenen Zeitabständen (mindestens einmal jährlich) zu unterweisen.

Der Unternehmer kann seine Aufsichtspflicht an geeignete Personen übertragen (Sicherheitsbeauftragte).

Schutzausrüstung

Der Unternehmer hat geeignete **Schutzausrüstungen** zur Verfügung zu stellen und diese in ordnungsgemäßem Zustand zu halten.

Dazu zählen: **Kopfschutz** (Schutzhelm, Ohrenschützer), **Fußschutz** (Sicherheitsschuhe), **Augen- und Gesichtsschutz** (Schutzbrillen), **Atemschutz** (Schutzmasken) und **Körperschutz** (Schutzanzug, Schutzkleidung, Schutzhandschuhe), entsprechend der jeweiligen Gefahrensituation.

2   Schutzhelm

3   Knieschoner

4   Knieschützer

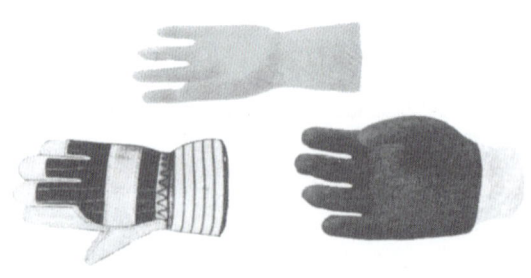

5   Handschuhe

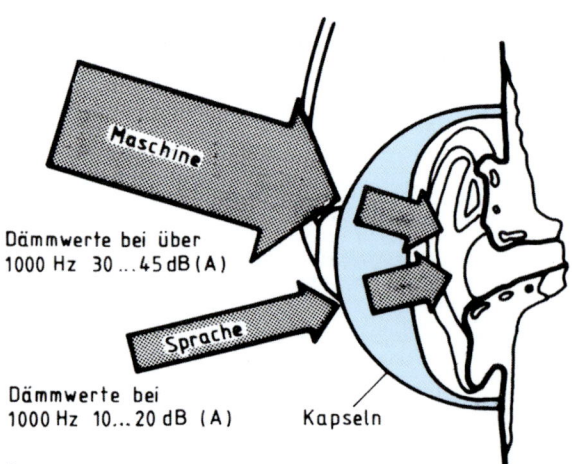

Dämmwerte bei über
1000 Hz 30...45 dB(A)

Sprache

Dämmwerte bei
1000 Hz 10...20 dB(A)

Kapseln

1

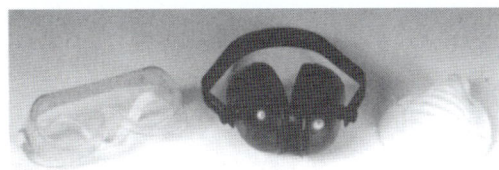

1 Staubschutzbrille – Gehörschutz – Staub-Atemschutzmaske

Die Arbeitnehmer sind verpflichtet, alle der Arbeitssicherheit dienenden Maßnahmen zu unterstützen und Weisungen des Unternehmers oder seiner Bevollmächtigten zum Zwecke der Unfallverhütung zu befolgen.

Die zur Verfügung gestellte persönliche Schutzausrüstung ist zu benutzen. Sicherheitswidrigen Weisungen darf nicht Folge geleistet werden.

10. Arbeiten in einseitig belastender Körperhaltung

Viele Arbeiten erfordern eine unnatürliche einseitige Körperhaltung bei ihrer Ausführung. Beim Verlegen von Estrichen oder Bodenbelägen werden das Rückgrat und die Beine besonders belastet. Beim Verputzen einer Decke werden der Schultergürtel und die Arme einseitig belastet. Durch Beengung des Arbeitsplatzes können sich Verkrampfungen der Muskulatur ergeben.

Entspannungspausen und die Verwendung von Hilfs- und Stützgeräten, z. B. Knieschoner und Schemel, können helfen, Schäden in der Körperhaltung entgegenzuwirken. Durch Ausgleichssport (Wandern, Schwimmen, Gymnastik) kann eine einseitige körperliche Belastung bei der Arbeit ausgeglichen werden.

Zusammenfassung:

Die Arbeitsstättenverordnung verpflichtet den Unternehmer, Verhältnisse am Arbeitsplatz zu schaffen, die eine sichere und menschenwürdige Arbeit ermöglichen. Dazu gehören die Beleuchtung, Belüftung, Beheizung des Arbeitsplatzes sowie die Sicherung der Verkehrs- und Transportwege, die Bereitstellung von Wasch- und Pausenräumen bzw. von Tagesunterkünften an Baustellen. Die Einhaltung von Vorschriften wird vom Gewerbeaufsichtsamt und den Bauämtern überwacht.

Die Unfallverhütungsvorschriften werden von den Berufsgenossenschaften als Unfallversicherer der Arbeitnehmer ausgearbeitet und überwacht.

Die Arbeitnehmer sind in angemessenen Zeitabständen wiederholt auf die Unfallgefahren hinzuweisen.

Gefahren für Gesundheit und Leben entstehen beim Umgang mit Maschinen, dem elektrischen Strom, bei Arbeiten, bei denen gesundheitsschädlicher Staub, explosive Dämpfe oder gesundheitsschädlicher Lärm entstehen, oder im Umgang mit Flüssiggas, mit Hebezeug und Fördergeräten, beim Auf- und Abbau sowie der Benutzung von Leitern, Tritten und Gerüsten und bei der Arbeit in einseitig belastender Körperhaltung.

Der Unternehmer hat für die Bereitstellung von Schutzausrüstungen, wie Schutzhelm, Schutzanzug, Schutzbrille, Sicherheitsschuhe, Atemschutz und Gehörschutz, zu sorgen und den ordnungsgemäßen Zustand von Schutzeinrichtungen zu überwachen.

Aufgaben:

1. *Erläutern Sie Sinn und Zweck der Arbeitsstättenverordnung.*

2. *Nennen Sie besondere Gefahrenpunkte für Unfälle am Arbeitsplatz.*

3. *Eine elektrische Schlagbohrmaschine hat eine Störung am Schalter. Erläutern Sie, was Sie tun.*

4. *An einem Metallbehälter soll mit einer elektrischen Bohrmaschine gearbeitet werden. Geben Sie an, welche Schutzeinrichtungen vorhanden sein müssen.*

5. *Begründen Sie das Verbot, elektrische Sicherungen zu flicken.*

6. *Nennen Sie wichtige Schutzausrüstungen und geben Sie Beispiele, wo sie einzusetzen sind.*

7. *Ein Unternehmer hat, um eine Kreissäge vor Diebstahl zu sichern, diese übers Wochenende an den Kran gehängt und hochgezogen. Beurteilen und begründen Sie, ob dies eine zulässige Maßnahme ist.*

4.3 Arbeitsmittel

Werkzeuge, Geräte und Maschinen sind Hilfen, die dem Zwecke dienen, Werkstücke herzustellen oder bestimmte Arbeitsgänge auszuführen.

Sie erleichtern, vereinfachen und beschleunigen die Ausführung und steigern die Qualität von Arbeiten. Werkzeuge, Geräte und Maschinen stellen einen erheblichen wirtschaftlichen Wert dar. Sie sollten deshalb schonend behandelt und gepflegt, nach Gebrauch gereinigt, getrocknet und Metallteile evtl. leicht eingefettet werden.

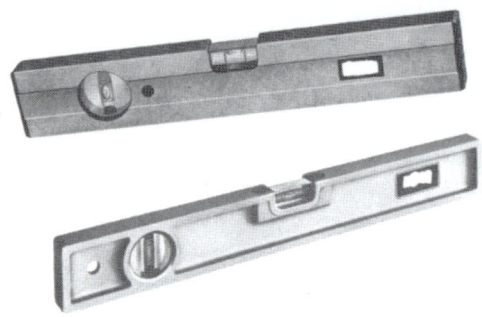

4.3.1 Werkzeuge zum Messen und Ausrichten

1. Der Gliedermaßstab

besteht aus Holz- oder Kunststoffstäbchen, die mit Federgelenken verbunden sind. Normallänge 2 m. Dicke der Stäbe (2 mm) entspricht etwa einer Fugenbreite feinkeramischer Fliesenbeläge.

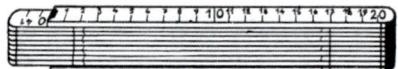

2. Der Teleskopmaßstab

besitzt teleskopartige feste Maßleisten, die zur schnellen Messung von Innenmaßen dienen.

3. Das Maßband

wird zur Messung größerer Längen verwendet (10 bis 30 m). Es gibt Stahl- und Glasfiberbandmaße. Letztere sind temperatur- und feuchtigkeitsunempfindlicher.

4. Das Lot

(zylinderförmig) ist das einfachste Gerät zur Überprüfung senkrechter Kanten und Flächen. Es soll schwer sein, damit es rasch auspendelt. Aufhängung und Spitze sollen senkrecht untereinander sein.

5. Die Wasserwaage

dient zur Herstellung und Kontrolle der waagerechten und senkrechten Lage von Flächen und Kanten. Der Wasserwaagenkörper kann aus Teakholz, Leichtmetall oder Kunststoff bestehen und 15 cm bis 2 m lang sein.

6. Die Schlauchwaage

beruht auf dem Prinzip, dass in verbundenen (kommunizierenden) Röhren Flüssigkeiten gleich hoch stehen. Die Schläuche müssen durchsichtig sein, damit Luftblasen erkannt und vermieden werden können, die das Messergebnis verfälschen. Mit einer Schlauchwaage können Höhenmarken um Ecken herum übertragen werden. Es gibt Ein-Mann-Automatik-Schlauchwaagen (Nivelliertaster) mit frostbeständiger, blasenfreier Messflüssigkeit, die schneller einsatzbereit sind und von einem Mann bedient werden können.

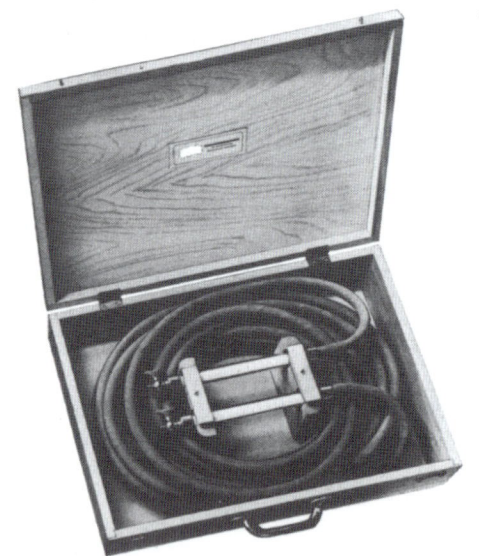

7. Nivelliergeräte und Baulaser

dienen der Übertragung von Höhen und der Kontrolle von Höhen. Mit dem Baulaser können außerdem rechte Winkel und Lote angelegt und kontrolliert werden.

8. Das Baustativ

dient zur Aufstellung von Baunivellier und Baulaser.

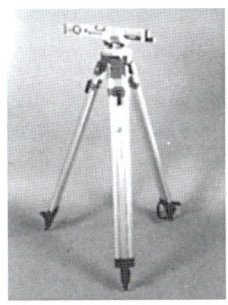

9. Die Setzlatte,

meist aus Leichtmetall, wird für Abzugs- und Kontrollarbeiten an Wänden und Böden verwendet, die von unterschiedlicher Länge sind, oft sind Libellen und Handgriffe eingebaut.

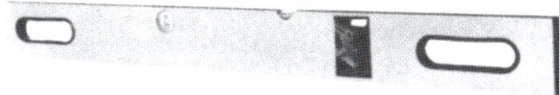

10. Die Fluchtschnur

aus Perlon dient dem Anlegen gerade durchgehender Fluchten.

11. Fliesenecken

mit Gummischnur werden in die äußersten Fliesen eingehängt bei kurzen Wand- und Bodenflächen (bis 2 m).

12. Die Hauschiene

in fester oder verstellbarer Ausführung dient dem Anreißen und Schneiden von Fliesenstreifen.

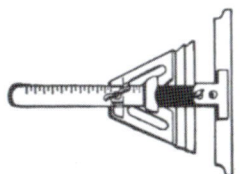

13. Stahlwinkel

werden zum Anlegen und zur Kontrolle von rechten Winkeln benutzt.

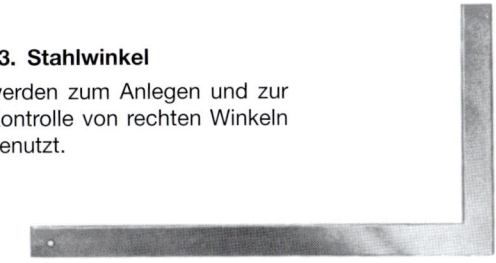

Winkelschmiege und Winkelmesser dienen zum Abnehmen und Messen von Winkeln, Übertragen von Schrägen sowie zum Anlegen von 45° bei Diagonalbelägen.

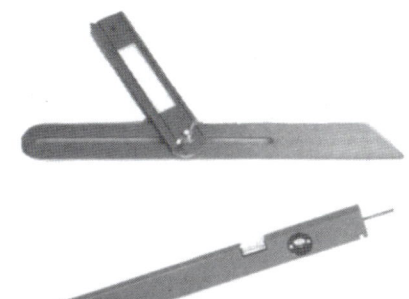

4.3.2 Werkzeuge zum Bearbeiten von Platten, Fliesen und Untergründen

1. Der Fliesenhammer,

50 bis 100 g mit quadratischer Bahn, Spitze oder Finne mit langem Eschenholzstiel, dient zum freien Behauen und Schroten von Fliesen.

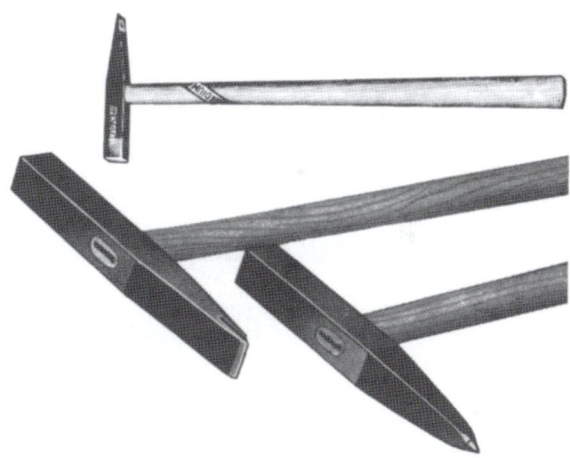

2. Das Gipserbeil

dient zum Abschlagen von Putz sowie zum Einschlagen und Ausziehen von Nägeln. Es hat einen Metallstiel mit Gummigriff.

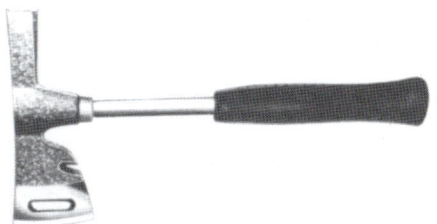

3. Der Fäustel

dient zum Ausstemmen von Schlitzen und Löchern zusammen mit dem Meißel. Er wird auch als Unterlage (Amboss) zum Lochen von Fliesen verwendet. Man kann ihn auch mit dem Stiel voraus oder mit Brettunterlage zum Anklopfen dicker Platten verwenden.

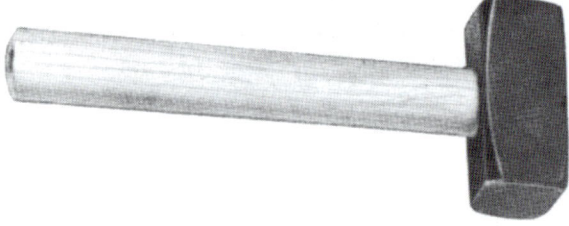

4. Der Plastikhammer

mit auswechselbaren Hart- oder Weichgummieinsätzen wird zum Anklopfen von glasierten und unglasierten Fliesen und Platten verwendet.

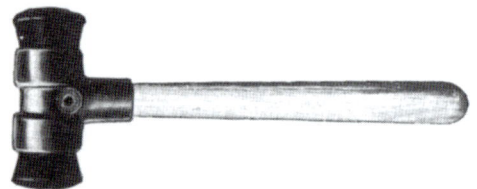

5. Der Meißel,

Spitz- oder Flachform, wird zum Ausstemmen von Löchern und Schlitzen verwendet. Der nicht gehärtete Meißelkopf wird mit der Zeit breit und bekommt einen „Bart". Es besteht Verletzungsgefahr.

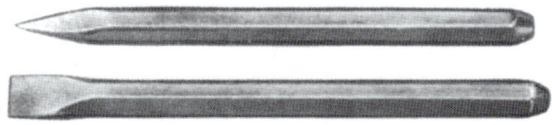

6. Der Glasschneider

wird zum Anreißen der Glasur für Fliesenschnitte verwendet.

7. Der Widiakratzer

dient zum Anreißen der Glasur; es entsteht aber kein so sauberer Schnitt wie beim Glasschneider.

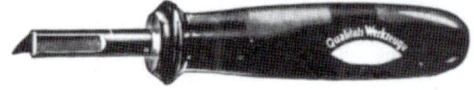

8. Die Fliesenzwickzange

dient zum Abzwicken kleiner Fliesenabschnitte.

9. Die Fliesenlochzange,

auch Habichts- oder Papageienschnabel genannt, ermöglicht das Erweitern von runden Löchern in Fliesen.

10. Die Rabitzschere

wird zum Schneiden von Drahtgeflecht und Streckmetall verwendet.

11. Die Brechzange

wird beim Schneiden von Mosaik eingesetzt.

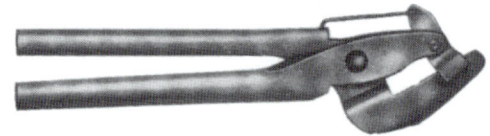

12. Der Schleifstein

wird zum Bearbeiten und Glätten geschnittener Kanten und zur Herstellung von Gehrungen verwendet. Bei der Bearbeitung wird der Schleifstein stets von der Glasurseite nach hinten bewegt, damit die Glasur nicht ausbricht.

13. Die Porenbetonsäge,

hartmetallbestückt, dient zum Sägen von Porenbetonsteinen.

4.3.3 Werkzeuge zum Ansetzen, Verlegen und Ausfugen von Belägen

1. Die Viereckkelle

wird zum Anmachen von Mörtel zum Mauern, zum Anwerfen von Spritzbewurf und Putzmörtel und zum Aufziehen von Verlegemörtel bei Bodenbelagsarbeiten verwendet.

2. Die Herzkelle

ist die spezielle Fliesenlegerkelle. Mit ihr wird der Mörtel auf die Fliesen aufgezogen. Mit dem Griff, der meist einen Gummipfropfen hat, werden die Fliesen angeklopft.

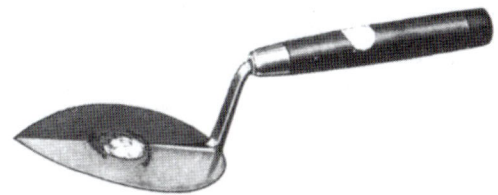

3. Die Glättkelle (Traufel)

dient zum Glätten eines Mörtelbetts und Erstauftrag (vollflächig) bei Dünnbettmörtel oder Klebern und zum Einstreichen von Fugenmörtel.

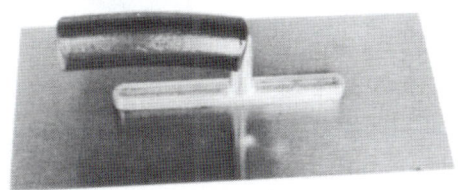

4. Die Spitzkelle

ermöglicht das Arbeiten in Ecken.

5. Die Rillenkelle (Zahntraufel)

ist mit auswechselbaren Zahnleisten zum Aufkämmen von Dünnbettmörtel zu verwenden.

6. Der Zahnspachtel

wird in gleicher Weise wie die Rillenkelle verwendet.

7. Das Reibebrett

dient zum Verdichten und Abscheiben von Estrichen und Putzen. Es kann auch mit Schaumgummiauflage zum Reinigen frisch verfugter Beläge verwendet werden.

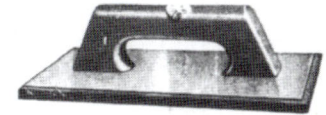

8. Fugenkellen

gibt es in verschiedenen Breiten zum Herstellen von Fugen in Materialien, die nicht mit Fugenmörtel überschlemmt werden können.

9. Fugengummi und Gummischieber

werden zum Einstreichen des Fugenmörtels und zum Abstreichen des überschüssigen Fugenmaterials gebraucht.

4.3.4 Hilfsmittel

1. Besen

werden zur Reinigung des Untergrundes und zum Abkehren frisch verlegter Beläge mit Sägemehl benötigt.

2. Schaufeln

werden zum Anmachen von Mörtel, zum Aufsammeln und Aufladen von Schutt und Baumaterialien gebraucht.

 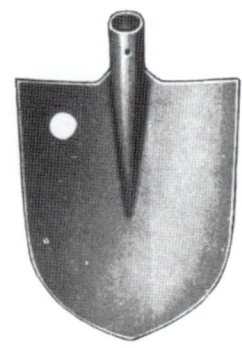

3. Baueimer

finden als Behälter für Wasser und Mörtel sowie als Messgefäß beim Mörtelmischen Verwendung. Wichtig ist ein verstärkter Tragbügel.

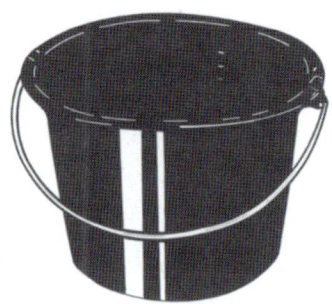

4. Mörtelpfanne, Mörtelkasten

wird zur Bereitung und zum Bereithalten des Mörtels verwendet.

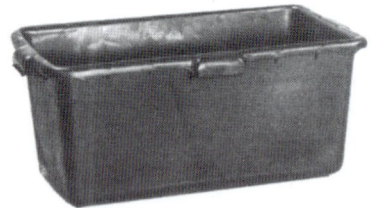

5. Schubkarren

werden zum Transport aller Baumaterialien eingesetzt.

6. Schnurstifte

werden zum Einhängen der Schnur und des Senklots verwendet.

7. Setzlatten

werden als Unterlage zum Ansetzen der untersten Wandfliesenreihe verwendet. Sie müssen biegesteif, gerade und parallel sein. Es werden Setzlatten aus Metall und Holz in unterschiedlichen Längen verwendet.

8. Anschlaghaken

dienen zum Befestigen von Setzlatten. **Sie dürfen keinesfalls bei Untergrund mit Sperrschicht verwendet werden.**

9. Fliesenkelle und Fugenkreuze

ermöglichen das Herstellen gleicher Fugenbreiten und verhindern das Abrutschen von Fliesen.

10. Schwämme

dienen der Reinigung frisch verlegter Beläge. Es werden je nach Art der Fugenmasse auch Spezialschwämme gebraucht.

11. Das Rollenwaschset

erleichtert das Reinigen von Belägen nach dem Ausfugen.

12. Spritzpistolen

werden zum Ausdrücken von Fugenmassen aus Kartuschen benötigt. Die Spitze der Kartusche kann je nach Fugenbreite mit größerem oder kleinerem Mundstück zugeschnitten werden.

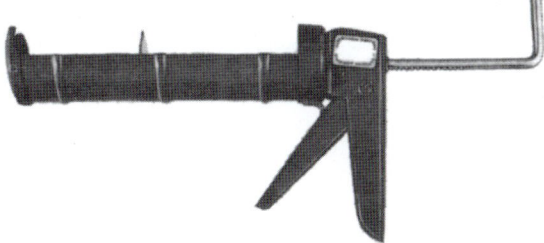

13. Plattenhebegeräte

erleichtern das Verlegen, Umsetzen und nachträgliche Ausheben von großformatigen Platten.

14. Handleuchten

müssen strahlwassergeschützt und gegen Stoß geschützt sein. Sie dienen der Ausleuchtung des Arbeitsplatzes.

15. Schlucksauger

erleichtern die Reinigung, sie saugen groben Schmutz und auch Flüssigkeiten.

4.3.5 Geräte zum Lochen, Anreißen und Spalten

1. Lochgeräte

werden zur Herstellung von runden Löchern in Fliesen für Installationsdurchgänge verwendet. Man unterscheidet: Einspannhandgeräte, bei denen die Fliese eingespannt und das Loch mit dem Spitzhammer herausgeschlagen wird, Lochschneider, bei denen das Loch mit einem Fläser herausgefräst wird. Die Lage der Öffnung ist auch am Rand möglich.

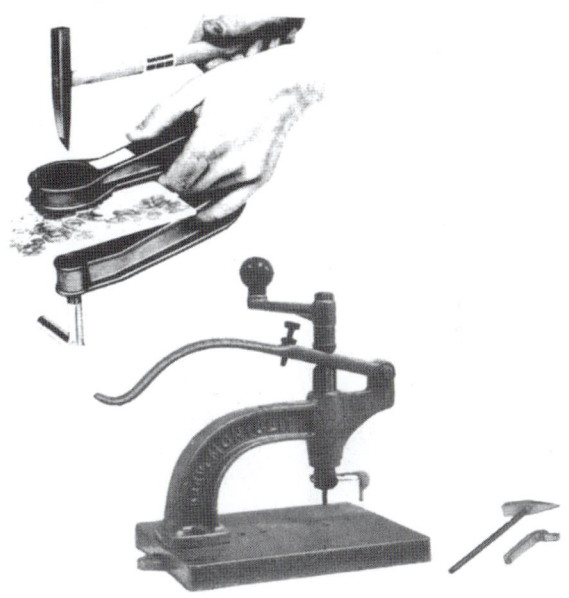

2. Fliesenschneidgeräte

vereinfachen das Schneiden von Fliesen und Platten. Sie arbeiten entweder nach dem Prinzip des Anreißens und Brechens oder nach dem Prinzip der Schere (Spaltgeräte). Diese werden für dickere Platten verwendet.

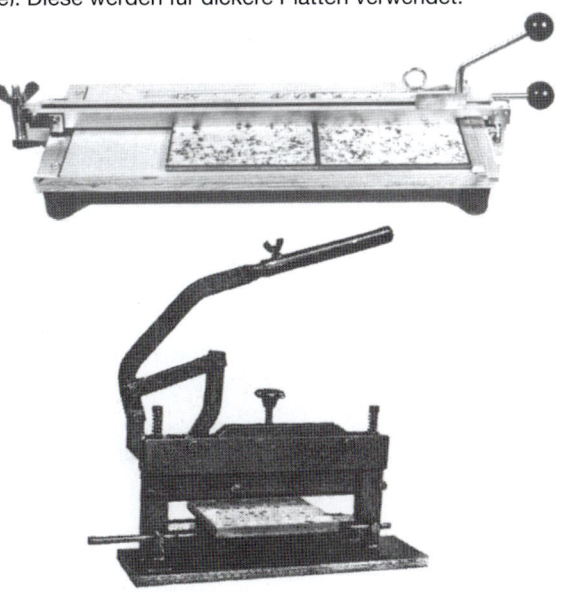

4.3.6 Maschinen des Fliesenlegers

1. Winkelschleifer

werden als Ein- oder Zweihandgeräte verwendet. Die Trennscheiben werden sehr hochtourig gefahren. Die Schutzhaube darf nicht entfernt werden. Man kann damit Schnitte in Keramik, Beton und Naturstein ausführen. Die Staubentwicklung ist gesundheitsschädlich.

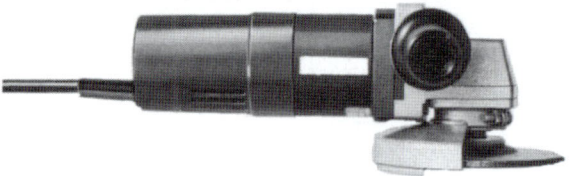

2. Plattensägen

sind mit Sägeblättern mit Hartmetall oder Diamantbestückung ausgerüstet und werden für Nassschnitte verwendet. Durch Neigung der Sägeblattaufhängung oder des Sägetisches können Gehrungen (Jollys) hergestellt werden.

3. Schlagbohrmaschinen

mit höher steuerbarer Bohr- und Schlagleistung werden als Grundgerät für Rührstäbe, Widiabohrer und Bohrkronen eingesetzt.

4. Der Meißelhammer

wird zur Herstellung von Durchbrüchen und Schlitzen sowie zum Abschlagen alter Fliesenbeläge verwendet.

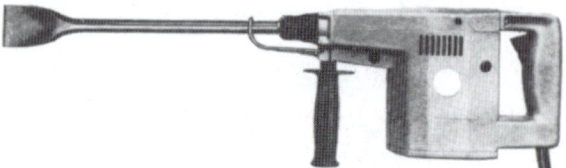

5. Rührgeräte

kommen zum Einsatz beim Mischen von hochviskosen (zähflüssigen) Klebern und Zweikomponenten-Fugenmassen.

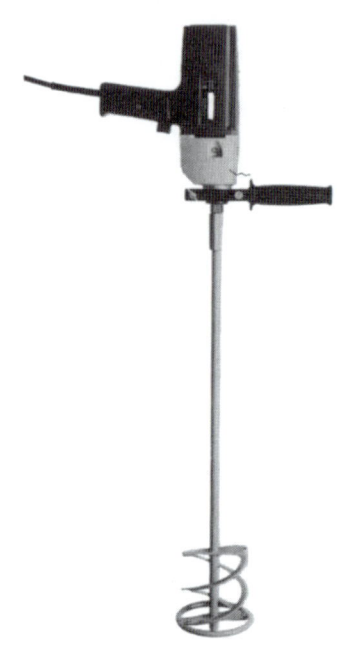

6. Der Sander (Schwingschleifgerät)

kann zum Einrütteln großformatiger Platten ins Mörtelbett verwendet werden.

7. Der Fliesenklopfer

läuft auf Gummirollen über frisch belegte Fliesenflächen und verdichtet den Mörtel.

8. Die Rüttelplatte und die Klopfkelle

werden zum Verdichten von Belägen, Estrich und vorgezogenem Mörtelbett verwendet. Auch Betonpflaster wird damit ins Sandbett eingerüttelt.

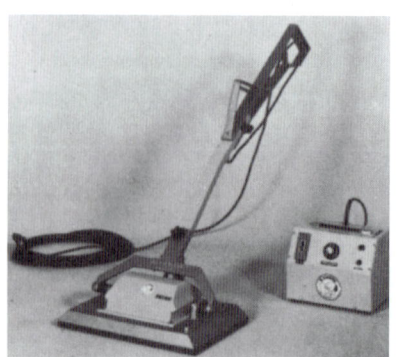

9. Die Rüttelbohle

schafft das Abziehen und Verdichten von Estrich und vorgezogenem Mörtelbett in einem Arbeitsgang.

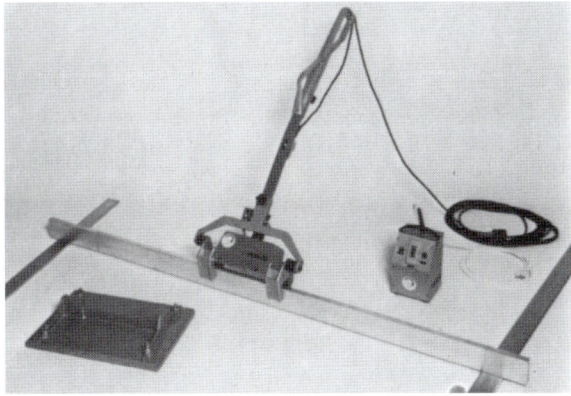

10. Ausfugmaschinen

drücken durch rotierende Kunststoffblätter den Mörtel
in die Fugen und reinigen die Fliesenoberfläche. Durch
Wechsel der Einsätze können die Geräte auch mit Bürsten als Reinigungsgerät, mit Schleifeinsätzen und Polier-
scheiben auch als Schleif- und Poliermaschinen eingesetzt werden.

11. Fußbodenschleifmaschinen

werden zum Abschleifen und Polieren von Estrichen
und Natursteinbelägen verwendet.

12. Zwangsmischer

mischen das Mörtelgut zwangsweise und äußerst gleichmäßig durch rotierende Mischpaddel in einem nach oben
offenen Behälter.

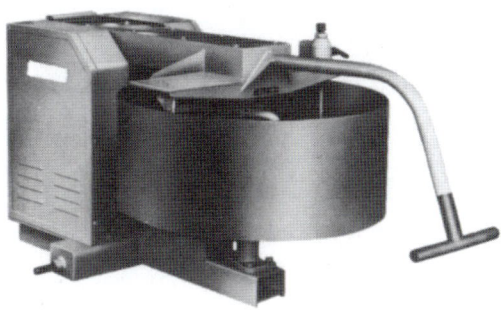

13. Freifallmischer

sind für Putz- oder Mörtelmischungen weniger geeignet,
da das Mischgut in der rotierenden Trommel zum Entmi-
schen neigt.

14. Die Beton- oder Mörtelpumpe

befördert den angemachten Mörtel in Rohren oder
Schläuchen vom Mischer zur Verwendungsstelle. Durch
Koppelung von Trockenmörtelsilo-Mischer und Beton-
pumpe kann rationell gearbeitet werden.

15. Bauaufzüge

erleichtern den Transport von Baumaterial zur Verwendungsstelle in höher gelegenen Stockwerken. Wesentlich ist eine standfeste Aufstellung.

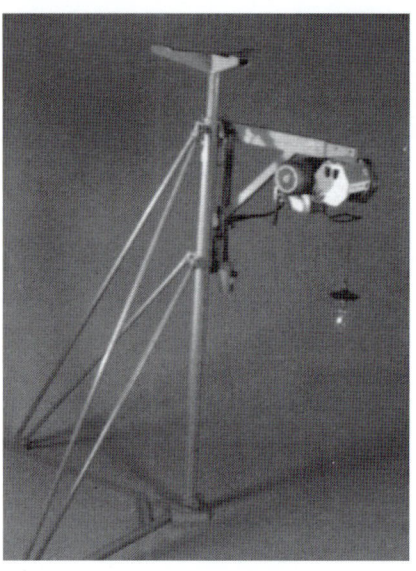

16. Halogenstrahler

ermöglichen die Ausleuchtung größerer Räume.

Zusammenfassung:

Arbeitsmittel sind Werkzeuge, Geräte und Maschinen, die dem Zweck dienen, Arbeiten auszuführen und Werkstücke herzustellen oder zu bearbeiten. Werkzeuge zum Messen und Ausrichten erleichtern und ermöglichen das maßgenaue, fluchtgerechte Arbeiten sowie die Kontrolle und das Aufmaß der Leistung.

Werkzeuge zum Bearbeiten von Belagmaterial und Untergründen sind Hilfen zum Vorbereiten des Untergrundes und zum Bearbeiten des Belagmaterials.

Werkzeuge zum Ansetzen, Verlegen und Ausfugen und Hilfsmittel zur Bereitung von Mörtel, zum Reinigen der Beläge und zum Säubern der Baustelle gehören zur allgemeinen Ausstattung einer Arbeitsstelle.

Einfache Maschinen erleichtern insbesondere das Schneiden des Belagmaterials und die Herstellung von Aussparungen.

Darüber hinaus werden für kraft- und zeitraubende Arbeitsgänge wie das Mischen, Sägen, Schleifen, Bohren und Fördern von Material Maschinen eingesetzt, die meist mit Elektromotoren oder Ottomotoren angetrieben sind.

Der Umgang mit Maschinen und Gerät muss mit der nötigen Sorgfalt und Sachkenntnis erfolgen, die Unfallverhütungsvorschriften im Umgang mit Maschinen sind zu beachten.

Aufgaben:

1. Nennen *Sie die Messwerkzeuge des Fliesenlegers und beschreiben Sie deren Verwendung.*

2. *Nennen Sie Werkzeuge, die vom Fliesenleger benutzt werden:*

   a) *zum Schneiden*

   b) *zum Lochen*

3. *Begründen Sie, weshalb Auszubildende nicht ohne Anweisung und Einweisung an Maschinen arbeiten dürfen.*

4. *Erläutern Sie das Sprichtwort:*
   „Wie der Herr – so das Gescherr."

5.1 Leitern

Personen, Werkzeuge – und auch Baumaterial – gelangen oft über Anlegeleitern an den Arbeitsplatz auf dem Gerüst. Deshalb müssen auch Leitern den Unfallverhütungsvorschriften entsprechen und regelmäßig auf ihren ordnungsgemäßen Zustand überprüft werden. Sie müssen sicher begehbar und gegen übermäßiges Durchbiegen, starkes Schwanken und Verwinden gesichert sein.

5.1.1 Anlegeleitern

Beim Aufstellen ist Folgendes zu beachten:

– Anlegeleitern dürfen nur an sichere Stützpunkte angelegt werden.

– Über die Austrittstellen sollen sie mindestens 1 m hinausragen, wenn eine gleichwertige Haltemöglichkeit fehlt.

– Der Anstellwinkel soll zwischen 68 und 75° liegen. Der waagerechte Abstand zwischen Fußpunkt der Leiter und Wand beträgt dann ca. ⅓ bis ¼ der Anlegelänge.

– Anlegeleitern müssen gegen Ausgleiten, Umfallen, Umkanten, Abrutschen und Einsinken gesichert sein. Dies geschieht z. B. durch Fußverbreiterungen oder Einhängungen.

5.1.2 Stehleitern

Stehleitern sind frei stehende, zweischenklige Leitern, die an beiden Seiten durch fest angebrachte Spannketten oder -gelenke gegen Auseinandergleiten gesichert sind.

Stehleitern dürfen nie als Anlegeleitern verwendet werden.

5.1.3 Gerüstaufstiege

Die früher üblichen Leitergänge, die außen an den Gerüsten angebracht waren, sind nur noch in Ausnahmefällen bis zu einer Höhe von 5 m zulässig. Aus Sicherheitsgründen sollten jedoch die Aufstiege bei Gerüsten grundsätzlich innen sein. Auch das Zusammenbinden (Verlängern) von Leitern, das früher bei Leitergängen üblich war, ist nicht mehr gestattet.

Im Allgemeinen werden heute **innen liegende Leitern** bzw. **Treppentürme** als Gerüstaufstiege verwendet, die eine wesentlich höhere Arbeitssicherheit bieten als außen liegende Leitergänge.

Die Leitern der Gerüstaufstiege führen über jeweils ein Gerüstgeschoss, d. h. von einem Gerüstboden zum nächsten darüber- oder darunterliegenden.

> Anlegeleitern müssen mindestens 1 m über ihren Austritt hinausragen und dürfen nicht einsinken. Stehleitern müssen durch Spannketten oder -gelenke gegen Auseinandergleiten gesichert sein. Gerüste benötigen innenliegende Leitern, die einen sicheren Auf- und Abstieg ermöglichen.

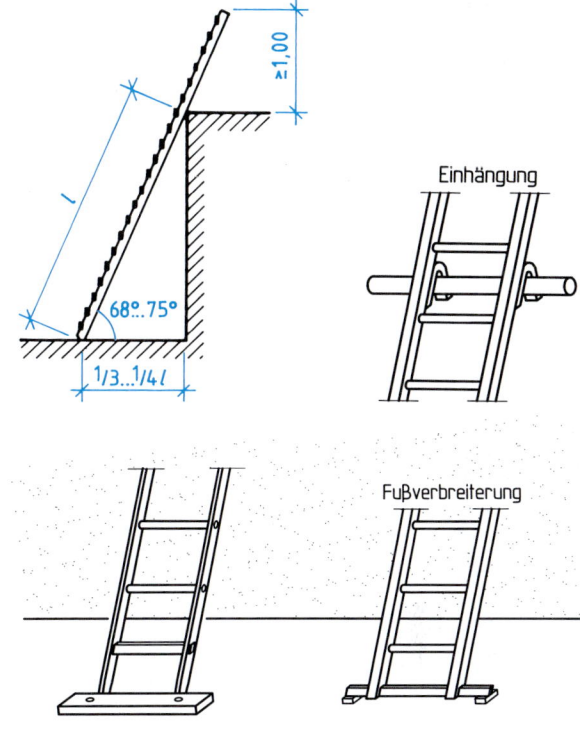

1   Sichern von Anlegeleitern

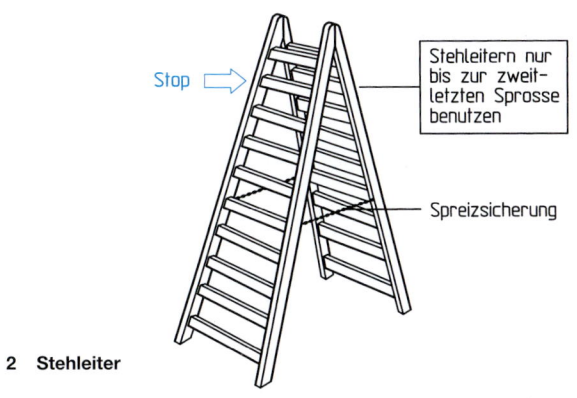

2   Stehleiter

3   Innen liegender Leiteraufstieg am Rahmengerüst

5.2 Gerüste

Gerüste sind nach DIN 4420, DIN EN 12810, DIN EN 12811 und DIN EN 12812 herzustellen.

Außerdem müssen die Unfallverhütungsvorschriften der Bauberufsgenossenschaft genau beachtet werden. Gerüste müssen das unfallsichere Arbeiten an Bauwerken auch in großer Höhe ermöglichen. Sie sind daher nach den Regeln der Technik einwandfrei herzustellen, müssen ausreichend tragfähig und so beschaffen sein, dass weder die am Bau Beteiligten noch Passanten oder Verkehrsteilnehmer wesentlich behindert oder gar gefährdet werden.

Der Benutzer muss vor Arbeitsbeginn den einwandfreien Zustand des Gerüsts überprüfen. Betritt er nämlich mangelhaft ausgeführte Gerüste, so kann er für eintretende Schäden haftbar gemacht werden!

5.2.1 Gerüstarten

Arbeitsgerüste

Arbeitsgerüste (Kurzzeichen: AG) dienen der Ausführung von Bauarbeiten in Höhen, die vom Boden oder von den Geschossdecken aus nicht mehr erreicht werden. Sie müssen außer den Arbeitern auch die notwendigen Werkstoffe und Arbeitsgeräte (Werkzeuge, Maschinen) tragen.

Schutzgerüste

haben die Aufgabe, die am Bau Beschäftigten als

– Fanggerüst (FG) oder

– Dachfanggerüst (DG)

gegen tieferen Absturz zu sichern oder als

– Schutzdach (SD)

Personen, Maschinen usw. vor herabfallenden Gegenständen zu schützen.

Gerüstbauart

Man unterscheidet nach Tragsystem und Ausführungsart:

Tragsystem	Ausführungsart
– Standgerüst (S)	– Leitergerüst (LG)
– Hängegerüst (H)	– Stahlrohr-Kupplungsgerüst (SR)
– Auslegergerüst (A)	– Rahmengerüst (RG)
– Konsolgerüst (K)	– Modulsystem (MS)

Rahmen- und Modulgerüste werden auch unter dem Begriff „Systemgerüst" zusammengefasst.

Systemgerüste bestehen aus vorgefertigten Bauteilen, bei denen die Systemmaße durch fest an den Bauteilen angebrachte Verbindungen festgelegt sind.

> Die Gerüste werden nach Art der Verwendung in Arbeits- und Schutzgerüste unterteilt. Zu den Schutzgerüsten zählen die Fanggerüste, Dachfanggerüste und Schutzdächer.

1 Systemgerüst

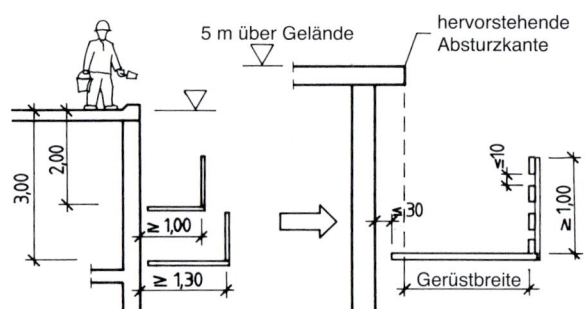

2 Fanggerüste bei Arbeiten ab 5 m über Gelände

Bezeichnung

Die Bezeichnung eines Gerüstes besteht aus Kurzzeichen für den Verwendungszweck und das Tragsystem.

Beispiel:

Gerüst EN 12810 – 4D – SW 09/250 – H2 – B – LS

Gerüst der Lastklasse 4, mit einer Systembreite von 0,90 m bis 1,20 m, einer Feldlänge von 2,50 m und einer Durchgangshöhe von $\geq$ 1,90 m, mit Bekleidung und mit Zugang über Leitern und Treppen.

5.2.2 Einteilung der Arbeitsgerüste nach Lastklassen

Nach DIN EN 12 811-1 werden die Arbeitsgerüste in sechs Lastklassen eingeteilt. Maßgebend für die Zuordnung sind die Mindestbreite der Gerüstbelagfläche und die zulässige Belastbarkeit. Die Belastbarkeit wird als flächenbezogenes Nutzgewicht in kN/m^2 und als Flächenpressung (= Nutzgewicht geteilt durch dessen tatsächliche Grundrissfläche) angegeben.

Die freie Durchgangsbreite auf der Belagfläche muss auch bei der Lagerung von Materialien mindestens 0,20 m betragen.

5 Leitern und Gerüste

Lastklassen/Benennungen

Bei den Lastklassen 1, 2 und 3 darf für die Mindestbreite der Belagfläche die Bordbrettdicke mitgerechnet werden.

Gerüste der **Lastklasse 1** dürfen lediglich für Kontrolltätigkeiten verwendet werden. Dabei darf sich je Gerüstfeld höchstens eine Person aufhalten. Materiallagerungen sind nicht zulässig.

Gerüste der **Lastklasse 2** dürfen nur für Arbeiten verwendet werden, die keine Materiallagerung erfordern, z. B. bei Malerarbeiten.

Gerüste der **Lastklasse 3** eignen sich für Arbeiten, bei denen Baustoffe in geringem Umfang gelagert werden müssen, z. B. bei Putzarbeiten.

Gerüste der **Lastklassen 4, 5 und 6** können für Arbeiten eingesetzt werden, bei denen Baustoffe und Bauteile auf dem Gerüst abgesetzt werden müssen, z. B. bei Fliesen- und Naturwerksteinarbeiten.

Last-klasse	Gleich-mäßig verteilte Last q_1 kN/m²	Auf einer Fläche von 500 mm × 500 mm konzentrierte Last F_1 kN	Auf einer Fläche von 200 mm × 200 mm konzentrierte Last F_2 kN
1	0,75	1,50	1,00
2	1,50	1,50	1,00
3	2,00	1,50	1,00
4	3,00	3,00	1,00
5	4,50	3,00	1,00
6	6,00	3,00	1,00

Verkehrslasten auf Gerüsten

Nach ihrer Belastbarkeit werden Arbeitsgerüste in sechs Klassen unterteilt. Das zulässige Nutzgewicht und die Flächenpressung dürfen nicht überschritten werden.

5.2.3 Gerüstbaustelle

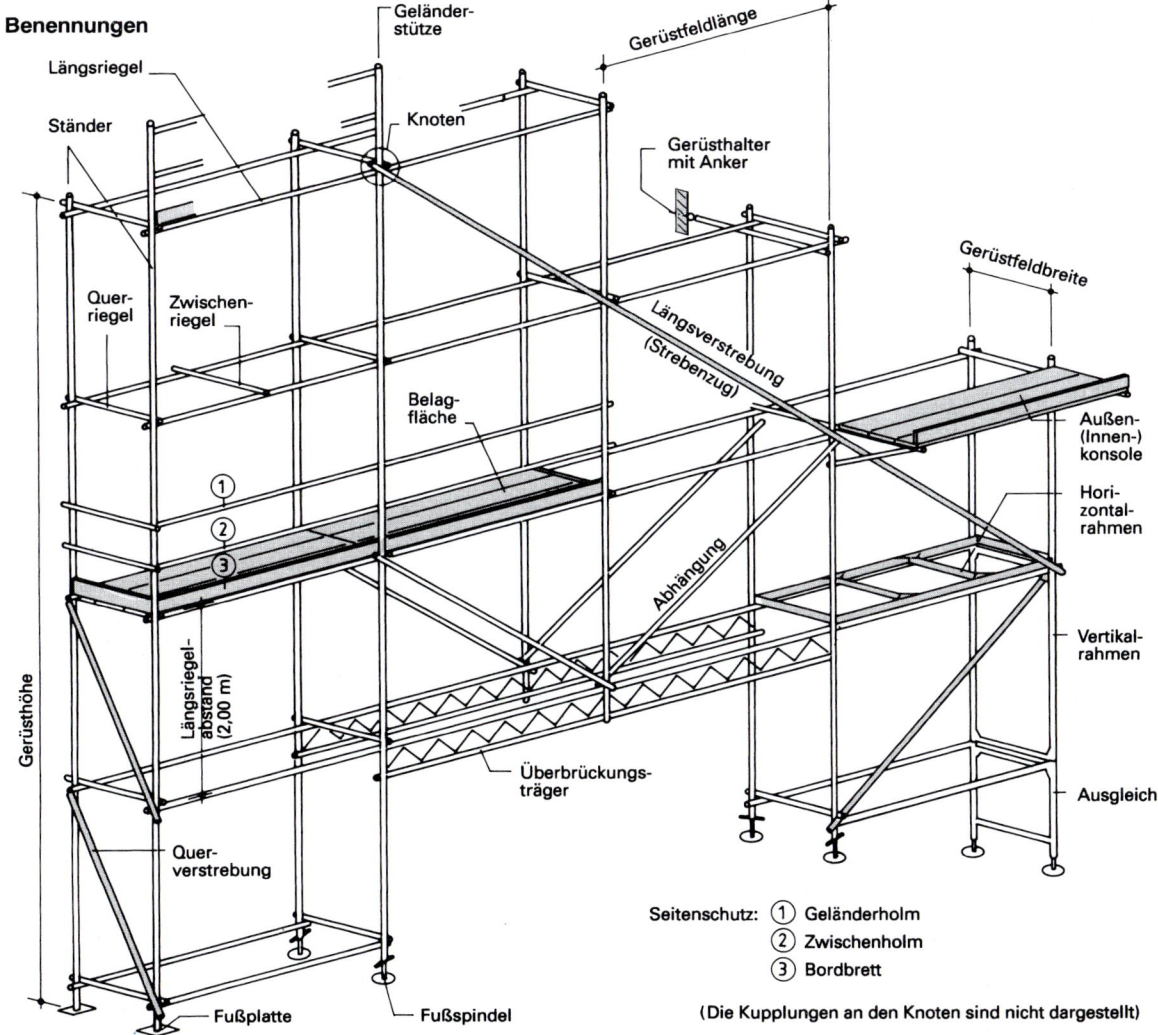

Benennungen

Geländerstütze
Gerüstfeldlänge
Längsriegel
Knoten
Ständer
Gerüsthalter mit Anker
Gerüstfeldbreite
Querriegel
Zwischenriegel
Längsverstrebung (Strebenzug)
Belagfläche
Außen-(Innen-)konsole
Horizontalrahmen
① ② ③
Abhängung
Vertikalrahmen
Gerüsthöhe
Längsriegelabstand (2,00 m)
Überbrückungsträger
Ausgleich
Querverstrebung
Fußplatte
Fußspindel

Seitenschutz: ① Geländerholm
② Zwischenholm
③ Bordbrett

(Die Kupplungen an den Knoten sind nicht dargestellt)

1 Beispiel: Fassadengerüst als Standgerüst

5.2.4 Ausführung

Werkstoffe für Gerüste

Gerüste und Gerüstbauteile können aus den Werkstoffen Holz, Stahl oder Aluminium bestehen.

Gerüstbauteile aus Holz

Holzbauteile müssen mindestens der Sortierklasse S 10 oder MS 10 entsprechen.

Gerüstbretter und Gerüstbohlen sowie Teile des Seitenschutzes müssen mindestens 3 cm dick und vollkantig sein. An ihren Enden dürfen sie nicht aufgerissen sein.

Gerüstbelag

Jede benutzte Gerüstlage muss voll ausgelegt sein. Die Belagteile sind so dicht aneinander zu verlegen, dass sie weder wippen noch ausweichen können. Bei Gerüstbohlen müssen unter dem Stoß entweder zwei Querriegel liegen oder die Gerüstbohlen müssen sich beidseitig des Querriegels mindestens 20 cm überdecken.

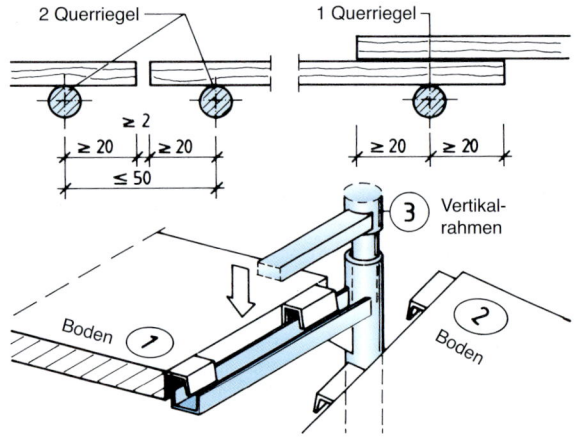

1 Auflagerung von Gerüstbohlen, Böden oder Rahmentafeln

Seitenschutz

Gerüste, deren Belag mehr als 2 m über dem Boden liegt, müssen an der Außenseite einen Seitenschutz erhalten. Bei Gerüsten, die mehr als 30 cm vom Gebäude entfernt sind, ist auch an der Innenseite ein Seitenschutz erforderlich. Außerdem ist ein Seitenschutz an den Enden eines Gerüstbelags, z. B. an den Stirnseiten von Gerüsten, anzuordnen.

Der Seitenschutz wird dreiteilig, bestehend aus Geländerholm, Zwischenholm und Bordbrett, ausgebildet. Der lichte Abstand zwischen den Bauteilen darf nicht größer als 47 cm sein. Die Oberkante des Geländerholmes muss mindestens 1 m, die Oberkante des Bordbrettes mindestens 10 cm über dem Gerüstbelag liegen.

> Gerüste, deren Gerüstbelag mehr als 2 m über dem Boden liegt, müssen einen Seitenschutz erhalten.

Geforderte Nennwanddicke von Gerüstbauteilen aus Stahl und Aluminium:

Gerüstbauteil / Material	Stahl mm	Aluminium mm
tragend	2	2,5
Seitenschutz	1,5	2
mit Kupplungen	3,2	4

Brett- bzw. Bohlen-breite in cm	Last-klasse	Brett- bzw. Bohlendicke in cm				
		3,0	3,5	4,0	4,5	5,0
		größte Stützweite in m				
20	1, 2, 3	1,25	1,50	1,45	2,25	2,50
24 und 28		1,25	1,75	2,25	2,50	2,75
20	4	1,25	1,50	1,75	2,25	2,50
24 und 28		1,25	1,75	2,00	2,25	2,50
20, 24, 28	5	1,25	1,25	1,50	1,75	2,00
20, 24, 28	6	1,00	1,25	1,25	1,50	1,75

Zulässige Stützweiten für Gerüstbeläge aus Holzbrettern und -bohlen

> Belagteile sind so zu verlegen, dass sie weder wippen noch ausweichen können.

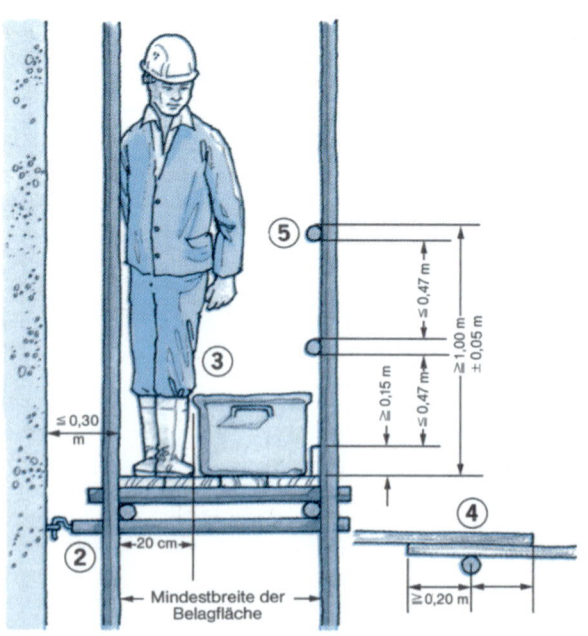

2 Seitenschutz

Aussteifung

Gerüste müssen alle Lasten sicher ableiten können. Dazu müssen sie ausgesteift werden. Dies geschieht je nach Gerüstbauart durch Diagonalen, Rahmen und Verankerungen.

Verstrebungen durch Diagonalen müssen an den Kreuzungspunkten mit den vertikalen Traggliedern (Ständern) oder den horizontalen Traggliedern (Längs- und Querriegeln) verbunden werden. Verstrebungen zur Gerüstaussteifung werden über die gesamte Gerüstlänge und -höhe als Strebenkreuze oder Strebenzüge angeordnet, wobei jeder Strebenzug höchstens fünf Gerüstfelder übergreifen darf. Erst die Verstrebung gibt diesen Gerüsten die erforderliche Steifigkeit. Diese Verstrebungen dürfen erst beim endgültigen Abbau des Gerüstes und abgestimmt auf ihn entfernt werden.

Verankerung

Alle Gerüste, die frei stehend nicht standsicher sind, müssen am Gebäude verankert werden. Die Verankerungen (Gerüsthalter) werden an den Knoten (z. B. Kreuzungspunkte Ständer–Längsriegel–Querriegel) angebracht. Die Abstände der Verankerungspunkte richten sich nach der statischen Berechnung. Für Gerüste in Regelausführung werden die Höchstabstände angegeben.

Verankerungen dürfen nur an standsicheren und festen Bauteilen angebracht werden. Dies sind in der Regel Deckenscheiben, Stützen und Mauerscheiben. Befestigungen an Schneefanggittern, Blitzableitern, Dachrinnen, nicht tragfähigen Fensterpfeilern oder Fensterbrüstungen und dergleichen sind nicht zulässig.

> Gerüste müssen ausgesteift sein, um alle auf sie einwirkenden Lasten sicher ableiten zu können. Dies geschieht durch Diagonalen, Rahmen und Verankerungen.

5.2.5 Regelausführungen für Gerüste

Unter dem Begriff „Regelausführung" ist die Konstruktion von Gerüsten nach vorgeschriebenen Regeln zu verstehen. Diese Regeln sind in DIN EN 12811 festgelegt. Für Regelgerüste gilt der Nachweis der Standsicherheit und der Brauchbarkeit als erbracht.

Für Systemgerüste (Modul- und Rahmengerüste) gilt die in der bauaufsichtlichen Zulassung beschriebene Ausführung als Regelausführung.

Gerüste ohne Regelausführung werden statisch berechnet und nach Ausführungsplänen erstellt.

Für den Fliesenleger ist nach wie vor das Bockgerüst die wichtigste Bauart. Daneben gewinnen jedoch modernere Bauarten wie Fahrgerüste und Systemgerüste immer mehr an Bedeutung.

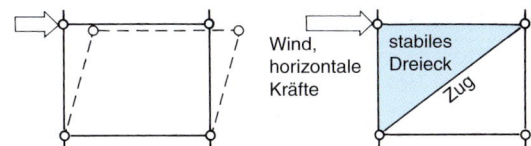

1 Aussteifung durch stabile Dreiecke

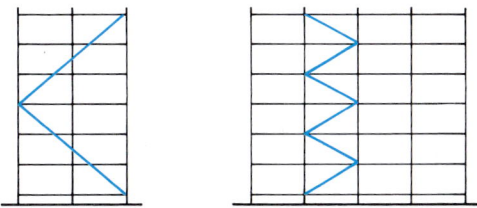

2 Gegenläufiger Strebenzug   3 Turmartige Anordnung

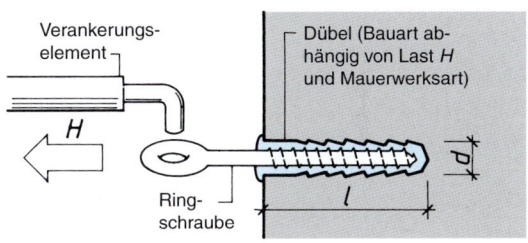

4 Verankerung im Mauerwerk

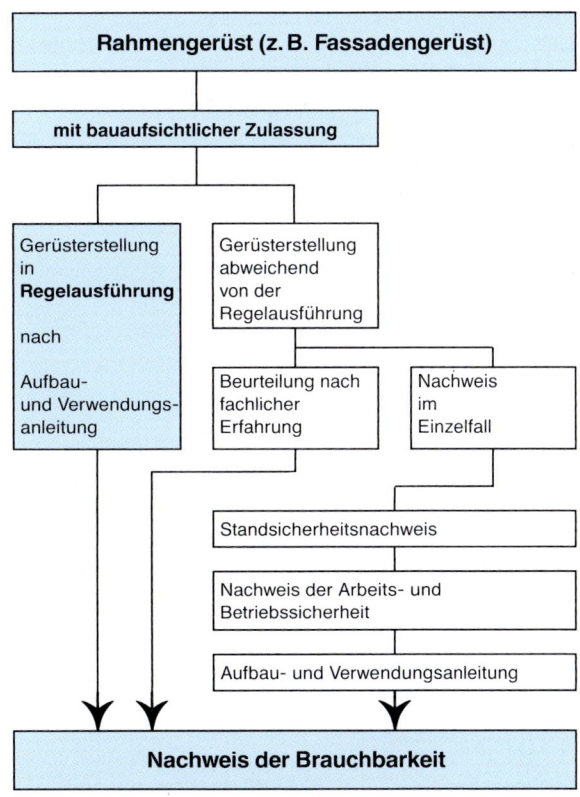

5 Nachweis der Brauchbarkeit bei Regelausführung und bei abweichender Ausführung

5.2.6 Bockgerüst

Für Bockgerüste können entweder zimmermannsmäßig abgebundene Holzböcke oder stählerne Gerüstböcke verwendet werden.

Für beide Arten gibt es Regelausführungen, die keinen Brauchbarkeitsnachweis benötigen.

Ein hölzerner Gerüstbock mit einer Tragfähigkeit von 800 kg muss der nebenstehenden Abbildung entsprechen.

Die erforderliche Tragfähigkeit der Gerüstböcke richtet sich nach der gewählten Lastklasse, der Belagbreite und dem Abstand der Gerüstböcke (siehe Tabelle).

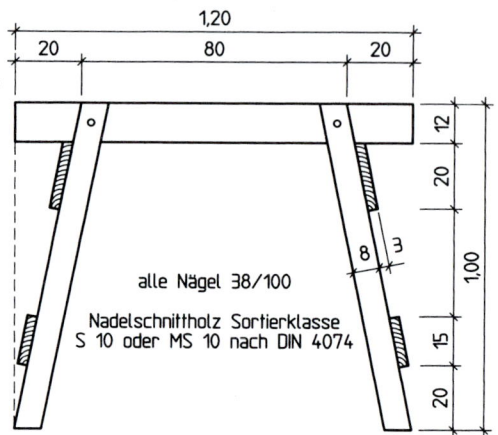

alle Nägel 38/100

Nadelschnittholz Sortierklasse
S 10 oder MS 10 nach DIN 4074

Last-klasse	Belag-breite m	Abstand der Gerüstböcke					
		1,00 m	1,25 m	1,50 m	2,00 m	2,50 m	2,75 m
1…3	0,60	138	173	207	276	345	380
1…3		230	288	345	460	575	633
4	1,00	330	413	495	660	825	908
5		480	600	720	960	1200	1320
6		630	788	945	1260	1575	1733
1…3		345	431	518	690	863	949
4	1,50	495	619	743	990	1238	1361
5		720	900	1080	1440	1800	1980
6		945	1181	1418	1890	2363	2599

Erforderliche Tragfähigkeit der Gerüstböcke

Beispiel:

Für eine Belagarbeit ist die Lastklasse 5 erforderlich. Die Belagbreite soll 1,0 m, der Abstand der Gerüstböcke 1,5 m betragen.

Ergebnis: Die erforderliche Tragkraft ist 720 kg.

Für ein Bockgerüst mit mehreren Böcken nebeneinander muss wegen der beidseitigen Belastung die Tragkraft mit dem „Durchlauffaktor" 1,25 multipliziert werden.

Beim Aufbau von Bockgerüsten ist zu beachten:

• Die Gerüstböcke müssen standsicher sein bis zu einer Belaghöhe von 2,0 m:

 – ohne Verankerung und ohne Verstrebung;

 bis zu einer Belaghöhe von 4,0 m:

 – ohne Verankerung und mit Verstrebung.

• Die Gerüstböcke müssen auf sicherer Unterlage stehen. Bei nachgiebigem Grund sind sie auf Bohlen zu stellen.

• Der Belag darf weder wippen noch ausweichen.

• Er darf nicht mehr als 30 cm über das letzte Auflager hinausragen.

• Bockgerüste mit einer Belaghöhe von > 2,0 m benötigen einen Seitenschutz.

> Bockgerüste müssen ohne Verankerung standsicher sein. Ab einer Belaghöhe von 2 m – bis höchstens 4 m – benötigen sie Verstrebungen und einen Seitenschutz.

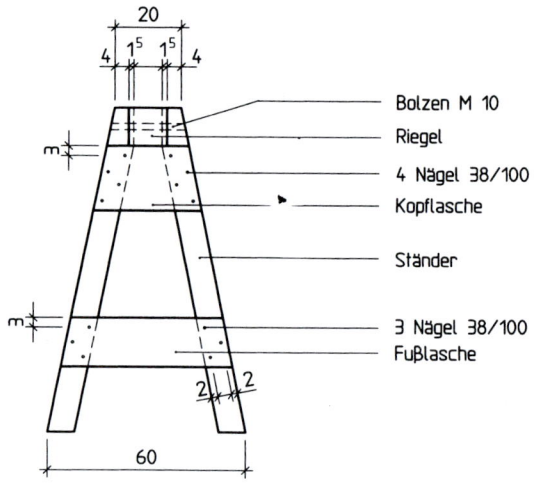

Bolzen M 10
Riegel
4 Nägel 38/100
Kopflasche
Ständer
3 Nägel 38/100
Fußlasche

1 Gerüstbock aus Holz mit einer Tragfähigkeit von 800 kg

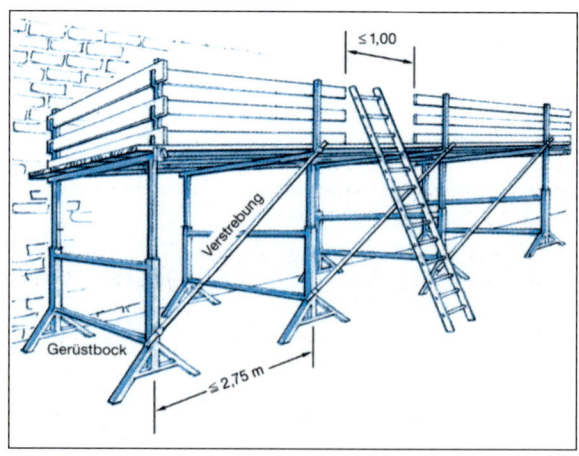

Verstrebung

Gerüstbock

2 Bockgerüst mit stählernen Gerüstböcken

5.2.7 Fahrbare Arbeitsbühne (Fahrgerüst)

Fahrbare Arbeitsbühnen eignen sich besonders zum Anbringen von Wand- und Deckenbekleidungen in hohen Räumen. Sie dürfen nur auf ebenem und festem Untergrund verfahren werden.

Da Fahrgerüste nicht an dem Gebäude verankert werden, muss der Standsicherheit (Sicherheit gegen Kippen) besondere Bedeutung beigemessen werden. Die Standsicherheit von Fahrgerüsten gilt ohne Nachweis als gewährleistet, wenn sie aus Stahlrohren (mit denselben Durchmessern wie bei Stahlrohrkupplungsgerüsten) bestehen und bei der Benutzung im Freien ein Verhältnis Breite : Höhe = 1 : 3, bei Benutzung im Gebäudeinnern ein Verhältnis Breite : Höhe = 1 : 4 aufweisen.

Treppen und Steigleitern müssen innen liegen. Daher benötigt der Gerüstbelag auf jeder Ebene einen (aufklappbaren) Durchstieg.

Die Belaghöhe darf innerhalb von Gebäuden höchstens 12 m betragen – außerhalb von Gebäuden höchstens 8 m.

> Fahrbare Arbeitsbühnen eignen sich besonders zum Anbringen von Wand- und Deckenbekleidungen in hohen Räumen. Sie benötigen feststellbare Rollen und dürfen nur auf ebenem, festem Untergrund verfahren werden.

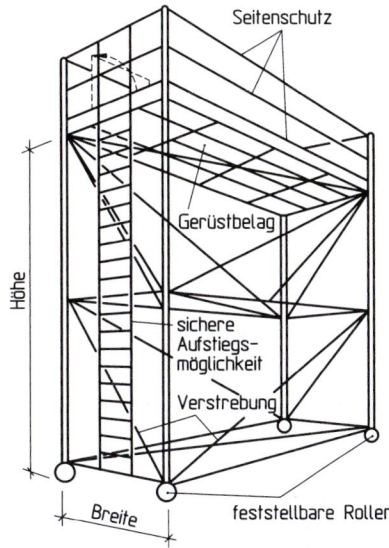

2 Fahrgerüst

5.2.8 Rahmengerüst

Rahmengerüste sind Systemgerüste aus vorgefertigten Bauteilen. Sie finden immer mehr Verwendung im Bauwesen, weil sie sehr einfach und schnell auf- und abzubauen sind. Dies liegt zum einen an der geringen Zahl der verwendeten Elemente, zum anderen an den einfachen, schraubenlosen Verbindungen. Die Elemente können mit äußerst geringem Aufwand kraftschlüssig aufeinander gesteckt oder eingehängt werden.

In der horizontalen Ebene wird der Gerüstbelag als Rahmentafel ausgebildet. In vertikaler Ebene bilden Ständerrahmen die Queraussteifung. In Längsrichtung werden Rahmengerüste in der Regel durch Diagonalverstrebungen oder durch biegesteife Rahmen im Seitenschutz ausgesteift.

3 Stellrahmen und Seitenschutz

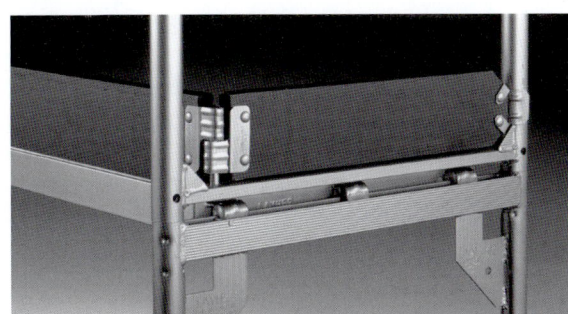

1 Bordbrett

Grundelemente

Zu den Grundelementen gehören:

Gewindefußplatten, Stellrahmen, Geländer, Rahmenböden oder Rahmentafeln als Belag, dazu Bordbretter und Aussteifungsdiagonalen.

Ergänzungselemente

Zur Anpassung an die unterschiedlichen baulichen Verhältnisse gibt es noch eine Reihe von Ergänzungselementen: Querriegel für Zwischenlagen, Gitterträger zum Überbrücken einzelner größerer Spannweiten, zusätzliche Geländerstützen, Seitenschutz für Stirnseiten, Konsolen für Verbreiterungen oder für Schutzdachträger. Neben Rahmentafeln aus Massivholz oder aus phenolharzgetränktem Sperrholz gibt es auch Böden aus Stahl- oder Aluminiumblech – gelocht oder genoppt.

Die Abmessungen von Rahmengerüsten sind nicht festgelegt. Die Norm nennt aber folgende Vorzugsmaße:

Für die Lastklassen 1, 2 und 3

• Belagbreite: mindestens 60 cm
• Länge (Achsabstand): 1,5 bis 3 m (in Schritten)

Für die Lastklassen 4, 5 und 6

• Belagbreite: mindestens 90 cm
• Länge (Achsabstand): 1,5 bis 2,5 m (in Schritten)

• Höhe: mindestens 2 m (von OK Belag bis OK Belag)

Rahmengerüste bestehen aus wenigen Elementen. Sie haben einfache, schraubenlose Verbindungen. Die Auf- und Abbauzeiten werden dadurch sehr kurz.

Ergänzungselemente dienen zur Anpassung an die unterschiedlichen baulichen Verhältnisse.

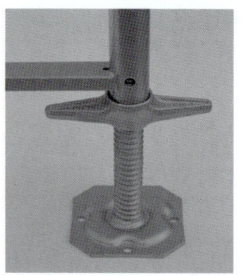

1 Gewindefußplatte – die lange Fußspindel gleicht alle Bodenunebenheiten aus.

2 Sicherung des Geländers

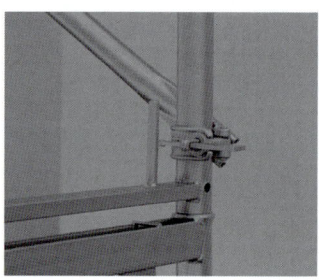

3 Keilkupplung

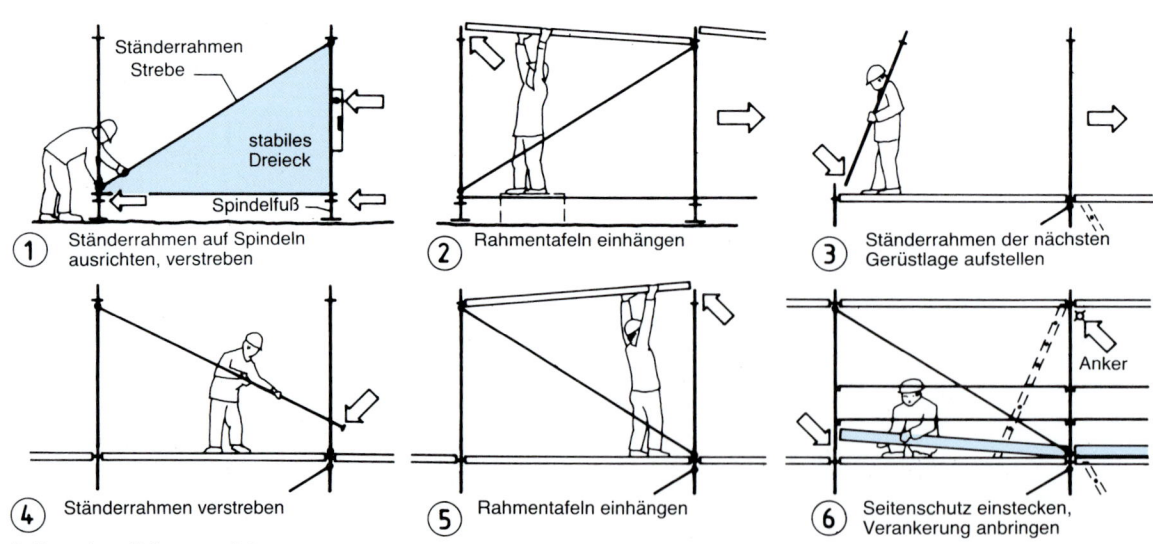

① Ständerrahmen auf Spindeln ausrichten, verstreben

② Rahmentafeln einhängen

③ Ständerrahmen der nächsten Gerüstlage aufstellen

④ Ständerrahmen verstreben

⑤ Rahmentafeln einhängen

⑥ Seitenschutz einstecken, Verankerung anbringen

4 Aufbau eines Rahmengerüsts

5.2.9 Verhaltensregeln für den Aufenthalt auf Gerüsten

Der Aufenthalt auf Arbeitsgerüsten ist mit großen Gefahren verbunden. Die Unfallstatistik beweist, dass viele Bauunfälle auf unachtsames und leichtsinniges Verhalten beim Aufenthalt auf Arbeitsgerüsten zurückzuführen sind.

Zum Schutz der eigenen Gesundheit, aber auch der Gesundheit und des Lebens aller am Bau Beschäftigten müssen folgende Verhaltensregeln eingehalten werden:

1. Jedes Gerüst ist vor dem Betreten zu überprüfen, ob es standsicher ist und ob es einen ordnungsgemäß ausgeführten Seitenschutz hat!

2. Nur mängelfrei ausgeführte Gerüste betreten, da im Falle eines Schadens der Benutzer – nicht der Ersteller – haftet!

3. Nur absolut schwindelfreie Personen dürfen Gerüste betreten!

4. Bei der geringsten Spur von Unsicherheit ist das Gerüst sofort zu verlassen!

5. Auf Gerüsten muss konzentriert und ruhig gearbeitet werden. Hektik und Spontaneitäten sind zu vermeiden!

6. Es dürfen keine unnötigen Schwingungen verursacht werden. Gerüste langsam begehen, auf keinen Fall laufen!

7. Keine unnötigen Werkstoffe und Werkzeuge auf den Gerüsten lagern. Dies führt zu unnötigen Belastungen und verursacht erhöhte Stolpergefahr!

8. Gerüste sind keine Turngeräte! Zur Überwindung der Höhen sind die Leitern zu benutzen! Seilzüge dienen nur dem Transport der Werkstoffe und Werkzeuge – niemals dem Transport von Personen!

9. Kein Alkohol am Arbeitsplatz! Alkoholgenuss auf Gerüsten ist ganz besonders sträflich!

10. Vorsicht ist keine Feigheit und Leichtsinn kein Mut!

Zusammenfassung:

Anlege- und Steigleitern müssen mindestens 1 m über ihren Austritt hinausragen und gegen Einsinken gesichert sein.
Stehleitern müssen durch Spannketten oder -gelenke gegen Auseinandergleiten gesichert sein.
Gerüste benötigen innen liegende Leitern und Durchstiege.
Gerüste werden nach Art ihrer Verwendung in Arbeits- und Schutzgerüste eingeteilt.
Für Arbeitsplätze, die mehr als 5 m über Grund liegen und nicht durch ein Arbeitsgerüst gesichert sind, muss ein Fanggerüst vorgesehen werden.
Arbeitsgerüste werden hinsichtlich ihrer Belastbarkeit in sechs Lastklassen unterteilt.
Gerüste, deren Belag mehr als 2 m über dem Boden liegt, müssen an den Außenseiten einen Seitenschutz erhalten. Dieser besteht aus drei Teilen: dem Geländerholm, Zwischenholm, Bordbrett.
Wird Material auf der Belagfläche gelagert, so ist eine Durchgangsbreite von 20 cm freizuhalten.
Gerüste müssen vorschriftsmäßig ausgesteift und verstrebt sein.
Alle Gerüste, die frei stehend nicht standsicher sind, müssen am Gebäude verankert werden.
Für die wichtigsten Gerüstarten sieht die DIN EN 12811 Regelausführungen vor.
Bockgerüste müssen standsicher sein:
– bis zu einer Höhe von 2 m ohne Seitenschutz und ohne Verstrebung,
– bis zu einer Höhe von 4 m mit Seitenschutz und mit Verstrebung.
Fahrbare Arbeitsbühnen benötigen feststellbare Rollen und dürfen nur auf einem ebenen und festen Untergrund verfahren werden.
Rahmengerüste sind Systemgerüste und bestehen aus wenigen vorgefertigten Elementen. Wegen der einfachen, schraubenlosen Verbindungen lassen sie sich sehr schnell auf- und abbauen.

Aufgaben:

1. Worin besteht der wesentliche Unterschied zwischen Arbeits- und Schutzgerüsten?

2. Nennen Sie die Einteilung der Arbeitsgerüste hinsichtlich ihrer Belastbarkeit.

3. Nennen Sie Gerüste unterschiedlichen Tragsystems.

4. Nennen Sie Gerüste unterschiedlicher Ausführungsart.

5. Erklären Sie die Bedeutung von „Regelausführung".

6. Für welche Gerüste muss ein statischer Nachweis (statische Berechnung) erbracht werden?

7. Welche Gerüste benötigen einen Seitenschutz?

8. Aus welchen Bauteilen muss der Seitenschutz bestehen?

9. Welche Güteanforderungen werden an Gerüstbauteile aus Holz gestellt?

10. Beschreiben Sie den vorschriftsmäßigen Stoß von Gerüstbohlen.

11. Welche Aufgabe erfüllen die Verstrebungen bei Gerüsten?

12. Wie hoch dürfen Bockgerüste ausgeführt werden?

13. Was versteht man unter dem „Durchlauffaktor" bei der Belastbarkeit von Gerüstböcken?

14. Wodurch werden bei Rahmengerüsten die vertikale und die horizontale Aussteifung erzielt?

15. Welche Vorteile besitzen Rahmengerüste gegenüber Stahlrohr-Kupplungsgerüsten?

6.1 Definition – Aufgaben – Anforderungen

Estriche sind gesondert hergestellte Schichten, die als Teil der Fußbodenkonstruktion auf einen tragenden Untergrund oder auf einer zwischenliegenden Trenn- oder Dämmschicht aufgebracht werden und als glatter Untergrund für Bodenbeläge dienen.

Sie werden in der Regel in Räumen verlegt; im Industriebau und in untergeordneten Räumen im Wohnungsbau kann der Estrich den Bodenbelag selbst darstellen.

Kennzeichnend für die Herstellung des Estrichs ist sein Einbringen in plastischem Zustand sowie das Ebnen und Glätten seiner Oberseite als Untergrund für nachfolgenden Bodenbelag. Die Schichtdicke von Estrichen liegt im Allgemeinen zwischen 10 und 80 mm, sie können ein- oder mehrschichtig hergestellt werden.

Bodenbeläge (Fliesen – Platten, Parkett, Textilbeläge, Kunststoffbeläge) bestehen aus Bahnen oder Platten, die die begehbare Fläche eines Fußbodens darstellen. Ihr Verbund mit dem Untergrund wird in der Regel durch Mörtel oder Kleber hergestellt.

> Die Aufgaben des Estrichs im Wohnungsbau liegen im Schall- und Wärmeschutz; im Industriebau dient der Estrich als Bodenbelag mit hoher Tragfähigkeit und Verschleißfestigkeit.

Weitere Anforderungen an Estriche sind mechanische Beanspruchbarkeit, Härte, Trittsicherheit und Abriebfestigkeit.

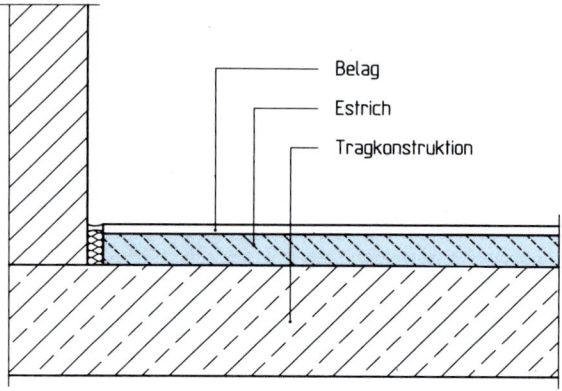

1   **Begriffe**

Anforderungen an Estriche:

Druckfestigkeit: Die Druckfestigkeit ist abhängig von
– Bindemittel – Gesteinskörnung und Kornaufbau,
– Mischungsverhältnis Bindemittel – Gesteinskörnung,
– Wasserzusatz bzw. Lösemittelmenge bei lösemittelhaltigen Kunstharzen,
– Verdichtung und Porigkeit,
– Klima während der Erhärtung, Nachbehandlung,
– Alter des Estrichs.

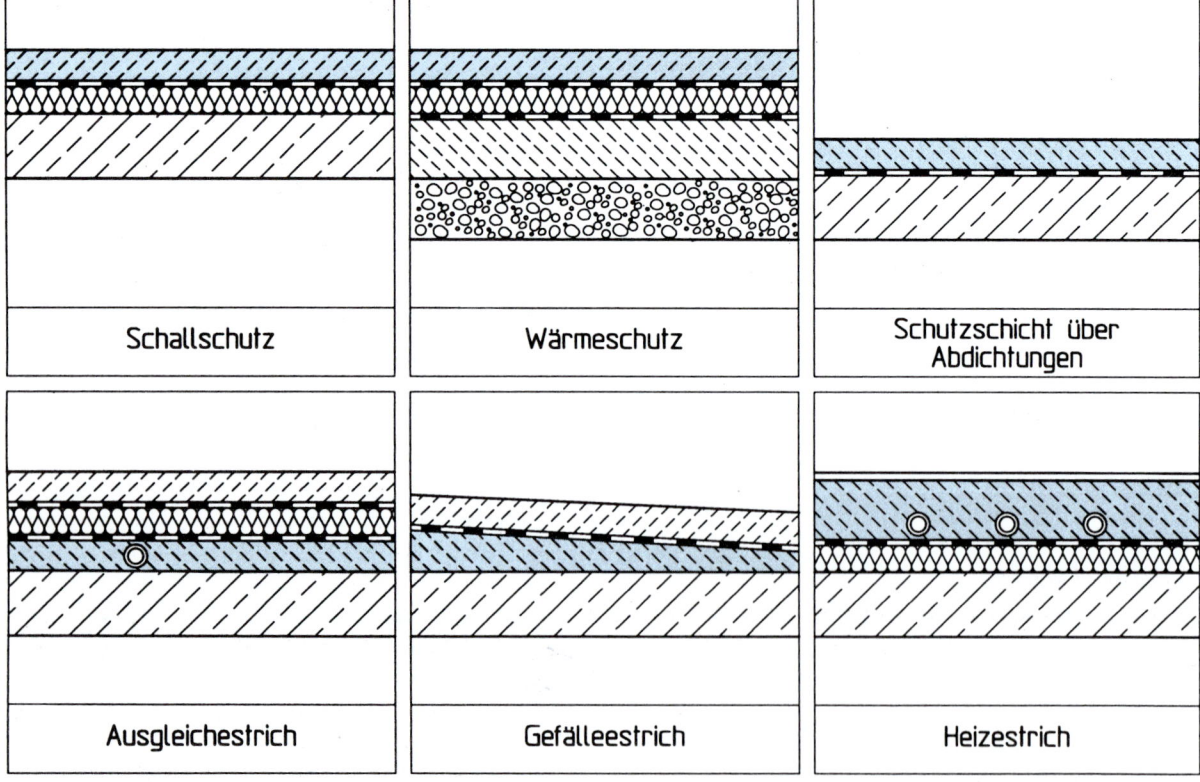

2 **Aufgaben des Estrichs**

Verschleißwiderstand: Ein hoher Verschleißwiderstand gilt als wichtigste Eigenschaft von Industrieestrichen. Er ist von der Widerstandsfähigkeit der Gesteinskörnung, der Einbettung in den Feinmörtel, vom Glätten des Estrichs und einer geeigneten Nachbehandlung abhängig.

Längenänderungen: Da Estriche in relativ dünnen Schichten eingebaut werden, treten Längenänderungen in waagerechter Ebene auf und erfordern eine konstruktive Fugenplanung (Zementestrich).

Verhalten gegen chemische Einflüsse: Estriche können aus unterschiedlichen Bindemitteln (Zement, Gips, Bitumen...) hergestellt werden; damit ist auch ihr Verhalten gegen chemische Einflüsse unterschiedlich zu bewerten.

Beanspruchung durch:	Nicht beständig!
Säuren allgemein aggressive Wässer	zementgebundene Baustoffe magnesiagebundene Baustoffe bitumenhaltige Stoffe mit kalkhaltigen Füllern
Wasser	magnesiagebundene Baustoffe calciumsulfatgebundene Baustoffe
Alkalien (Reinigungsmittel)	magnesiagebundene Baustoffe
Öle und Fette	Asphalt, Bitumen
Lösemittel	Asphalt, Bitumen

6.2 Estrich-Gruppen

Es werden Verbundestriche, Estrich auf Trennschichten, schwimmende Estriche und Trockenunterboden (Fertigteilestriche) unterschieden.

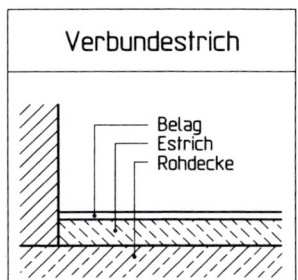
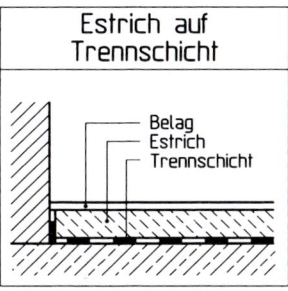
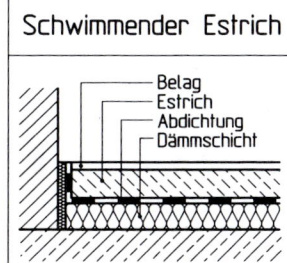
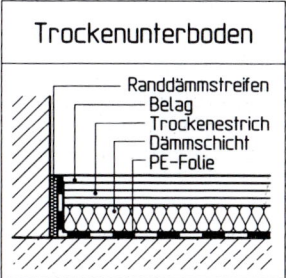

Verwendung der Estrich-Gruppen im Bauwesen:

a) Verbundestrich:

Nutzestrich Kellerböden; im Industriebau; Gefälle- und Ausgleichsschichten.

b) Estrich auf Trennschicht:

Industrieestriche über Abdichtungen, Schutzschichten über Abdichtungen

c) Schwimmender Estrich:

Schall-/Wärmedämmung im Wohnungs-, Schul- und Verwaltungsbau.

d) Trockenunterboden (Fertigteilestrich):

Schall-/Wärmeschutz im Wohnungs-, im Schul- und Verwaltungsbau, in der Altbaumodernisierung.

6.3 Estrich-Arten

6.3.1 Kurzzeichen:

Kurzzeichen für Estrichmörtel werden nach DIN EN 13813 nach dem verwendeten Bindemittel wie folgt gebildet:

- CA Calciumsulfat-Estrich;
- AS Gussasphaltestrich;
- MA Magnesiaestrich;
- SR Kunstharzestrich;
- CT Zementestrich.

Beispiel:

Den Kurzzeichen ist die Druckfestigkeit C und die Biegezugfestigkeit F anzufügen.

Bezeichnung nach DIN

EN 13813 AS – CT – C 25 – F4

$\triangleq$ Zementestrich mit Druckfestigkeit $\geq$ 25 N/mm^2 und Biegezugfestigkeit $\geq$ 4 N/mm^2.

Die deklarierten Werte dürfen um max. 10 % unterschritten werden!

Druckfestigkeitsklassen für Estrichmörtel

Klassen	C5	C7	C12	C16	C20	C25	C30	C35	C40	C50	C60	C70	C80
Druckfestigkeit in N/mm²	5	7	12	16	20	25	30	35	40	50	60	70	80

Biegezugfestigkeitsklassen für Estrichmörtel

Klassen	F1	F2	F3	F4	F5	F6	F7	F10	F15	F20	F30	F40	F50
Biegezugfestigkeit in N/mm²	1	2	3	4	5	6	7	10	15	20	30	40	50

Für Gussasphaltestrichmörtel muss die Eindringtiefe vom Hersteller deklariert werden. Die Eindringtiefe ist an Würfeln oder an Platten zu bestimmen.

Härteklassen an Würfeln – aufgebrachte Last 525 N – Eindringtiefe in Einheiten von 0,1 mm

Härteklassen / Prüfbedingungen	ICH10	IC10	IC15	IC40	IC100
(22 ± 1) °C, 100 mm², 5 h	≤ 10	≤ 10	≤ 15	–	–
(40 ± 1) °C, 100 mm², 2 h	≤ 20	≤ 40	≤ 60	–	–
(40 ± 1) °C, 500 mm², 0,5 h	–	–	–	15 bis 40	40 bis 100

Härteklassen an Platten – aufgebrachte Last 525 N – Eindringtiefe in Einheiten von 0,1 mm

Härteklassen / Prüfbedingungen	IP10	IP12	IP30	IP70
(40 ± 1) °C, 100 mm², 31 Minuten	≤ 10	≤ 12	10 bis 30	≤ 70

Beispiel:

EN 13813 AS – IC10

⊿ Gussasphaltestrich mit Eindringtiefenklasse IC 10 (Härte an Würfeln)

EN 13 813 AS – IP10

⊿ Gussasphaltestrich mit Eindringtiefenklasse IP 10 (Härte an Platten)

Übersicht Estricharten:

6.3.2 Zementestriche (CT)

Zementestrich besteht aus Zement als Bindemittel, mineralischer Gesteinskörnung – Korngruppe 0/8 für 4 cm dicke Estriche, Korngruppe 0/16 für Estriche über 4 cm Dicke – und Anmachwasser. Durch Zusätze, wie z. B. Kunstharz und Bitumen, können verbesserte Eigenschaften erzielt werden. Durch einfache Herstellung, große Festigkeit sowie seine Verwandtschaft zur Betontechnologie – Stahlbewehrung möglich – ist er der im Wohnungsbau am weitesten verbreitete Estrich.

Die hohen **Längenänderungen** des Zementestrichs erfordern eine konstruktive Fugenplanung, um Risse zu vermeiden. Der Estrich sollte in Abständen von nicht mehr als 6 m, im Freien nicht mehr als 3,5 m durch Fugen unterteilt werden; die dadurch entstehenden Estrichfelder sollten nach Möglichkeit quadratisch sein. Der Estrich ist immer in möglichst gleichmäßiger Dicke auszubilden, die Estrichtemperatur sollte drei Tage mindestens 5 °C betragen. Anschließend ist er 7 Tage feucht zu halten (z. B. durch Abdecken mit einer Folie). Damit wird die Festigkeitsentwicklung unterstützt und die Belastbarkeit verbessert.

Zementestriche mit mineralischen Gesteinskörnungen und Kunstharzzusätzen

Zu den Ausgangsstoffen des Zementestrichs kommen „Kunstharzdispersionen" hinzu. Die Zusätze betragen meist 5 bis 20 Massen-%, bezogen auf den Zement. Durch den Kunstharzzusatz können wichtige Eigenschaften des Zementestrichs verändert werden:

– bessere Verarbeitbarkeit,

– die Haftfestigkeit am Untergrund wird verbessert,

– die Rissneigung und die Sprödigkeit werden verringert.

Zementestriche mit mineralischen Gesteinskörnungen und Bitumenzusatz

Durch den Zusatz von „Bitumenemulsion" zu den Ausgangsstoffen des Zementestrichs können ebenfalls Eigenschaften des Zementestrichs verändert werden:

– bessere Verarbeitbarkeit,

– höhere Frühfestigkeit, dadurch frühere Begehbarkeit,

– erhöhte Endfestigkeit.

6.3.3 Calciumsulfat-Estrich (CA)

Zur Herstellung wird natürlicher Anhydrit (wörtlich „ohne Wasser") aus wasserfreiem Calciumsulfat ($CaSO_4$) mit einem geringen Zusatz von PZ oder Kalk als Anreger verwendet. Neben Naturanhydrit wird heute vor allem synthetischer Anhydrit – ein Nebenprodukt der Flusssäureherstellung – und Anhydrit aus Abgasentschwefelungsanlagen verwendet. Calciumsulfat-Estrich soll unbehindert austrocknen können und darf einer dauernden Feuchtigkeitsbeanspruchung nicht ausgesetzt werden. Bei Anwendung in Feuchträumen werden Abdichtungsmaßnahmen erforderlich (siehe Kapitel 10). Er wird jedoch im Trockenbereich immer mehr anstelle von Zementestrich eingesetzt, vor allem weil er

– schneller erhärtet und daher früher belast- und begehbar ist,
– praktisch spannungsfrei erhärtet, sodass auch sehr große Flächen nicht in Felder unterteilt werden müssen,
– keine Bewehrung benötigt.

6.3.4 Gussasphaltestrich (AS)

Gussasphaltestrich besteht aus Bitumen, Gesteinskörnung (Sand, Splitt) und Füllstoffen.

Da er bei Temperaturen von 210 bis 250 °C eingebaut wird, kann er nur auf hitzebeständigen Trenn-, Dämm- und Dichtungslagen aufgebracht werden.

Gussasphaltestrich zeichnet sich durch seine sehr schnelle Belastbarkeit aus; von Nachteil ist jedoch das plastische Verhalten bei Einwirkung von Punktlasten, die mehr oder weniger in den Estrich eindringen. Er kann in Räumen und im Freien verwendet werden. Im Freien müssen im Gegensatz zu Räumen Trennfugen mit Abständen von 6 bis 8 m angeordnet werden.

Unter Gussasphaltestrichen dürfen nur Dämmstoffe verlegt werden, deren Zusammendrückbarkeit höchstens 3 mm betragen darf.

Beläge dürfen nicht mit lösemittelhaltigen Klebern verlegt werden!

6.3.5 Magnesiaestrich (MA)

Magnesiaestrich zeichnet sich durch geringes Gewicht, verhältnismäßig geringe Wärmeleitfähigkeit und Verhinderung elektrostatischer Aufladung aus. Nachteil für das Aufbringen von Bodenbelägen ist die relativ hohe Feuchtigkeit des Magnesiaestrichs. Fugenabstände betragen 8 bis 10 m. Bei Anwesenheit von Wasser wirkt der Mörtel korrosionsfördernd.

6.3.6 Kunstharzestrich (SR)

Kunstharzestrich wird aus Reaktionsharz (Epoxidharz) und Füllstoffen aus mineralischen bzw. synthetischen Gesteinskörnungen hergestellt.

Die Estrichnenndicke beträgt mind. 5 mm, zur Ausführung kommen Dicken zwischen 8 und 15 mm, im Sanierungsbereich kann die Dicke vergrößert werden.

Mit diesem Estrich kann auf wirtschaftliche Weise eine hohe mechanische Beanspruchbarkeit bei gleichzeitig guter chemischer Widerstandsfähigkeit erzielt werden.

	Zementestrich	Calciumsulfat-Estrich	Gussasphaltestrich
Begehbarkeit	nach 3 Tagen	nach 3 Tagen	nach 2 Stunden
Belegbarkeit mit keramischem Belagmaterial oder Naturstein	nach Erreichen der Belegreife: max. 2,0 M.-% Feuchtigkeit	nach Erreichen der Belegreife: max. 0,5 M.-% Feuchtigkeit	2…4 Stunden nach Abkühlung

6.3.7 Hochbeanspruchbare Estriche DIN 18560-7

Diese Norm gilt für direkt genutzte Gussasphaltestriche, Kunstharzestriche, Magnesiaestriche und zementgebundene Hartstoffestriche.

Ausführung:

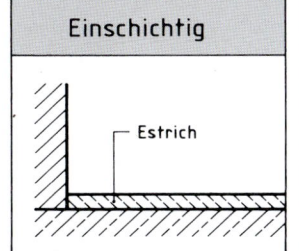
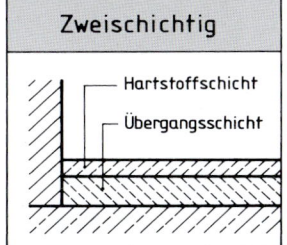

Beispiel: Zementgebundener Hartstoffestrich

Zementgebundener Hartstoffestrich ist unter Verwendung von Hartstoffen nach DIN 1100 herzustellen.

Es ist zu unterscheiden zwischen folgenden Hartstoffgruppen:

A = **a**llgemein: natürliche Gesteinskörung und/oder dichte Schlacke oder Gemische davon mit Stoffen der Hartstoffgruppen M und/oder KS

M = **M**etall

KS = Elektro**k**orund und **S**iliciumcarbid

Hochbeanspruchbare Estriche müssen gegen die mechanische Beanspruchung in der vorgesehenen Beanspruchungsgruppe I–III widerstandsfähig sein.

Beanspruchungsgruppe	Beanspruchung durch Flurförderzeuge Bereifungsart[a], Arbeitsabläufe und Fußgängerverkehr – Beispiele	
I (schwer)	Stahl und Polyamid	Bearbeiten, Schleifen und Kollern von Metallteilen, Absetzen von Gütern mit Metallgabeln, Fußgängerverkehr mit mehr als 1000 Personen je Tag
II (mittel)	Urethan-Elastomer	Schleifen und Kollern von Holz, Papierrollen und Kunststoffteilen
	(Vulkollan) und Gummi	Fußgängerverkehr von 100 bis 1000 Personen/Tag
III (leicht)	Elastik und Luftreifen	Montage auf Tischen, Fußgängerverkehr bis 100 Personen je Tag

[a] Gilt nur für saubere Bereifung. Eingedrückte harte Stoffe und Schmutz auf Reifen erhöhen die Beanspruchung.

6.4 Konstruktiver Aufbau

6.4.1 Verbundestrich

Verbundestriche werden im Wohnungsbau, hauptsächlich als Zementestriche in Nebenräumen, Kellern, Garagen und als Ausgleichsschichten von Rohdecken ausgeführt. Verbundestriche können als unmittelbar begangene **Nutzestriche** oder als Untergrund für Oberbeläge vorgesehen werden. Durch diese Verwendung entstehen unterschiedliche Anforderungen an Ebenheit, Festigkeit und Oberfläche des Verbundestrichs.

Konstruktive Hinweise

Ein Verbundestrich ist ein mit dem tragenden Untergrund verbundener Estrich.

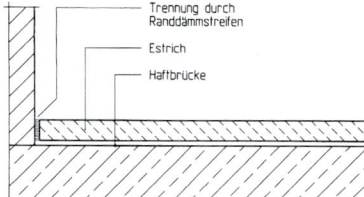

Trennung durch Randdämmstreifen
Estrich
Haftbrücke

1 Verbundestrich

Die Dicke von Verbundestrichen sollte nicht weniger als etwa das Dreifache des Größtkorns der Gesteinskörnung betragen und sollte bei einschichtigem Estrich

– 40 mm bei Gussasphalt- und

– 50 mm bei Calciumsulfat-, Magnesia-, Kunstharz- und Zementestrichen

nicht überschreiten.

> Empfohlene Estrichdicken sind 30 mm bei einschichtigem und 10 bis 15 mm je Einzelschicht bei mehrschichtigem Estrich.

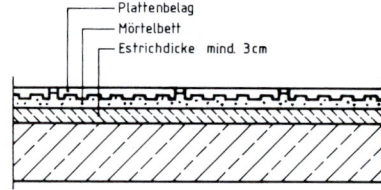

Plattenbelag
Mörtelbett
Estrichdicke mind. 3 cm

2 Verbundestrich

Haftbrücke

Um eine kraftschlüssige Verbindung zwischen Estrich und Untergrund zu gewährleisten, kann eine Haftbrücke notwendig sein. Nach einer geeigneten Untergrundvorbereitung (z. B. Fräsen, Bürsten, Sandstrahlen, Schleifen ...) ergeben Haftbrücken aus Reaktionsharzen oder wasseremulgierbaren Reaktionsharzen einen optimalen Verbund.

Konstruktive Hinweise für CT

Zementestrich soll aus einer Gesteinskörnung ≤ 8 mm, Sieblinie AB hergestellt werden. Auf das Mischen von mind. 3 min im Zwangsmischer ist zu achten. Max. 350 kg Zement pro m³ Fertigmörtel, Wasserzementwert ≤ 0,6, Konsistenz steif (F1) bis plastisch (F2). Durch Verflüssiger kann die Verarbeitbarkeit verbessert werden.

Untergrund:

Der Untergrund von Verbundestrichen muss ausreichend fest (mind. C20/25) und rissfrei, eben sowie möglichst rau sein, um den Verbund zu gewährleisten.

Für die einwandfreie **Haftung** ist die Sauberkeit des Unterbodens von größter Wichtigkeit, verschmutzte Unterböden sind mit Drahtbürsten, rotierenden Bürstenwalzen oder bei Extremfällen mit Dampfstrahlgeräten zu reinigen (Öle und Fette).

Einbau:

Estrich sollte auf die gerade erstarrte bzw. maximal 1 bis 2 Tage alte und feuchte Betonoberfläche aufgetragen werden. Bei trockenem und erhärtetem Untergrund ist 24 Stunden vorher anzunässen. Eine aufgebürstete Zementsandschlämme dient als Haftbrücke.

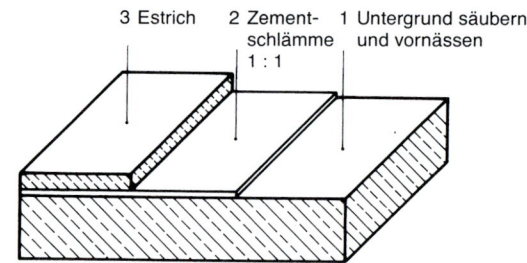

3 Estrich   2 Zement-   1 Untergrund säubern
              schlämme   und vornässen
              1 : 1

3 Verbundestrich auf erhärtetem Untergrund

Auch Kunstharzdispersionen können die Haftung am Untergrund erhöhen, speziell wenn der Untergrund bereits eine Beschichtung, z. B. eine Dichtungsschlämme, aufweist.

Nach dem Einbringen des Mörtels sollte er mit einer Rüttelbohle oder einem Oberflächenrüttler gleichmäßig verdichtet werden, er ist eben abzuziehen und zu glätten. Maßtoleranzen der DIN 18202 sind einzuhalten.

Bauteile/Funktion	Ebenheitstoleranzen in mm bei Abstand der Messpunkte bis				
	0,1 m	1 m¹⁾	4 m¹⁾	10 m¹⁾	15 m
Flächenfertige Böden, z. B. Estriche, Nutzestriche, Estriche zur Aufnahme von Bodenbelägen, Bodenbeläge (Fliesen und Platten)	2	4	10	12	15

¹⁾ Zwischenwerte sind gradlinig einzuschalten und auf mm zu runden

Der fertige Estrich muss mind. 7 Tage vor Austrocknung geschützt werden. Der Zugang zu frisch hergestellten Estrichflächen muss gesperrt werden.

Verbundestrich – Festigkeitsklasse, Härteklasse

Estrichmörtelart	Festigkeitsklasse bzw. Härteklasse nach DIN EN 13813 bei Nutzung	
	mit Belag	ohne Belag
Calciumsulfat-Estrich	≥ C20/F3	≥ C25/F4
Kunstharzestrich	≥ C20/F3	≥ C25/F4
Magnesiaestrich	≥ C20/F3	≥ C25/F4
Zementestrich	≥ C20/F3	≥ C25/F4
Gussasphaltestrich		
– für beheizte Räume	IC10 oder IC15	
– für nicht beheizte Räume und im Freien	IC15 oder IC40	
– für Kühlräume	IC40 oder IC100	

6.4.2 Estrich auf Trennschicht

Zwischen Untergrund und Estrich wird eine Trennschicht angeordnet, damit die beiden Bauteile sich unabhängig voneinander bewegen können. Zur Ausführung kommen zwei Lagen PE-Folie mit einer Dicke von 0,1 mm. Ist eine Abdichtung vorhanden, ist es zweckmäßig, ebenfalls zwei Lagen Trennfolie zu verlegen.

An angrenzenden Bauteilen sind Randdämmstreifen anzuordnen.

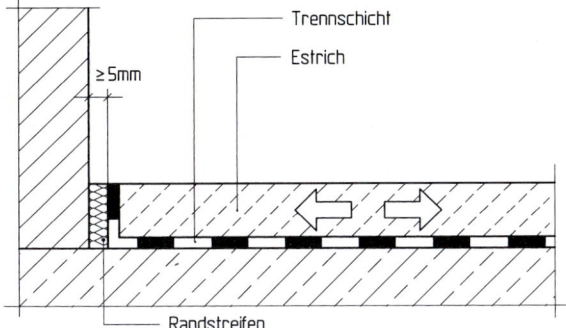

1 Estrich auf Trennschicht

Die Estrichnenndicke sollte bei einschichtigem Estrich
– 15 mm bei Kunstharzestrichen,
– 25 mm bei Gussasphaltestrichen,
– 30 mm bei Calciumsulfat- und Magnesiaestrichen sowie
– 35 mm bei Zementestrichen
nicht unterschreiten.

Estrich auf Trennschicht – Festigkeitsklasse, Härteklasse

Estrichmörtelart	Festigkeitsklasse bzw. Härteklasse nach DIN EN 13813 bei Nutzung	
	mit Belag	ohne Belag
Calciumsulfat-Estrich	≥ F4	≥ F4
Kunstharzestrich	≥ F7	≥ F7
Magnesiaestrich	≥ F4	≥ F7
Zementestrich	≥ F4	≥ F4
Gussasphaltestrich		
– für beheizte Räume	IC10 oder IC15	
– für nicht beheizte Räume und im Freien	IC15 oder IC40	
– für Kühlräume	IC40 oder IC100	

6.4.3 Schwimmender Estrich

Luftschall- und Trittschallschutz sowie Wärmeschutz speziell bei Fußbodenheizungen können durch schwimmende Estriche verbessert werden, sie sind dadurch die am häufigsten vorkommenden Fußbodenkonstruktionen in Gebäuden mit Aufenthaltsräumen. Anders als bei Verbundestrichen muss der auf Dämmstoffen verlegte schwimmende Estrich Lasten aufnehmen, verteilen und wird dadurch wie jede Deckenkonstruktion auf Biegung beansprucht. Dabei werden große Anforderungen an die Estrichfestigkeit gestellt.

Konstruktive Hinweise

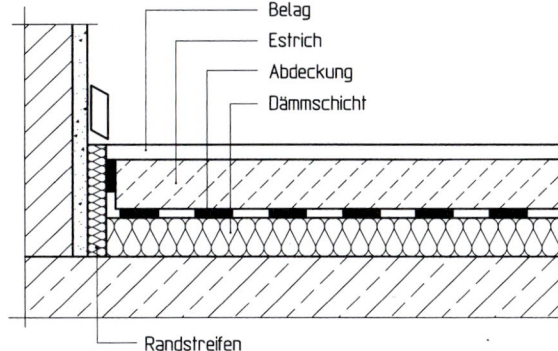

2 Schwimmender Estrich

Die Nenndicke des Estrichs darf unter Stein- und keramischen Belägen 40 mm bei Calciumsulfat-Fließestrichen (CAF) und 45 mm bei anderen Estrichen nicht unterschreiten!

Es darf keine Verbindung zu Wänden oder Deckendurchdringungen entstehen.

Untergrund:

Der Untergrund von schwimmenden Estrichen muss eben und im gesamten Querschnitt ausreichend trocken sein. Besondere Beachtung verlangen Leerrohre für Elektrokabel oder Rohrleitungen auf der Rohdecke. Werden sie im schwimmenden Estrich verlegt, müssen eine Schwächung der Estrichdicke und eine Schallbrücke vermieden werden. Keine Probleme entstehen, wenn die Installationsleitungen in eine Ausgleichsschicht eingebettet werden.

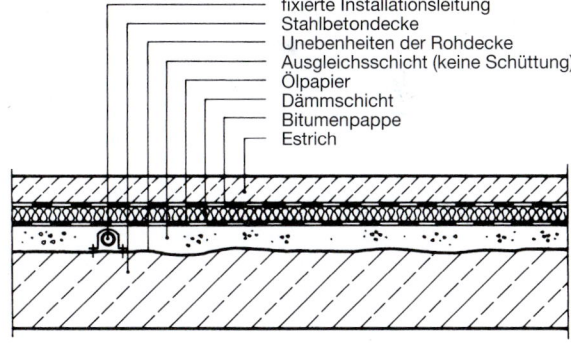

3 Schwimmender Estrich mit Ausgleichsschicht

Möglich ist ein Ausgleichsestrich oder eine lose Schüttung aus leichten verdichtungsfähigen Stoffen (Naturglasgranulat). Sandschüttungen dürfen nicht verwendet werden.

Dämmstoffe:

Die Dicke der Estrichschicht ist abhängig von der Zusammendrückbarkeit der Dämmschicht. Geeignete Dämmstoffe sind in DIN EN 13163 (EPS) – Expandiertes Polystyrol und DIN EN 13162 (MW) – Mineralwolle, genormt.

Die Estrich-Nenndicken sind in Abhängigkeit von der Nutzlast, der Art des Estrichs und der Zusammendrückbarkeit der Dämmschicht zwischen ≤ 3 mm und ≤ 5 mm zu bestimmen.

Bei Gussasphaltestrichen darf die Zusammendrückbarkeit der Dämmschichten nicht mehr als 3 mm betragen.

Dämmmatten werden mit dichten Fugen verlegt, **Dämmplatten** sind im Verbund anzuordnen. Eine Verlegung in zwei Lagen ist dabei einer einlagigen Verlegung vorzuziehen. Dabei müssen die Fugen der unteren Schicht durch die obere Schicht überdeckt werden. An den Wänden und anderen Bauteilen sind Dämmstreifen anzuordnen. Die Dämmschichten werden mit einem wasserundurchlässigen und ausreichend festen bahnartigen Material, z. B. nackte Bitumenbahn mit mind. 100 g/m², Polyethylenfolie von mind. 0,1 mm Dicke, abgedeckt. Die Stöße sind mind. 8 cm zu überlappen. Die Abdeckungen sind weder Dampfsperren noch Abdichtungen gegen Feuchtigkeit! Sie verhindern das Durchfeuchten der Dämmschicht durch das Anmachwasser des Mörtels und unterbinden die Entstehung von „Schallbrücken" durch einlaufenden Estrich in die Dämmschicht.

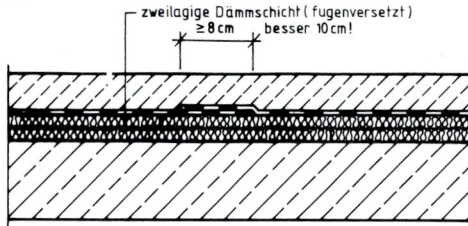

1   Zweilagige Dämmschicht

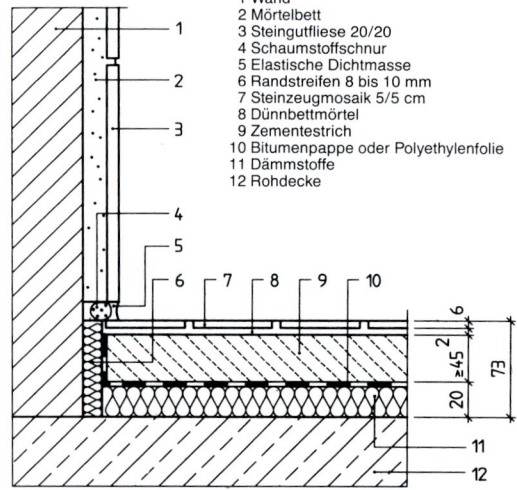

1   Wand
2   Mörtelbett
3   Steingutfliese 20/20
4   Schaumstoffschnur
5   Elastische Dichtmasse
6   Randstreifen 8 bis 10 mm
7   Steinzeugmosaik 5/5 cm
8   Dünnbettmörtel
9   Zementestrich
10 Bitumenpappe oder Polyethylenfolie
11 Dämmstoffe
12 Rohdecke

Detailpunkte schwimmender Estrich – Bodenbelag

a) **Bodenbelag mit Steinzeugmosaik im Dünnbettmörtel auf schwimmendem Estrich mit waagerechter Randfuge. Wandbekleidung mit Steingutfliesen 15/20 ohne Sockel.**

6.4.4   Fugen und Anschlüsse

Schwimmende Estriche und deren Oberbeläge benötigen Bewegungsfugen in folgenden Fällen:

– unter Türen zwischen verschiedenen Räumen,

– bei Versprüngen von Wänden,

– bei Bauwerksfugen aus der Unterkonstruktion.

Bei zweilagigem Aufbau ist eine Kombination günstig, bei welcher die härtere Dämmschicht oben angeordnet wird: erste Lage aus Mineralfaserdämmplatten – zweite Lage eine PS-Trittschalldämmplatte oder eine PS-Hartschaumplatte.

Daraus ergibt sich bei Dämmschichtdicken > 30 mm (unter Belastung) eine Estrichnenndicke ≥ 45 mm.

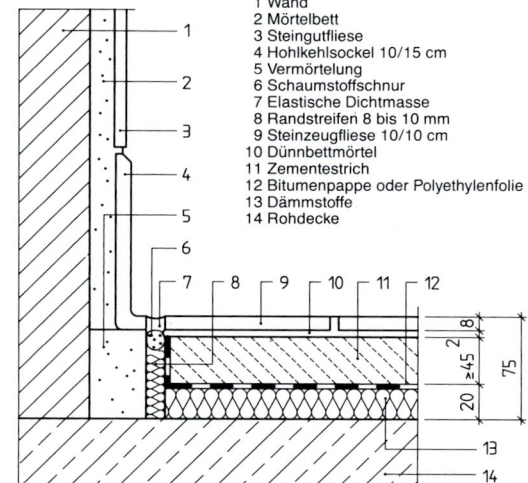

1   Wand
2   Mörtelbett
3   Steingutfliese
4   Hohlkehlsockel 10/15 cm
5   Vermörtelung
6   Schaumstoffschnur
7   Elastische Dichtmasse
8   Randstreifen 8 bis 10 mm
9   Steinzeugfliese 10/10 cm
10 Dünnbettmörtel
11 Zementestrich
12 Bitumenpappe oder Polyethylenfolie
13 Dämmstoffe
14 Rohdecke

b) **Bodenbelag mit Steinzeugfliesen 10/10 im Dünnbettmörtel auf schwimmendem Estrich mit senkrechter Randfuge gegen Hohlkehlsockel. Wandbelag mit Steingutfliesen.**

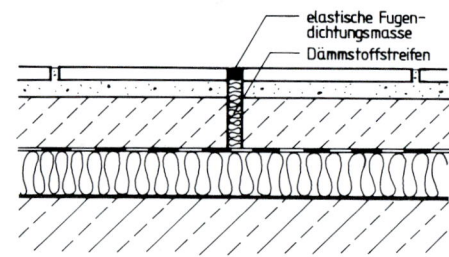

3   Ausbildung einer Bewegungsfuge

Dabei soll die Fläche von Zementestrichen nicht größer als 40 m² sein, die größte Seitenlänge darf 8 m nicht überschreiten, Feldbegrenzungs- und Randfugen im Estrich dürfen nicht überdeckt werden. Sie sind offen zu lassen, mit weichen unverrottbaren Stoffen vorzufüllen und mit elastischen Dichtungsmassen zu schließen. Bei stark beanspruchten Böden sind an Bewegungsfugen besondere Maßnahmen (Fugenprofile) erforderlich.

Randanschlüsse und Durchdringungen müssen sorgfältig ausgeführt werden – Schallbrücken sind unbedingt zu vermeiden.

Beim zementgebundenen Estrich müssen aufgrund des materialbedingten Schwindens bei großen Flächen und gegliederten Grundrissen Schnitt- bzw. Scheinfugen angeordnet werden.

Scheinfugen (angeschnittene Fugen) sind keine Bewegungsfugen, sondern Sollbruchstellen. Sie trennen den Estrichquerschnitt als Verlegeuntergrund nur bis ⅓ oder ½ seiner Höhe und werden in der Regel durch Einschneiden des frischen Estrichmörtels hergestellt. Diese Fugen dienen der Aufnahme der baustoffbedingten Schwindung des Estrichs. Sie sollen nicht diagonal angeordnet werden.

Sie bleiben offen und werden (ebenso wie aufgetretene Risse) frühestens 28 Tage nach Herstellung des Estrichs kraftschlüssig mit Kunstharz geschlossen und ggf. zusätzlich verdübelt. So behandelte „Fugen" werden bei der Herstellung der Bodenbeläge nicht berücksichtigt.

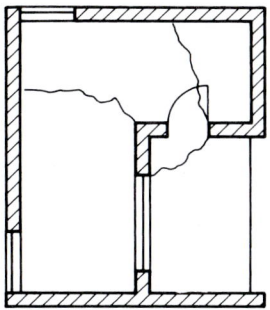 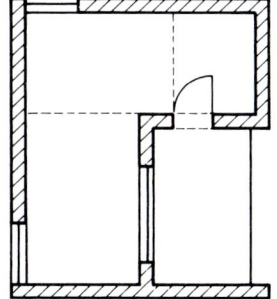

| 1 | Schwindrisse bei Estrich ohne Fugenteilung | 2 | Geplante Fugenteilung |

Beim Verbundestrich > 50 mm ist es zweckmäßig, nach etwa zwei Tagen Scheinfugen maschinell in den Estrich einzuschneiden.

Für das nachträgliche Schließen der Scheinfugen mit Reaktionsharz ist eine Fugenbreite von 5...8 mm notwendig.

6.4.5 Fertigteilestrich – Trockenunterboden

Fertigteilestrich ist eine Estrichart, die aus vorgefertigten kraftübertragenden miteinander verbundenen Platten (faserverstärkten Gips- oder Spanplatten) besteht.

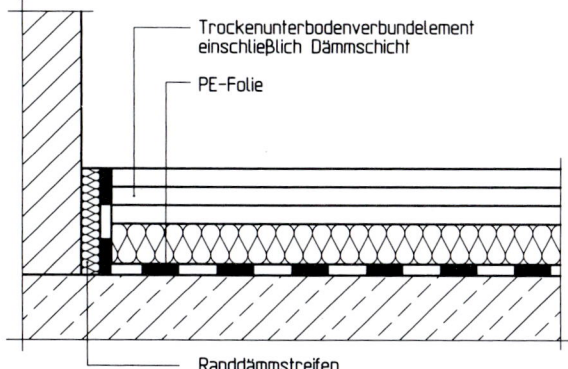

Trockenunterbodenverbundelement einschließlich Dämmschicht
PE-Folie
Randdämmstreifen

3   Fertigteilestrich

Da durch den trockenen Einbau keinerlei Baufeuchte entsteht, müssen für nachfolgende Arbeiten keine Wartefristen berücksichtigt werden. Vor dem Verlegen müssen Unebenheiten in der tragenden Konstruktion durch Trockenschüttungen (Perlite) ausgeglichen werden.

6.4.6 Fließestrich

Eine Weiterentwicklung im Estrich-Einbau ist der pumpfähige Fließestrich, auch Nivellierestrich genannt, da er von selbst eine glatte waagerechte Oberfläche bildet. Als Bindemittel wird häufig Calciumsulfat mit Anregern verwendet, dem Verflüssiger, Wasser und Gesteinskörnung zugemischt werden.

4   Herstellung von Fließestrich

Nach Einbringen des Estrichs muss innerhalb von 30 Minuten die Fläche längs und quer mit einer Schwabbelstange durchgearbeitet werden. Der Estrich darf nicht bei Temperaturen unter +5 °C, bezogen auf den Fußboden, eingebaut werden. Zugluft und direkte Sonnenbestrahlung sind in den ersten zwei Tagen zu vermeiden, anschließend ist für gute Be- und Entlüftung zu sorgen.

Eigenschaften:

Der Calciumsulfat-Fließestrich (CAF) erreicht ein höheres Festigkeitsniveau bei guter Volumenstabilität – fugenlose Ausführung großer Flächen möglich! Die Estrichoberfläche kann meist schon nach 24 Stunden begangen, nach weiteren 3 Tagen normal belastet werden. Gute Ebenflächigkeit bei hoher Verlegeleistung ergänzt die Eigenschaften.

Oberfläche:

Vor dem Aufbringen eines keramischen Belags oder einer sonstigen Nutzschicht ist die Oberfläche des Estrichs grundsätzlich anzuschleifen und abzusaugen, außer bei anderslautenden Herstellerangaben.

Es wird empfohlen, dies zwischen dem 7. und 9. Tag zu tun, weil sich dann die Austrocknungszeit deutlich verkürzen lässt (Belegreife = max. 0,5 Massen-% Feuchtigkeitsgehalt).

Zeitgemäße Beschichtungssysteme bieten Schutz vor Feuchtigkeit und Belag in einem. Grundlage ist ein lösemittelfreies Zweikomponenten-Epoxidharz, das in zwei Arbeitsgängen – Imprägnierung (Komponenten) und Beschichtung (Komponenten mit Quarzsand bis 4 mm) – aufgebracht wird. Optische Effekte lassen sich durch Einstreuen von Farbchips in die Beschichtung erzielen.

6.4.7 Estrichschäden

Risse und Hohlstellen in Zementestrichen können mit Reaktionsharzen saniert werden.

Die Risse werden mechanisch verbreitert, sodass dünnflüssiges Reaktionsharz eingefüllt werden kann (1).

Zusätzlich kann quer zum Riss der Estrich auf etwa ⅔ der Estrichdicke eingeschnitten und verfüllt werden (2) bzw. kann der Riss im Rissbereich auf ca. ⅔ der Dicke aufgebohrt, vergossen und damit verdübelt werden (3).

Bei Hohlstellen wird die Schadstelle schachbrettartig angebohrt (Injektions- und Entlüftungslöcher) und Injektionsharz eingepresst, um damit die Hohlräume auszufüllen.

Zu schnelles Austrocknen in der oberen Estrichrandzone führt zu Aufwölbungen im Randbereich. Hier kann nur mit besonderen Schutzmaßnahmen – Feuchthalten – Abdecken, Überwachung der Luftfeuchte – dieses „Aufschüsseln" verhindert werden.

1 Sanierung von Rissen

Aufgaben:

1. Erklären Sie den Begriff „Estrich".
2. Skizzieren Sie die vier Konstruktionssysteme und geben Sie je eine Verwendung im Bauwesen an.
3. Welche Anforderungen werden an Estriche gestellt? Nennen Sie drei.
4. Wie können Längenänderungen des Zementestrichs konstruktiv vermieden werden?
5. Erklären Sie folgende Kurzzeichen: „A, M, KS".
6. Welche Eigenschaften des Zementestrichs können durch mineralische Gesteinskörnungen und Kunstharzzusätze verbessert werden? Nennen Sie drei.
7. Erklären Sie den Begriff Hartstoffestrich, nennen Sie zwei Eigenschaften.
8. Welchen Nachteil hat Calciumsulfat-Estrich?
9. Welche Anforderungen sind an den Untergrund bei Einbau eines Verbundestrichs zu stellen? Nennen Sie drei.
10. Beschreiben Sie Einbau und Nachbehandlung des Verbundestrichs.
11. Warum muss die Dämmschicht beim schwimmenden Estrich von der Estrichschicht durch eine Abdeckung getrennt werden?
12. Skizzieren Sie den Wandanschluss eines schwimmenden Estrichs: Steinzeugfliesen 10/10 im Mörtelbett verlegt, Hohlkehlsockel 10/15, Zementestrich 45 mm, Wandverkleidung mit Steinzeugfliesen im Mörtelbett.
13. In welchen drei Fällen muss bei einem schwimmenden Estrich konstruktive Fugenteilung vorgenommen werden?
14. Warum werden Estriche auf Trennschicht als Konstruktion verwendet?

Zusammenfassung:

> Estriche sind Teile der Fußbodenkonstruktion und dienen als glatter Untergrund für Bodenbeläge.
>
> Hohe Druckfestigkeit und Verschleißwiderstand sind positive Eigenschaften, auftretende Längenänderungen erfordern eine konstruktive Fugenplanung (Zementestrich).
>
> Es werden Verbundestriche, Estriche auf Trennschicht, schwimmende Estriche und Trockenunterboden (Fertigteilestriche) als Konstruktionssysteme unterschieden.
>
> Nach den verwendeten Bindemitteln bezeichnet man Estriche als Zementestrich, Calciumsulfat-Estrich, Magnesiaestrich, Kunstharzestrich und Gussasphaltestrich.
>
> Verbundestriche sind Nutzestriche, dienen als Gefälle- und Ausgleichsschichten und benötigen einen guten Haftverbund mit dem Untergrund.
>
> Bei Estrich auf Trennschicht können sich Untergrund und Estrich unabhängig voneinander bewegen.
>
> Mit einer auf Dämmschicht schwimmend verlegten Estrichkonstruktion kann Luftschall- und Trittschallschutz von Rohdecken verbessert werden.

6.5 Zementgebundener zweischichtiger Hartstoffestrich

Zweischichtiger zementgebundener Hartstoffestrich ist in der Regel durch Aufbringen der Hartstoffschicht auf die noch nicht erstarrte Übergangsschicht herzustellen (Frisch-auf-frisch-Verfahren). Bei Schichtdicken von mindestens 10 mm darf die Hartstoffschicht unter Verwendung einer Haftbrücke auch auf die erstarrte Übergangsschicht aufgebracht werden.

6.6 Zementgebundener einschichtiger Hartstoffestrich

Einschichtiger zementgebundener Hartstoffestrich ist als Verbundestrich auf dem Tragbeton auszuführen. Dabei ist die Hartstoffschicht auf den erstarrenden oder noch frischen Tragbeton oder unter Verwendung einer Haftbrücke auf den erstarrten Tragbeton aufzubringen.

7.1 Keramik

Als Keramik werden Produkte bezeichnet, die aus **Ton** hergestellt und anschließend gebrannt werden.

Der Fliesenleger verarbeitet die **Baukeramik** (Fliesen und Platten).

Die Herstellung und Verarbeitung keramischer Produkte hat eine sehr lange Tradition. Gebrauchskeramik wurde schon etwa 6000 v. Chr. gefertigt. Auch das **Glasieren** war schon etwa 4000 v. Chr. bekannt.

Die Kunst der Keramikherstellung kam aus Ägypten, Persien, Arabien über Spanien, Italien, Holland und England schließlich auch nach Deutschland.

Die früher ausschließlich handwerklich hergestellte Keramik ist zur Massenware geworden und wird in großen Stückzahlen billiger und in gleichbleibender Qualität hergestellt.

Auch heute aber tragen die keramischen Erzeugnisse zur Verschönerung des Lebensraumes des Menschen bei.

1   Bedruckte Fliesen, Spanien, 18. Jahrhundert

7.1.1 Einteilung der keramischen Erzeugnisse

– nach den **Werkstoffeigenschaften:**

hohe Wasseraufnahme		niedrige Wasseraufnahme	
• Scherben porös • offene Poren • nicht frostbeständig • dumpfer Klang		• Scherben dicht • geschlossene Poren • frostbeständig • heller Klang	
Feinkeramik	Grobkeramik	Feinkeramik	Gorbkeramik
• Scherben feinkörnig • Formgebung trocken	• Scherben grobkörnig • Formgebung weich (plastisch)	• Scherben feinkörnig • Formgebung trocken	• Scherben grobkörnig • Formgebung weich (plastisch)
• Steingutgeschirr • Sanitärkeramik • Blumentöpfe • Blumenvasen • Ofenkacheln	• Mauerziegel • Dachziegel • Schamotte • Blumentöpfe • Ofenkacheln	• Steinzeuggeschirr • Sanitärkeramik • Porzellan • Isolatoren • Feinsteinzeug	• Trennwandsteine • Steinzeugrohre • Bodenklinkerplatten (Ausnahme: Formgebung trocken)
• Steingutfliesen	• Ziegelplatten	• Steinzeugfliesen	• Spaltplatten

– nach **Formgebung** und **Wasseraufnahme**:
  (Einteilung nach der europäischen Norm EN 14411)

Formgebung \ Wasseraufnahme(E) in Gew.-%	niedrige Wasseraufnahme	mittlere Wasseraufnahme		hohe Wasseraufnahme
	E 3% Gruppe **I**	3 % E 6 % Gruppe **IIa**	6 % E 10 % Gruppe **IIb**	E 10 % Gruppe **III**
stranggepresste Platten (Formgebung **A**)	Gruppe A I	Gruppe A IIa Spaltplatten	Gruppe A IIb	Gruppe A III
trocken gepresste Fliesen und Platten (Formgebung **B**)	Gruppe B Ia, B Ib Steinzeug	Gruppe B IIa	Gruppe B IIb	Gruppe B III Steingut
nach anderen Verfahren hergestellte Fliesen und Platten (Formgebung **C**)	Gruppe C I	Gruppe C IIa	Gruppe CIIb	Gruppe CIII

7.2 Trocken gepresste keramische Fliesen und Platten (Feinkeramik)

Die europäische Norm EN 14411 gilt sowohl für das Steingutmaterial B III als auch für das Steinzeugmaterial B I$_a$ und B I$_b$.

7.2.1 Trocken gepresste keramische Fliesen und Platten mit hoher Wasseraufnahme (Steingut)

Diese Fliesen sind gekennzeichnet durch einen feinkörnigen, kristallinen, porösen Scherben mit einer Wasseraufnahme von mehr als 10 Gew.-%.

Der Scherben von **Steingutfliesen** ist gekennzeichnet durch einen Hellbezugswert von mindestens 0,5 (dies entspricht einem Weißgehalt von mindestens 50 %).

Steingutfliesen werden in der Regel bei Temperaturen über 1000 °C gebrannt.

Der Scherben von **Irdengutfliesen** ist farbig. Irdengutfliesen werden in der Regel bei Temperaturen von 900 bis 1000 °C gebrannt.

a) Rohstoffe:

Für die Herstellung von feinkeramischen Fliesen mit hoher Wasseraufnahme werden anorganische nichtmetallische Rohstoffe, insbesondere Tone, Kaoline und Quarze verwendet.

– Ton: Grundstoff
  Ton entstand durch Verwitterung von Feldspaten.
  Ton in reinster Form = Kaolin (weiß)
  Ton verunreinigt durch Sande = Lehm
  Anteil am Gesamtgemisch: ca. 50 %

– Quarz: Magerungsmittel
  Verhindert das übermäßige Schwinden.
  Anteil am Gesamtgemisch: ca. 45 %

– Feldspat: Flussmittel
  Ermöglicht die Sinterung der Rohstoffe
  (Sinterung = Zusammenbackung durch Anschmelzen).
  Anteil am Gesamtgemisch: ca. 5 %

Die Eigenschaften der feinkeramischen Fliesen werden durch den prozentualen Anteil der Rohstoffe am Gesamtgemisch bestimmt (vgl. Kap. 7.2.2).

Ton, Quarz und Feldspat kommen in der Natur in großen Mengen vor. Die Rohstoffversorgung gilt für die Zukunft als gesichert.

b) Herstellung:

In der Grafik ist das Herstellungsverfahren dargestellt (Abb. 1).

Die angelieferten **Rohstoffe werden aufbereitet,** d. h., sie werden gebrochen, zerkleinert und in Nassmühlen gemahlen. Es entsteht eine nasse Masse mit etwa 60 % Wassergehalt. Dieser Masse wird im Sprühturm bei einer Temperatur bis ca. 573 K (ca. 300 °C) nochmals Wasser entzogen, es entsteht pressfertige, **pulverförmige Rohmasse** mit einem Wassergehalt von ca. 6 % (eine völlig getrocknete Rohmasse würde in der Presse nicht die gewünschte Form behalten).

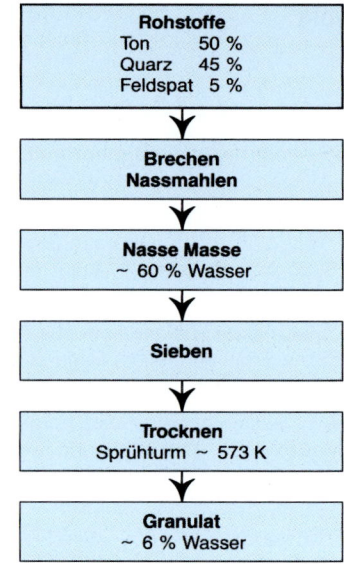

1   Rohstoffaufbereitung

Die körnige Rohmasse (Granulat) wird in **Stempelpressen** mit einem Druck von ca. 40 MN/m^2 (400 kp/cm^2) in die gewünschte Form gebracht.

Die **Rohlinge** werden kontrolliert und in einem Trockenofen bei 150 °C **getrocknet.** Hierbei wird dem Rohling die Restfeuchtigkeit entzogen, um Schwindrisse und Verformungen zu vermeiden.

Anschließend folgt das **Brennen** im Rollenofen. Die Brenntemperatur beträgt ca. 1373 K (ca. 1100 °C), wobei das Ansteigen der Temperatur bzw. das Abkühlen langsam erfolgt, um Scherbenrisse zu verhindern. Diesen ersten Brand bezeichnet man als **Schrühbrand,** der Scherben wird als **Schrühscherben** bezeichnet. Die Schrühscherben werden mittels Aufspritzen der Glasurmasse oder im Schleierverfahren **glasiert.**

Für die Herstellung der Glasur werden folgende Rohstoffe verwendet:

– Quarz,

– Flussmittel (Feldspat, Soda, Borax),

– eventuell Kreide,

– Bleioxid, Zinkoxid (durchscheinende Glasuren),

– Zinnoxid, Zinkoxid (deckende Glasuren).

Herstellung der Glasur:

– Mischen der Rohstoffe,

– Schmelzen der Rohstoffe bei 1250 bis 1500 °C,

– Abschrecken der Schmelzmasse im Wasser (es entsteht die sogenannte „Fritte"),

– Zusatz von Metalloxiden und Flussmitteln,

– Pulverisierung der Masse in der Trockenmühle,

– Aufbereitung mit Wasser zu einer gießfähigen Glasurmasse.

Beim Aufbringen der Glasurmasse auf die Fliesen wird das Wasser der Glasurmasse vom Fliesenscherben aufgesaugt.

Fliesen mit angetrockneter Glasur werden bei einer Temperatur von ca. 1273 K (ca. 1000 °C) das zweite Mal gebrannt. Bei diesem Glasurbrand wird die Glasurmasse flüssig und verbindet sich mit dem Scherben. Auch beim Glasurbrand ist das langsame Ansteigen der Temperatur bzw. langsame Abkühlen wichtig, da eine rasche Temperaturänderung Glasurrisse verursachen würde.

Lassen es Art und Dekor der Glasur zu, wird das **Einbrandverfahren** angewandt.

Dabei werden die Steingutfliesen nur einmal gebrannt (Schrühbrand und Glasurbrand erfolgen gleichzeitig), die Brenndauer wird durch den Einsatz von Rollenöfen auf ca. 1 Stunde reduziert. Die Fliesen werden nicht mehr auf schweren Wagen gestapelt, sondern durchlaufen einzeln, auf Rollen flach liegend, den **Rollenofen.**

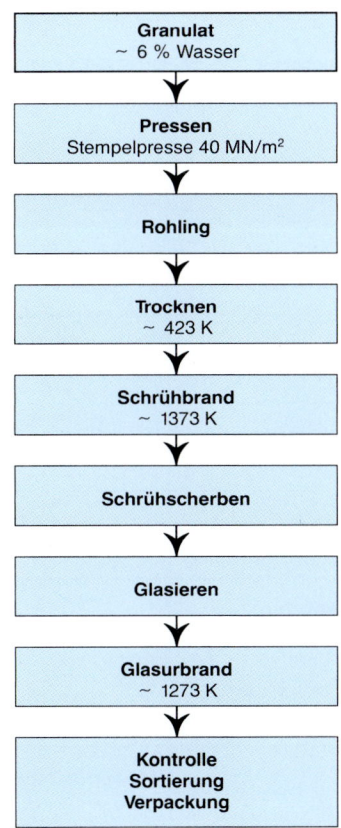

1   Fertigung

Anschließend werden die nun fertiggestellten Fliesen auf Beschädigungen, Risse, Unregelmäßigkeiten und Farbunterschiede kontrolliert, sortiert, gekennzeichnet und verpackt.

2   Dekorierung von Fliesen mit dem Siebdruckverfahren

3   Glasieren von Fliesen mit dem Schleierverfahren

c) Arten:

Die Unterteilung der Steingutfliesen erfolgt vorwiegend nach der Glasurart.

– Weiß- und **Elfenbein-Fliesen:**

Glasur farblos, transparent,
Farbe durch den Farbton des Scherbens gegeben.

– Majolika-Fliesen:

Glasur farbig, transparent oder deckend.

(Die Majolika-Fliesen kamen ursprünglich aus Mallorca, daher die Bezeichnung.)

– Unifliesen:

Einfarbige Glasur. Früher wurden die Steingutfliesen fast ausschließlich als Unifliesen hergestellt.

– Dekorfliesen:

Muster, oft mehrfarbig, mittels verschiedener Techniken wie Siebdruck, Abziehbild, handbemalt, unter der Glasur aufgetragen.

Die glasierte Oberfläche kann glänzend, halbmatt oder matt (abhängig von der Glasurmasse), eben, profiliert, wellig (durch die Pressform gegeben) oder auf andere Weise gestaltet sein.

– Formstücke:

Zubehörteile der Wandverkleidungen, z. B. Seifenschalen, Papierhalter, Handtuchhalter. Aufwendige Herstellung, da die Formstücke nicht gepresst, sondern in Gipsformen gegossen werden (Herstellungsverfahren C).

d) Formen und Maße:

Wie aus der Tabelle ersichtlich, sind nur rechtwinklige Fliesen genormt.

Die Maße rechtwinkliger Fliesen mit einer Ansichtsfläche von 90 cm^2 und kleiner sowie die Maße von Sockelfliesen sind nicht genormt. Für diese gelten die angegebenen Werkmaße.

Es werden folgende Maße unterschieden:

– **Nennmaß (N)**	Maß zur Beschreibung einer Fliese oder Platte, Angabe in cm
– **Werkmaß (W)**	Das für die Herstellung vorgesehene Maß, Angabe in mm
– **Istmaß**	Maß einer Fliese, das bei der Prüfung tatsächlich gemessen wird, Angabe in mm
– **Koordinie-rungsmaß (C)**	Werkmaß (W) + Fuge (J), Angabe in mm
– **Modulare Maße**	Maße auf der Grundlage von M (M = 100 mm), 2M, 3M und 5M sowie deren Vielfache und Teilbare

Verwendet man Fliesen im Modulmaß, können Verlegeflächen im cm-Raster geplant werden. Wand- und Bodenflächen mit durchlaufenden Fugen lassen sich leichter einteilen – Reststreifen können vermieden werden.

Beispiele für Vorzugsmaße:

Modulare Vorzugsmaße	Nicht modulare Maße
Koordinerungsmaß (C) cm	Nennmaß (N) cm
M 30 × 30	40 × 40
M 30 × 15	33 × 33
M 25 × 25	30 × 30
M 20 × 20	21,6 × 10,8
M 20 × 15	20 × 40
M 15 × 15	15,2 × 15,2
M 10 × 10	15,2 × 7,6

e) Güteanforderungen:

Die EN ISO-Normen schreiben die Anforderungen an **Maße** und **Oberflächenbeschaffenheit** (nur für die 1. Sorte!) sowie die **physikalischen und chemischen Eigenschaften** vor (gilt für 1. Sorte und MS-Sortierung!).

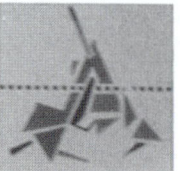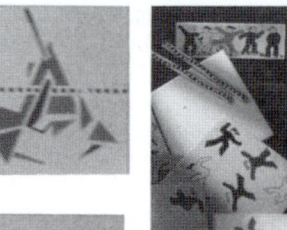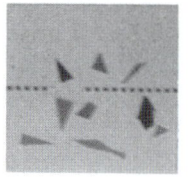

1   Dekorfliesen (Beispiele)

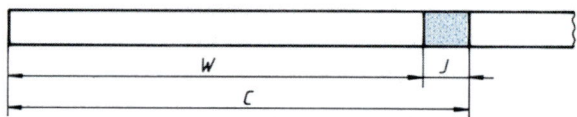

2   Koordinierungsmaß (C) = Werkmaß (W) + Fuge (J)

Anforderungen	Abweichung
Länge und Breite Abweichung in % (W)	$l \leq 12$ cm ± 0,5
Dicke Abweichung in % (W)	± 10
Geradheit der Kanten Abweichung in % (W)	± 0,3
Rechtwinkligkeit Abweichung in % (W)	± 0,5
Ebenflächigkeit Abweichung in % Mittelwölbung (W) Diagonale Kantenwölbung (W) Windschiefe (W)	 10,5 10,5 ± 0,5
Oberflächenbeschaffenheit	frei von sichtbaren Fehlern, die das Aussehen einer größeren Fliesenfläche beeinträchtigen: mind. 95 %
Biegefestigkeit in N/mm^2	$d \leq 7,5$ mm 15 $d > 7,5$ mm 12
Wasseraufnahme in Gewichts-%	im Mittel 10

– **Linearer Wärmeausdehnungskoeffizient**
Prüfverfahren vorhanden max. 9 × 10

Weitere Anforderungen:

– **Temperaturwechselbeständigkeit**

– **Widerstand gegen Glasurrisse**

– **Beständigkeit** (der Glasur) **gegen Fleckenbildner**

– **Beständigkeit** (der Glasur) **gegen Haushaltschemikalien**

– **Beständigkeit** (der Glasur) **gegen Säuren und Laugen**, außer gegen Flusssäure und deren Verbindungen (wenn vereinbart!)

Die Fliesen werden laufend stichprobenartig auf die oben aufgeführten Eigenschaften geprüft.

Die Probenahme, Anzahl der Proben (Stückzahl der Fliesen), das Prüfverfahren sowie die Auswertung sind durch EN-ISO-Normen festgelegt.

f) Sortierung/Kennzeichnung/Bezeichnung:

Die Qualität der Steingutfliesen wird durch einen **Stempel** auf der Rückseite bzw. einen **farbigen Aufdruck** auf der Verpackung angegeben.

Hinweis: Unter Mindersortierung (MS) versteht man verlegbare Fliesen mit größeren Maßabweichungen bzw. mit erkennbaren Mängeln der Fliesenoberfläche.

Fliesen und Platten werden nach folgendem Beispiel bezeichnet:

Trocken gepresste Fliese und Platte, EN 14411, Anhang L B III M 20 × 20 cm (W 197 mm × 197 mm × 8 mm) GL

g) Verwendung:

Glasierte feinkeramische Fliesen mit hoher Wasseraufnahme sind geeignet zur Herstellung von hygienischen, feuchtigkeitsbeständigen, widerstandsfähigen, leicht zu reinigenden und zu desinfizierenden Belägen im **Innenbereich von Gebäuden** (ohne Frostbeanspruchung).

Trocken gepresste Fliesen mit hoher Wasseraufnahme (Steingutfliesen) haben einen porösen, nicht widerstandsfähigen Scherben, der immer durch eine Glasur geschützt werden muss.

Die Herstellung erfolgt nach den in der feinkeramischen Industrie üblichen Verfahren (trockene Formgebung, Einbrand- bzw. Zweibrandverfahren).

Steingutfliesen können nur in Innenräumen, vorwiegend als Wandbelag, verwendet werden.

7.2.2 Trocken gepresste keramische Fliesen und Platten mit niedriger Wasseraufnahme (Steinzeug)

Unglasierte und glasierte Steinzeugfliesen sind gekennzeichnet durch einen feinkörnigen, kristallinen, dichtgesinterten Scherben mit folgender Wasseraufnahme: Gruppe B I_a ≤ 0,5 Gew.-% und Gruppe B I_b 0,5 Gew.-% bis ≤ 3 Gew.-%. Die unglasierten und glasierten Steinzeugfliesen werden hauptsächlich als Bodenfliesen verwendet.

a) Rohstoffe:

Für die Herstellung von feinkeramischen Fliesen mit niedriger Wasseraufnahme werden anorganische, nichtmetallische Rohstoffe, insbesondere Tone, Quarze und Feldspate, verwendet.

Der prozentuale Anteil von Feldspat liegt wesentlich höher als bei den Steingutfliesen. Dadurch wird eine Sinterung und Verdichtung des Scherbens bewirkt.

Prozentualer Anteil am Gesamtgemisch:

– Ton: 60 %

– Quarz: 20 %

– Feldspat: 20 %

b) Herstellung:

Das Herstellungsverfahren für **glasierte Steinzeugfliesen** entspricht im Wesentlichen dem Herstellungsverfahren der glasierten Steingutfliesen. Die glasierten Steinzeugfliesen werden aber nur **einmal gebrannt**, d. h., Schrühbrand (Scherben) ist gleichzeitig auch Glasurbrand (Glasur). Die Brenntemperatur liegt etwas höher als bei Steingutfliesen. Dadurch wird eine vollständigere Sinterung erreicht.

Eine andere Art des Glasurauftrags stellt das „Firestream"-Verfahren dar. Hierbei wird die Glasurmasse auf den glühenden Scherben aufgetragen. Sie verbindet sich mit diesem zu einer homogenen Schicht, die besonders widerstandsfähig gegen Oberflächenverschleiß ist.

Die **unglasierten Steinzeugfliesen** werden genauso hergestellt, allerdings ohne Auftrag der Glasurmasse.

c) Arten:

Die Steinzeugfliesen werden unterteilt in:

– **unglasierte Steinzeugfliesen**

Sehr widerstandsfähig durch den dichten, gesinterten Scherben. Scherben oder Oberflächen von unglasierten Steinzeugfliesen sind einfarbig (uni), mehrfarbig, geflammt oder porphyriert. Die Oberfläche kann eben oder verschiedenartig profiliert sein.

– Feinsteinzeug

„Feinsteinzeug" besteht aus fein aufbereiteten Rohstoffen (jeweils etwa ein Drittel Ton, Quarz und Feldspat), welche bei Temperaturen bis zu 1250 °C gebrannt werden. Der Scherben ist vollständig durchgesintert; die niedrigsten Werte für die **Wasseraufnahme** betragen nur **0,05 Massen-%**. Feinsteinzeug ist extrem frostbeständig, hat eine sehr hohe Ritzhärte (gängige Angaben: Härte 8) und ist dadurch für stark beanspruchte Bodenbeläge bestens geeignet.

Die Formatgröße reicht bis zu 60 × 60 cm.

Feinsteinzeug eignet sich auch zur Imitation von Naturwerksteinen, da das unglasierte Material dem Aussehen echter Materialien sehr nahekommt.

Wegen der minimalen Wasseraufnahme können nur speziell dafür geeignete, kunststoffvergütete Dünnbettmörtel („Feinsteinzeugmörtel") verwendet werden (vgl. 8.6.2, S. 88). Die Härte der „Feinsteinzeug"-Fliesen erfordert den Einsatz von diamantbestückten Nassschneidegeräten.

– glasierte Steinzeugfliesen

Etwas weniger widerstandsfähig, geringere Ritzhärte der Oberfläche. Die glasierte Oberfläche kann glänzend, halbmatt oder matt, eben, profiliert oder auf andere Weise gestaltet sein.

– Steinzeugmosaik

Belagmaterial aus Steinzeug mit maximaler Oberfläche 90 cm². Die einzelnen Mosaikplättchen werden werksmäßig zu Tafeln zusammengefügt, was die Verlegung erleichtert.

Die Tafeln werden mit vorder- oder rückseitiger Klebung hergestellt. Für die Klebung werden verschiedene Materialien verwendet, z. B. Kraftpapier, Rundlochpapier, Bänder, Kunststoffnetze.

Mosaikarten: Mikromosaik, Kleinmosaik, Mittelmosaik, Streifenmosaik, Kombimosaik, Rundmosaik, Florinetten-Mosaik usw. Hervorzuheben sind die Vorteile des Mosaiks, wie seine Anpassungsfähigkeit (z. B. bei Rundungen), geringe Konstruktionsdicke, rutschhemmende Wirkung (durch hohen Fugenanteil) und Vielfalt an Gestaltungsmöglichkeiten (Muster, Bildmosaik).

1 Brennofen (mit Erdgas beheizt)

2 Glasierlinie mit Dekoriervorrichtung

3 Vollautomatische Beladestation zum Beschicken der Speicherwagen mit den glasierten, ungebrannten Steinzeugfliesen

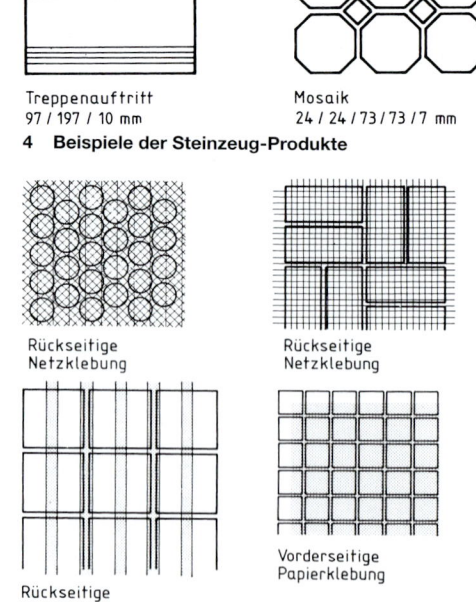

Riemchen 52 / 242 / 7 mm

Mittelmosaik
50 / 50 / 5 mm

Treppenauftritt
97 / 197 / 10 mm

Mosaik
24 / 24 / 73 / 73 / 7 mm

4 Beispiele der Steinzeug-Produkte

Rückseitige
Netzklebung

Rückseitige
Netzklebung

Rückseitige
Bandklebung

Vorderseitige
Papierklebung

5 Beispiele für verschiedene Netzklebungen

– Riemchen

Fliesen, bei denen das Verhältnis der Kantenlängen mindestens 1 : 3 beträgt und deren Fläche größer als 90 cm^2 ist.

– Formstücke

z. B. Sockel, Rinnen, Treppenfliesen, Passstücke für Eckausbildungen usw.

– rutschhemmende Fliesen

Zur Erzielung einer höheren Trittsicherheit wird die Fliesenoberfläche genockt, geriffelt, gekuppt, gekörnt, pyramidenförmig oder auf andere Weise gestaltet.

d) Formen und Maße:

Genormt sind nur rechtwinklige Formate. Die Maße von Steinzeugmosaik, Steinzeugriemchen, Formstücken sowie die Maße polygonaler und anderer Formen sind nicht genormt.

Die Nennmaße (N) und die Werkmaße (W) sind auf der Verpackung angegeben.

Beispiele für Vorzugsmaße:

Modulare Vorzugsmaße	Nichtmodulare Maße
Koordinerungsmaß (C) cm	Nennmaß (N) cm
M 10 × 10	10 × 10
M 15 × 15	15 × 7,5
M 20 × 10	15,2 × 15,2
M 20 × 20	25 × 25
M 30 × 30	40 × 30

e) Güteanforderungen:

An die trocken gepressten keramischen Fliesen mit niedriger Wasseraufnahme werden in der **EN 14411** folgende Güteanforderungen gestellt:

Anforderungen	Abweichung
Länge und Breite Abweichung in % (W)	± 0,6 bis ± 1,2
Dicke Abweichung in % (W)	5 bis 10
Geradheit der Kanten Abweichung in % (W)	± 0,5 bis ± 0,75
Rechtwinkligkeit Abweichung in % (W)	± 0,6 bis ± 1,0
Ebenflächigkeit Abweichung in %	± 0,5 bis ± 1,0
Oberflächen-beschaffenheit	frei von sichtbaren Fehlern, die das Aussehen einer größeren Fliesenfläche beeinträchtigen: 95 %
Biegefestigkeit in N/mm^2	min. Einzelwert 27 bzw. 32
Wasseraufnahme in Gewichts-% (als vollkommen dichtgesinterte Fliesen werden solche bezeichnet, deren Wasseraufnahme max. 0,5 % beträgt)	≤0,5 bzw. 0,5 < E ≤ 3

Anforderungen	Abweichung
Widerstand gegen Verschleiß a) Widerstand gegen **Tiefenverschleiß** von unglasierten Fliesen, Volumenverlust in mm^3	max. 175
b) Widerstand gegen **Oberflächenverschleiß** von glasierten Fliesen	Klasse I bis V

Unglasierte Steinzeugfliesen sind sehr widerstandsfähig und auch für stärkste Beanspruchung geeignet (z. B. rollende Beanspruchung, Schalterhallen usw.). Glasierte Steinzeugfliesen: Widerstandsfähigkeit von Glasur abhängig, Einteilung in Beanspruchungsgruppen.

Beanspruchungs-gruppe	Art der Beanspruchung	Anwendungs-beispiele
I	sehr leichte Beanspruchung	Schlafräume, Bad
II	leichte Beanspruchung	Wohnräume
III	mittlere Beanspruchung	Dielen, Küchen, Balkone
IV	stärkere Beanspruchung	Büros, Schulen, Hotels
V	starke Beanspruchung	Läden, Banken

– Linearer Wärmeausdehnungskoeffizient
Prüfverfahren vorhanden

Weitere Anforderungen:

– Frostbeständigkeit

– Temperaturwechselbeständigkeit

– Widerstand gegen Glasurrisse

– Beständigkeit gegen Fleckenbildner

– Beständigkeit gegen Haushaltschemikalien (UGL beständiger!)

– Beständigkeit gegen Säuren und Laugen, außer gegen Flusssäure und deren Verbindungen (UGL beständiger!)

f) Sortierung, Kennzeichnung, Bezeichnung:

Die **Sortierung** und die **Kennzeichnung** entsprechen den Steingut-/Irdengutfliesen. Vielfach erfolgt eine Kennzeichnung nur auf der Verpackung.

Für die **Bezeichnung** der Steinzeugfliesen zwei Beispiele:

Trocken gepresste Fliese und Platte, EN 14411, Anhang G B I$_a$ M 20 cm × 20 cm (W 197 mm × 197 mm × 8 mm) GL

Trocken gepresste Fliese und Platte, EN 14411, Anhang H B I$_b$ 15 cm × 15 cm (W 150 mm × 150 mm × 8 mm) UGL

1 Anwendungsbeispiel für Steinzeug glasiert, Beanspruchungsgruppe III

g) Verwendung:

Unglasierte und glasierte trocken gepresste Fliesen mit niedriger Wasseraufnahme sind geeignet zur Herstellung von feuchtigkeitsbeständigen, Wasser abweisenden, gegen mechanische, chemische und thermische Beanspruchung widerstandsfähigen, leicht zu reinigenden und desinfizierenden, witterungs- und frostbeständigen Belägen im **Innen- und Außenbereich** von Bauten und Behälterauskleidungen. Unglasierte feinkeramische Fliesen der erwähnten Art haben gegenüber glasierten eine erhöhte Verschleißfestigkeit und sind beständiger gegen chemische Angriffe.

Trocken gepresste Fliesen mit niedriger Wasseraufnahme (Steinzeugfliesen) haben einen dichten, sehr widerstandsfähigen Scherben.

Die Herstellung erfolgt nach den in der feinkeramischen Industrie üblichen Verfahren (trockene Formgebung, nur ein Brand).

Steinzeugfliesen können sowohl in Innenräumen als auch im Außenbereich verwendet werden.

7.3 Stranggepresste Platten (Grobkeramik)

Der Fliesenleger verarbeitet häufig auch grobkeramische Erzeugnisse wie Spaltplatten und Cotto-Material.

Das grobkeramische Material wird im Gegensatz zur Feinkeramik plastisch geformt (stranggepresst); Formgebung A I, A II und A III nach DIN EN 14441. Der Scherben ist in seinem Aufbau gröber.

7.3.1 Spaltplatten und einzeln gezogene Platten

Spaltplatten sind grobkeramische Platten mit meist rustikalem Charakter, die als Doppelplatten im Tunnelofen gebrannt und danach in Einzelplatten gespalten werden. Fälschlicherweise wird diese Bezeichnung oft auch für solche stranggepressten Platten verwendet, die wegen des kostengünstigeren Flachbrandverfahrens als Einzelplatte hergestellt wurden.

a) Rohstoffe:

Rohstoffe für keramische Spaltplatten sind Tone mit mineralischen Zuschlagstoffen, Quarz, Feldspat, evtl. Schamotte.

Die keramischen Spaltplatten haben eine Sonderstellung unter den grobkeramischen Erzeugnissen, da die Rohstoffe fein gemahlen werden. Die Korngröße des Scherbens liegt unter 0,1 mm $\emptyset$, dadurch wird eine hohe Dichte des Scherbens erreicht.

b) Herstellung:

Die Grafik auf S. 57 zeigt die Herstellung von Doppelplatten.

Die **Rohstoffe werden aufbereitet**, es entsteht eine **plastische Masse**, die durchgemischt wird und vor der Formgebung entlüftet werden muss.

Die **Formgebung** erfolgt in den **Strangpressen** (Herstellungsverfahren A).

Hierbei wird die plastische Masse durch ein Mundstück (Düse) gepresst. Die Form und Abmessungen der Mundstücke ergeben die Form und Abmessungen der Spaltplatten. Der aus dem Mundstück austretende endlose Strang hat die Form von **Doppelplatten** und wird auf die gewünschte Länge abgeschnitten.

Die Rohlinge haben einen hohen Wassergehalt (es wurde plastische Masse stranggepresst!), das Schwindmaß ist entsprechend groß. Daher ist der Rohling größer als die fertige Spaltplatte. Um Schwindrisse zu vermeiden, werden die Rohlinge **langsam getrocknet**. Glasierte Spaltplatten erhalten jetzt den **Glasurauftrag**.

Die getrockneten, glasierten oder unglasierten Rohlinge werden in **Tunnelöfen gebrannt**. Die Brenntemperatur beträgt bis ca. 1473 K (ca. 1200 °C). Wichtig ist das langsame Ansteigen bzw. Senken der Temperatur. Spaltplatten, glasiert oder unglasiert, werden also nur einmal gebrannt (siehe auch Steinzeugfliesen). Nach dem Brennen werden die Doppelplatten in Einzelplatten **gespalten** (daher die Bezeichnung Spaltplatten). Die sich ergebenden, früher meist schwalbenschwanzförmigen Stege auf der Rückseite ermöglichen eine sichere Haftverbindung.

Herstellen von Einzelplatten

Kurz nach Verlassen der Strangpresse liegen die Rohlinge als Einzelplatte vor. Sie werden nun bis auf eine Restfeuchte von ca. 5 % heruntergetrocknet und, falls gewünscht, anschließend glasiert. Durch die Drehbewegung der Rollen wandern sie nun, flach nebeneinander liegend, in etwa einer Stunde durch den Flachbrandofen. Die Platten haben auf der Rückseite Rillen und eignen sich besonders für die Dünnbettverlegung.

Abschließend werden die Platten kontrolliert, sortiert und verpackt.

c) Arten:

Spaltplatten gibt es
– unglasiert oder
– glasiert.

Die Glasur wie auch die Oberfläche können verschieden ausgeführt werden (verschiedene Farben, Strukturen etc.).

Spaltplatten-Zubehör

Schenkel, Hohlkehlen, Kehlsockel, Sohlbanksteine, Schwimmbecken-Formstücke, Trennwand- oder Zellenwandsteine und sonstige Formstücke.

d) Formen und Maße:

Die Norm legt auch die Vorzugsformate der Spaltplatten fest. Neben diesen abgebildeten Vorzugsformaten werden auch weitere Formate hergestellt. Die Länge 240 mm ermöglicht auch eine Mischverlegung (2 Breiten und 1 Fuge = Länge 240 mm).

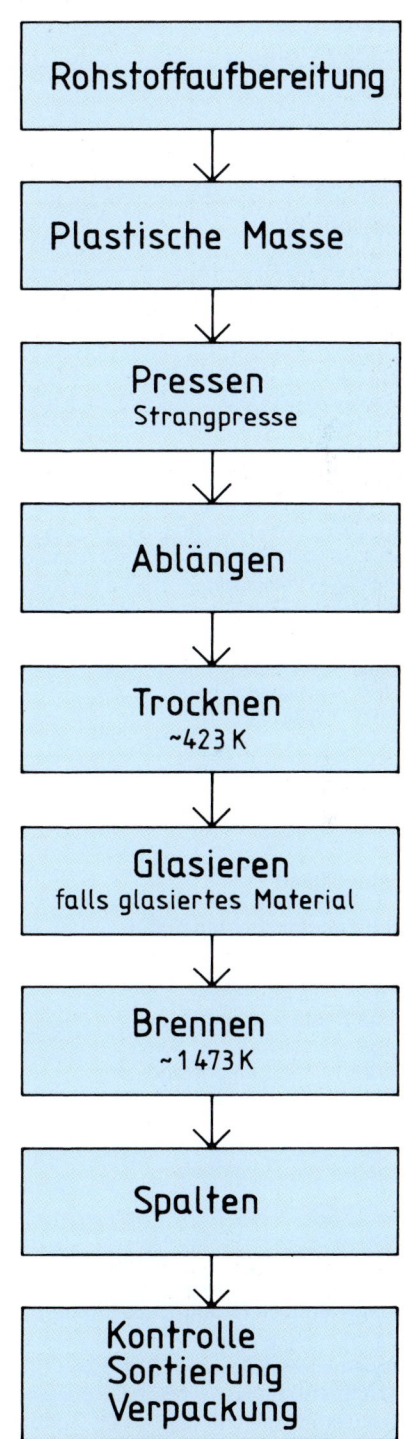

7 Herstellung von Spaltplatten

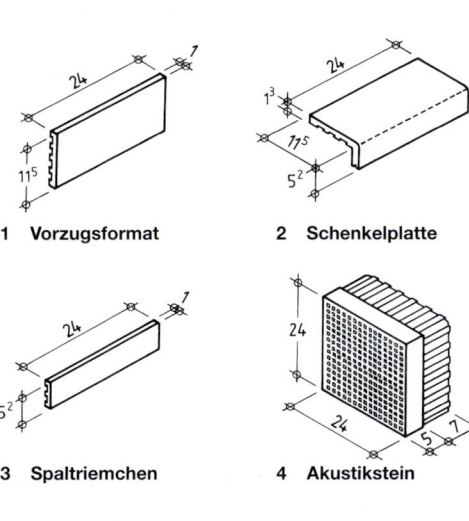

1 Vorzugsformat   2 Schenkelplatte

3 Spaltriemchen   4 Akustikstein

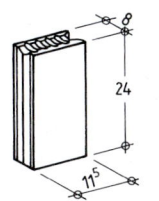

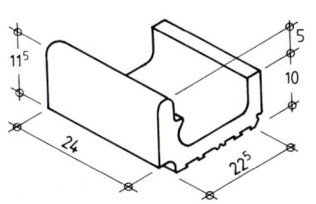

5 Trennwandstein   6 Schwimmbad-Rinne

e) Güteanforderungen am Beispiel der Gruppe A IIa:

Spaltplatten der Güteklasse I müssen nach DIN EN 14411 folgende Güteanforderungen erfüllen:

Anforderungen	Abweichung
Länge und Breite Abweichung in % (W)	± 1,25 bis ± 2,0
Dicke Abweichung in % (W)	± 10,0
Geradheit der Kanten Abweichung in % (W)	± 0,5 bis ± 1,0
Rechtwinkligkeit Abweichung in % (W)	± 1,0
Ebenflächigkeit Abweichung in %	± 0,5 bis ± 1,5
Oberflächen-beschaffenheit Anteil der akzeptierten Platten	95 %
Biegefestigkeit in N/mm²	im Mittel ≥ 13 bzw. ≥ 20
Wasseraufnahme in Gewichts-%	im Mittel $3 < E \leq 6$
Widerstand gegen Verschleiß a) Widerstand gegen **Oberflächenverschleiß** von glasierten Spaltplatten b) Widerstand gegen **Tiefenverschleiß** von unglasierten Spaltplatten Volumenverlust in mm³	Klasse I bis V max. 393

Weitere Anforderungen:

– **Frostbeständigkeit**

– **Temperaturwechselbeständigkeit**

– **Widerstand gegen Glasurrisse**

– **chemische Beständigkeit**
 außer gegen Flusssäure und deren Verbindungen (unglasiertes Material ist beständiger!)

– **Säurebeständigkeit**
 für den Säureschutzbau bzw. chemischen Apparatebau nach Angaben des Herstellers

f) Sortierung/Kennzeichnung/Bezeichnung:

Keramische Spaltplatten werden in zwei Güteklassen geliefert. Die **1. Güteklasse** entspricht der besten handelsüblichen Güteklasse und wird als „1. Sorte" bezeichnet. Die **2. Güteklasse** besteht aus einer Mischung von verlegbaren, aber nicht fehlerfreien Platten. Die Norm gilt nur für keramische Spaltplatten der Güteklasse 1 („1. Sorte").

Gelegentlich wird auch eine dritte Sortierung angeboten (Fehlfarben, Ausschuss). Diese Platten haben erhebliche Fehler und sind schwieriger zu verlegen.

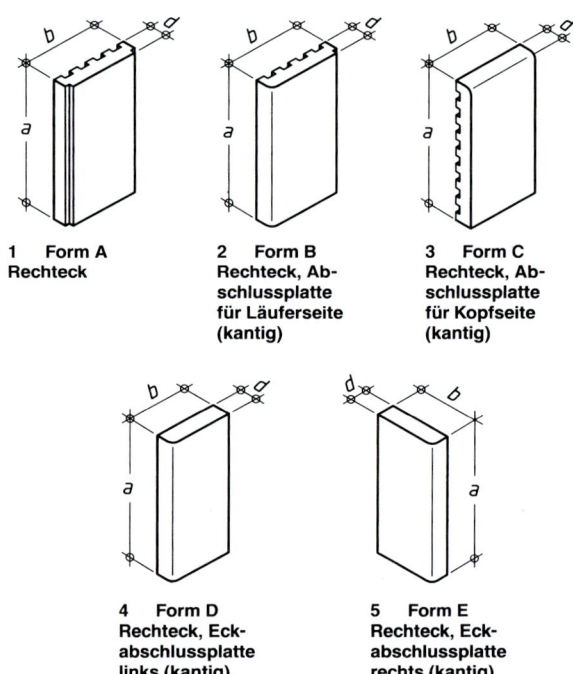

1 Form A
 Rechteck

2 Form B
 Rechteck, Abschlussplatte für Läuferseite (kantig)

3 Form C
 Rechteck, Abschlussplatte für Kopfseite (kantig)

4 Form D
 Rechteck, Eckabschlussplatte links (kantig)

5 Form E
 Rechteck, Eckabschlussplatte rechts (kantig)

Beispiele für modulare Vorzugsmaße:

Koordinierungsmaß (C) Länge × Breite cm	Werkmaß (W) Länge × Breite (mm × mm)	
	von	bis
M 10 × 10	W 90 × 90	W 95 × 95
M 15 × 15	W 140 × 140	W 145 × 145
M 20 × 10	W 190 × 90	W 195 × 95
M 25 × 6,25	W 240 × 52,5	W 245 × 57,5
M 25 × 12,25	W 240 × 112,5	W 245 × 117,5

Die **Bezeichnung** der Spaltplatten gibt Auskunft über die Formgebung, Abmessungen und Oberfläche.

Der Hinweis auf die DIN EN 14411 bedeutet, dass die Platte die Güteanforderungen der DIN EN 14411 erfüllt. Es handelt sich also um eine Platte der 1. Güteklasse.

Beispiel:

Stranggepresste Fliese und Platte „Natur", EN 14411, Anhang B AIIₐ-Teil 1 15 cm × 15 cm (W 150 mm × 150 mm × 12,5 mm) UGL

g) Verwendung:

Aus stranggepressten Fliesen und Platten lassen sich Beläge herstellen, die feuchtigkeitsbeständig, Wasser abweisend, leicht zu reinigen und gegen mechanische, chemische und thermische Beanspruchungen widerstandsfähig sind. Bis auf wenige Ausnahmen (z. B. bestimmte Cotto-Materialien) eignen sie sich für witterungs- und frostbeständige Beläge im Innen- und Außenbereich von Bauten und Behälterauskleidungen.

Grundsätzlich gilt, dass unglasierte Platten widerstandsfähiger als glasierte Platten sind.

Stranggepresste Fliesen und Platten werden entweder als Spaltplatten oder als einzeln gezogene Platten hergestellt.

Wie die trocken gepressten Fliesen und Platten werden sie nach ihrer Wasseraufnahme in vier Gruppen eingeteilt (I, IIa, IIb, III). Stranggepresste Platten, glasiert oder unglasiert, haben einen sehr widerstandsfähigen Scherben und werden nur einmal gebrannt.

Verwendungsmöglichkeit in Innenräumen und im Außenbereich sowohl für Wand- als auch für Bodenbeläge.

7.4 Weitere keramische Erzeugnisse

7.4.1 Bodenklinkerplatten

Bodenklinkerplatten werden im Gegensatz zu stranggepressten Platten im **Trockenpressverfahren C** geformt.

– Eigenschaften:

Die Platten haben ein dichtes Materialgefüge mit geringer Wasseraufnahme (max. 3 Gewichts-%). Sie sind biege-, druck- und abriebfest, witterungsbeständig und chemisch belastbar.

– Formate/Ausführung:

Vorzugsformate: 300/300, 250/250, 200/200, 100/200 mm (Nennmaße). Spaltklinker haben das Format der Spaltplatten 115/240 mm, Riemchen 52/240 mm. Die Dicke beträgt 10 bis 40 mm.

Weitere Formate (z. B. Polygonale, Rosenspitz, Sechseck etc.) möglich.

Die Ansichtsflächen können eben oder profiliert sein, der Scherben bleibt meist unglasiert.

– Verwendung:

Bodenbeläge im industriellen und gewerblichen Bereich für Großflächen nach dem Rüttelverfahren (s. Kapitel 8.7, S. 92) sowie für Balkone, Terrassen und Gehwege.

– Bearbeitung:

Verlegen im **Mörtelbett**:

Der Mörtel soll genügend feucht sein. Zur besseren Haftung kann Zementschlämme aufgebracht werden, in die die Platten eingelegt und mit Hammerstiel oder Plastikhammer eingeklopft werden.

Verlegen im **Dünnbett**:

Voraussetzung ist ein einwandfreier Verlegeuntergrund. Hohlräume sind zu vermeiden. Platten mit Plastikhammer anklopfen. Ausfugen wie bei Dickbett; Wartezeit für das Ausfugen beträgt 1 bis 2 Tage.

7.4.2 Labortischfliesen

Labortischfliesen sind in ihren Werkstoffeigenschaften und Maßen den Anforderungen an Labortische angepasst.

– Eigenschaften:

Feinkörniger Scherben, dicht, geringe Wasseraufnahme. Gleiche physikalische und chemische Eigenschaften wie feinkeramische Fliesen mit niedriger Wasseraufnahme (STZ).

– Formate/Ausführung:

Quadratische und rechteckige Formate mit den Fabrikationsmaßen 145/145, 295/295, 145/72 mm. Randplatten mit Wulst, Winkelplatten, Lochplatten.

Die Ansichtskanten weisen eine Fase von 0,3 mm auf.

Die Dicke beträgt 13 mm.

Glasiert (weiß) und unglasiert (rot, rotbraun, grau).

– Verwendung:

Arbeitsflächen und Becken in Labors.

– Bearbeitung:

Labortischfliesen werden auf geeignetem Trägermaterial in einem chemisch beständigen Mörtel verlegt und chemisch beständig verfugt.

Die Fugenbreite beträgt 5 mm.

7.4.3 Cotto

Original Cotto sind Ziegeltonplatten, deren Rohstoffe (Tonerde) aus der Toscana, Nähe Florenz, kommen.

Das unglasierte Material wird in unterschiedlicher Qualität angeboten und weist einen eher rustikalen Charakter auf.

– Eigenschaften:

Sehr unterschiedlich, je nach Hersteller.

Poröser Scherben, trotzdem wird Ritzhärte von 6...8 nach Mohs erreicht.

Es werden auch frostbeständige Belagmaterialien hergestellt.

Durch plastische Formgebung (handgeformt bzw. Strangpresse) ergeben sich große Maßabweichungen.

– Formate/Ausführung:

Meistens quadratische und rechteckige Formate (ca. 80
verschiedene Formate auf dem Markt, auch Spaltplatten,
Vorzugsformat 115/240 mm). Dicke ab 12 mm.

– Verwendung:

Wegen der verschiedenen Oberflächenstrukturen wird
Cotto als Bodenbelag in Räumen mit rustikalem Charakter, z. B. in Kirchen, Schlössern, Wohnräumen und
Gaststätten, verlegt. Wegen der hohen Abriebfestigkeit
ist Cotto auch für Räume mit hohem Publikumsverkehr
geeignet. Wegen hoher Wasseraufnahme sind nur manche Sorten für Außenbeläge geeignet.

– Verarbeitung:

Die Verlegung erfolgt vorwiegend im Dickbett mit Portlandpuzzolanzement CEM II/A–P, CEM II/B–P (Trasszement) und gewaschenem Sand MV 1 : 6.

Je nach Verarbeitungsrichtlinien ist das Belagmaterial vor
dem Verlegen und Verfugen zu wässern.

Bei entsprechender Rückseitenausbildung (ohne Stege)
wird das Material im Dünnbett bzw. Mittelbett verlegt.

Die Verfugung erfolgt nach etwa zwei Tagen. Die Fugenbreite beträgt 5 bis 10 mm. Eine sorgfältige Reinigung
nach dem Ausfugen ist wichtig! Belag mit Wellpappe
abdecken (nicht mit Folie, sonst wird die Austrocknung
verhindert!).

Die Erstpflege erfolgt **nach vollständiger Austrocknung**
(ca. zwei Monate). Hierbei wird der Belag abgesäuert
bzw. mit Zementschleierentferner behandelt. Anschließend wird das Material patiniert bzw. gewachst (die Empfehlungen des Herstellers sind unbedingt zu beachten).

7.4.4 Keraion

Die Keraion-Platten (Markenname) sind Großplatten, die
in den Buchtal-Werken entwickelt wurden.

Das Material ist steinzeugähnlich.

– Eigenschaften:

Dichter Scherben, geringe Wasseraufnahme, frost-, chemisch und lichtbeständig, maßgenau (im Werk aufgeschnitten).

– Formate/Ausführung:

Rechteckige Formate 600/600, bis Größe 1250/1600 mm
lieferbar. Dicke 8 mm.

Hergestellt in mehr als 30 Farbmustern mit strukturierter
Oberfläche, dadurch sehr dekorativ.

– Verwendung:

Wand- und Bodenbeläge, Innenraumgestaltung, Fassadenbekleidungen.

– Verarbeitung:

Verlegen und Ansetzen grundsätzlich im Dünnbett, beid-
seitiger Auftrag.

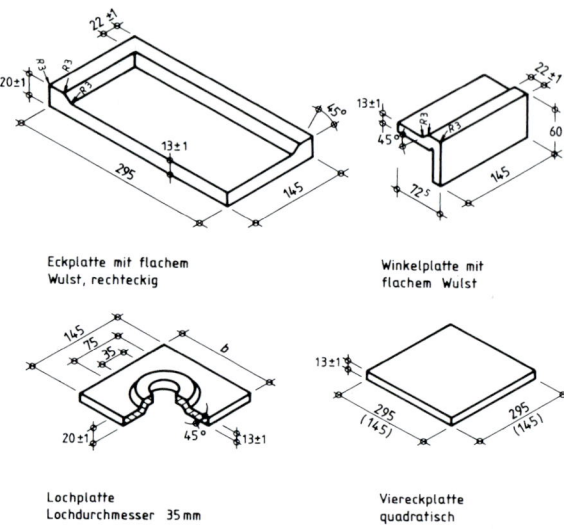

Eckplatte mit flachem Wulst, rechteckig

Winkelplatte mit flachem Wulst

Lochplatte Lochdurchmesser 35 mm

Viereckplatte quadratisch

1 Labortischfliesen

2 Bei der Formung durch Strangpressen wird der Ton durch das formende Mundstück gepresst

Herstellung von Cotto

3 Deutlich ist auf diesem Transportband zu er-kennen, dass es sich um Spaltmaterial handelt

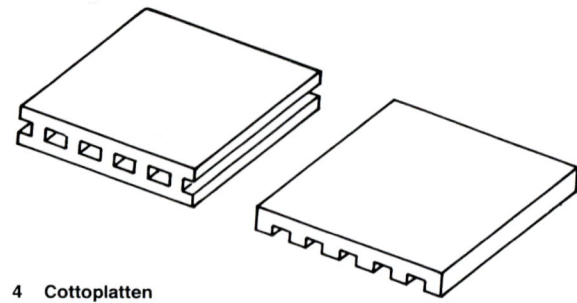

4 Cottoplatten

Verwendet werden zementhaltige Mörtel bzw. flexible Kunstharz-Zementkleber, in die das Keraion eingerüttelt wird.

Die Keraion-Platten können auch auf Silicon-Kautschuk verlegt werden. Dabei wird der Silicon-Kautschuk in Form von Klebenähten auf die mit Haftgrund vorbehandelte Unterkonstruktion (z. B. Edelstahl- oder Aluminiumprofile, Streifen aus Faserzementplatten usw.) aufgetragen.

An Fassaden werden die Keraion-Platten mechanisch mit Klammern oder mit der nicht sichtbaren „Quadro-Befestigung" montiert.

Fugenbreite ca. 5 bis 8 mm.

Trennen von Keraion erfolgt problemlos mit WIDIA-Hartstahl-Rädchen, Trennschneider oder mit der Diamantsäge im Nassschnitt (glatte Schnittkante).

7.4.5 Großplatten

Formatgrößen bis 600 × 600 mm gehören heute zum Standardprogramm vieler Hersteller. Noch größere Platten, mit Kantenlängen bis zu mehreren Metern, benötigen in der Regel spezielle Herstellungsverfahren, die meist der Geheimhaltung unterliegen (z. B. Keraion). In den vergangenen 20 Jahren gab es etliche Hersteller für diesen speziellen Markt, wobei manche Produkte schon nach wenigen Jahren wieder vom Markt genommen wurden. („Keraflair", „MegaCeram").

Heute spielt Keramik aus Feinsteinzeug eine immer größere Rolle bei der Herstellung von Großplatten (siehe auch 7.2.2). Anders als bei der Herstellung der übrigen Keramikprodukte werden diese Platten nach dem Brennen (meist mit der Wasserstrahltechnik) exakt auf die gewünschte Größe geschnitten / mit geringsten Toleranzen für die Rechtwinkligkeit und die Kantenlänge. Diese Technik des exakten Zuschneidens nennt man „rektifizieren". Durch das Rektifizieren wird die rundliche Fliesenkante entfernt und es entsteht eine bis zum Rand ebene Fliesenoberfläche. Die exakten Kanten erlauben eine Verlegung der Großplatten mit sehr schmalen Fugenbreiten. Dadurch entsteht optisch die Wirkung einer zusammenhängenden (oft natursteinähnlichen) Oberfläche.

Produktbeispiele:
Fa. R.A.K. ceramics (Ras Al Khaima) in den Vereinigten Arabischen Emiraten, Formate:
1800 × 1200 × 20 mm oder 2500 × 1200 × 20 mm
Anwendung: raumhohe Wandbekleidung oder Trennwand

Fa. Elsner, Berlin:
Die „größte und dünnste Fliese der Welt" hat die Abmessungen 3000 × 1000 × 3 mm.
Aufgrund dieser geringen Materialstärke ist sie vor allem für die Verlegung auf bereits vorhandene Fliesenbeläge vorgesehen, z. B. bei der Renovierung von Hotels, Seniorenheimen oder Krankenhäusern.

7.4.6 Vulkankeramik

Schon vor Einführung der in Kapitel 7.4.4 und 7.4.5 genannten Produkte gab es bereits Großplatten aus Vulkankeramik. Dabei handelte es sich um die Kombination von Naturstein und Keramik. Vulkanische Gesteine (z. B. Basalttuff) wurden als Großformate glasiert.

1   Beispiel für Keraion im Bad

Zusammenfassung:

Keramische Produkte werden seit Generationen in die Gruppen „Feinkeramik" und „Grobkeramik" eingeteilt. Ebenso wie „Steingut" oder „Steinzeug" sind diese Bezeichnungen in der europäischen Norm nicht enthalten.

Die europäische Norm EN 14411 unterscheidet

* nach der **Formgebung** drei Gruppen:
  – stranggepresst   (A)
  – trocken gepresst   (B)
  – gegossen   (C)

* nach der **Wasseraufnahme** vier Gruppen:
  – niedrig (I)
  – mittel   (IIa, IIb)
  – hoch   (III)

Die Güteanforderungen der einzelnen Gruppen sind in verschiedenen europäischen Normen festgelegt. Die Prüfung erfolgt nach EN-ISO-Normen. Belagmaterial der Güteklasse I muss diese Anforderungen erfüllen.

Trocken gepresstes Material mit niedriger Wasseraufnahme (früher: Steinzeug) wird meist als Bodenbelagmaterial für innen und außen verwendet, Material mit hoher Wasseraufnahme (früher: Steingut) dagegen für Wandbeläge innen.

Stranggepresste Fliesen und Platten haben meist einen sehr widerstandsfähigen Scherben und werden nur einmal gebrannt. Sie können glasiert oder unglasiert, als Spaltplatte oder als Einzelplatte hergestellt werden.

Weitere keramische Erzeugnisse:

Feinsteinzeug, Bodenklinkerplatten, Labortischfliesen, Ziegelfliesen, großformatige Platten wie Keraion u. a.

Aufgaben:

1. Ordnen Sie folgende Erzeugnisse der Gruppe

   a) Grobkeramik,   b) Feinkeramik

   zu: Steinzeugrohre/Marmor/Dachziegel/Porzellan/ Schwimmbecken-Formstück/Glas/Ofenkachel.

2. Trocken gepresste keramische Fliesen und Platten mit hoher Wasseraufnahme (Steingut) sowie trocken gepresste keramische Fliesen und Platten mit niedriger Wasseraufnahme (Steinzeug) werden aus denselben Rohstoffen hergestellt, haben jedoch unterschiedliche Eigenschaften. Nennen Sie die Gründe dafür.

3. Erläutern Sie folgende Begriffe:

   a) Schrühscherben,   b) Fritte,   c) Sinterung,
   d) Glasurbrand,   e) Majolika,   f) Riemchen.

4. Beschreiben Sie die Herstellung von trocken gepressten keramischen Fliesen und Platten mit hoher Wasseraufnahme (Steingutfliesen).

5. Nennen Sie jeweils mindestens fünf wichtige Güteanforderungen, die an

   a) trocken gepresste keramische Fliesen und Platten mit hoher Wasseraufnahme (Steingutfliesen),
   b) stranggepresste keramische Fliesen und Platten mit einer Wasseraufnahme von 3 % < E ≤ 6 % (Spaltplatten) gestellt werden.

6. Welche Eigenschaften der keramischen Produkte werden durch die Wasseraufnahme des Scherbens beeinflusst?

7. Nennen Sie mindestens zehn Beispiele für die Verwendungsmöglichkeiten der Spaltplatten.

8. Nennen Sie die Eigenschaften folgender keramischer Produkte:

   a) Bodenklinkerplatten,
   b) Labortischfliesen,
   c) Cotto.

9. Beschreiben Sie die Verarbeitung von Keraion.

7.5 Naturwerkstein

Als Naturwerksteine werden werkseitig bearbeitete **Natursteine** bezeichnet.

Natursteine bestehen aus Mineralien, die Bestandteile der Erdkruste sind.

Ihrer Entstehung nach werden Natursteine in drei Gruppen unterteilt:

– **Erstarrungsgesteine** (Ganggesteine, Ergussgesteine, Auswurfgesteine), auch als Urgesteine bezeichnet

– **Ablagerungsgesteine** (Sedimentgesteine)

– **Umwandlungsgesteine** (Umprägungsgesteine) (siehe auch Grundwissen Bau, Abschnitt 8.12)

Die Art der Entstehung ist Ursache für die Struktur- und Farbunterschiede der Natursteine (z. B. dicht, porig, körnig, schiefrig usw.) und bestimmt auch deren Eigenschaften.

In der Tabelle auf Seite 63 oben werden Eigenschaften und Verwendung der drei Gruppen anhand von Beispielen aufgezeigt.

– Herstellung:

Die in Steinbrüchen gewonnenen Natursteinblöcke (bis 20 t schwer) werden in den Natursteinwerkstätten mit diamantbestückten Gattersägen auf die gewünschte Stärke gebracht. Die Oberflächenbehandlung kann maschinell bzw. steinmetzmäßig erfolgen.

Folgende Oberflächen werden angeboten:

– bossiert   – gesägt

– gespritzt   – gesandelt

– gestockt   – poliert

– gekrönelt   – gespachtelt

– scharriert   – geschliffen

– bruchrau

1   Solnhofener Natursteinplatte, naturrau

2   Jura-Marmor, gelb gebändert

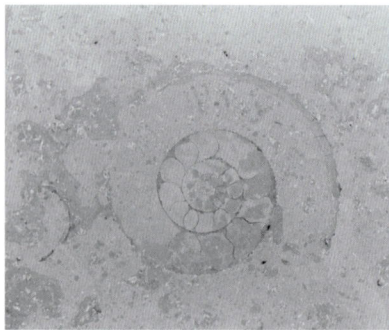

3   Versteinerung (Ammonit)

	Gestein	Eigenschaften	Verwendung
Erstarrungsgesteine	Granit	hart, hohe Rohdichte, druckfest, witterungsbeständig, polierfähig, schwer zu bearbeiten	Werksteine, Fassadenbekleidung, Fensterbänke, Schotter, Straßenpflaster, Randsteine
	Basalt	dichtes Gefüge, extrem druckfest, witterungs- und chemisch beständig, meist glatte Oberfläche, dunkelgrau bis schwarz	Werkstein, Bodenbelag, Treppen, Schotter
Ablagerungsgesteine	Sandsteine	unterschiedliche Eigenschaften (nach Bindemittel), nicht polierfähig, gelblich-bräunlich bis dunkelrot und grünlich	Natursteinmauerwerk, Werkstein, für Bildhauerarbeiten
	Muschelkalk	nicht chemisch beständig, leicht zu bearbeiten, polierfähig, oft Versteinerungen vorhanden, graubraun bis blaugrau	Werkstein, Wand- und Bodenbeläge innen, auch Fassadenbekleidungen
	Jura-Marmor (Kalkstein)	dicht, feinkörnig, nicht chemisch beständig, einige Arten frostbeständig, polierfähig, gelblich bis blaugrau	Innenbeläge Wand/Boden, Treppen, Fensterbänke
	Travertin (Kalkstein)	porige, löchrige Struktur, druckfest, dicht, polierfähig, nicht chemisch beständig, oft gespachtelt, weißgelb bis graubraun	Werkstein, Wand- und Bodenbeläge innen und außen
	Solnhofener Plattenkalk	feinkörnig, dicht, nicht witterungs- und chemisch beständig, häufig Versteinerungen und Verfärbungen (Dendriten), gelb bis hellgrau	Wand- und Bodenbelag (oft bruchrau belassen) nur innen, Treppen, Fensterbänke, Bildhauer- und Lithografiestein
Umwandlungsgesteine	Marmor	feinkörniges Gefüge, druckfest, frostbeständig, nicht chemisch beständig, polierfähig, sehr dekorativ	Wand- und Bodenbeläge, Mosaik, Treppen, Bildhauerei
	Tonschiefer	gegen Dauerfeuchte empfindlich, spaltraue Oberfläche, schwer zu verarbeiten, dunkel	Trittstufe, Beläge innen, Fensterbänke
	Gneis	schiefriges Gefüge, wechselnde Eigenschaften, druckfest	Bruchsteine, Schotter, Platten

– Formate:

Belagmaterial meist quadratisch (von 15/15 bis 70/70 cm), rechteckig als Bahnenbeläge (Überlängen, z. B. 20/60 cm).

Weitere Formate, z. B. Achteck, Rosenspitz, Mosaik usw.

In letzter Zeit werden gerne Naturwerksteinplatten mit keramischen Fliesen in den Belagsflächen kombiniert, was zu gestalterisch interessanten Lösungen führen kann.

– Verarbeitung:

Wichtig ist die für den jeweiligen Verwendungszweck richtige Auswahl des Natursteinbelags. So sind z. B. alle Kalksteine nicht chemisch beständig.

Natursteinplatten werden in der Regel im Dickbett verlegt. Für das Mörtelbett wird Portlandpuzzolanzement verwendet. Trass bindet den freien Kalk im Zement, daher kommt es nicht zu Ausblühungen und Verfärbungen an Platten und Fugen. Trasszementmörtel ist dichter und beständiger gegen aggressive Einwirkungen (z. B. saurer Regen) als Zementmörtel. Bei plan geschliffenem Belagmaterial ist auch die Verlegung im Dünnbett möglich. Verwendet werden hydraulisch erhärtende Dünnbettmörtel.

Die Belagrückseite ist vorteilhaft mit Zementmörtel einzuschlämmen. Damit wird eine bessere Haftung erreicht.

(Natursteinverlegung siehe 8.5.2 sowie 12.4.2)

Das Ausfugen erfolgt nach Durchtrocknung des Verlegemörtels. Um die Erstreinigung zu erleichtern, ist die Oberfläche anzunässen.

1 Fassade mit Naturwerksteinplatten

1 Im Jura-Marmor-Steinbruch

2 Schneiden der Natursteinblöcke

3 Schleifstraße

Zusammenfassung:

Die Natursteine werden ihrer Entstehung nach in drei Gruppen unterteilt:

– Erstarrungsgesteine

– Ablagerungsgesteine

– Umwandlungsgesteine

Erstarrungsgesteine sind meist dicht, witterungsbeständig und druckfest, aber schwer zu bearbeiten.

Von den **Ablagerungsgesteinen** werden wegen der großen Verbreitung und guten Bearbeitbarkeit vor allem Kalksteine und Sandsteine technisch genutzt. Polierfähige Kalksteine werden in der Baupraxis als Marmor bezeichnet (echter Marmor ist ein Umwandlungsgestein!).

Umwandlungsgesteine sind, wenn sie ein schiefriges Gefüge haben, in der Verwendung eingeschränkt.

Nutzbare Natursteine werden im Steinbruch als größere Blöcke gewonnen und maschinell oder steinmetzmäßig zu Naturwerksteinen verarbeitet.

Naturwerksteine werden in Trasszementmörtel (Portlandpuzzolanzement) bzw. in Trasskalkmörtel verlegt. Dadurch wird die Entstehung von Ausblühungen verhindert.

Plan geschliffene, maßgenaue Belagmaterialien können im Dünnbett verlegt werden.

Einschlämmen
der Rückseite

Ansetzen   Verdichten

4 Ansetzen von Marmor-Wandbelag

7.6 Zementgebundene Platten

7.6.1 Betonwerkstein (DIN 18500)

Betonwerkstein ist die Bezeichnung für **vorgefertigte**, werksteinmäßig bearbeitete oder durch Schalungsart besonders gestaltete **Erzeugnisse aus Beton**. Die Herstellung erfolgt nach verschiedenen Verfahren:

– Pressen unter hohem Druck in Plattenpressen

– in Einzelformen (Schalungen) betoniert

– aus Blockbeton mit Sägegattern in Platten gesägt

– Eigenschaften:

Abhängig vom Aufbau, d. h., ob Betonwerkstein einschichtig oder zweischichtig (Vorsatz- und Kernbeton) bzw. bewehrt oder unbewehrt ist. Auch die Wahl der Gesteinskörnung (der Natursteinart) ist für die Eigenschaften von großer Bedeutung.

– Verwendung:

Verlegen im Dickbett, vorteilhaft mit Mörtel aus Portlandpuzzolanzement MV 1 : 4, Mörteldicke 15 bis 30 mm, Fugenbreiten 3 bis 5 mm.

Verlegung mit Knirschfugen bei gesägten Platten möglich.

Betonwerksteinplatten sind auch für Beläge über Heizestrichen geeignet.

Boden-Außenbeläge werden oft auf Stelzlager verlegt, die Fugen bleiben dabei offen.

Betonwerksteinprodukte können nachträglich oberflächenbehandelt werden, z. B. poliert (Glanz), fluatiert (erhöhter chemischer Widerstand) bzw. versiegelt (Wasser abweisende Wirkung).

7.6.2 Terrazzo

Terrazzoplatten werden als zweischichtige Platten hergestellt. Die Unterschicht besteht aus Beton, die Oberschicht besteht aus einer Mischung von Zement und gleichkörnigem farbigen Natursteinsplitt. Nach Erhärtung wird die Oberfläche mehrfach geschliffen und gespachtelt.

Terrazzo kann auch als raumdeckender Estrich (oft als verschiedenfarbige, geometrisch angeordnete Einlage) hergestellt werden.

– Eigenschaften:

Abhängig von der Wahl der Natursteine für die Oberschicht.

Bei Verwendung von Kalkstein (Jura, Travertin und anderen farbigen Marmorarten) nicht chemisch beständig.

Dekorativ durch Verwendung verschiedener Natursteine, Korngrößen und Farbzusätze.

– Formate:

Übliche Formate 25/25, 30/30, 50/50 cm.

Materialstärke von 25 bis 50 mm.

Auch weitere Formate und Formstücke (z. B. Fensterbänke, Trittstufen usw.) möglich.

– Verwendung:

Bodenbelag innen/außen, Fensterbänke, Sockel, Stufen.

– Ausführung:

Terrazzoplatten werden in Zementmörtel verlegt. Die Fugenbreite richtet sich nach der Kantenlänge.

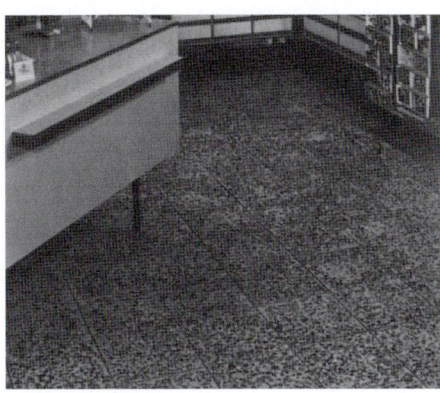

1 Terrazzo im Ladenbau

7.7 Asphaltplatten

Asphaltplatten werden bereits seit Jahrzehnten hergestellt.

Für die Herstellung wird als Bindemittel Bitumen oder Asphalt (Gemisch aus Bitumen und Steinmehl), als Gesteinskörnung Natursteinmehl verwendet.

– Eigenschaften:

Bedingt durch den Stoffaufbau sind Asphaltplatten wärme- und trittschalldämmend.

Nachteilig sind die geringe Härte sowie Wärmeempfindlichkeit.

In bestimmten Ausführungen sind Asphaltplatten beständig gegen Benzin, Öle und Säuren.

Außer bei Terrazzo-Asphaltplatten ist die Farbe Schwarz bis Braun.

– Arten:

• Hochdruck-Asphaltplatten

• Homogen-Asphaltplatten

• säurefeste Asphaltplatten

• Terrazzo-Asphaltplatten

Die genannten Arten unterscheiden sich durch Herstellungsverfahren bzw. durch verschiedene Bindemittel und Gesteinskörnungen.

– Formate:

25/25 cm, 30/30 cm.

Dicke: 2 bis 5 cm.

– Verwendung:

Bodenbeläge in der Industrie, in Versammlungsräumen, Fußgängerunterführungen.

– Verarbeitung:

Verlegen im vorgezogenen Mörtelbett (Zementmörtel), Ausfugen mit Zementmörtel, auch Knirschfugen sind möglich.

Durch das Begehen und Befahren entsteht im Laufe der Zeit ein estrichähnlicher Belag, der ähnliche Eigenschaften aufweist wie ein heiß eingebrachter Asphalt-Estrich.

7.8 Steinholz (magnesiagebundene Beläge)

Steinholz kann als Steinholzplatte oder als Steinholzestrich Verwendung finden.

Steinholzplatten werden unter hohem Druck hergestellt. Als Bindemittel werden kaustische (ätzende) Magnesia und Magnesiumchlorid (als Anreger) verwendet.

Zugegeben werden organische und mineralische Füllstoffe (Weichholzspäne, Weichholzsägemehl, Korkschrot, Quarzsand, Bimsmehl). Durch Zugabe von Oxidfarben werden einfarbige, marmorierte und geflammte Beläge erzielt. Die Herstellung ist schwierig und wird nur noch von wenigen Spezialfirmen vorgenommen.

– Eigenschaften:

Wärme- und trittschalldämmend, abrieb- und druckfest.

Durch Verwendung von Magnesia fäulnissicher (siehe auch magnesiagebundene Holzwolle-Platten). Nicht feuchtigkeitsbeständig. Glatte, leicht zu reinigende Oberfläche.

– Formate:

25/25, 30/30 cm.

– Verwendung:

Bodenbeläge in Innenräumen.

– Ausführung:

Verlegung in Magnesiamörtel. Fertige Beläge werden meistens eingelassen, anschließend gebohnt.

7.9 Glasfliesen/Glasmosaik

Die Herstellung von Glasfliesen oder Glasmosaik ist vergleichbar mit der Herstellung von Fensterglas. Die Glastafeln aus durchgefärbtem Glas werden auf die gewünschten Formate zugeschnitten.

Heute wird fast ausschließlich Glasmosaik produziert.

– Eigenschaften:

Dicht, frost- und chemisch beständig.

Hohe Druckfestigkeit, aber spröde. Daher empfindlich gegen auftretende Spannungen im Untergrund und im Belag.

– Formate (Glasfliesen):

15/15, 20/20, 20/30, 15/30 cm.

Dicke von 5 bis 10 mm.

Glasmosaik:

Quadratische und rechteckige Formate, Kantenlänge um 20 mm, Dicke ca. 3 mm.

Die Kanten sind immer unregelmäßig, der Querschnitt im Allgemeinen trapezförmig.

Glasmosaik ist immer vorderseitig mit Papier verklebt.

– Verwendung:

Innenausbau, Ladenbau, Bäder.

– Verarbeitung:

Da das Material nicht saugfähig ist, ist trotz werkseitiger Rillung der Rückseiten ein Ansetzen im Dickbett (Zementmörtel) nicht zu empfehlen, deshalb erfolgt die Verlegung im Dünnbett. Anschlussfugen sind anzuordnen, da sich das Material stärker ausdehnt als die anderen Baustoffe.

Zusammenfassung:

Der Fliesenleger verarbeitet neben Baukeramiken auch andere nicht keramische Belagmaterialien.

Betonwerksteinplatten werden fabrikmäßig aus Beton hergestellt. Der Aufbau ist meist zweischichtig. Die unterschiedliche Oberflächenbehandlung bestimmt die Art des Werksteines (Terrazzo, Waschbeton usw.).

Terrazzoplatten sind Betonwerksteine, die bei Verwendung verschiedener Natursteine und Farbzusätze zum Bindemittel Zement sehr dekorativ wirken.

Asphaltplatten haben unterschiedliche Eigenschaften. Sie sind unempfindlich, trittschall- und wärmedämmend und werden vorwiegend im Industriebau verwendet.

Steinholzplatten sind wärmedämmend, werden aber, weil sie nicht feuchtigkeitsbeständig sind, selten eingesetzt.

Glasmosaik besteht aus durchgefärbtem Glas und ist frost- und chemisch beständig. Die Mosaik-Tafeln haben eine vorderseitige Klebung. Die Verlegung erfolgt im Dünnbett. Glasfliesen und Glasplatten werden selten verwendet.

Aufgaben:

1. *Nach welchen drei Verfahren können Betonwerksteinplatten hergestellt werden?*

2. *Nennen Sie den Aufbau von Terrazzoplatten.*

3. *Welche Eigenschaften haben Asphaltplatten?*

4. *Nennen Sie je zwei Beispiele von*

   a) *Ablagerungsgesteinen,*

   b) *Umwandlungsgesteinen.*

5. *Welchen Nachteil haben alle Kalksteine?*

6. *Weshalb wird für die Verlegung von Natursteinen Portlandpuzzolanzement verwendet?*

8.1 Untergründe

Der Fliesenbelag eines Raumes ist über lange Zeit dem prüfenden Blick der Bewohner ausgesetzt. Erfahrene Fliesenleger wissen, dass dies insbesondere für Beläge in Toiletten gilt, und schenken daher diesen Arbeiten ihre besondere Aufmerksamkeit.

Da der Fliesenleger die **Oberfläche** gestaltet, ist er zwangsläufig der Letzte in der Reihe der Bauhandwerker. Damit ist er auch – wie vielleicht kein anderer – von der Arbeit der Vorunternehmer abhängig. Soll er einen fachgerechten, d. h. einen technisch und optisch einwandfreien Belag herstellen, so muss er auch einen **geeigneten** Untergrund vorfinden.

2   Stark verwittertes Ziegelmauerwerk

8.1.1 Anforderungen an den Untergrund

Maßhaltigkeit

Der Untergrund muss ausreichend eben, fluchtrecht, waagerecht oder im angegebenen Gefälle sein.

Technische Anforderungen

Der Untergrund muss tragfähig, trocken, sauber, nicht zu glatt, nicht zu stark oder zu schwach saugend sein.

Nach der VOB ist der Auftragnehmer verpflichtet, den Untergrund zu prüfen, ob er für die Durchführung seiner Leistung geeignet ist. Findet er Mängel vor, die einen späteren Belagschaden verursachen können, so hat er unverzüglich beim Auftraggeber (Architekt und Bauherr) schriftlich Bedenken anzumelden.

Die VOB, Teil C, nennt folgende Beispiele:

– größere Unebenheiten

– nicht gefüllte Mauerwerksfugen

– zu große Putzüberstände

– ungenügendes oder fehlendes Gefälle

– Ausblühungen

– Spannungs- und Setzrisse

– zu glatte Flächen

– zu feuchte Flächen

– zu stark saugende Flächen

– gefrorene Flächen

– verölte Flächen

– Gipsbatzen

1   Abblätternde Putzschicht

> Der Untergrund muss ausreichend eben, fluchtrecht, waagerecht oder im angegebenen Gefälle sein.
>
> Um die sichere Haftung des Belags zu gewährleisten, muss er tragfähig, trocken und sauber, nicht zu glatt, nicht zu stark oder zu schwach saugend sein.
>
> Ist die Haftung durch Mängel gefährdet, muss der Fliesenleger schriftlich Bedenken anmelden.

3   Schlampig vermörteltes Kalksandsteinmauerwerk

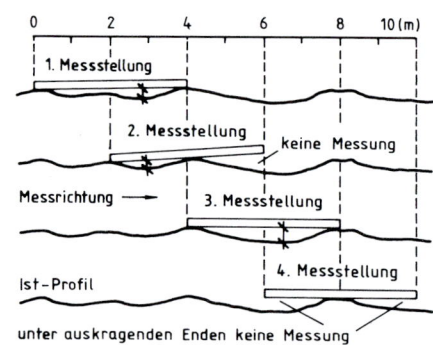

8.2 Prüfen des Untergrunds

8.2.1 Maßkontrollen

Der Untergrund für keramische Bekleidungen sollte vom Vorunternehmer so vorbereitet sein, dass weder größere Stemmarbeiten noch ein übermäßig dickes Mörtelbett notwendig werden. Überprüft werden daher:

– die Senkrechte
– die Waagerechte
– die Flucht
– das Gefälle
– die Ebenheit

Vorhandene Maßabweichungen werden mithilfe von Meterstab, Wasserwaage, Richtscheit, Schnur und Lot festgestellt. Im Einzelfall können auch Schlauchwasserwaage, Nivelliertaster, Nivelliergerät bis hin zum Laserinstrument nützlich sein (siehe Kapitel 4, Baustelle).

Ebenheit

Die Ebenheit des Untergrundes ist insbesondere dann genau zu überprüfen, wenn anschließend im Dünnbettverfahren gearbeitet wird, da die dünne Mörtelschicht fast keinen Ausgleich zulässt.

Die DIN 18202, „Maßtoleranzen im Hochbau", gibt die zulässigen Toleranzen (= Maßabweichungen) für Wände, Decken und Bodenflächen an. Die Größe der zulässigen Toleranzen ist vom Abstand zwischen zwei Messpunkten abhängig, die sich auf einer geraden Kontrolllinie (z. B. Messlatte) befinden.

Die nachfolgenden Abbildungen sind dem Merkblatt „Prüfung der Ebenheit von Decken und Wänden" entnommen:

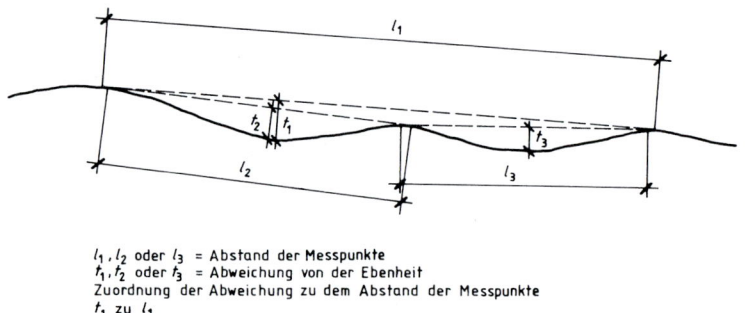

l_1, l_2 oder l_3 = Abstand der Messpunkte
t_1, t_2 oder t_3 = Abweichung von der Ebenheit
Zuordnung der Abweichung zu dem Abstand der Messpunkte
t_1 zu l_1
t_2 zu l_2

1 Abweichung von der Ebenheit (Stichmaß) und Abstand der Messpunkte

2 Beispiel für Messstellungen bei der 4-m-Richtlatte

Ebenheitstoleranzen im Hochbau nach DIN 18202

Boden		Ebenheitstoleranzen in mm bei Abstand der Messpunkte bis				
Anforderungen	Art des Bauteils	0,1 m	1 m*	4 m*	10 m*	15 m
1 – nicht flächenfertig	Rohdecken, Unterbeton und Unterböden	10	15	20	25	30
2 – nicht flächenfertig – **erhöhte Anforderungen**	Rohdecken zur Aufnahme von schwimmenden Estrichen, Fliesen- und Plattenbelägen; fertige Oberflächen, z. B. von Kellern	5	8	12	15	20
3 – flächenfertig	Nutzestriche; Estriche zur Aufnahme von Fliesen- und Plattenbelägen	2	4	10	12	15
4 – flächenfertig – **erhöhte Anforderungen**	gespachtelte, gegossene u. geklebte Oberbeläge; fertige Fliesen u. Plattenbeläge	1	3	9	12	15
Wand						
1 – nicht flächenfertig	unverputzte, rohe Wand	5	10	15	25	30
2 – nicht flächenfertig	geputzte Wand, Sichtbeton, Sichtmauerwerk	3	5	10	20	25
3 – flächenfertig – **erhöhte Anforderungen**	geputzte Wand, Sichtbeton, Sichtmauerwerk	2	3	8	15	20

*Zwischenwerte sind geradlinig einzuschalten und auf mm zu runden

Die Tabelle unterscheidet zwischen flächenfertig und nicht flächenfertig und zwischen Belägen und Untergründen mit normalen und erhöhten Anforderungen. Erhöhte Anforderungen – wie z. B. in Zeile 2 und 4 angeführt – müssen im Vertrag ausdrücklich vereinbart werden.

> Zulässige Maßabweichungen nennt man Maßtoleranzen. Sie sind in der DIN 18202 festgelegt. Bei den Ebenheitstoleranzen wird zwischen normalen und erhöhten Anforderungen unterschieden.

8.2.2 Prüfen von technischen Mängeln

Unter technischen Mängeln sind solche zu verstehen, die die Tragfähigkeit des Untergrundes und die Haftung des aufzubringenden Belags infrage stellen.

Die DIN 18157, „Ausführung keramischer Bekleidungen im Dünnbettverfahren", nennt folgende einfache Kontrollen:

– Inaugenscheinnahme

– Kratzprüfung

– Benetzungsprüfung

– Wischprüfung

– Klopfprüfung

Die meisten technischen Mängel erkennt der Fachmann mit dem bloßen Auge, z. B. ausbröckelnde Fugen, Spannungs- oder Setzrisse, Ausblühungen, Verunreinigungen usw.

Die **Wisch- und Kratzprüfung** mit der Hand oder einem harten Gegenstand zeigt, ob die Oberfläche beispielsweise absandet und damit keine ausreichende Festigkeit hat.

Die **Klopfprüfung** deckt Hohlstellen oder teilweise abgesprengte Schichten bei Putzen oder Betonuntergründen auf.

1 Guter, griffiger Ansetzgrund (sägerau, geschalter Beton)

2 Mineralisierte Holzwolle als Untergrund

Die **Benetzungsprüfung** gibt über das Saugverhalten Aufschluss, ob z. B. Gefahr besteht, dass dem Ansetz- oder Verlegemörtel das Anmachwasser zu rasch entzogen wird. Lässt sich ein Untergrund nicht benetzen – verhält er sich also Wasser abweisend –, so kann dies auf eine Verschmutzung durch Öl oder Schalwachs, Verwendung von Betondichtungsmittel oder nachträgliches Imprägnieren zurückzuführen sein.

Bestimmung des Feuchtigkeitsgehalts

Bevor Zement- oder Calciumsulfat-Estriche mit einem dichten keramischen Material oder Naturstein (im Dünnbett) belegt werden, muss der Fliesenleger die Belegreife prüfen. Diese ist dann erreicht, wenn das CM-Gerät bei einem Zementestrich höchstens 2 % und bei einem Calciumsulfat-Estrich höchstens 0,5 % (beheizt 0,3 %) Feuchtegehalt anzeigt.

3 CM-Gerät

Das CM-Gerät arbeitet nach folgendem Prinzip: Man entnimmt dem Estrich Proben, zerkleinert sie fein, wiegt sie und füllt sie zusammen mit 4 Stahlkugeln und einer Glasampulle mit Calciumcarbid in eine Druckflasche. Beim Schütteln zerbricht die Ampulle, das Calciumcarbid reagiert mit Wasser in der Probe und bildet Acetylen. Der dadurch entstehende Druck wird am aufgesetzten Manometer abgelesen. Eine Umrechnungstabelle zeigt die Masse des enthaltenen Wassers in Prozent an.

Da das CM-Gerät „zerstörend" misst, also mit Proben aus dem Untergrund, kann der vorherige Einsatz eines elektronisch arbeitenden Messgerätes sehr nützlich sein. Durch bloßes Auflegen kann der Feuchtegehalt – einstellbar bis auf eine Tiefe von 4 cm – in Sekundenschnelle abgelesen werden (siehe Abbildung). Damit erkennt der Fliesenleger sofort, wo sich die feuchtesten Stellen befinden, um dort dann zerstörend zu messen.

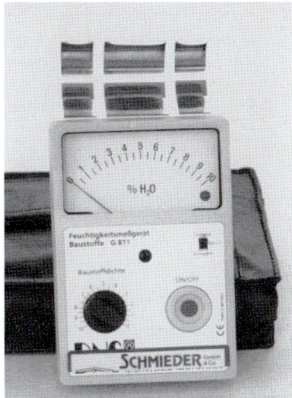

4 Elektronisch arbeitendes Feuchtigkeits-Messgerät

> Technische Mängel des Untergrundes erkennt der Fachmann meist schon mit dem Auge. Weitere einfache Kontrollen sind die Kratzprüfung, die Benetzungsprüfung, die Wischprüfung und die Klopfprüfung. Bei Zement- und Calciumsulfat-Estrichen muss die Belegreife geprüft werden

Einen Überblick über die Vorbehandlung von Untergründen gibt die folgende Tabelle:

Untergrund	Häufige Mängel oder Besonderheiten des Materials	Vorbehandlung bei späterer Dickbettverlegung (DK) oder Dünnbettverlegung (DN)
Beton – Ortbeton – Fertigteile – Leichtbeton	– Schalöl- oder Wachsrückstände	Entöler verwenden und nachwaschen; große Flächen abflammen und sandstrahlen; evtl. abfräsen (Boden), Probe ansetzen
	– Armierungseisen an der Oberfläche (Folge: Belagverfärbung, Ausblühungen)	Armierungseisen freilegen, entweder a) entrosten, Rostschutzmittel verwenden, Ausbruchstelle grundieren, mit Reparaturmörtel ausfüllen oder b) Bewehrungsstahl ausstemmen (evtl. Rückfrage Bauleitung), Reparaturmörtel
	– Lunker und Kiesnester an der Oberfläche, Rufen	DK: annetzen, Spritzbewurf DN: Rufen abschlagen, Staub entfernen, Lunker und Kiesnester mit Spachtelmasse ausfüllen
Porenbeton – Plansteine – Elemente – Mauerwerk	– Stöße oft uneben, absandend, stark saugend	DK: gut annetzen; Spritzbewurf DN: Stöße plan schleifen, entstauben, absandende Flächen grundieren
Mauerwerk – Mauerziegel – Hohlblocksteine – Kalksandsteine	– ausbröckelnde Fugen, stark saugend	lose Mörtelreste abschlagen, gut reinigen DK: gut annetzen, Spritzbewurf DN: Spritzbewurf, Unterputz. Bei ebenem, vollfugigen Kalksteinmauerwerk Verzicht auf Unterputz möglich, wenn später mit ≥ 6-mm-Spachtel aufgekämmt wird
Putz – Kalkputz	– geringe Festigkeit, verträgt keine Dauernassbelastung	DN: als Ansetz- oder Verlegemörtel auszuschließen
– Kalk-Zementputz – Zementputz	– abgescheibt – absandend	abgescheibte Putze aufrauen, entstauben aufrauen bis zum tragenden Kern, entstauben, mit Oberflächenverfestiger grundieren
– Kunststoffputz	– oft Wasser abweisend – schlechte Haftung	gründlich reinigen, Ansetzversuch: falls keine Haftung, Putz z. B. mit Lackqueller anweichen und entfernen
– Sperrputz – Dichtschlämme	– Wasser abweisend	Benetzbarkeit prüfen; mit Haftbrücke grundieren
Gipsputz	– geringe Festigkeit – wird bei Nassbelastung weich – vermodert bei Dauernassbelastung – geglättete Oberfläche – mehrlagig aufgebracht – hoher Feuchtegehalt	DK: als Untergrund auszuschließen wegen zu geringer Festigkeit und der Gefahr von Ettringitbildung DN: folgende Voraussetzungen müssen erfüllt sein: – kein Nassraum – keine Spachtelschichten vorhanden, sondern einlagiger Maschinenputz mind. 8 mm dick – Feuchtegehalt max. 1 % dann: Oberfläche aufrauen, entstauben, mit Kunstharzdispersion grundieren (Oberfläche wird verfestigt und feuchteunempfindlicher)
Gipsdielen	wie Gipsputz	DN: Stöße nur schmal abspachteln, sonst wie Gipsputz behandeln

Fortsetzung des Überblicks von Seite 70

Untergrund	Häufige Mängel oder Besonderheiten des Materials	Vorbehandlung bei späterer Dickbettverlegung (DK) oder Dünnbettverlegung (DN)
Gipsplatten – Typ P (Putzträgerplatten)	– Durchfedern bei ungenügender Verankerung – Schnittflächen (Stöße und Außenkanten nicht durch Karton geschützt, deshalb Schwachstellen bei Nassbelastung)	DN: Verankerung überprüfen, bei späterer Nassbelastung imprägnierte Ausführung verwenden Typ H2; offene Schnittflächen sorgfältig grundieren; Eck- und Bodenanschlüsse besonders vor eindringender Nässe schützen, z. B. durch Folienstreifen aus Weich-PVC
Estrich – Zementestrich	– wie Zementputz – Feuchtegehalt zu hoch	wie Beton und Zementputz. Voraussetzung: Mindestdruckfestigkeit = 15 N/mm², Feuchtegehalt ≤ 2,0 Mass.-%
– Calciumsulfat-Estrich	– oft glasige Sinterschicht wegen zu starken Abscheibens – Feuchtegehalt zu hoch	DN: Sinterschicht abschleifen, Oberfläche entstauben und grundieren (wie Gips). Soll Belagmaterial aus Stein oder Keramik folgen: Feuchtegehalt max. 0,5 % (als Heizestrich max. 0,3 %)
– Magnesiaestrich	– Oberfläche meist durch Öle, Wachse oder Imprägnierstoffe geschützt	DN: eingedrungene Imprägnierstoffe durch Kunstharzlösung abdecken: Grundierung mit Isolierlack, evtl. mit trockenem Quarzsand abstreuen
– Gussasphaltestrich	– Wasser abweisend	DN: gereinigte Oberfläche mit Asphaltlack vorstreichen und absanden; überschüssigen Sand nach dem Trocknen abkehren Voraussetzung: Mindestdicke = 20 mm
– Holzwolle-Platten		DK: Stöße mit ca. 8 cm breiten Streifen aus Drahtgeflecht überspannen. Vor dem Spritzbewurf nicht annässen
– Holzspanplatten – Sperrholzplatten – OSB-Platten – Riemen- und Parkettboden	– Durchfedern bei ungenügender Verankerung – ungeschützte Platten verziehen sich bei Nassbelastung	DN: sichere Verankerung überprüfen, Säge- und Schleifstaub entfernen, grundieren als Feuchteschutz und Haftbrücke (beidseitige Ausführung verhindert das Verziehen) Eckanschlüsse elastisch ausführen
Faserzementplatten	– quillt bei Feuchteeinwirkung auf	DN: Oberflächen reinigen und möglichst beidseitig grundieren, z. B. mit Reaktionsharzlösung
Alte Beläge – Naturstein – Betonwerkstein – unglasierte Fliesen und Platten	– Oberflächen meist durch Polierfluate und Wachse geschützt, daher keine Haftung – sehr glatte, nicht saugende Oberfläche	DK: alten Belag entfernen DN: Oberflächen entölen; Seifen- und Fettreste entfernen; Fehlstellen mit Ausgleichsmörtel ausspachteln; mit Haftbrücke grundieren
Dämmstoffe – Hartschaumplatten (Polyurethan, Polystyrol usw.)	– extrudierte Werkstoffe, Oberfläche meist maschinenglatt	DK: Mörtelträger, Spritzbewurf DN: sichere Verankerung überprüfen, glatte Oberflächen aufrauen
Metalle – Aluminium – Stahl	– Oberflächen meist korrodiert – glatte, Wasser abweisende Oberfläche	DN: Rostschicht entfernen; Schweißraupen evtl. abschleifen; mit Korrosionsschutz grundieren; Primer als Haftbrücke auftragen
Anstriche – Dispersionsfarben – Öl- und Kunstharzfarben – Lacke	– schlechte Haftung – Oberfläche glatt und Wasser abweisend, häufig verschmutzt	DN: Fassaden: Anstriche besser entfernen Innen: Tragfähigkeit und Haftung sorgfältig prüfen; Dispersions- und Binderfarben mit Lackqueller ablaugen; festhaftende Anstriche aufrauen, entstauben, Primer als Haftbrücke auftragen

8.3 Vorbereiten des Untergrunds

8.3.1 Reinigen eines verschmutzten Untergrunds mit chemischen Mitteln

1 Der Entöler wird auf die verschmutzten Stellen aufgebracht

2 Durch Einbürsten werden die Öle gelöst und anschließend durch gründliches Abwaschen entfernt

8.3.2 Vorbereiten eines Estrichs für die Dünnbettverlegung (z. B. von großformatigem Material)

Der Markt bietet eine reiche Auswahl an Produkten, die sich zum Spachteln, Glätten, Egalisieren und Nivellieren von Bodenflächen eignen. Da jedes Produkt anders zu verarbeiten ist, muss der Fliesenleger die Hersteller-Angaben genauestens beachten. Er sollte z. B. die zulässige Schichtdicke genau einhalten, weil sonst die Gefahr von Schwindrissen und Abscherungen besteht. Aus Gründen der Gewährleistung sind möglichst aufeinander abgestimmte Systemprodukte einzusetzen.

Einige Anwendungsschritte sind in der Bildfolge dargestellt:

3 Grundierung als Haftbrücke

4 Anrühren bei ca. 600 Umdrehungen pro Minute

5 Im angegebenen Verhältnis gemischt, ist die Masse selbstverlaufend

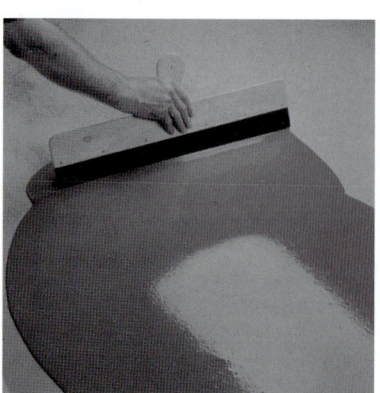

6 Niveau-Ausgleich

7 Verteilung mit dem Schweden-Rakel

8 Pumptechnik bei Großflächen

8.3.3 Vorbereiten eines Wanduntergrunds

1 Nach der Vorbehandlung mit Lackqueller wird ein alter Anstrich entfernt

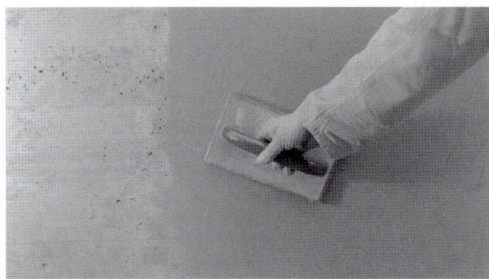

2 Die aufgetragene Schicht einer Betonspachtelmasse wird geglättet. In einem Arbeitsgang können bis zu 5 mm aufgetragen werden

3 Vorbehandeln eines Untergrundes für das spätere Dünnbett; das noch tragfähige Mörtelbett eines alten Belages wird mit Ausgleichsmörtel egalisiert

8.3.4 Spritzbewurf

Der Spritzbewurf gehört zur fachgerechten Ausführung eines Wandbelags. In der Regel ist er dann aufzubringen, wenn anschließend im Dickbett gearbeitet wird.

Richtig ausgeführt, erfüllt er folgende Aufgaben:

1. **Verbesserung der Mörtelhaftung** durch Erzeugen einer einheitlich festen, rauen Ansetzfläche,

2. **Verminderung der Saugfähigkeit** des Untergrundes,

3. **Ausgleichen kleiner Unebenheiten** im Ansetzgrund.

Herstellung

Auf den gereinigten und angenässten Untergrund wird **Zementmörtel MV 1 : 2...3** in Raumteilen aus Normzement und scharfem, gewaschenem Sand (0–4 mm) deckend mit der Kelle aufgeworfen.

Beigemischte Kunstharz-Dispersionen schützen den Spritzbewurf vor zu raschem Wasserentzug bei stark saugenden Untergründen.

Auch bei Hitze sollte er vor zu raschem Saugen geschützt werden. Mit dem Ansetzen ist zu warten, bis eine ausreichende Festigkeit erreicht ist.

> Der Spritzbewurf verbessert die spätere Mörtelhaftung. Er ist deckend auszuführen. Erst wenn er eine ausreichende Festigkeit erreicht hat, kann mit dem Ansetzen begonnen werden.

8.3.5 Mörtelträger: Arten und Wirkungsweise

Die allgemeinen technischen Vorschriften verpflichten den Fliesenleger, geeignete Maßnahmen zu treffen, wenn die Mörtelhaftung nicht gewährleistet ist.

Reicht der Spritzbewurf allein nicht aus, werden Mörtelträger eingesetzt.

1. Arten

Die Mörtelträger werden in zwei Gruppen unterteilt:

– Mörtelträger aus **organischen Stoffen:**

a) Schilfmatten

b) Strohmatten

c) Holzprofil-Matten

Mörtelträger aus organischen Stoffen können nur im trockenen Innenbereich eingesetzt werden.

Der Fliesenleger verwendet sie daher nicht.

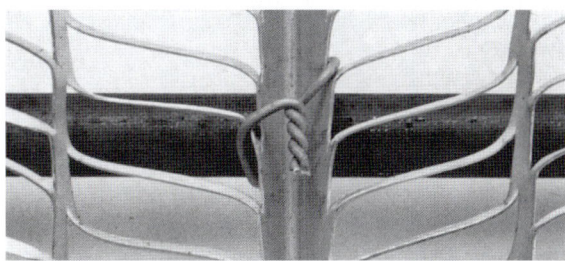

4 Richtige Anbringung von Rippenstreckmetall (offene Rippenseite zeigt zum Mörtel)

– Mörtelträger aus **metallischen Stoffen:**

a) **Drahtgeflecht** (Rabitz) aus verzinktem Draht, Maschenweite bis 50 mm,

b) **Streckmetall** aus Stahlblech, gestanzt und gestreckt, lackiert oder verzinkt,

c) **Rippenstreckmetall** erreicht durch seine Längsrippen eine größere Stabilität und bessere Haftung im Mörtel als Streckmetall,

d) Ziegeldrahtgewebe besteht aus einem Drahtgeflecht mit aufgesetzten Tonkörpern. Die Saugfähigkeit des Tonmaterials bewirkt eine gute Haftung. Trägt stark auf,

e) Betonstahlmatten sind werkmäßig vorgefertigte Bewehrungen aus sich kreuzenden Bewehrungsstäben. Die Kennzeichnung erfolgt durch die Kennbuchstaben Q (Stababstände 150 × 150 mm bzw. 150 × 100 mm) und R (Stababstände 150 × 250 mm).

Bei Verwendung von Betonstahlmatten ist in jedem Fall auf ausreichenden Rostschutz zu achten.

Vakuum-Armierungsgitter aus Glasfaser sind geeignet für Belagmaterial mit genockter Rückseite in Dünnbettverlegung.

> Der Fliesenleger verwendet vorwiegend Mörtelträger aus Metall. Die Wahl des Mörtelträgers richtet sich nach dem Einsatzzweck.

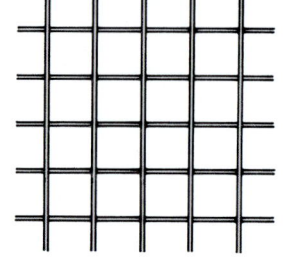
a) Drahtgeflecht

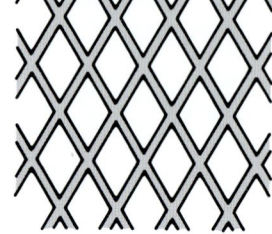
b) Streckmetall

c) Rippenstreckmetall

d) Ziegeldrahtgewebe

1

2. Wirkungsweise der Mörtelträger

– Tragendes Gerüst

Der Mörtelträger stellt eine Bewehrung des Mörtels dar. Im tragfähigen Untergrund (Beton, Mauerwerk) verankert, trägt er die Wandbekleidung.

– Überbrückende Wirkung

Der durch den Mörtelträger bewehrte Ansetzmörtel bildet mit dem Bekleidungsmaterial ein in sich festes Konstruktionsteil.

Dieses überbrückt mit einem geringen Abstand den Untergrund. Die Bewegungen des Untergrundes (z. B. Ausdehnung, Setzungen) verursachen damit keine Bauschäden.

3. Verwendung

Mörtelträger werden in folgenden Fällen eingesetzt:

– Untergrund nicht tragfähig

Beispiele: außen liegende Wärmedämmung, Holzwolle-Platten, altes Mauerwerk. Wichtig ist die Verankerung des Mörtelträgers im dahinter liegenden, tragfähigen Bauteil.

– Untergrund nicht haftsicher

Beispiele: glatter Schalbeton, Flächen mit Schalölresten, Metallflächen, glatte Natursteinplatten, gesperrte Flächen (Duschräume).

– Untergrund nicht einheitlich

Beispiele: Mischmauerwerk, Stahlskelettbau, Rohrschlitze in der Wand.

Unterschiedliches Saug- und Formänderungsverhalten führt zu Spannungen. Der Mörtelträger schafft zusammen mit dem Spritzbewurf einen einheitlichen Verlegegrund.

– Starke Temperaturschwankungen

Beispiele: Fassadenbekleidungen, Kühlräume, Belag über beheizten und teilweise unbeheizten Räumen.

Die Formveränderung als Folge der Temperaturschwankungen wird durch die Mörtelträger aufgenommen.

– Überbrückung von Plattenstößen

Beispiele: Leichtbauplatten, Stöße zweier unterschiedlicher Materialien.

Die Gefahr der Rissbildung als Folge der Spannungen wird vermindert.

– Rabitzkonstruktionen

Beispiele: Trennwände, Ummantelung von Stützen.

> Mörtelträger werden bei unzureichender Mörtelhaftung oder bei Spannungen im Verlegeuntergrund verwendet

4. Ausführung

Der Einsatz von Mörtelträgern ist in der Regel mit dem Anbringen eines Spritzbewurfes verbunden. Als Befestigungsmaterial werden feuerverzinkte Haken und Konsolen verwendet. In Nassräumen ist eine nicht rostende Edelstahl-Ausführung erforderlich.

Die Befestigung erfolgt im tragfähigen Untergrund (Beton, Mauerwerk). Sind Stützen im Untergrund vorhanden, wie z. B. bei Holzfachwerk, darf der Mörtelträger nicht an ihnen befestigt werden. Eine Trennschicht (z. B. Dichtungsbahn, Folie) vor der Stütze verhindert die Übertragung der Stützenbewegung auf den Fliesenbelag.

In Fällen, in denen der Mörtelträger auf einer Sperrschicht befestigt werden muss (z. B. in Duschräumen), darf diese nicht durch Nägel oder Haken beschädigt werden. Hier werden die Mörtelträger an Haken aufgehängt, die unterhalb der Decke anzubringen sind.

Bei stark beanspruchten Bauteilen (z. B. Fassaden) sind die Verankerungen nach den Angaben des Statikers auszuführen. Darin sind die Anzahl, die Art und der Abstand zwischen den Ankern festgelegt.

Vorteilhaft ist auch eine andere Lösung, die einen tragfähigen Untergrund für das Dünnbett – ohne Putz – schafft: Man beplankt die gesamte Fläche des Mischuntergrundes mit einer beschichteten Hartschaumplatte („Bauplatte") und sichert sie mit Dübeln im Bereich der Mörtelbatzen.

8.3.6 Unterputz

Unterputze mit einer Regeldicke von 15 mm bestehen aus Normzement und gemischtkörnigem, gewaschenen Sand (0…4 mm). Das Mischungsverhältnis beträgt 1 : 3…4 in Raumteilen.

Ein Unterputz ist erforderlich, wenn z. B. auf einem unebenen Untergrund

– im **Dünnbett** gearbeitet werden soll,

– ein einheitlicher, griffiger Haftgrund anders nicht zu erreichen ist,

– bei **Fassaden** die Wasser abweisende Wirkung der Bekleidung erhöht werden soll,

– im **Schwimmbadbau** eine hohlraumfreie Verlegung erreicht werden soll.

Arbeitsablauf:

Die Schnelllehren werden in angeworfene Mörtelstreifen eingedrückt und lotgerecht ausgerichtet.

Mit der Unterseite einer (winkelförmigen) Metall-Latte wird vornivelliert.

Der überschüssige Mörtel wird abgeschnitten.

8.4 Wandbelag

8.4.1 Belaghöhe und Sockel

Wird die Wand – wie üblich – vor dem Boden gefliest, muss zuerst die richtige Höhe der Belagunterkante bestimmt werden. Sie ist abhängig von der Ausbildung des Wand-Boden-Anschlusses.

Ausgangspunkt ist die Höhe des fertigen Bodenbelags **(OKFFB)**, die sich z. B. über den Meterriss oder einen bereits fertigen Nebenraumbelag bestimmen lässt.

Beim Ansetzen im Dickbett ruht die unterste Schicht auf einer Ansetzlatte aus Holz oder Aluminium. Die Höhe für die Oberkante der Ansetzlatte errechnet sich für die einzelnen Fälle so:

1. ohne Sockel

OK Latte = FFB + Anschlussfuge

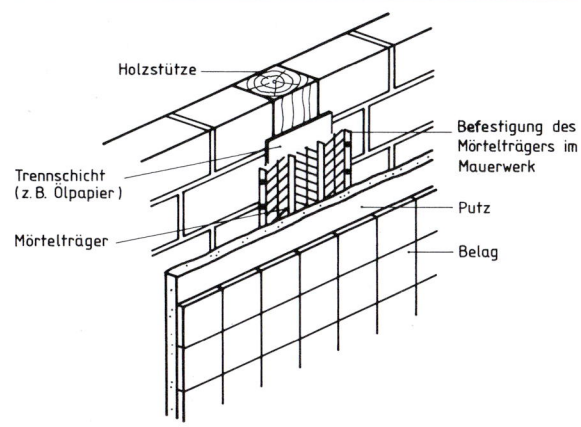

1 Holzbalken-Verwahrung als Vorbereitung für die Dickbettverlegung

2 Nach dem Vornivellieren wird der überschüssige Mörtel abgeschnitten

Anwendung:

Immer, wenn Wand- und Bodenbelag aus demselben Belagmaterial bestehen oder wenn der Sockelbereich nicht stoßbelastet ist.

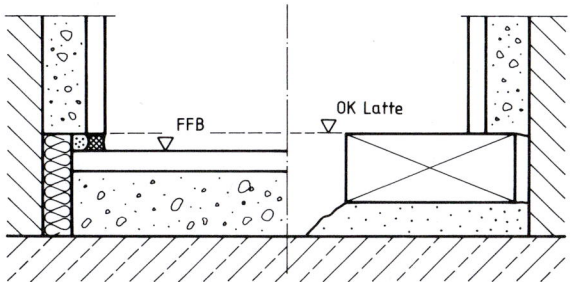

3

2. mit Sockel

OK Latte = FFB + Anschlussfuge + Sockel + Fuge

Anwendung:

Wenn Stoßfestigkeit verlangt ist. Sockel ohne Fase werden bündig mit dem Wandbelag eingesetzt. Der Fugenschnitt kann mit der Wand übereinstimmen oder deutlich abweichen wie z. B. beim Halbverband (Abb. 1).

3. mit Kehlsockel

OK Latte = FFB + Kehlsockel + Anschlussfuge

Anwendung:

In Räumen mit hohen hygienischen Anforderungen. Der Sockel wird **nach** den Wandfliesen und **vor** der Bodenverlegung in erdfeuchtem Zementmörtel angesetzt. Eine flach in Sand gelegte, gegen Verschieben gesicherte Richtlatte dient als Anschlag für die Kehle. Nach dem Entfernen der Richtlatte wird der Mörtel unterhalb des Sockels angeklopft und leicht abgeschrägt (Abb. 2).

> Beim Ansetzen im Dickbett ruht die unterste Fliesenschicht auf einer Ansetzlatte. Die Höhe ihrer Oberkante richtet sich nach der Fertigfußbodenhöhe und nach der Art des Wand-Boden-Anschlusses.

8.4.2 Ansetzen im Dickbett

Vorarbeiten

Sind keine besonderen Mängel zu beseitigen (siehe Tabelle S. 70 + 71), geht dem Ansetzen in der Regel voraus:

- **Säubern** des Ansetzgrundes von Staub, losen Teilen und eventuell vorhandenen Gipsresten (siehe 8.5.1),
- **Annetzen** des Untergrundes,
- **Einrichten** der Ansetzlatte (siehe 8.4.1),
- **Bereitstellen** des Ansetzmörtels.

Beispiel für die Zusammensetzung:
CEM I 32,5 R, gewaschener Sand, gemischtkörnig (0…4 mm) MV 1 : 5, gut durchgemischt, plastische Konsistenz (KP).

Arbeitsablauf

- Seitlich oben und unten werden Schnurstifte angebracht. Andere Lösung: Punktfliesen und abgehängte Lote.

- Lotrecht dazwischen gespannte Schnüre im Abstand der Mörteldicke bilden die Belagaußenkanten.

- Auf der Ansetzlatte werden zuerst die Außenfliesen – oder Reststreifen –, dann die innen liegenden Fliesen angesetzt.

  Die durchgespannte Fluchtschnur zwischen den Loten legt die Oberkante der Fliesenschicht fest. Dieser Vorgang wiederholt sich Schicht für Schicht. Zusätzliche Prüfung der Waagerechten mit der Wasserwaage.

- Hohlräume im Mörtelbett werden dadurch vermieden, dass die fertig angesetzte Schicht oben mit dem Mörtel aufgefüllt und schräg glatt gestrichen wird.

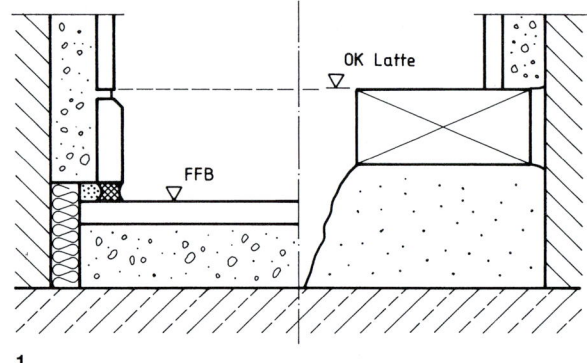

2. mit Sockel

1

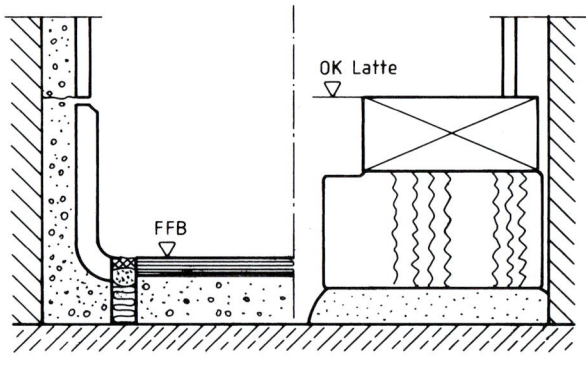

3. mit Kehlsockel

2

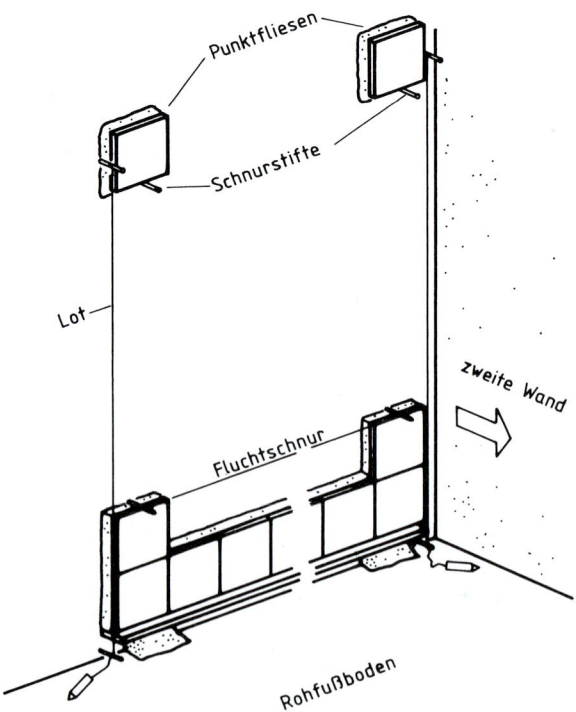

3   Ansetzen im Mörtelbett

Ansetzen

Fliesen sind **hohlraumfrei** anzusetzen. Stark saugende Fliesen sind vorher zu stauchen, d. h. 1–3 Sekunden in sauberes Wasser zu tauchen. Damit wird die Kapillarität reguliert und verhindert, dass dem Mörtel im Kontaktbereich das Anmachwasser zu rasch entzogen wird. Hohe Haftwerte durch Anreicherung der Kontaktstelle mit Zement erreicht man mit dem **schwedischen Ansetzverfahren**. Dabei wird die Fliesenrückseite vor dem Mörtelauftrag mit einer Zementschlämme oder einem breiigen Zementmörtel MV 1 : 1 bestrichen.

Anklopfen

Durch Anklopfen mit dem Kellenstiel bringt man die Fliese in die richtige Lage. Dabei wird der Zementleim in die Poren des Scherbens gedrückt. Beim Erhärten bilden sich Zementdübel, die eine mechanische Verankerung sowohl zwischen Mörtel und Untergrund als auch zwischen Mörtel und Fliese herstellen.

Nachklopfen, zur Korrektur der Lage, sollte so rasch wie möglich erfolgen. Späteres Nachklopfen lässt die bereits gebildeten Zementkristalle brechen und führt zu verminderter Haftung. Trocken angesetzte Fliesen sollten überhaupt nicht nachgeklopft werden.

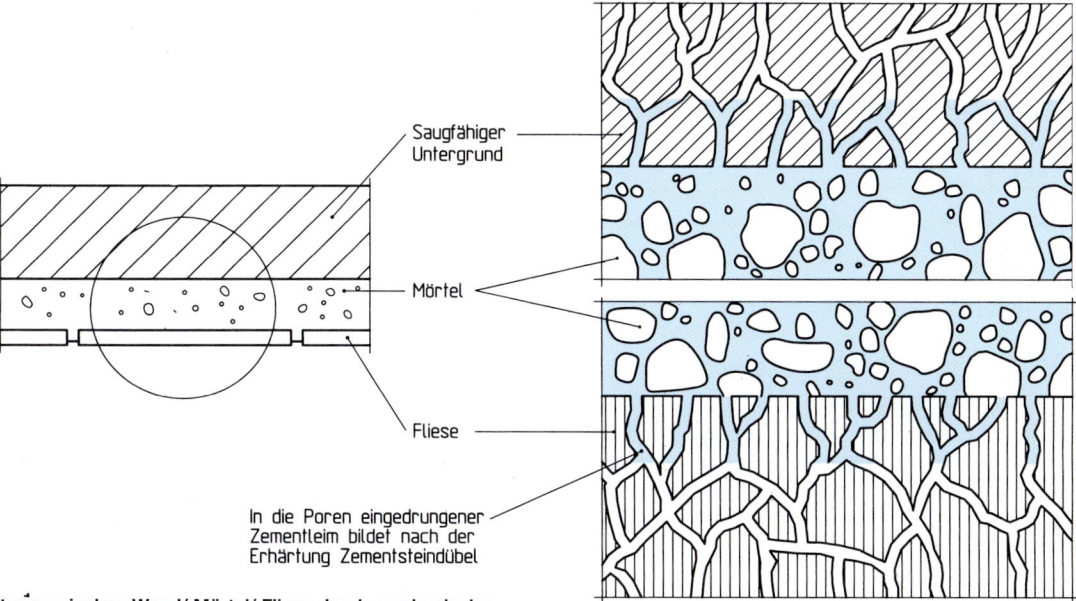

Saugfähiger Untergrund

Mörtel

Fliese

In die Poren eingedrungener Zementleim bildet nach der Erhärtung Zementsteindübel

1 Haftung zwischen Wand/ Mörtel/ Fliese durch mechanische Verankerung

Erstreinigung

Besonders bei glasierten Oberflächen sind Mörtelreste möglichst sofort wegzuwischen, da die Glasur von der Mörtellauge angegriffen wird. Außerdem werden die Fugen mit einem Holzstift ausgekratzt, um dem späteren Fugenmörtel genügend Halt zu verschaffen. Dann wird der Belag mit einem Schwamm abgewaschen.

Das Ansetzen von Wandfliesen im Mörtelbett verlangt sorgfältiges und maßgenaues Arbeiten. Die Fliesen sind senkrecht, fluchtrecht und waagerecht unter Berücksichtigung angegebener Bezugslinien anzusetzen. Überstände sind nur zugelassen, soweit sie von der Art des Belagmaterials nicht zu vermeiden sind.

Die Fliesen werden im vollen Mörtelbett angesetzt und angeklopft. Trocken angesetzte Fliesen dürfen nicht nachgeklopft werden. Die Belagoberfläche ist rechtzeitig abzuwaschen.

Anschlusswand

Der Anschluss einer zweiten Wand an eine geflieste Wandfläche kann auf unterschiedliche Art erfolgen.

1. Eckfliese oder Reststreifen schiebt sich hinter die vorhandene Eckfliese. Die Eckfugen sind starr vermörtelt.

Anwendung:

Bei Uni-Fliesen, einheitlichem Untergrundmaterial, kurzen Wandstücken.

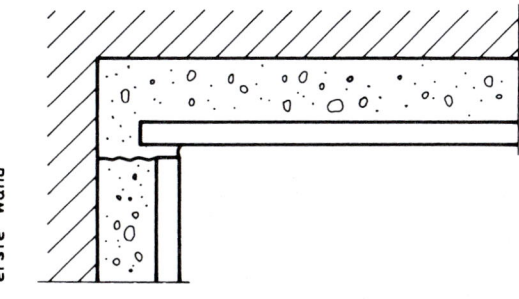

zweite Wand

erste Wand

2   Wandanschluss starr

2. Anschlussfuge zwischen Eckfliesen

Die Belagtrennung erfolgt bis auf den Ansetzgrund hinunter.

Anwendung:

Bei Uni-Fliesen, verschiedenen Untergrundmaterialien, wie z. B. Beton/Bims, bei langen Wandflächen.

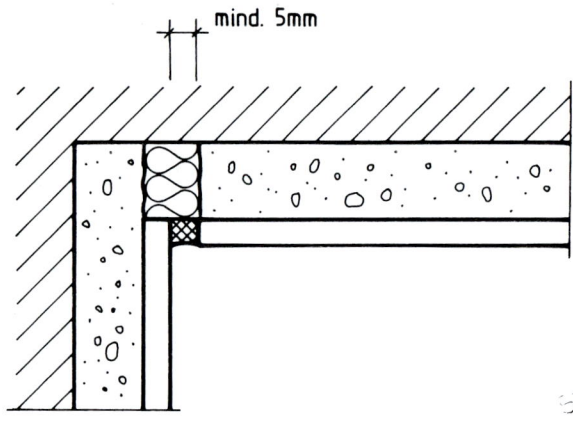

1   Ecke mit elastischer Anschlussfuge

3. Stoßfuge bei Dekorfliesen

Bei Dekorfliesen können in den Ecken geschnittene Teilfliesen aufeinandertreffen. Sie dürfen nicht hinterschoben werden, weil sonst das Muster unterbrochen wird. Die Ecke kann starr vermörtelt oder mit einer Anschlussfuge versehen sein.

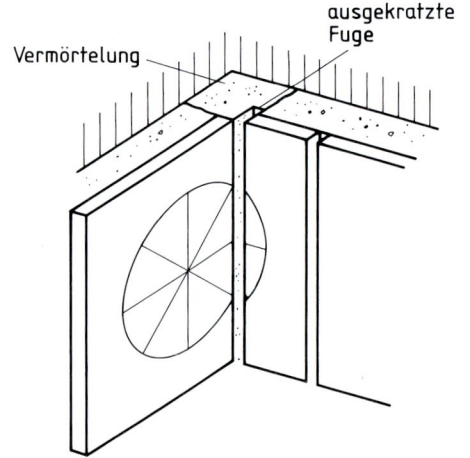

2   Dekorfliesen sollten nicht hinterschoben werden

Der Anschluss von bereits bekleideten Wänden kann auf unterschiedliche Art erfolgen. Bei einheitlichem Untergrund und kurzen Wandstücken kann die Eckfuge starr vermörtelt sein. Sind Bewegungen zu erwarten, ist eine Anschlussfuge vorzusehen.

3   Schaden durch eine fehlende Anschlussfuge

Die freie Belagseite wird von einem abgehängten Lot begrenzt. Der Anschluss der zweiten Wand sollte sorgfältig überprüft werden. Abweichungen vom rechten Winkel können sich bei einem später eingebrachten Bodenbelag sehr störend auswirken.

4   Überstände bei einem mangelhaft ausgeführten Wandbelag

Zusammenfassung:

Der fertige Fliesen- oder Plattenbelag darf keine Mängel aufweisen.

Voraussetzung dafür ist ein geeigneter Untergrund: tragfähig, trocken, sauber, nicht zu glatt, nicht zu stark oder zu schwach saugend, ausreichend eben, fluchtrecht, waagerecht oder im angegebenen Gefälle.

Die zulässigen Toleranzen für die Ebenheit von Oberflächen sind in der DIN 18202 festgelegt. Gemäß DIN 18157, „Ausführung keramischer Bekleidungen im Dünnbettverfahren", erfolgt die Prüfung der Ansetz- oder Verlegefläche durch

Inaugenscheinnahme, Kratzprüfung, Benetzungsprüfung mit Wasser, Wischprüfung und Klopfprüfung. Bei Belagarbeiten auf Estrichen ist vorher die Belegreife zu prüfen: Die Messung mit dem CM-Gerät darf bei Zementestrichen höchstens 2 Massen-% Feuchtigkeitsgehalt anzeigen, bei Calciumsulfat-Estrichen höchstens 0,5 Massen-%.

Ist der Untergrund für die vorgesehene Art der Ausführung ungeeignet, hat der Fliesenleger beim Auftraggeber schriftlich Bedenken anzumelden.

Bei vielen Untergründen müssen vor dem Bekleiden besondere Maßnahmen ergriffen werden. Beispiele dafür sind: entölen, entrosten, sandstrahlen, verspachteln, Stöße plan schleifen, sicher verankern, Untergrund aufrauen und grundieren.

Im Allgemeinen gehört der Spritzbewurf zu der Normalausführung, wenn anschließend im Mörtelbett angesetzt wird. Er soll die Mörtelhaftung verbessern, die Saugfähigkeit vermindern und kleine Unebenheiten ausgleichen. Er ist deckend auszuführen.

Der Unterputz ist erforderlich, wenn z. B. ein einheitlicher griffiger Untergrund anders nicht zu erzielen ist oder wenn auf einem unebenen Untergrund im Dünnbett gearbeitet werden soll.

Vor dem Ansetzen im Dickbett sind in der Regel folgende Vorarbeiten zu erledigen:

– Säubern des Untergrundes von Staub und losen Teilen, insbesondere von Gipsresten (Treibwirkung!)

– Annetzen des Untergrundes

– Einrichten der Ansetzlatte auf Höhe der Wandunterkante

Der Ansetzmörtel soll gut durchgemischt und von plastischer Konsistenz sein. Es ist gemischtkörniger, gewaschener Sand (0…4 mm) und Normzement zu verwenden.

Beim Ansetzen ist auf ein hohlraumfreies Mörtelbett und auf ein gutes Anklopfen zu achten. Trocken angesetzte Fliesen sollen nicht nachgeklopft werden.

Aufgaben:

1. Stellen Sie die Anforderungen zusammen, die an einen Ansetz- oder Verlegeuntergrund zu richten sind.

2. Klären Sie den Begriff „Maßtoleranz".

3. Begründen Sie, warum die Kontrolle der Ebenheit wichtig ist.

4. Die Rohdecke zur Aufnahme eines Fliesenbelags im Mörtelbett weist beim Überprüfen eine Maßabweichung von 28 mm auf. Der Abstand der Messpunkte beträgt 15 m.

    Ist diese Abweichung nach DIN 18202 noch zulässig?

5. Was bedeutet „Prüfen der Belegreife"?

6. Zählen Sie die einfachen Prüfungen des Untergrunds nach DIN 18157 auf.

7. Nennen Sie typische Mängel einer rau geschalten Ortbetonwand und deren fachgerechte Beseitigung für eine Fliesenverlegung im Mörtelverfahren.

8. Nennen Sie die besonderen Voraussetzungen, die ein Gipsputz als Untergrund für die Dünnbettverlegung erfüllen muss.

9. Der Spritzbewurf gehört zur fachgerechten Ausführung eines Wandbelags im Mörtelverfahren.

    a) Welche Aufgabe hat er?

    b) Wie soll er zusammengesetzt sein?

10. Auf einer Holzfachwand mit einer Ausfachung aus Mauerziegeln soll ein Fliesenbelag aufgebracht werden.

    Welche Maßnahmen sind der Reihe nach notwendig, um einen homogenen, tragfähigen Untergrund zu schaffen?

11. Beschreiben Sie die Wirkungsweise der Mörtelträger.

12. Auf welchen Untergründen werden Mörtelträger angebracht?

13. Begründen Sie, warum auf Mischmauerwerk Mörtelträger eingesetzt werden.

14. Vergleichen Sie die Eigenschaften von Streckmetall mit denen von Rippenstreckmetall.

15. Nennen Sie die Mörtelzusammensetzung für einen Unterputz.

16. Zählen Sie Geräte auf, die zum Übertragen von Höhen nützlich sind.

17. Beim Ansetzen im Dickbett liegt die unterste Fliesenschicht auf einer Ansetzlatte.

    Geben Sie die Höhe ihrer Oberkante an, wenn der Boden mit einem Hohlkehlsockel anschließen soll.

18. Nennen Sie die Zusammensetzung eines geeigneten Ansetzmörtels (Bindemittel, Gesteinskörnung, Mischungsverhältnis, Konsistenz).

19. Welche Folgen hat es, wenn der Wanduntergrund nicht von a) Staub und b) Gips befreit wird?

20. Fliesen mit hoher Wasseraufnahme werden in der Regel vor dem Ansetzen gestaucht.

    a) Was versteht man unter „Stauchen"?

    b) Was wird damit bezweckt?

21. Begründen Sie, warum eine trocken angesetzte Fliese später nicht nachgeklopft werden darf.

22. Warum soll eine Mörtelschicht möglichst überall dieselbe Dicke aufweisen?

23. Was versteht man unter dem „schwedischen Ansetzverfahren"?

24. Begründen Sie, warum nach dem Ansetzen einer Schicht der Mörtel schräg aufgestrichen wird.

25. Aus welchem Grunde soll mit dem Abwaschen frisch angesetzter Fliesen nicht zu lange gewartet werden?

8.5 Boden: Verbundbelag auf Beton

Bodenbeläge werden im Verbund mit der Rohdecke verlegt, wenn – wie z. B. im Industriebereich – hohe Belastungen zu erwarten, aber keine Maßnahmen zur Abdichtung oder zur Schall- und Wärmedämmung gefordert sind.

8.5.1 Vorarbeiten

Liegen keine besonderen Mängel des Untergrundes vor (Tabelle S. 70 + 71), geht dem Verlegen in der Regel voraus:

– Säubern des Untergrunds

– Annetzen

– Höhe FFB bestimmen

– Auswinkeln

– Einteilen des Belags

– Stellen des Randstreifens

Säubern des Untergrundes

Schuttreste, Holzbestandteile und Staubschichten sind zu entfernen. Dabei ist besonders auf etwa vorhandene Gipsreste zu achten. Gips ist deshalb gefährlich, weil er, zusammen mit **frischem** Zementmörtel, **Ettringit** (chemisch: Tricalciumaluminatsulfat) bildet. Jedes Teilchen Ettringit lagert 32 Moleküle H_2O als Kristallwasser an. Bei der Kristallbildung tritt eine starke Volumenvergrößerung ein. Diese wirkt treibend und kann Abplatzungen zur Folge haben. Reaktionen können auch noch nach der Mörtelerhärtung unter dem Einfluss von Feuchtigkeit und Schwefelabgasen eintreten.

Annetzen des Untergrundes

Die Kapillarität wird reguliert. Dem Verlegemörtel wird nicht vorzeitig das zum Abbinden notwendige Wasser entzogen. Außerdem quillt der Untergrund auf und schwindet später zusammen mit dem Verlegemörtel. Die Folge sind verminderte Schwindspannungen.

Der kraftschlüssige Verbund zwischen Untergrund und Verlegemörtel kann durch Verwendung einer Haftemulsion noch verbessert werden. Dies erlaubt, größere Belagflächen ohne Bewegungsfugen zu verlegen.

Höhe FFB bestimmen

Wurde im gleichen Raum schon ein Wandbelag ausgeführt, so ist bereits ein Anhaltspunkt gegeben. In den übrigen Fällen ergibt sich dieses Höhenmaß am besten über den Meterriss (1 m über FFB). Weitere Anhaltspunkte: bereits fertige Bodenbeläge, Treppenaustritte, Anschlagschienen und Einläufe. Das Übertragen der Höhen erfolgt mit Richtscheit, mit Wasserwaage oder Schlauchwasserwaage.

Auswinkeln

Für die Belageinteilung ist es wichtig zu wissen, ob die Raumecken vom rechten Winkel abweichen. Insbesondere muss geklärt werden, wo sich spitze oder stumpfe Winkel befinden. Bauwinkel reichen meist von der Größe her nicht aus. Mithilfe der geometrischen Lehrsätze von Pythagoras und Thales und einfachen Hilfsmitteln erreicht man genauere Ergebnisse.

Satz des Thales: „Der Winkel im Halbkreis ist ein rechter".

Eine Richtlatte, deren Mitte gekennzeichnet ist, wird beliebig schräg in die Raumecke gelegt. Ein rechter Winkel liegt vor, wenn das Maß zwischen Raumecke und Mittelpunkt genau der halben Länge der Richtlatte entspricht. Ist das Kontrollmaß kleiner, liegt ein stumpfer Winkel vor; ist es größer, so ist der Winkel spitz.

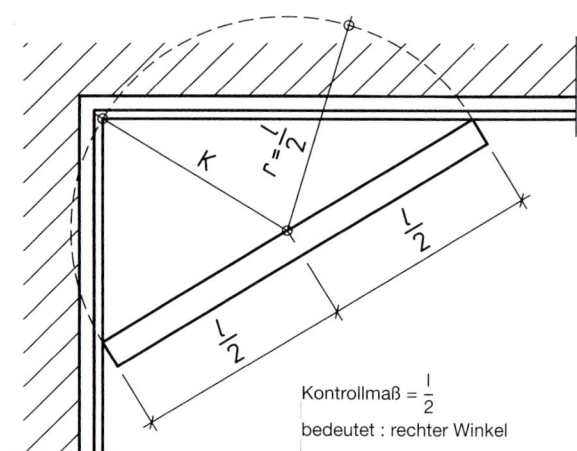

Kontrollmaß $= \dfrac{l}{2}$

bedeutet : rechter Winkel

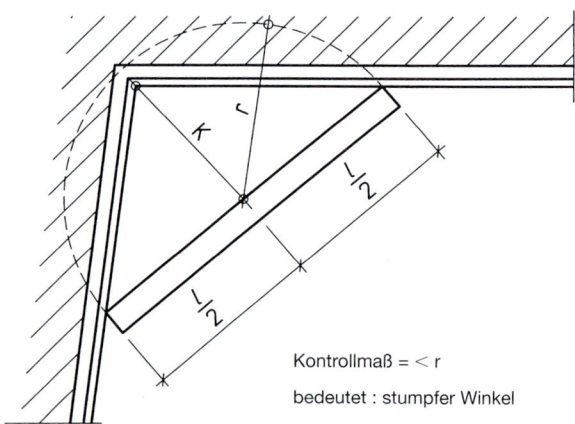

Kontrollmaß $= < r$

bedeutet : stumpfer Winkel

1 Überprüfen des rechten Winkels (Thales)

Verreihung

Wählt man die Seitenlängen eines Dreiecks im Verhältnis 3 : 4 : 5, so bilden die beiden kürzeren Seiten einen rechten Winkel. Wählt man z. B. als Einheit 0,4 m, so betragen die Seitenlängen 1,2 m : 1,6 m : 2,0 m. Je größer die gewählten Einheiten, desto genauer ist das Ergebnis.

Mithilfe von Richtlatten und Meterstab lassen sich die Raumecken leicht überprüfen.

Einteilen des Belags

Näheres über die Einteilung von Bodenbelägen ist im Kapitel 13 beschrieben.

Grundregeln:

– Symmetrie einhalten, falls erforderlich

– Streifen (mind. halbe Breite) am Rand anordnen

– bei Anschlagschienen oder Höhenversätzen möglichst ganze oder große Streifen verwenden (Lockerungsgefahr bei Belastungen und Erschütterungen)

Weichen Raumecken vom rechten Winkel ab, so sollte dies beim Einteilen berücksichtigt werden. Ein Beispiel zeigen die folgenden Abbildungen:

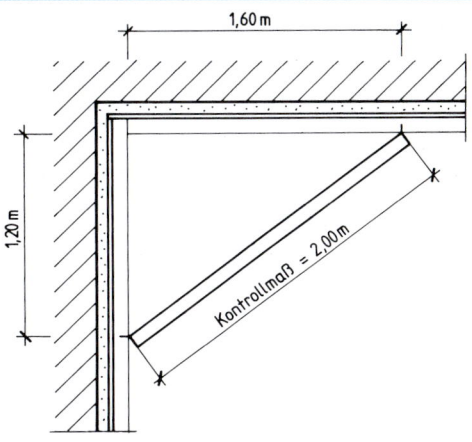

3 Verreihung

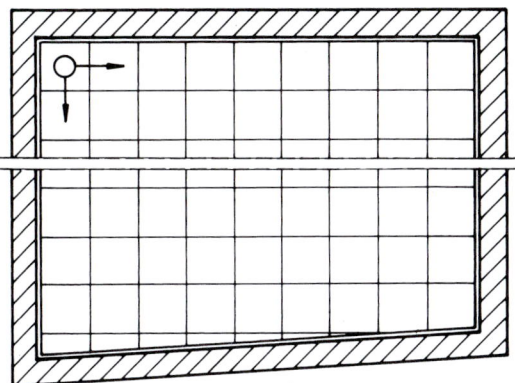

1 Fall 1: Einteilen vom rechten Winkel aus

einwirkung ausdehnt. Unterlässt man diese Maßnahme, kann es zu schweren Schäden durch Hochwölben des Belags kommen. Im Handel gibt es dafür Polystyrol-Dämmstreifen, die einseitig mit Bitumenpappe kaschiert sind. Der etwa 10 mm dicke Streifen wird später auf der Höhe des Fertigfußbodens abgeschnitten.

Randausbildung mit Anschlussprofilen:

Auch bei Bewegungen des Estrichs pressen sich die Flanken an den Belag (s. Abb. 4 und 5).

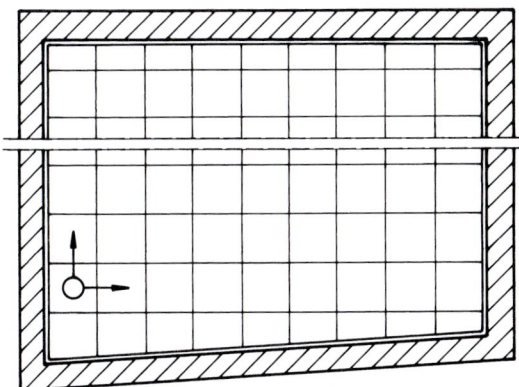

2 Fall 2: Einteilen vom spitzen Winkel aus

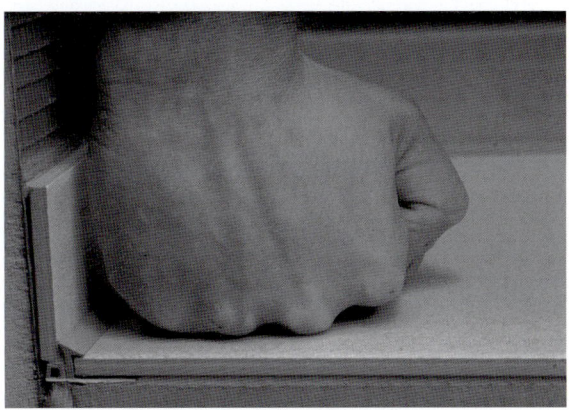

4

Beginnt der Fliesenleger wie bei Fall 1 in der rechtwinkligen Ecke, so ergeben sich an der schrägen Wand unschöne, trapez- und dreiecksförmige Reststreifen.

Beginnt er aber wie bei Fall 2 im **spitzen** Winkel mit einer Ganzen, so wird durch die größeren Reststreifen ein wesentlich besseres Bild erzielt. Die geschnittenen Fliesen an der gegenüberliegenden Wandseite müssen dabei in Kauf genommen werden.

Stellen des Randstreifens

Auch wenn es sich nicht um einen schwimmenden Estrich handelt, sollte umlaufend ein Randstreifen gestellt werden. Dieser verhindert, dass die Belagschicht seitlich eingespannt wird, wenn z. B. der tragende Untergrund stark schwindet oder sich die Belagschicht bei Wärme-

5

Fliesen

Verlegemörtel

Schwindung

1 Fehlende Randfuge: Hochwölben des Belags als Folge der Betonschwindung

elastische Anschlussfugen

Schwindung

2 Belag mit Randfuge: Schwindspannung wird übertragen. Die Randfuge fängt die Verkürzung auf

Die Vorarbeiten sind sorgfältig durchzuführen. Dazu gehören: Säubern des Untergrundes, Bestimmen der Fertigfußbodenhöhe, Auswinkeln, Einteilen, Annetzen des Untergrundes, Stellen des Randstreifens.

8.5.2 Verlegen im Mörtelbett

Man unterscheidet zwei Verfahren:

1. Verlegen im vorgezogenen Mörtelbett
2. Einzelverlegung

Wegen seiner arbeitstechnischen Vorteile wird für die meisten Beläge das erste Verfahren angewandt.

Vorgezogenes Mörtelbett: Arbeitsablauf

Untergrund annässen.

Mörtelstreifen legen: ca. 30 cm Abstand von den Wänden halten; bei großen Räumen weitere Streifen im Abstand von ca. 2 m dazwischen anordnen.

Mögliche Ergänzung:

Schnelllehren waagerecht und in richtiger Höhe einlegen.

3 Winkelförmige Aluminium-Abziehlatte

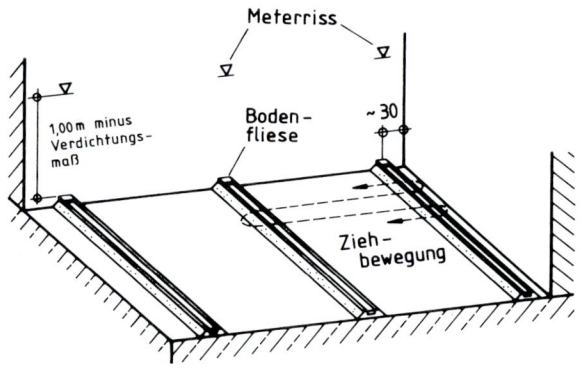

4 Mörtelstege beim vorgezogenen Mörtelbett

	Vorgezogenes Mörtelbett	Einzelverlegung
Anwendung	wenn ein hohlraumfreier, witterungsbeständiger und hoch belastbarer Belag gefordert wird	bei unregelmäßiger Größe und Dicke der Belagteile
Geeignetes Belagmaterial	gleich dickes keramisches Belagmaterial, z. B. – Spaltplatten – Spaltklinker – Mosaik und Fliesen aus STZ – Ziegelplatten (Cotto) – Bodenklinkerplatten	zementgebundene Platten und Natursteinplatten mit unterschiedlicher Dicke, besonders für polygonalen oder römischen Verband

Verlegemörtel	– Zementmörtel MG III
	   innen: MV 1 : 4...1 : 6
	   außen: MV 1 : 4...1 : 5
	– Zementmörtelschlämme als Kontaktschicht
		für Natursteinplatten:
		– magere Unterschicht aus steifem Zementmörtel
		             MV 1 : 6...8
		– Mörtel aus Portlandpuzzolanzement (Trass) 1 : 4 : 6 oder
		– Kalkzementmörtel MV 1 : 1 : 5...6

Mörtel einfüllen, bei großen Flächen in einzelnen Abschnitten.

Abziehen mit der Richtlatte von den Ecken aus zur Mitte hin.

Winkelförmige Aluminium-Latten und Abziehgeräte erleichtern das Verdichten und Abziehen des überschüssigen Mörtels.

Schnelllehren herausnehmen und Rillen auffüllen.

Kontaktschicht aufbringen (felderweise).

Die Richtlinie für Terrassen empfehlen dafür eine Zementmörtelschlempe. Sie ist im Allgemeinen dem Pudern vorzuziehen.

Verlegen von Brettern oder Tafeln zum Schutz des vorgezogenen Mörtelbetts oder des bereits fertigen Belags.

Verlegen und Einklopfen des Belagmaterials mit Hammerstiel oder Plastikhammer. Der erdfeuchte Verlegemörtel wird dabei einige Millimeter zusammengedrückt. Dieses Verdichtungsmaß muss vorher beim Abziehen des Mörtels berücksichtigt werden. In Abständen von ca. 50 cm sollte jeweils eine Fluchtschnur zum Ausrichten der Längsstufen gespannt werden. Bei großen Räumen und breiten Fugen gilt dies auch für die Querrichtung. Das Anlegen in L-Form ist bei großen Räumen vorteilhaft.

Hallenbeläge werden durch Bewegungsfugen in einzelne Felder aufgeteilt. Diese werden wie Einzelbeläge abgezogen und belegt.

Säubern des Belags mit Wasser – so lange, bis kein Zementschleier mehr sichtbar ist.

Absperren des Raumes. Ein Schild soll den Tag des frühestmöglichen Betretens angeben. Dies ist deshalb wichtig, weil der Fliesenleger bis zur Abnahme durch den Bauherrn für Schäden haftet.

Ausfugen und Schutz des fertigen Belags siehe 9.3.2.

Das Verlegen im vorgezogenen Mörtelbett hat wichtige arbeitstechnische Vorteile:

– Die Verlegeleistung ist größer als bei der Einzelverlegung.

– Das Mörtelbett wird besser verdichtet, hat weniger Hohlräume und dadurch eine höhere Druckfestigkeit.

– Der Belag ist witterungsbeständiger.

Alle gleich dicken Belagmaterialien sind für dieses Verlegeverfahren geeignet.

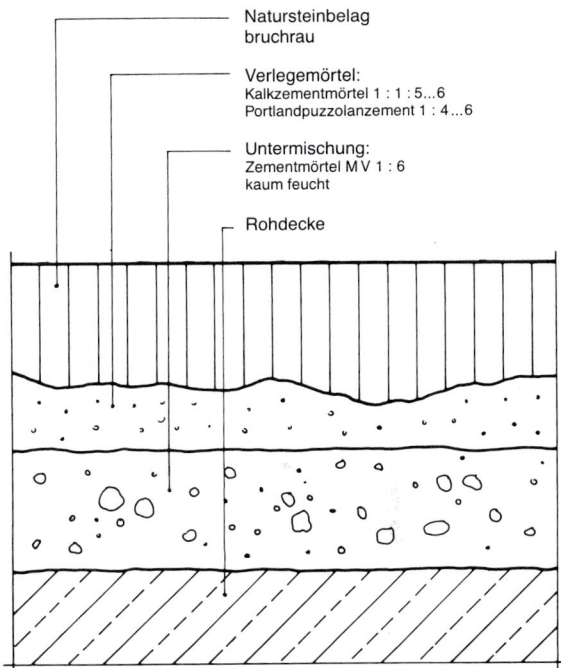

Natursteinbelag bruchrau

Verlegemörtel:
Kalkzementmörtel 1 : 1 : 5...6
Portlandpuzzolanzement 1 : 4...6

Untermischung:
Zementmörtel MV 1 : 6
kaum feucht

Rohdecke

2   Natursteinverlegung in zwei Mörtelschichten

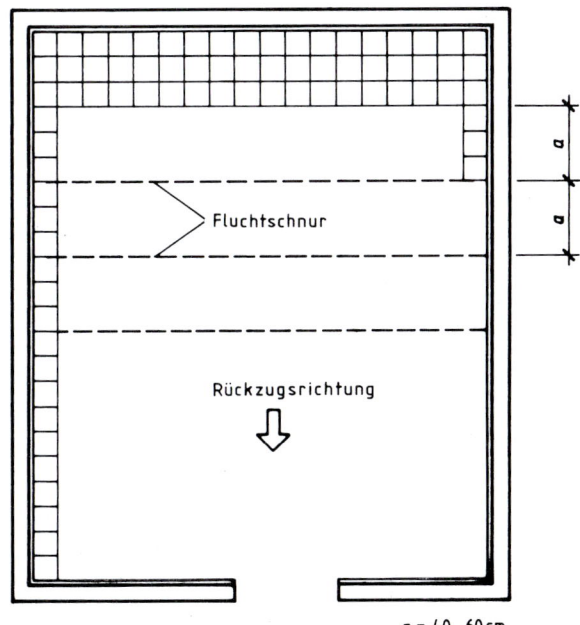

Fluchtschnur

Rückzugsrichtung

$a = 40...60$ cm

1   Anlegen in L-Form

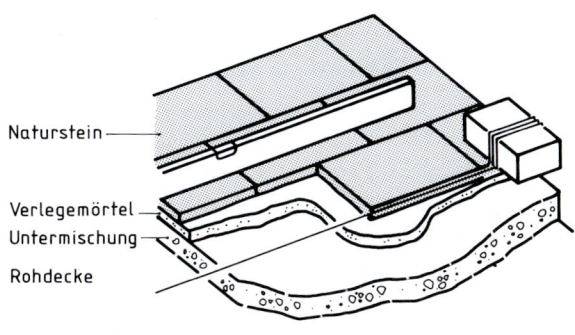

Naturstein

Verlegemörtel

Untermischung

Rohdecke

3   Verlegen von Natursteinplatten

Einzelverlegung

Nach dieser Methode werden Belagteile mit unebener Rückseite und ungleicher Dicke verlegt. Dabei breitet man den Verlegemörtel für jedes Belagteil einzeln aus und passt ihn dabei den Unebenheiten der Belagrückseite an. Auf diese Weise lassen sich auch Überlängen von nicht gesägten Natursteinplatten (Seitenverhältnis > 1 : 3) weitgehend ohne Überstände verlegen.

Damit der plastisch-weiche Verlegemörtel nicht „schwimmt", wird vorher eine Unterschicht aus steifem, magerem Zementmörtel eingebracht.

Arbeitsablauf

– **Untergrund annässen,**

– **Untermischung einbringen,** bestehend aus magerem Zementmörtel MV 1 : 6...8 mit extrem niedrigem Wasserzementwert.

– Verlegen von zwei Platten rechts und links an der Hauptwand gegenüber der Türe im Abstand des Randstreifens.

– **Schnur spannen** zwischen den Platten. Sie gibt die Belaghöhe, die Flucht und die Waagerechte an und darf deshalb auf keinen Fall durchhängen. Bei großen Längen unterstützen!

– **Platten** einzeln im geeigneten Verlegemörtel (z. B. Mörtel aus Portlandpuzzolanzement) mit 10 bis 15 mm Dicke auf Untermischung verlegen, ausrichten und satt einklopfen.

Das Anlegen und Verlegen von Natursteinbelägen richtet sich nach dem vorgesehenen **Verlegemuster.** Einen Überblick gibt folgende Tabelle:

Einzelverlegung		Unterschiedliche Verlegearten (Verlegemuster)		
Beispiel	Verlegeart	Formate	Regel für die Verlegung	Anlegen des Belags
	Fuge auf Fuge (im Fugenschnitt)	Quadrat	– in beiden Richtungen durchgehende Fugen	Vorgehen in U-Form, Schnur in Abständen spannen
	Halbverband	Rechtecke, gleiches Format	– in einer Richtung durchlaufende Fugen – Querfugen um halbe Plattenlänge versetzt	mit L- oder U-Form beginnen
	in Bahnen	Rechtecke mit verschiedener Länge, 3–5 unterschiedliche Breiten	– in einer Richtung durchlaufende Fugen – Bahnbreite abwechselnd – nebeneinanderliegende Platten ungleich lang – keine Kreuzfugen – Plattenlänge ≥ Breite	– Punktplatten an Hauptwand verlegen – dazwischen Schnur spannen – durchlaufende Fuge meist quer zur Hauptrichtung (Längsrichtung) eines Raumes
	römischer Verband	Rechtecke und Quadrate in mehr als vier verschiedenen festgelegten Größen	– keine Kreuzfugen – keine langen durchlaufenden Fugen – große und kleine Platten mischen	– Arbeiten nach Verlegeplan; Platten werden nummeriert – mit L- oder U-Form beginnen, später meist ohne Schnur verlegen
	Polygonverband	unregelmäßige Vielecke	– keine Kreuzfugen – keine langen durchlaufenden Fugen – große und kleine Platten mischen	freies Verlegen – angepasst: Platten so aussuchen oder behauen, dass gleichmäßige, ca. 1 cm breite Fuge entsteht – unangepasst: Platten nur aussuchen; unregelmäßige Fugenbreite

1 Verlegen eines unangepassten Polygonalbelags

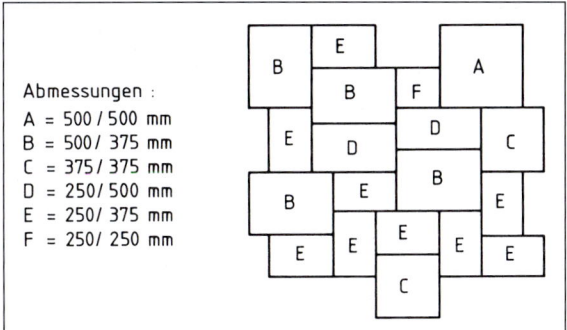

Abmessungen:

A = 500 / 500 mm
B = 500 / 375 mm
C = 375 / 375 mm
D = 250 / 500 mm
E = 250 / 375 mm
F = 250 / 250 mm

2 Römischer Verband aus 6 verschiedenen Plattenformaten

Natursteine und sonstige Belagteile mit unebener Rückseite und unterschiedlicher Dicke werden einzeln im plastischen Mörtel verlegt. Eine Unterschicht aus magerem, steifen Zementmörtel verhindert, dass der Belag „schwimmt". Der wichtigste Maßbezug ist die Schnur. Sie darf deshalb auf keinen Fall durchhängen. Manche Verlegemuster lassen sich nur mit einem Verlegeplan ausführen.

Zusammenfassung:

Vor den eigentlichen Verlegearbeiten muss der Untergrund sorgfältig gesäubert werden.

Gips bildet mit frischem Zementmörtel Ettringit, das wegen seiner Treibwirkung gefährlich ist.

Ein Raum kann mithilfe von einfachen geometrischen Lehrsätzen ausgewinkelt werden: Verreihung (Pythagoras) und Satz des Thales.

Auch ein Verbundbelag soll seitlich durch einen Randstreifen von der Rohbauwand getrennt sein. Dadurch wird eine Kraftübertragung beim Schwinden des Untergrundes verhindert.

Wegen der arbeitstechnischen Vorteile werden die meisten Bodenbeläge im vorgezogenen Mörtelbett verlegt. Unter anderem erreicht man damit eine größere Verlegeleistung, ein dichteres Mörtelbett, höhere Druckfestigkeit und eine höhere Witterungsbeständigkeit. Belagteile mit ungleicher Dicke werden einzeln nach der Schnur verlegt. Der plastische Verlegemörtel kommt auf eine Unterschicht aus magerem, steifen Zementmörtel.

Der wichtigste Maßbezug ist dabei die Schnur. Sie gibt die Belaghöhe, die Flucht und die Waagerechte – oder das Gefälle – an. Sie muss deshalb immer straff gespannt sein.

Natursteinbeläge können auf verschiedene Arten verlegt werden. Beispiele dafür sind: Fuge auf Fuge, Halbverband, in Bahnen, römischer Verband, Polygonalverband.

Der römische Verband wird mithilfe eines Verlegeplans ausgeführt.

Aufgaben:

1. Nennen und beschreiben Sie zwei einfache Verfahren, mit denen der rechte Winkel in einer Raumecke genau überprüft werden kann.

2. Nennen Sie Festpunkte, die zur Bestimmung der Fertigfußbodenhöhe herangezogen werden können.

3. Beschreiben Sie die beiden üblichen Verfahren für die Mörtelverlegung.

4. Welches Verfahren wird in der Regel für Natursteinbeläge angewandt?

5. Stellen Sie die Vor- und Nachteile der beiden Verlegeverfahren einander gegenüber.

6. Weshalb muss die Schnur bei der Einzelverlegung immer straff gespannt sein?

   Nennen Sie drei Gründe.

7. Geben Sie die Zusammensetzung der Untermischung für das Verlegen von Natursteinplatten an.

8. Nennen Sie die Regeln, die einem römischen Verband zugrunde liegen.

8.6 Dünnbettverfahren

Das Dünnbettverfahren ist eng verknüpft mit der zunehmenden Arbeitsteilung im heutigen Bauablauf. Immer häufiger findet der Fliesenleger als Untergrund „flächenfertige Wände und Böden" (vgl. 8.2), also Estriche und Putze vor. In solchen Fällen erfolgt das Ansetzen und Verlegen von keramischen Bekleidungen im Dünnbettverfahren.

8.6.1 Unterschiede zur Dickbettverlegung

1. Die Mörtel- oder Klebstoffdicke liegt etwa zwischen 2 und 5 mm (Mittelbett: ca. 5...15 mm).

2. Es können auch Untergründe wie Gipsplatten oder Bauplatten aus Hartschaum bekleidet werden.

3. Zeitersparnis bei ebenen, tragfähigen Untergründen.

4. Einfacheres Arbeiten: auch von oben nach unten.

5. Längere Korrigierzeit.

6. Haftwerte können weit höher liegen (ganz besonders bei der Verwendung von Reaktionsharzen). Zwischen saugfähigen Oberflächen beruht die Haftwirkung von zementhaltigen Mörteln hauptsächlich auf der „Verkrallung" (Dübelwirkung) der Zementkristalle in den Poren. Zwischen glatten und kaum saugfähigen Oberflächen sorgen die Kunststoff-Zusätze für die notwendige Haftung.

8.6.2 Dünnbettmaterialien

Seit 2001 gilt die DIN EN 12004. Sie regelt europaweit

– die Begriffsbestimmungen für Materialien, Werkzeuge und Arbeitsmethoden

– die Prüfverfahren für Mörtel und Klebstoffe

Sie enthält aber keine Anforderungen an die Verarbeitung von keramischen Fliesen und Platten. Sie unterscheidet 3 Gruppen von Materialien:

1   Ansetzen eines Marmorbelages

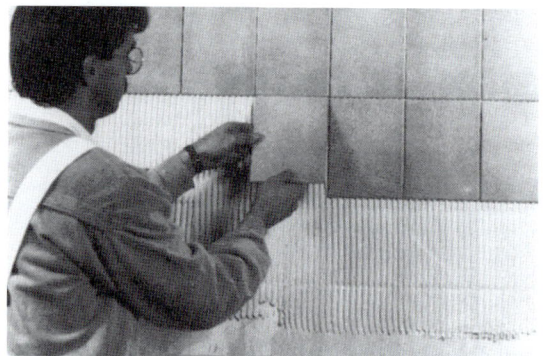

2   Bei fachgerechter Vorbehandlung kann auch ein alter Belag als Untergrund dienen

> Flächenfertige und tragfähige Wände und Böden eignen sich ganz besonders für die Dünnbettverlegung
>
> Mit dem Dünnbettverfahren lassen sich höhere Verlegeleistungen erzielen.

	Zementhaltiger Mörtel (C)	Dispersionsklebstoff (D)	Reaktionsharzklebstoff (R)
Lieferform	Pulverform	gebrauchsfertig, in wässerig-teigiger Form	ein- oder mehrkomponentig, Gebinde aus Harz und Härter
Verarbeitung	mit Wasser vor Ort anrühren	gebrauchsfertig	vor Ort anrühren
Zusammensetzung/ Materialbasis	Zement + Sand + Kunststoff-zusätze	– Vinylacetat (PVAC) – Acrylharze + weitere	Epoxidharz (EP) Polyurethan (PUR)
Gesteinskörnung	mineralische Füllstoffe: Quarzsand und Gesteinsmehl bis 0,5 mm Korngröße		
Art der Erhärtung	hydraulisch + Kunststofferhärtung	Dispersionsmittel (Wasser) verdunstet	chemische Vernetzung
Bewegungsaufnahme	starr bis flexibel einstellbar	flexibel bis hochflexibel	EP starr bis flexibel PUR hochflexibel
Wasserbeständigkeit	gut	PVAC gering; Acrylate besser	sehr gut

Anforderungen an Mörtel oder Klebstoffe nach DIN EN 12004

Typ	Klasse	Beschreibung	geforderte Eigenschaften (ausgewählte Beispiele)		
			Haftfestigkeit	offene Zeit	Abrutschen
			geprüft wird die Kraft, die beim Zug- oder Scherversuch nach 28 Tagen bis zum Bruch gemessen wird	geprüft wird die Haftfestigkeit nach 28 Tagen an Fliesen, die in Abständen von 5, 10, 20 und 30 min in das Dünnbett eingelegt wurden	geprüft wird die max. Abwärtsbewegung einer angesetzten Fliese an einer senkrechten Fläche
C	1	zementhaltige Mörtel für normale Anforderungen	mind. 0,5 N/mm²	0,5 N/mm² nach mind. 20 min	
C	2	zementhaltige Mörtel für erhöhte Anforderungen	mind. 1,0 N/mm²	1,0 N/mm² nach mind. 20 min 0,5 N/mm² nach mind. 30 min	
	F	zusätzlicher Kennwert = schnell erhärtend (F = fast)		0,5 N/mm² nach max. 24 Std. 0,5 N/mm² nach mind. 10 min	
	E	zusätzlicher Kennwert = verlängerte offene Zeit (E = extended open time)		0,5 N/mm² nach mind. 30 min	
	T	zusätzlicher Kennwert = verringertes Abrutschen (T = thixotrope Einstellung)			max. 0,5 mm
D		Dispersionsklebstoffe	Scherfestigkeit mind. 1,0 N/mm²	0,5 N/mm² nach mind. 20 min	max. 0,5 mm
R		Reaktionsharzklebstoffe	Scherfestigkeit mind. 2,0 N/mm²	0,5 N/mm² nach mind. 20 min	max. 0,5 mm

Zementhaltige Mörtel

Die Grundlage dafür sind Gemische aus hydraulischen Bindemitteln (Zemente) und mineralischen Gesteinskörnungen.

Diesem Zementmörtel werden Polymere und andere organische Zusätze beigemischt. Sie wirken in erster Linie Wasser rückhaltend und elastifizierend.

Ohne sie wäre der Mörtel nicht funktionsfähig, da er

– wegen des raschen Wasserentzugs keine festen Zementkristalle bilden könnte,

– wegen fehlender Elastizität schon bei geringen Verformungen des Untergrunds (z. B. durch Schwinden) abgeschert werden könnte.

Vor Gebrauch wird er nur mit Wasser angerührt.

Übliche Zusätze	Wirkung
Methylcellulosen	Wasser rückhaltend; sie wirken wie kleine Schwämmchen, die verhindern, dass dem dünnen Kleberbett das Wasser entzogen wird
Stärkeether	Wasser rückhaltend
Luftporenbildner	erhöhen die Geschmeidigkeit und die Ergiebigkeit
Fruchtsäuren	verzögern die Hydratation (Wasseranlagerung bei der Kristallbildung)
Lithiumcarbonat	beschleunigt die Hydratation
Kunststoffpulver-dispersionen	verbessern die Haftung an den glatten und schwach saugenden Flächen
Metallseifen	erzeugen beim Erstarren Wasser abweisende Stoffe (günstig für den Einsatz in Nassräumen oder bei Fassaden)

1　Beispiele für Zusätze bei zementhaltigen Mörteln

Aus der Kurzbezeichnung normgerechter Materialien lassen sich Typ, Klasse sowie die zusätzlichen Kennwerte ablesen. Beispiel:

C2 TE = zementhaltiger Mörtel für erhöhte Ansprüche, mit verringertem Abrutschverhalten, mit verlängerter offener Zeit

Dispersionsklebstoffe

Ihr Anteil am Gesamtverbrauch ist seit Langem stark rückläufig und beträgt nur noch wenige Prozent.

Sie bestehen aus einem Gemisch von organischen Bindemitteln in Form wässriger Polymerdispersionen, organischen Zusätzen und mineralischen Füllstoffen. Die Mischung ist gebrauchsfertig.

Wegen ihrer Wasserempfindlichkeit (Gefahr des Aufquellens) geht die Dünnbettnorm davon aus, dass Dispersionsklebstoffe in der Regel nur für Innenwandbekleidungen in trockenen oder geringfügig durch Feuchtigkeit beanspruchten Bereichen – nicht im Duschbereich – eingesetzt werden.

> **Begriffserklärung:**
>
> „Dispersion" bezeichnet als Oberbegriff Gemische, die aus einem zerteilten Stoff (z. B. Polymeren) und dem Zerteilungs- oder Dispersionsmittel (z. B. Wasser) bestehen.
>
> Ist der zerteilte Stoff fest, so nennt man das Gemisch „Suspension" oder „Aufschlämmung".
> Beispiele: Glasurfritte, Zementschlämme.
>
> Ist der zerteilte Stoff flüssig (in Tröpfchen) und verträgt sich nicht mit dem Zerteilungsmittel, so spricht man von einer „Emulsion".
> Beispiele: Öl in Wasser, Bitumenanstrich.

Reaktionsharzklebstoffe

Sie sind ein- oder mehrkomponentig erhältlich, bestehen aber meist aus zwei Komponenten:
dem synthetischen **Harz** (Bindemittel) und dem **Härter**. Außerdem können sie mineralische Füllstoffe enthalten. Nach dem Mischen der beiden Komponenten beginnt die Aushärtung durch eine chemische Reaktion. Nach der Art des Bindemittels unterscheidet man:

a) Epoxidharzklebstoffe

Ohne Weichmacherzusatz härten sie ziemlich starr aus, sind dabei vollkommen wasserbeständig und auch chemisch resistent. Mit Weichmacher – in der Regel Polysulfide – werden sie wesentlich flexibler, ergeben aber eine geringere Grenzflächenhaftung.

b) Polyurethankleber

Wegen ihrer hohen Flexibilität, Wasser- und Frostbeständigkeit können sie auch auf Untergründen eingesetzt werden, wo die übrigen Dünnbettmassen nicht infrage kommen, so z. B. auf Schiffdecks (vibrierende Metallflächen!) oder auf alten Terrassenbelägen. Aus Kostengründen wird ihr Einsatz jedoch begrenzt bleiben.

Besondere Dünnbettmaterialien

Neben den in der DIN EN 12004 genannten Arten sind in der Praxis noch viele Herstellungsbezeichnungen geläufig, die meist direkt auf die besondere Eignung des Produkts hinweisen. Dazu gehören die folgenden Beispiele:

Flexmörtel

Seit 2001 sind in der „Richtlinie für Flexmörtel" die geforderten Eigenschaften verbindlich festgelegt. Produkte mit dem Gütesiegel „Flexmörtel" garantieren:

• C2-Qualität

• Verformbarkeit mind. 2,5 mm (Klasse S1)

Immer, wenn schwierige bauliche Bedingungen vorliegen, gelten Flexmörtel mit ihrer besonders hohen Kunststoffvergütung als die „Problemlöser" unter den zementhaltigen Dünnbettmörteln. Die Kunststoffzusätze können trocken beigemischt sein oder auch flüssig zugesetzt werden. Sie verleihen dem Mörtel eine

• erhöhte Verformbarkeit und eine

• verbesserte Gefüge- und Verbundfestigkeit

Typische Einsatzgebiete sind daher:

• Flächen im Außenbereich (wechselnde Temperaturen)

• bei geringer Wasseraufnahme

  – des Belagmaterials (Feinsteinzeug)

  – des Untergrunds (vorhandener Keramikbelag)

• Untergründe, die sich geringfügig verformen (Heizestriche, Gussasphaltestriche, Gipskarton)

1 Spaltplatten mit starker Rückseitenprofilierung im Mittelbett

Mittelbettmörtel

Darunter versteht man Produkte auf der Basis von zementhaltigen Mörteln. Sie eignen sich zur Verlegung von großformatigen Platten aus Keramik oder Naturstein. Die mit grober Zahnung aufgetragene Schicht kann bis zu 20 mm dick sein.

Fließbettmörtel

Für Belagmaterial mit extrem dichtem Scherben, wie z. B. Feinsteinzeug, benötigt man Dünnbettmörtel mit einer besonders hohen Haftscherfestigkeit. Der Markt bietet Produkte an, die sich mit der Mittelbettzahnung aufziehen lassen und auch großformatiges Belagmaterial ohne Kraftaufwand hohlraumfrei einbetten.

Die Kunstharze des Disperionsanteils wirken Wasser rückhaltend und sorgen für eine zusätzliche organische Klebewirkung.

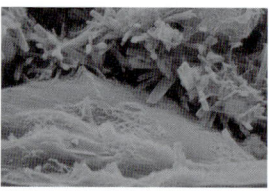 

2 Erhärteter Fließbettmörtel auf der Rückseite einer Feinsteinzeugfliese. Man sieht deutlich die Adhäsion des Kunststoffanteils direkt an der Fliesenrückseite, darüber das Gerüst der stäbchenförmigen Zementkristalle (stark vergrößert!)

3 Kontaktfläche bei einem Fließbettmörtel, Aufbruch 100 %

Schnellkleber

Meist bilden zwei unterschiedliche Zementarten die Basis: silicatreiche und aluminatreiche Zemente.

Gemischt erhärten sie wesentlich schneller als jede Art für sich. Oft wird noch Gips hinzugefügt. Zusammen mit weiteren Zusatzmitteln wird so eine „kontrollierte" Ettringitbildung herbeigeführt.

Kleber dieser Art können das Anmachwasser zu 100 % kristallin binden. Sie weisen daher trotz extrem kurzer Erhärtungszeit keine schädlichen Schwindspannungen auf. Meist können die Beläge bereits nach 2 Stunden ausgefugt und in wenigen Tagen voll belastet werden.

8.6.3 Vorarbeiten

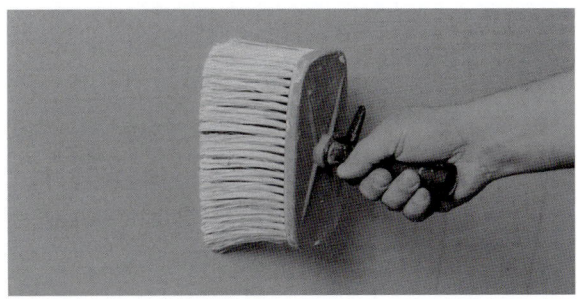

1   Vorstreichen eines gipsgebundenen Untergrundes mit einer Schutzgrundierung

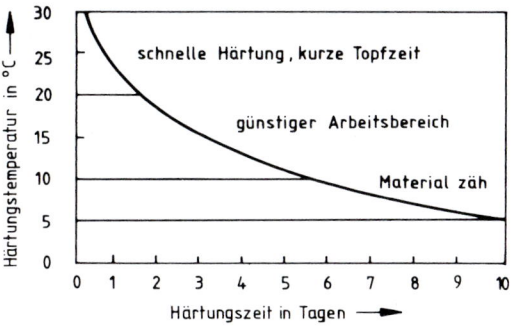

2   Das Diagramm zeigt die Verarbeitbarkeit von Reaktionsharzen in Abhängigkeit von der Härtungstemperatur in °C und der Härtungszeit in Tagen

Die Anforderungen an den Untergrund sowie die gängigen Prüfmethoden sind in Abschnitt 8.1 und 8.2 beschrieben. Mängel und ihre Beseitigung sind in der Tabelle auf Seite 71 zusammengefasst.

Dem Ansetzen oder Verlegen geht in der Regel noch voraus:

– Säubern des Untergrunds von Staub und Trennmitteln

– Grundieren mit einem Voranstrich (engl. Primer) in folgenden Fällen:

Aufgabe	Mangel des Untergrundes	Anwendungsbeispiel
Haftbrücke	zu glatt, zu schwach saugend	Metallflächen alter Belag Dichtungsschlämmen
	zu stark saugend	Porenbeton
Oberflächenverfestiger	leicht sandend, bedingt tragfähig	Gipsputz Gipsplatten Holz Holzfaserplatten
Feuchtigkeitsschutz	feuchtigkeitsempfindlich	

Wichtig: Grundierungen müssen immer auf das nachfolgende Dünnbettmaterial abgestimmt sein. Oft genügt ein verdünnter Auftrag des später verwendeten Klebers. Die Herstellerangaben sind genau einzuhalten!

Vorsicht: Die Dämpfe lösemittelhaltiger Kunstharze sind feuergefährlich und gesundheitsschädlich. Lüften! Funkenbildung vermeiden!

> Grundierungen sind notwendig, wenn Untergründe entweder zu glatt, zu stark oder zu schwach saugend, feuchtigkeitsempfindlich oder bedingt tragfähig sind. Herstellerangaben beachten!

8.6.4 Wichtige Begriffe für die Verarbeitung

Topfzeit oder Verarbeitungszeit ist die maximale Zeitspanne, in der der Mörtel oder Klebstoff nach dem Anmischen verarbeitet werden kann.

Reifezeit: Zementhaltige Mörtel benötigen nach dem Anmachen eine Ruhezeit. In ihr können die fein verteilten organischen Zusätze wie z. B. die Methylcellulosen aufquellen und damit ihre Wasser rückhaltende Wirkung entfalten.

Benetzungsfähigkeit ist die Fähigkeit des aufgekämmten Mörtels oder Klebstoffes, die Rückseite der Fliesen oder Platten zu benetzen.

Offene Zeit ist die maximale Zeitspanne nach dem Auftragen, in der Fliesen oder Platten in Mörtel oder Klebstoff eingebettet werden können und die geforderten Haftfestigkeiten erreicht werden.

Beim Verarbeiten sind folgende Einflüsse zu beachten:

– Sonneneinstrahlung, Hitze

– geringe Luftfeuchtigkeit   } verkürzen die Einlegezeit

– trockene Zugluft

– stark saugender Untergrund

– niedrige Temperaturen (bis 278 K oder +5 °C!)

– hohe Luftfeuchtigkeit   } verlängern die Einlegezeit

– geschlossener Raum

– schwach saugender Untergrund

So kann geprüft werden, ob das Klebebett noch klebfähig ist:

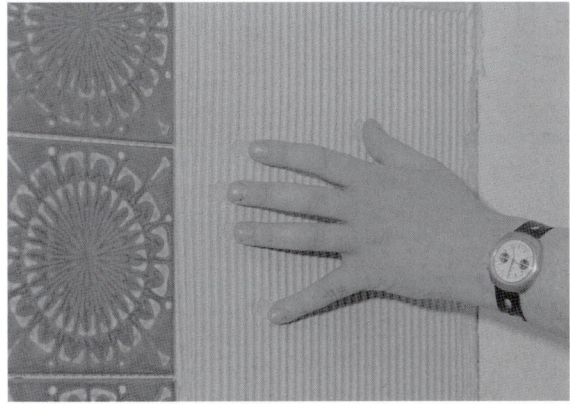

3   Finger in das Klebebett drücken

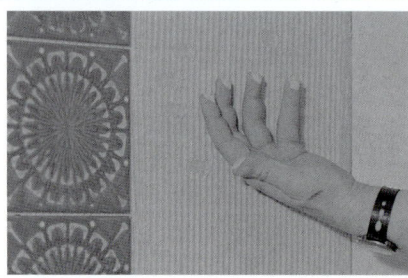

1 Haftet der Kleber an den Fingern, können Fliesen angesetzt werden

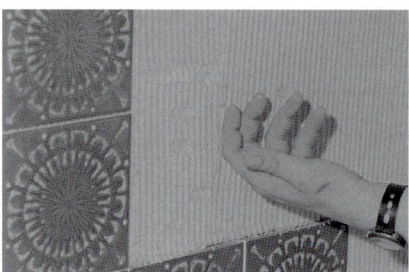

2 Bleiben die Finger sauber, ist die Einlegezeit überschritten. Der Kleber muss entfernt und in ein frisches Klebebett aufgezogen werden

Korrigierbarkeit ist die maximale Zeitspanne, in der der angesetzte Bekleidungsstoff ohne wesentliche Verminderung der Haftung in seiner Lage korrigiert werden kann.

8.6.5 Ausführung

Für die Ausführung keramischer Bekleidungen im Dünnbettverfahren ist die DIN 18157 zuständig (zurzeit in Überarbeitung).

Verarbeitungsbedingungen. Die Mindesttemperatur für die Verarbeitung beträgt +5 °C (278 K). Bei großer Hitze muss die aufgetragene Dünnbettmasse vor zu raschem Austrocknen geschützt werden. Während der Arbeiten darf die zu bekleidende Fläche nicht durchnässt werden.

Anmischen. Dispersionsklebstoffe werden bereits gebrauchsfertig geliefert. Zementhaltige Mörtel jedoch sind nach den Angaben des Herstellers mit Wasser in Trinkwasserqualität anzumischen.

Rührspiralen sollen mit niedrigen Drehzahlen arbeiten, da sonst Luft mit eingemischt wird. Nach dem Anrühren soll der Mörtel klumpenfrei und von plastischer Konsistenz sein. Bereits im Erstarren befindlicher Mörtel darf nicht durch erneute Wasserzugabe verarbeitbar gemacht werden. Reaktionsharzklebstoffe sind im genau vorgeschriebenen Verhältnis von Harz zu Härter anzumischen. Vorsicht: Die Härter entwickeln explosive und giftige Dämpfe!

> Dünnbettmaterialien müssen genau nach den Herstellerangaben angemischt und verarbeitet werden. Witterungsbedingte Einflüsse sind zu berücksichtigen. Sie verlängern oder verkürzen die Topfzeit und die offene Zeit.

Verlegeverfahren

Die DIN EN 12004 unterscheidet

1. einseitiges Auftragen
2. beidseitiges Auftragen

Einseitiger Auftrag (auf die Wand)

Dieses Verfahren wird am häufigsten angewandt.

Man arbeitet in zwei Arbeitsgängen:

1. Dünnes Auftragen der Klebemasse mit der Glättkelle. Das Dünnbettmaterial wird dabei in die Unebenheiten und Poren des Untergrundes eingedrückt und bildet eine Kontaktschicht.
2. Auftragen der Klebemasse in der erforderlichen Schichtdicke. Abkämmen mit einem Kammspachtel. Dazu verwendet man in der Regel Spachtel mit quadratischen Zahnleisten. Die Zahntiefe richtet sich nach der Kantenlänge der Bekleidungsstoffe. Die Norm geht bei ihren Richtwerten von einem Anstellwinkel von 45 bis 60° aus.

Kantenlänge der Bekleidungsstoffe in mm	Zahntiefe der Kammspachtel in mm
bis 50	3
über 50…108	4
über 108…200	6
über 200	8

Einlegen

Um eine gute Haftung zu erzielen, sind die Fliesen ins Kleberbett einzuschieben. Bei dickerem Auftrag, z. B. bei Verwendung sog. Mittelbettmörtel (Aufzug zwischen 5 und 15 mm), muss eventuell nachgeklopft oder anvibriert werden. Ab und zu sollte eine Fliese probeweise wieder abgenommen werden, um die Kontaktfläche (Aufbruch) zu kontrollieren.

Anwendung: bei ebenem Untergrund und bei Bekleidungsmaterial mit glatter Rückseite.

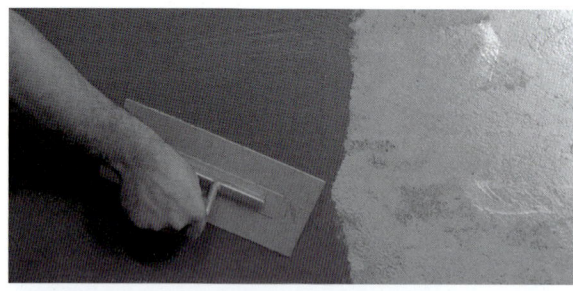

3 und 4 Einseitiges Auftragen: Zuerst wird eine Kontaktschicht aufgekratzt und darauf frisch das Klebebett aufgekämmt

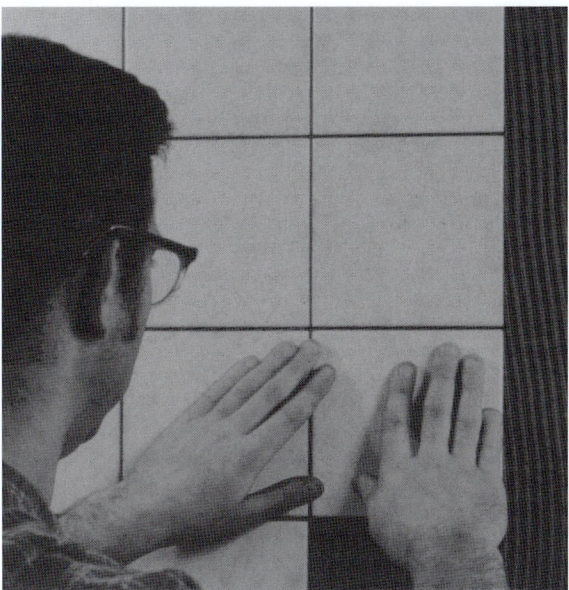

1 Einschieben der Fliesen

Beidseitiger Auftrag (Kombiniertes Verfahren)

Dabei wird die Dünnbettmasse sowohl auf den Untergrund als auch auf die Plattenrückseite aufgetragen. Dieses Verfahren empfiehlt sich, wenn hohlraumfreies Verlegen, hohe Druckfestigkeit und Witterungsbeständigkeit gefordert sind.

Anwendung: bei unebener Plattenrückseite, bei Fassaden, Schwimmbecken, stark beanspruchten Bodenbelägen.

Die Industrie bietet heute allerdings Mörtel an, die sich mit der Mittelzahnung aufziehen lassen und auch Platten mit unebener Rückseite ohne Kraftaufwand hohlraumfrei einbetten. Auf diese Weise lässt sich das zeitaufwendigere kombinierte Verfahren weitgehend ersetzen.

> Man unterscheidet zwei Arbeitsverfahren:
> – einseitiges Auftragen: der Mörtel oder Klebstoff wird auf den Untergrund aufgetragen
> – beidseitiges Auftragen: man trägt auf beide Flächen auf
>
> Das Auftragen erfolgt in zwei Arbeitsgängen, zuerst mit der Glättkelle und dann mit dem Kammspachtel. Die Fliesen sind in das Dünnbett einzuschieben.

8.6.6 Anwendung

„Wer die Wahl hat, hat die Qual." Angesichts mehrerer hundert Dünnbettmaterialien, die derzeit auf dem Markt sind, möchte man diesem alten Sprichwort nur beipflichten.

Folgendes ist bei der Auswahl zu berücksichtigen:

Untergrund:
Beschaffenheit, Ebenheit, Stabilität (Durchfedern), Saug-

verhalten, Wasserbeständigkeit; wichtig: das Schwindverhalten.

Nutzung:
Außenbereich oder Innenbereich, geringfügig durch Feuchtigkeit beansprucht oder Nassbereich.

Dünnbettmaterial:
Erfüllt das Material die Anforderungen aus Untergrund und Nutzung: Wasserbeständigkeit, Bewegungsaufnahme, Wirtschaftlichkeit?

Die folgende Anwendungsübersicht kann sich nur auf die Grundtypen beschränken. In Einzelfällen – Neuentwicklungen, Mischformen usw. – sind durchaus Abweichungen von der Tabelleneinordnung möglich. Soweit Aussagen der Norm oder von Richtlinien vorliegen, sind sie berücksichtigt. Die gewählten Symbole haben folgende Bedeutung:

○ = bedingt geeignet

● = in der Regel geeignet

Untergrund	Zementhaltige Mörtel		Dispersionsklebstoffe	Reaktionsharzklebstoffe	
	Kunststoff vergütet	mit zusätzlichen Beimischungen	PVAC Acrylat	hart	elastisch
Boden im Außenbereich – Terrassenbelag	●	●		●	●
im Innenbereich trocken: – auf Zementestrich 4 Wochen alt	●	●		○	●
– auf Heizestrich		●			●
– auf alten Fliesen		●			●
– auf Spanplatten					●
– auf Metall				○	●
– nass: Dusche	●			●	●
Wand im Außenbereich – Fassade	●	●		○	●
im Innenbereich trocken: – auf Beton bis 4 Monate		●	●	○	●
– auf Beton älter als 6 Monate	●	●	●	●	●
– auf Porenbeton	●	●		●	●
– auf Gips mit Grundierung		●	●	●	●
– auf Spanplatten		○	●	○	●
– auf Hartschäumen mit starker Schwindneigung		●	●	○	●
nass: – im Duschbereich	●	●		●	●

1 Betonfertigteile haben eine schwer zu berechnende Schwind-neigung. Es sollten flexible Kleber verwendet werden

2 Rüttelverlegter keramischer Belag in einer Großbäckerei

8.7 Großflächenverlegung im Rüttelverfahren

Bodenbeläge in Messehallen, Großwerkstätten und Supermärkten werden immer häufiger mit keramischem Belagmaterial ausgestattet. Dies liegt zum einen daran, dass sich die Keramik-Industrie mit einem breiten Angebot an geeigneten Belagstoffen auf diesen Anwendungsbereich eingestellt hat, zum anderen aber auch daran, dass Verlegetechniken gefunden wurden, die bei kostensparendem Maschineneinsatz besonders ebenflächige und hoch belastbare Beläge ergeben. Als besonders vorteilhaft hat sich dabei die Verwendung von Rüttelgeräten erwiesen, die bei einer Frequenz von ca. 150 Hz die Belagteile eben einrütteln und das Mörtelbett verdichten.

Rüttelverfahren

Bei den heute üblichen Verfahren handelt es sich meist um Weiterentwicklungen des früheren R-Verfahrens (Rüttel- oder Rominger-Verfahren). Je nach den baulichen Gegebenheiten, können Mörtelzusammensetzung oder Einzelheiten der Ausführung voneinander abweichen. Allen Verfahren gemeinsam ist aber das Prinzip des Einrüttelns.

> Mit dem Rüttelverfahren lassen sich auf rationelle Weise ebenflächige und hoch belastbare Bodenbeläge erzielen.
>
> Zum Abziehen des Mörtelbetts werden meist Rüttelbretter oder Rüttelbohlen verwendet, die mit einer Frequenz von 150 Hz arbeiten.

Belagmaterial

An Beläge im Industriebereich werden besonders hohe Anforderungen gestellt. Sie sollen

– hohe Punkt- und Flächenlasten aushalten,

– stoß- und abriebfest sein,

– chemischen Angriffen widerstehen,

– leicht zu pflegen sein.

Das Rüttelverfahren verlangt außerdem ein Belagmaterial, das besonders maßhaltig und ebenflächig ist (Pressfugen).

Format: Bevorzugt werden die Formate 10 × 20 cm, 15 × 15 cm und 10 × 10 cm. Die Kanten sind abgefast. Mosaik und Großtafeln sind ungeeignet.

Material: Geeignet sind z. B. unglasierte Steinzeugfliesen und trocken gepresste Bodenklinker.

> Das Belagmaterial muss besonders ebenflächig, maßhaltig und stoßfest sein.

Verlegemörtel

– Gesteinskörnung: gemischtkörniger Quarzsand mit idealer Kornabstufung (0…8 mm)

– Bindemittel: Normzement, evtl. mit einem Zusatz von Kunststoff (Dünnbettkleber) zur Verbesserung des Wasserrückhaltevermögens und der Plastizität

– Mischungsverhältnis: sehr mager, zwischen 1 : 6 und 1 : 12 in RT

– Konsistenz: erdfeucht oder plastisch

– w/z-Wert: so niedrig wie möglich, um das Schwindmaß gering zu halten

– Zusatzmittel: Erstarrungsverzögerer (VZ) mit einer Wirkung bis zu 8 Stunden; Betonverflüssiger (BV)

  Beides wird im Betonmischer an der Baustelle zugemischt.

Eine Mörteldicke von 6 cm gilt als ideal. Möglich sind aber auch Dicken im Bereich zwischen 3 cm und 8 cm.

Um die geforderte gleichmäßige Mörtelqualität sicherzustellen, wird im Allgemeinen Transportmörtel verwendet. Dieser wird über Motordumper oder Betonpumpen zum Einsatzort befördert.

> Für das Rüttelverfahren geeigneter Verlegemörtel weist eine ideale Kornabstufung, ein sehr mageres Mischungsverhältnis und einen niedrigen w/z-Wert auf.
>
> Kunststoffpulver (Dünnbettmaterial) als Zusatzstoff kann die Verarbeitbarkeit (Plastizität) und das Wasserrückhaltevermögen (Retention) verbessern.
>
> Übliche Zusatzmittel sind Verzögerer und Verflüssiger.

Ausführung

Typisch für das Verlegen im Rüttelverfahren sind gut eingespielte Kolonnen von etwa fünf Mann. Die Tagesleistung einer Kolonne beträgt etwa 150 bis 200 m².

Da die einzelnen Verlegeverfahren doch recht stark voneinander abweichen, wird als Beispiel für den Arbeitsablauf das „cpr-Verfahren" gewählt.

– Auf den gut vorbereiteten Untergrund (nicht zu trocken!) kann der Verlegemörtel auf zweierlei Arten eingebracht werden:

1. Handelt es sich um eine freie Großfläche, so werden am Vortag Mörtelstege gezogen. Der Mörtel wird nun in Bahnen eingefüllt und mit dem Rüttelbrett (Rüttelbohle) abgezogen. Eingelegte Rohre geben die genaue Höhe an.

2. Handelt es sich um eine Fläche, die z. B. durch ein System von Entsorgungskanälen in klar begrenzte Einzelfelder aufgeteilt ist, wird der **plastische** Mörtel eingefüllt und mit einer Latte abgezogen.

– Das Oberflächenwasser wird durch abgestreuten Zementpuder gebunden.

– Das Belagmaterial wird von Hand eingelegt und spätestens alle 3 m mithilfe einer Latte ausgerichtet.

1   **Das vorgezogene Mörtelbett wird mit einer Rüttelbohle verdichtet**

2   **Einlegen der Belagteile**

3   **Abrütteln des Belags**

– Bewegungsfugen aus Kunststoffprofilen (PVC) können in einem Arbeitsgang mit eingelegt werden.

– Vor dem ersten Abrütteln wird die Oberfläche mit Wasser begossen. Grund:

1. Der Rüttler bekommt weniger Reibungswiderstand.

2. Aus der Puderschicht unter dem Belag bildet sich Zementleim, der beim Rütteln von unten her in die Fugen eingedrückt wird.

– Nach dem ersten Abrütteln ruht der Belag ca. 20 Minuten.

– Die Oberfläche wird mit Zement und Quarzsand im Verhältnis 1 : 2 abgestreut.

– Beim zweiten Einrütteln mit dem Rüttelgerät (150 Hz) werden Zement und Quarzsand von oben in die Fugen eingedrückt.

– Die Oberfläche wird mit dem Gummischieber abgezogen.

– Zum Reinigen mit der Rotationsmaschine wird zuerst eine Trockenmischung, dann feuchtes Sägemehl verwendet.

– Nach dem Abfegen wird der Belag mit trockenem Sägemehl abgestreut.

> Das Belagmaterial wird von Hand eingelegt und anschließend gewässert.
>
> Beim ersten Rütteln wird Zementleim von unten her in die Fugen eingedrückt.
>
> Beim zweiten Rütteln bekommt der Belag seine endgültige Höhe. Dabei werden Zement und Quarzsand von oben in die Fugen gedrückt.
>
> Das Reinigen und Abreiben mit feuchtem Sägemehl erfolgt maschinell.

Zusammenfassung:

Flächenfertige Wände und Böden eignen sich in der Regel für die Dünnbettverlegung.

Die DIN EN 12004 unterscheidet 3 Gruppen von Dünnbettmaterialien:

– zementhaltige Mörtel (C)

– Dispersionsklebstoffe (D)

– Reaktionsharzklebstoffe (R)

Zementhaltige Mörtel werden in die Klassen C1 und C2 eingeteilt. Zusätzliche Kennwerte regeln die Eigenschaften: „schnell erhärtend", „verlängerte offene Zeit" und „verringertes Abrutschverhalten".

Flexmörtel garantieren C2-Qualität sowie eine Verformbarkeit von mind. 2,5 mm (= Maß der Durchbiegung bis zum Bruch eines Mörtelstreifens bei der Normprüfung).

Dispersionsklebstoffe sind flexibler, in der Regel nicht wasserbeständig; sie werden meist für Wandbeläge verwendet.

Reaktionsharzklebstoffe bestehen meist aus zwei Komponenten:

Harz und Härter. Es sind chemisch beständige hochwertige Kleber.

Grundierungen (Primer) sind notwendig, wenn Untergründe zu glatt sind, zu stark oder zu schwach saugen, feuchtigkeitsempfindlich oder nur bedingt tragfähig sind. Sie dienen als Haftbrücke, als Oberflächenverfestiger oder als Feuchtigkeitsschutz.

Vorsicht: Lösemittel sind feuergefährlich und gesundheitsschädlich!

Dünnbettmaterialien müssen genau nach den Herstellerangaben angemischt und verarbeitet werden.

Witterungsbedingte Einflüsse sind zu beachten, da sie die Topfzeit und die offene Zeit erheblich verlängern oder verkürzen können.

Beim einseitigen Auftragen wird der Kleber in zwei Arbeitsgängen auf den Untergrund aufgetragen. Die Fliesen sind mit einer Drehbewegung in das Dünnbett einzuschieben.

Beim beidseitigen Auftragen wird auf beide Flächen aufgetragen.

Bei der Auswahl des geeigneten Dünnbettmaterials sind insbesondere zu berücksichtigen:

– die Beschaffenheit des Untergrundes,

– die Lage und die spätere Belastung des Belags,

– die Eigenschaften des Klebers und die entstehenden Kosten.

Aufgaben:

1. Stellen Sie die wichtigsten Unterschiede zwischen dem Dickbett- und dem Dünnbettverfahren heraus.
2. Vergleichen Sie die Haftung zwischen Fliese-Kleber-Untergrund mit der Haftung beim Mörtelverfahren.
3. Stellen Sie die Voraussetzungen zusammen, die ein Untergrund erfüllen muss, um für die Dünnbettverlegung geeignet zu sein.
4. Zählen Sie die drei Arten von Dünnbettmaterialien auf, die in der DIN EN 12004 unterschieden werden.
5. Welche Aufgaben haben die Kunststoffzusätze bei den zementhaltigen Mörteln?
   Nennen Sie drei.
6. Klären Sie die Begriffe
   a) Dispersion   b) Emulsion   c) Suspension
7. Nennen Sie die Materialbasis für
   a)   Dispersionsklebstoffe,
   b)   Reaktionsharzklebstoffe.
8. a)   Erläutern Sie die Abkürzung: C1 T,
   b)   Geben Sie ein Anwendungsbeispiel.
9. Stellen Sie die unterschiedliche Erhärtung von
   a)   Dispersionsklebstoffen,
   b)   Reaktionsharzklebstoffen
   einander gegenüber.
10. Welche Untergründe benötigen vor der Dünnbettverlegung eine Grundierung?
11. Welche Aufgaben können Grundierungen (Primer) erfüllen? Nennen Sie drei.
12. Klären Sie folgende Begriffe:
    a) Topfzeit   b) Reifezeit   c) offene Zeit
13. Zählen Sie die Faktoren auf, die die offene Zeit verkürzen.
14. Beschreiben Sie die Technik des einseitigen Auftrags.
15. Von welchem Anstellwinkel geht die Norm bei den Angaben über die Zahntiefe der Kammspachtel aus?
16. Begründen Sie, weshalb die Fliesen an einer Fassade nach der Technik des beidseitigen Auftrags angesetzt werden.
17. Welche Art(en) von Dünnbettmaterial(ien) eignen sich für das Bekleiden
    a) einer Küchenarbeitsplatte aus Pressspan,
    b) einer Gipsplattenwand im Trockenbereich,
    c) eines alten Fliesen-Wandbelags,
    d) einer stark schwindenden Hartschaumplatte an der Wand eines Hausschwimmbades,
    e) eines 6 Monate alten Zementestrichs im Nassbereich?
18. Welche allgemeinen Anforderungen werden an großflächige Beläge im Industriebereich gestellt?
19. Begründen Sie, warum Belagmaterial für das Rüttelverfahren besonders maßhaltig und ebenflächig und abgefast sein soll.
20. Welche Zusätze erhält der Verlegemörtel für das Rüttelverfahren in der Regel?
    Begründen Sie dies.
21. Beschreiben Sie den Ausfugvorgang beim Rüttelverfahren.

8.8 Reinigung von Fliesenbelägen

Ein wesentlicher Grund für die Wahl von keramischen Materialien für Verkleidungen und Beläge ist darin zu sehen, dass diese leicht zu reinigen sind.

8.8.1 Sauberhalten der Oberfläche bei der Verlegung

Schon bei der Verlegung von Belägen und Verkleidungen aus keramischem Material, Naturstein oder Betonwerkstein ist darauf zu achten, dass Verschmutzungen mit Verlegemörtel, Kleber und Fugenmörtel sofort, d. h. vor dem Erstarren, entfernt werden.

Hydraulische Mörtel und Dispersionsklebstoffe lassen sich in der offenen Zeit mit Wasser leicht entfernen. Auch Reaktionsharzkleber und Fugenmassen lassen sich mit Wasser emulgieren und von glasierten und dichten glatten Oberflächen entfernen. Auf den Flächen verbleiben mit dem Rest des Waschwassers stark verdünnte Bindemittelreste, die zur **Schleierbildung** führen. Deshalb sollte mit einem Wolltuch die gereinigte Fläche nachgerieben werden. Beläge mit rauer oder saugender Oberfläche sind besonders sorgfältig zu behandeln. Unter Umständen muss das Ausfugen mit dem Fugeisen erfolgen oder die Oberfläche muss vor der Verlegung durch eine Wachsschicht geschützt werden. Diese Wachsschicht darf aber nicht die Fugenflanken bedecken. Das Auftragen könnte so erfolgen, dass die Platten und Fliesen mit der Oberseite nach unten über eine mit Wachs getränkte Rolle geführt werden. Nach dem Ausfugen kann die Wachsschicht mit Dampfstrahl entfernt werden.

> Beläge sind bereits bei der Verlegung sauber zu halten. Nachträgliches Entfernen von erhärteten Mörtelresten ist schwierig. Es besteht die Gefahr von Beschädigungen.

8.8.2 Erstreinigung nach dem Verlegen

Die Erstreinigung von Belägen erfolgt in der Regel im Zusammenhang mit dem Ausfugen. Mit dem Fugengummi, der Schwammscheibe oder einer Maschine mit rotierenden Kunststoffblättern wird nicht nur Zementschlämme in die Fugen gedrückt, sondern auch gleich der überschüssige Mörtel entfernt und die Belagoberfläche gereinigt. Die Feinreinigung erfolgt mit dem Schwamm und Wasser, bei rauen Oberflächen mit der Trockenmischung des Fugenmörtels.

Lässt sich trotz Nachwaschens vor allem bei stark saugenden unglasierten Oberflächen ein Zementschleier nicht vermeiden, so kann dieser nach genügender Erhärtung des Fugenmörtels frühestens nach **2 Wochen** mit Zementschleierentferner oder durch stark verdünnte Salzsäure entfernt werden. (Nicht zweckmäßig bei säureempfindlichen Natursteinen wie Marmor und Kalkstein. Eine Probe mit Säure sollte bereits vor dem Verlegen vorgenommen werden. Schäumt der Stein auf, ist eine Säurebehandlung schädlich.) Vor der Behandlung sollten die Fugen mit reichlich Wasser benetzt werden, damit nicht durch Kapillarität die Säure aufgesaugt wird. Nach der Behandlung ist die abgesäuerte Fläche mit reichlich Wasser abzuspülen und trocken zu reiben. Beim Umgang mit ätzenden Reinigungsmitteln ist auf die Einhaltung der Unfallverhütungsvorschriften zu achten.

8.8.3 Laufende Reinigung von Boden- und Wandbelägen

Bei **bewitterten Flächen,** z. B. Balkonen und Terrassen, empfiehlt sich eine schützende Pflege mit einer Lösung von 4 bis 5 % Siliconharz und 0,5 % Hartwachs. Diese Behandlung schützt bei halbjährlicher Wiederholung sicher die Oberfläche der Beläge und erhält deren Schönheit.

a) Normal belastete Flächen wie private Bäder und Duschen brauchen als Pflege nur mit Wasser unter Zusatz von Netzmitteln (Spülmittel) abgewaschen zu werden. Auch Reiniger, die für die Glasreinigung eingesetzt werden, können verwendet werden.

b) Industriell genutzte keramische Beläge und Beläge in öffentlichen Bädern werden meist regelmäßig mit scharfen Reinigungsmitteln belastet. Alkalische Reiniger (Laugen) führen kaum zu Schäden, da die Fugen und die Beläge diesem Angriff widerstehen.

Alle Säuren, insbesondere wenn sie **konzentriert** oder **warm** eingesetzt werden, schädigen Mörtelfugen auf Zementbasis. Auch Reaktionsharzfugen widerstehen auf die Dauer nicht dem Einsatz konzentrierter organischer Säuren wie z. B. Weinsäure, Ameisensäure, Oxalsäure, Citronensäure. Bei Konzentrationen über 5 % sollte die Einwirkung nur kurzfristig sein.

Zusammenfassung:

> Keramische Beläge zeichnen sich durch geringen laufenden Reinigungsaufwand aus. Die Erstreinigung erfolgt im Zusammenhang mit dem Ausfugen. Glasierte und glatte gesinterte Oberflächen können leichter gereinigt werden als saugende oder raue Oberflächen. Zur Entfernung von Zementschleier werden spezielle Reiniger oder stark verdünnte Salzsäure verwendet. Kalksteine dürfen nicht mit Säuren behandelt werden.
>
> Reaktionsharze können nur in der offenen Zeit mit Wasser emulgiert und entfernt werden.

Aufgaben:

1. *Beschreiben Sie die Erstreinigung von Fliesenbelägen.*

2. *Begründen Sie, weshalb Solnhofener Platten und andere Kalksteine nicht abgesäuert werden dürfen.*

3. *Nennen Sie Maßnahmen, die beim Absäuern von Fliesenbelägen ergriffen werden, um Fugen und Verlegemörtel zu schützen.*

9 Fuge

Schon vor 4000 Jahren schätzten die Menschen keramische Wand- und Bodenbeläge, vor allem wegen ihrer Haltbarkeit und ihrer dauerhaft schmückenden und schützenden Eigenschaft. Die heutige industrielle Massenfertigung ermöglicht eine gleichmäßige Qualität der Belag**teile.**

Die Qualität einer Belag**fläche** hängt aber nach wie vor wesentlich von der richtigen Auswahl des Fugenmörtels und der sorgfältigen Ausführung der Fuge ab. Sie ergibt sich ja zwangsläufig durch das Aneinandersetzen der Belagteile und stellt den empfindlichsten Teil einer Belagfläche dar.

Ihr Anteil an der Gesamtoberfläche beträgt je nach Wahl des Formats und der Fugenbreite zwischen 2 % bei Großformaten und 30 % bei Kleinmosaik.

9.1 Aufgaben der Fuge

1. Belagoberfläche schließen

Die geschlossene Fuge macht den Belag hygienisch.

Sie verhindert Schmutzablagerungen, Bildung von Pilzen oder Bakterienherden. Sie schützt die Belagkanten und verklammert die Belagteile mit dem Mörtelbett und der Unterkonstruktion (Abb. 1).

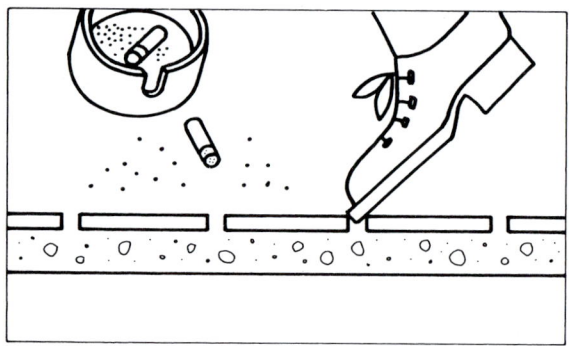

1

2. Maßtoleranzen aufnehmen

Fliesen und Platten weisen Maßunterschiede auf, die eine ausreichend breite Fuge ausgleichen kann. Knirsch- oder Pressfugen sind dazu nicht in der Lage und sollten deshalb vermieden werden (Abb. 2).

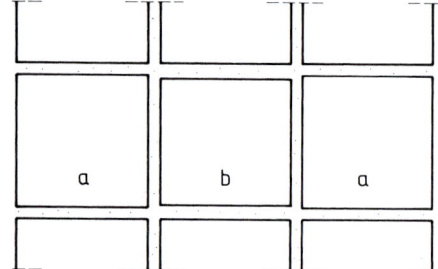

2 a = maßhaltig; b = nicht maßhaltig

3. Spannungen aufnehmen

Durch die vielfältigen Einflüsse, wie Quellen oder Schwinden des Untergrunds, des Mörtelbetts oder des Belagmaterials, unterschiedliche Längenänderung bei Frost und Hitze, treten im Belag Spannungen auf.

Die starre Mörtelfuge kann Stauchungen oder Dehnungen nur bis 0,25 % der Fugenbreite schadlos aufnehmen. Belagflächen mit hohem Fugenanteil (Mosaik) weisen hier Vorteile auf.

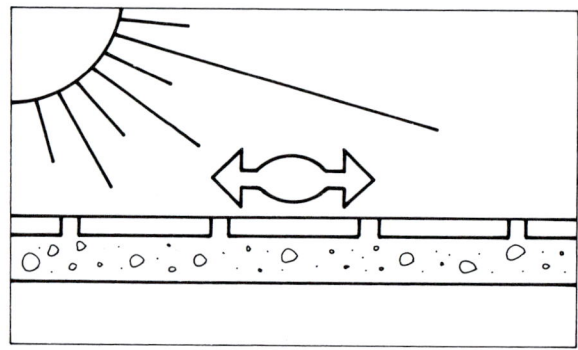

3

Bei größeren und unregelmäßigen Flächen müssen jedoch in jedem Falle besondere Bewegungsfugen vorgesehen werden (Abb. 3).

4. Dampfdiffusion ermöglichen

Ist Überschusswasser im Verlegemörtel vorhanden oder Wasser in den Verlegemörtel eingedrungen, muss die Fuge diese Feuchtigkeit in Form von Dampf wieder an die Luft abgeben können, sonst führt es bei Hitzeeinfluss zu Dampfdruck (vgl. Dampfkessel), bei Frost zu Sprengwirkung (Volumenvergrößerung durch die Eisbildung) und damit zu Schäden. Da das Belagmaterial selbst praktisch dampfundurchlässig ist, kann nur die Fuge diese Aufgabe erfüllen, was besonders bei Außenbelägen wie Dachterrassen oder Fassaden wichtig ist (Abb. 4).

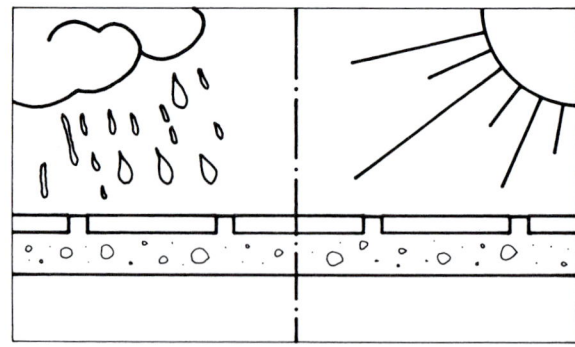

4

5. Sicheres Begehen ermöglichen

Die Mörtelfuge unterbricht die meist glatte (glasierte) Belagoberfläche und gibt somit dem Fuß Halt. Ein hoher Fugenanteil unterstützt die rutschhemmende Wirkung, weshalb z. B. in den Barfußbereichen von Hallenschwimmbädern häufig Kleinmosaik verlegt wird (Abb. 1, S. 97).

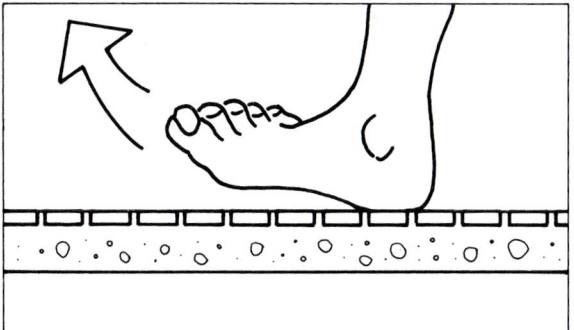

1   Der hohe Fugenanteil wirkt rutschhemmend

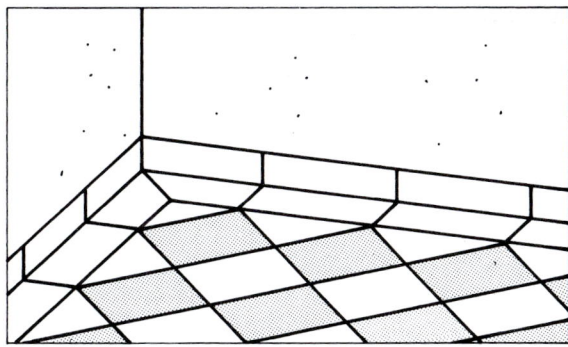

2   Diagonalbelag mit Fries

6. Schmuckwirkung

Die Schönheit eines Belages hängt weitgehend von der Sorgfalt der Fugenplanung ab (vgl. Kapitel 13, Belageinteilung).

Schon durch die Wahl der Fugenabstände können Räume kürzer, tiefer, höher oder niedriger erscheinen, als sie tatsächlich sind. Die Anordnung der Fugen (Fugenschnitt, Verband, Ziermuster) spielt neben Farbe, Oberflächenbe-

schaffenheit und Format des Belagmaterials eine wichtige Rolle für die harmonische Gesamtwirkung eines Raumes (siehe 14.3.2).

> Die Fuge ist der empfindlichste Teil der Belagfläche. Nur bei sorgfältiger Ausführung kann sie ihre wichtigen Aufgaben erfüllen.

9.2 Fugenbreiten und Fugenmaterial

Fugen sind grundsätzlich gleich breit anzulegen.

Die Breite richtet sich nach der Art der Fliesen oder Platten, nach Zweck und Beanspruchung des Belags und nach der Art der Verfugung. Die DIN 18352 (VOB, Teil C)

gibt an, welche Fugenbreiten und welches Fugenmaterial zu verwenden ist, falls in der Leistungsbeschreibung nichts anderes vorgeschrieben ist.

Tabelle zusammengestellt nach DIN 18352

Art der Fliesen oder Platten	Seitenlänge in cm	Fugenbreite in mm min./max.		Fugenmaterial (Standardausführung)
keramische Fliesen mit **hoher** Wasseraufnahmefähigkeit (STG)	bis 10	1	3	Wand: grauer oder weißer Portlandzement – mit Magerungsstoffen, z. B. Quarzmehl – ohne Magerungsstoffe (bis 2 mm Fugenbreite) Boden: grauer Portlandzement mit Magerungsstoffen
keramische Fliesen mit **niedriger** Wasseraufnahmefähigkeit (STZ)	über 10	2	8	
keramische Spaltplatten und Zellenwandsteine	Vorzugsmaße	4	10	grauer Portlandzement mit Magerungsstoffen, z. B. gemischt- und scharfkörniger Sand bzw. Quarzsand
keramische Spaltplatten	über 30	10	–	
Bodenklinkerplatten	Vorzugsmaße	8	15	
Solnhofener Platten, Natursteinfliesen		2	3	Wand: weißer Portlandzement und Portlandpuzzolanzement mit Magerungsstoffen Boden: Portlandpuzzolanzement mit Magerungsstoffen
Natursteinmosaik, Natursteinriemchen		1	3	

9.2.1 Zementmörtelfuge grau

Nach den Allgemeinen Technischen Vorschriften (ATV) ist für das Verfugen Zement**mörtel** zu verwenden, wenn die Leistungsbeschreibung nichts anderes vorschreibt.

Bindemittel:

Grauer Portlandzement oder Puzzolanzement

Gesteinskörnung:

Je nach Verwendungszweck und Fugenbreite **Quarzmehl** oder **Quarzsand.** Er hat die Aufgabe, den Mörtel abzumagern und dadurch Schwindrisse zu verhindern sowie seine Eigenfestigkeit zu erhöhen.

Er soll sauber (scharfkörnig) und sorgfältig gesiebt (gemischtkörnig) sein. Der Durchmesser des Größtkornes soll höchstens ⅓ der Fugenbreite betragen.

Mischungsverhältnis:

Für bauseitig hergestellte Fugenmörtel ist das Mischungsverhältnis in Abhängigkeit vom Belagmaterial:

– stark saugende Fliesen (STG)   1 : 1,5…2

– schwach saugende Fliesen (STZ)   1 : 2…4

– Naturwerkstein, Betonwerkstein   1 : 3…4

9.2.2 Weiße Fuge

Die Grundlage dafür ist **Weißzement.** Die helle Farbwirkung kann noch durch **fein gemahlenes** Quarzmehl unterstützt werden. Ebenso können Weißpigmente zugesetzt werden, deren höchster Helligkeitsgrad erst nach der Austrocknung des Belags, also nach ca. 3–4 Wochen erreicht wird. Zusätze von fungiziden (= pilzvernichtenden) Mitteln verhindern Verfärbungen durch Bakterien oder sonstige Mikroorganismen.

9.2.3 Fertige Fugenmörtel

Fertige Fugenmörtel haben gegenüber dem handgemischten Mörtel vor allem zwei Vorzüge:

1. **Zeitersparnis** durch ihre rasche Verarbeitbarkeit.

2. **Gleichbleibende Qualität** der Zusammensetzung, die z. B. bei späteren Belagergänzungen eine einheitlichere Farbwirkung gewährleistet.

Die DIN EN 13888 regelt die Anforderungen an Fugenmörtel. Sie unterscheidet zwei Hauptgruppen:

– zementhaltige Mörtel (CG) und

– Reaktionsharz-Fugenmörtel (RG)

Das G steht für „grout", das englische Wort für Fuge. Die Gruppe der zementhaltigen Mörtel teilt sich auf in

CG1 = normale Fugenmörtel und

CG2 = verbesserte Fugenmörtel mit

    • (W) verringerter Wasseraufnahme und

    • (Ar) erhöhter Abriebbeständigkeit

Die Industrie bietet ein breites Sortiment von Fugenmörteln an, die auf spezielle Zwecke oder Einsatzgebiete zugeschnitten sind. Die Produktnamen der Hersteller weisen in der Regel deutlich auf ihre besonderen Merkmale hin.

Beispiele:

Fugenweiß, Fugengrau, Fuge schmal, Fuge schmal und breit, Fugenbreit, Schnellfuge, Fuge mit Perleffekt usw.

Werden fertige Fugenmörtel verwendet, so müssen die Herstellerangaben genau eingehalten werden. Dies gilt, neben der exakten Dosierung, vor allem für Zeitintervalle wie:

– Wartezeit zwischen Verlegen und Ausfugen,

– Reifezeit,

– Topfzeit,

– Standzeit (Wartezeit zwischen Verfugen und Benutzung)

Die Farbauswahl ist abhängig vom jeweiligen Produkt. Allgemein lässt sich aber feststellen, dass mit zunehmender Fugenbreite die Auswahlmöglichkeit eingeschränkt ist. Es überwiegen dann helle bis dunklere Grautöne.

Wird (wie üblich) das Fugenmaterial eingeschlämmt, so ist bei unglasierten Bodenflächen oder bei Mattglasuren besondere Vorsicht geboten:

Es besteht die Gefahr, dass sich Farbpigmente in den Poren festsetzen und nicht mehr restlos beseitigen lassen. Möglichst Probe durchführen!

Hochbelastbare Fugen

Unter Anwendung der Feinstzement-Technologie kamen Fugenmörtel auf den Markt, die besonders hoch belastbar und abriebfest sind und oft eine Alternative zu Reaktionsharzmörteln darstellen (z. B. „Titanfuge", „Durafug").

Flexfugen

Diese Produkte gehören der Klasse CG2 an. Wegen ihrer hohen Verformbarkeit, ihrer hohen Flankenhaftung und ihrem dichten Gefüge eignen sie sich ganz besonders für Ausfugarbeiten bei kaum saugenden Fliesen (z. B. FSTZ), bei mechanisch belasteten Flächen und bei Außenbelägen.

1   Mit dem geeigneten Material können Fugenbreiten bis zu 20 mm ausgefugt werden (hier wird ein Epoxidharzmaterial eingesetzt)

Für das Verfugen von keramischen Belagflächen ist Zementmörtel zu verwenden. Das Mischungsverhältnis ist von der Art des Belagmaterials abhängig.

Farbige Fugen erhält man durch einen sorgfältig dosierten Zusatz von zementbeständigen und lichtechten Farben.

Bei der Verwendung fertiger Fugenmörtel sind die Angaben der Hersteller genau einzuhalten.

9.3 Ausfugen von Wand- und Bodenbelägen

9.3.1 Die offene Fuge

Nach dem Ansetzen oder Verlegen eines Belages im Dickbett soll nicht sofort ausgefugt werden.

Grund: Das Belagmaterial selber ist dicht, das Überschusswasser aus dem Ansetz- oder Verlegemörtel kann also **nur** durch die offenen Fugen entweichen. Der gleichzeitig stattfindende Schwindprozess ist in den ersten Tagen der Erhärtung besonders stark, eine offene Fuge kann somit gleichzeitig als Bewegungsfuge dienen.

Wird durch zu frühes Ausfugen das Entweichen des Wassers verhindert, kann Folgendes eintreten:

– Verfärbung von Fuge und Belag

– Ausblühungen im Fugenbereich

– Frostschäden im Freien

– Fußkälte durch größeren Wärmeentzug

Je dichter die spätere Ausfugmasse, desto wichtiger ist die vorherige Austrocknung des Verlegemörtels.

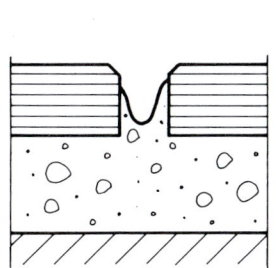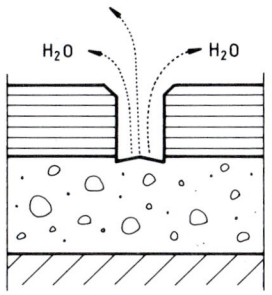

1   a) schlecht ausgekratzt   b)   richtig ausgekratzt

9.3.2 Ausfugen

Das Verfugen von Fliesen-, Platten- und Mosaikbelägen erfolgt durch Einschlämmen, falls in der Leistungsbeschreibung nichts anderes verlangt wird.

Die Arbeiten sind in der folgenden Reihenfolge auszuführen:

Wand:

– **Trockenreinigen** des Fugenbereiches

– **Annässen** zur Regulierung der Kapillarität

– **Einstreichen** und Verdichten der plastischen Fugenmasse mit dem Fuggummi

– **Nachfugen** nach dem Einziehen des Mörtels

– **Abwaschen** des Belags (Schwamm diagonal führen), um ein einheitlich breites, dichtes Fugennetz zu erhalten. Der Zementschleier soll vollständig entfernt sein.

– **Nachreiben** (nicht mit Wolllappen!)

Ausfugen beim Bodenbelag

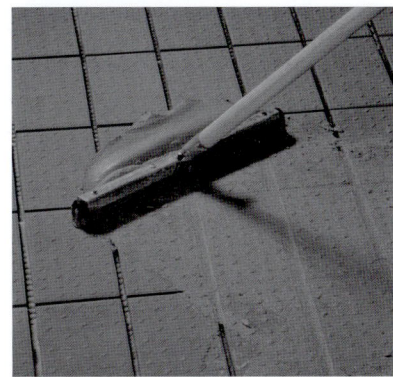

2   Einbringen des Fugmaterials

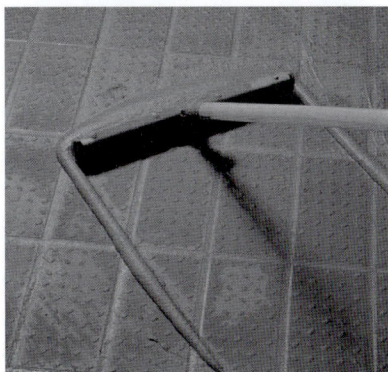

3   Abziehen des überschüssigen Fugmaterials

4   Reinigen des Belages mit dem Schwammbrett

Boden:

– **Trockenreinigen** des Fugenbereiches mit dem Besen

– **Annässen** verhindert den vorzeitigen Wasserentzug

– **Einschlämmen** bei schmalen Fugenbreiten und glatter Belagoberfläche

– **Einkehren** des erdfeuchten Fugenmörtels bei breiten Fugen

– **Verdichten** mit dem Fugeisen
(Ausnahme: chemisch resistente Verfugung)

– **Reinigen** mit Quarzsand, Trockenmischung oder Weichholzsägemehl (kein Hartholz, sonst Verfärbung durch Gerbsäure)

- **Schutzmaßnahmen:**

- Abdecken mit Sägemehl zum Schutz vor Verunreinigung, Beschädigung, Sonneneinstrahlung, Hitze oder starkem Luftzug

- Absperren oder Abschranken des Raumes

- Plakat anbringen mit Terminangabe für das frühestmögliche Betreten.

2 Manche Natursteinbeläge neigen zu Randverfärbungen. Farbe und Zusammensetzung des Fugmaterials müssen auf den jeweiligen Naturstein abgestimmt sein.
Die Marmor-Spezial-Fuge passt sich harmonisch in die Solnhofener Natursteinfläche ein.

1 Ausfugen mit der Rotationsmaschine

3 Ausfugen eines hellen Marmorbelags mit der Farbe Thassoweiß

Zusammenfassung:

Die Fuge ist der empfindlichste Teil der Belagfläche. Um ihre wichtigen Aufgaben erfüllen zu können, muss sie besonders sorgfältig ausgeführt werden:

Sie muss gleichmäßig breit angelegt werden.

Für das Verfugen ist Zementmörtel zu verwenden.

Fugenbreite und Mischungsverhältnis richten sich nach Art des Belagmaterials, der Beanspruchung des Belags und der Art der Verfugung.

Weiße und farbige Fugen werden auf der Grundlage von Weißzement mit einem sorgfältig dosierten Zusatz von Farbpigmenten hergestellt.

Heute werden meist fertige Fugenmaterialien verwendet. Hierbei sind die Herstellerangaben genau einzuhalten.

Mit dem Ausfugen soll so lange gewartet werden, bis der größte Teil des Überschusswassers aus dem Verlege- oder Ansetzmörtel durch die offene Fuge entwichen ist.

Das Ausführen erfolgt – je nach Konsistenz des Fugenmörtels – durch Einschlämmen, Einstreichen oder Einkehren.

Bodenbeläge werden nach dem Ausfugen mit Weichholzsägemehl geschützt, wenn nichts anderes vorgeschrieben ist.

Aufgaben:

1. Geben Sie die wichtigsten Aufgaben der Fuge an.

2. Nennen Sie die richtigen Fugenbreiten für

   a) Fliesen mit hoher Wasseraufnahmefähigkeit und einer Seitenlänge über 10 cm.

   b) Fliesen mit niedriger Wasseraufnahmefähigkeit und einer Seitenlänge bis 10 cm.

3. Beläge werden häufig zu früh ausgefugt. Nennen und begründen Sie die Folgen dieses Fehlers.

4. Welchen Durchmesser darf das Größtkorn einer Gesteinskörnung höchstens haben, wenn die Fugenbreite 3 mm beträgt?

5. Wodurch kann der Fliesenleger verhindern, dass bei großen Belagflächen unter Verwendung von handgemischtem Fugenmörtel Farbabweichungen entstehen?

9.4 Die Fuge in chemisch resistenten Belägen

9.4.1 Belagmaterial

Keramische Beläge werden häufig in Räumen verlegt, wo mit Säuren, Laugen oder starken Reinigungsmitteln gearbeitet wird. **Organische Säuren** treten vor allem in Molkereien, Brauereien, Fruchtsaftbetrieben oder Weinkellereien auf, **anorganische Säuren** in Batterieräumen, Galvanisieranstalten und Laboratorien. Für solche Räume eignet sich auch nicht jedes Belagmaterial.

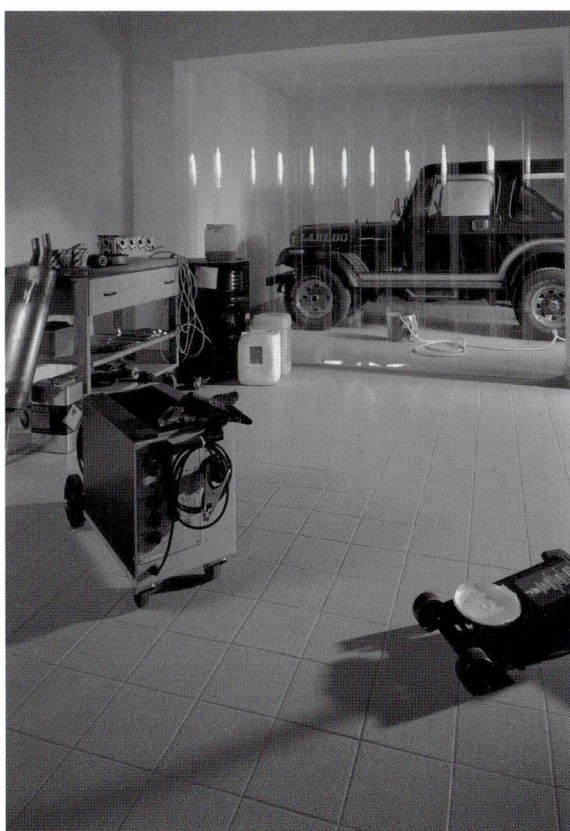

1 Chemisch beständige Fuge im Bereich einer Autowerkstatt

Alle kalkhaltigen Natursteine wie Solnhofener Platten, Juramarmor oder Travertin, aber auch Betonwerksteine sind nicht „chemisch resistent" (resistent = widerstandsfähig) und deshalb ungeeignet. Glasierte Steingutfliesen sind nur bedingt geeignet. Dagegen eignen sich glasierte oder unglasierte Steinzeugfliesen, Spaltplatten und Klinkermaterial für die meisten Belastungen.

9.4.2 Fugenmaterial

Die Auswahl des geeigneten Fugenmörtels ist vor allem von dem Grad der später zu erwartenden Belastung abhängig. Dabei spielt die **Häufigkeit** der Einwirkung, die **Konzentration** der aggressiven Stoffe sowie die **Temperatur** eine Rolle. Die Auswahl und Verarbeitung solcher Fugenmassen verlangen besondere Werkstoffkenntnisse und Verarbeitungserfahrung. Vor der Ausführung solcher Arbeiten sollte man sich daher möglichst genau über den Grad der Belastung informieren. Im Allgemeinen empfiehlt sich eine Rücksprache mit den Herstellern von Spezialfugenmassen. Großaufträge der Industrie werden meist von Säurefliesnern ausgeführt.

Anforderungen:

– dicht gegen eindringende aggressive Flüssigkeiten, um Verlegemörtel und Untergrund zu schützen

– hohe Randhaftung,

– alterungsbeständig,

– glatte, leicht zu reinigende Oberfläche,

– resistent gegen möglichst viele Säuren, Laugen und Lösemittel unterschiedlichster Konzentration.

Der übliche Fugenmörtel aus Portlandzement ist wegen des hohen Kalkgehaltes chemisch nicht resistent.

Portlandpuzzolanzement, Portlandhüttenzement und Hochofenzement weisen wegen des geringen Kalkanteils eine erhöhte Widerstandsfähigkeit auf. Hochofenzemente haben aber den Nachteil, dass der enthaltene Hüttensand die Glasur angreifen kann. Fugmassen, die einer mittleren chemischen Beanspruchung ausgesetzt werden können, bestehen aus Kunststoffmassen mit oder ohne Füllstoffen. Neben Polyurethan, Polyester, Furan- und Phenolharzen eignet sich vor allem **Epoxidharz.**

Dieser 2-komponentige Kunststoff ist besonders dicht, hoch beanspruchbar (Druckfestigkeit 80 bis 110 N/mm^2), alterungsbeständig und hat eine Randhaftung bis zu 27,5 N/mm^2.

Die Industrie bietet viele fertige Fugenmörtel auf Epoxidharzbasis an, die auf unterschiedliche Weise verarbeitet werden. Man unterscheidet die Eigenschaften:

– spachtelfähig: für Fugenbreiten bis 5 mm

– spritzfähig: für Fugenbreiten zwischen 5 und 15 mm

Vorsicht: Bis zur vollständigen Aushärtung (ca. 1 Woche) sind EP-Harze als gesundheitsschädlich einzustufen. Intensiver Hautkontakt sollte vermieden werden. Schutzhandschuhe tragen, nicht rauchen oder essen bei der Arbeit, Hersteller-Angaben beachten!

Anwendungsbeispiele für chemisch resistente Verfugung:

– Küchenarbeitsplatten

– Beläge in öffentlichen Hallen- und Freibädern (Badewasserzusätze, Thermalwasser, scharfe Reinigungsmittel!)

Chemikalienbeständigkeit Versuchsdauer 500 Std. bei 20 °C

Bei 20 °C:									
Schwefelsäure	5 %	+	Phosphorsäure	5 %	+	Kalilauge	5 %	+
	10 %	+		10 %	+		10 %	+
	25 %	+		50 %	+		20 %	+
	50 %	+	Wasser	dest.	+	Seifenwasser		+
Essigsäure	2 %	+	Trinkwasser		+	Bei 50 °C:		
	5 %	+	Ammoniak	konz.	+	Soda	20 %	+
	10 %	⊕	Benzin 100/140		+	Ammoniak	5 %	+
Milchsäure	2 %	+	Schmieröl		+		10 %	+
	5 %	+	Ethanol	20 %	+	Natronlauge	5 %	+
	10 %	+	Soda	20 %	+		10 %	+
Salzsäure	5 %	+	Ammoniak	5 %	+		20 %	⊕
	10 %	+		10 %	+	Kalilauge	5 %	+
	konz.	+	Natronlauge	5 %	+		10 %	+
Salpetersäure	10 %	+		10 %	+		20 %	⊕
	20 %	+		20 %	+	Seifenwasser		+

Zeichenerklärung:
+ = ohne Angriff während einer Versuchsdauer von mindestens 500 Stunden
⊕ = geringe unbedeutende Quellung während der gleichen Versuchsdauer

Gleich zu bewerten ist ein geringer Kantenangriff, wenn er offensichtlich nur sehr langsam fortschreitet
– = stärkere Quellungen ohne Kantenangriff.
    Einsatzfähig nur bei vorübergehender Beanspruchung
⊖ = starke Angriffe oder Zerstörung, unbrauchbar

1 Werksangaben für einen Ausfugmörtel auf Epoxidharz-Basis

9.4.3 Ausfugen

Voraussetzungen:

1. Die Fugenbreite soll mindestens 5 mm betragen. Dadurch lässt sich die Fugenmasse besser einbringen und verdichten („bügeln"). Die Haftung an den Kantenflächen wird erhöht.

2. Belagmaterial muss hohlraumfrei verlegt sein, damit nicht unnötig (teures) Fugenmaterial verbraucht wird.

3. Der Fugenbereich muss sorgfältig ausgekratzt, sauber und absolut trocken (weißtrocken) sein. Wartezeit nach dem Verlegen: mindestens 3 Tage.

Verarbeitung:

Abhängig von der gewählten Fugenmasse gibt es unterschiedliche Arbeitsmethoden. Auch hier gilt, dass die Verarbeitungshinweise der Hersteller – auch hinsichtlich gesundheitlicher Gefahren – genauestens zu beachten sind. Fugenmassen können gespritzt, gespachtelt oder mit der Fugenkelle eingebracht und gebügelt werden. Bewährt hat sich auch das Spritz-Spachtel-Verfahren. Hierbei wird mit einer Druckluftpistole die Fugenmasse so eingespritzt, dass ein Wulst entsteht, der anschließend mit dem Spachtel abgenommen wird.

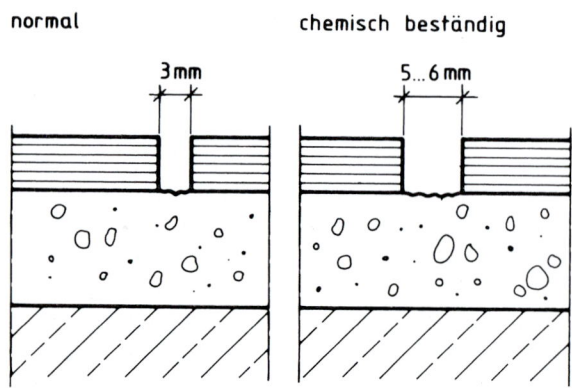

2 Fugenbreite bei Steinzeug

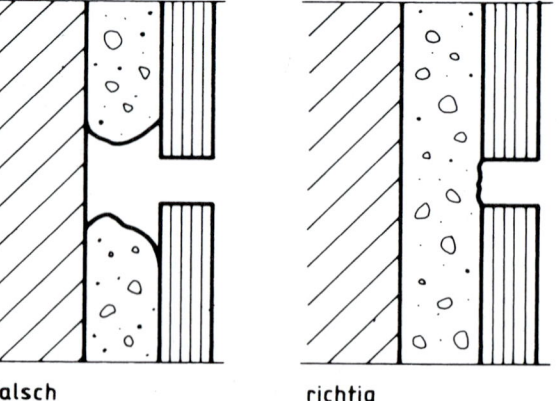

3 Das Dickbett darf keine Hohlräume aufweisen. Die Fugen sind sorgfältig auszukratzen

Anwendung des Spritz-Spachtel-Verfahrens beim Verfugen mit Epoxidharzmörtel

1 Anmischen der Komponenten

2 Durchmischen mit der Rührspirale

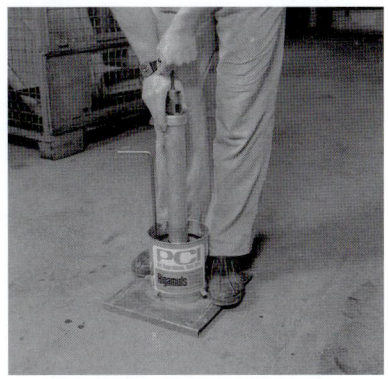

3 Abfüllen in eine Spritze

4 Ausspritzen der Fugen

5 Nach dem Spachteln: Emulgieren und Abwaschen

Spritz-Spachtel-Verfahren

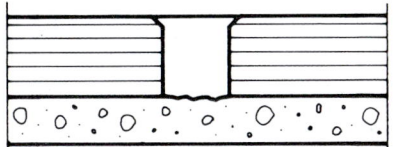

6 Nach dem Spritzen: Wulst

7 Nach dem Spachteln: glatte, dichte Oberfäche

Schlämmverfahren von Hand

8 Einbringen des Fugenmörtels mit dem Einfugbrett

9 Leichtes Emulgieren mit einem geeigneten Pad und warmem Wasser

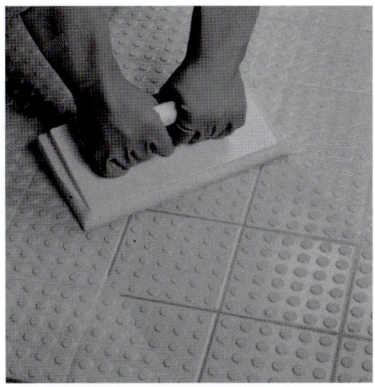

10 Reinigen profilierter Flächen mit dem Schwammbrett

1 Ausfugen mit der Fugenkelle

2 Maschinell

Vorsicht: Fugenmassen sind meist feuergefährlich und gesundheitsschädlich, deshalb Schutzmaßnahmen treffen: Gummihandschuhe, Schutzbrille tragen; bei der Arbeit nicht rauchen, nicht essen, Hände waschen; Verätzungen sofort mit Wasser spülen, Arzt rufen.

Zusammenfassung:

In Bereichen, wo mit aggressiven Flüssigkeiten gearbeitet wird, ist ein Belag chemisch resistent auszuführen, d. h., Belagmaterial **und** Fugenmörtel müssen besondere Anforderungen erfüllen.

Materialien, die Kalk enthalten, sind hierfür ungeeignet. Für eine mittlere chemische Beanspruchung eignen sich Fugenmassen auf Kunststoffbasis, insbesondere Epoxidharzmassen. Die Verarbeitung verlangt besondere Fachkenntnis und richtet sich genau nach den Herstellerangaben.

Wegen der gesundheitsschädigenden Wirkung der meisten dieser Stoffe sind besondere Schutzmaßnahmen zu treffen.

Aufgaben:

1. In welchen Bereichen von Industrie und Gewerbe ist mit aggressiven Flüssigkeiten zu rechnen?

2. Warum sind Solnhofener Platten chemisch nicht resistent?

3. Aus welchen Gründen soll die Fugenbreite mind. 5 mm betragen?

4. Warum soll zum Ausfugen glasierter Fliesen oder Platten kein Hochofenzement verwendet werden?

5. Nennen Sie die besonderen Vorteile von Fugenmassen auf Epoxidharzbasis.

9.5 Bewegungsfuge

9.5.1 Ursachen der Bewegung

Jedes Bauwerk unterliegt Bewegungen, die entweder einmalig bzw. zeitlich begrenzt oder aber ständig vorhanden sind.

Einmalige oder zeitlich begrenzte Bewegungen

Hauptursachen:

– Schwinden des Betons beim Erhärten. Dies verursacht Längenänderungen bis zu 0,8 mm/m.

– Kriechen des Betons (Kriechen = Formveränderung unter Belastung). Dies kann z. B. bei Decken zu Durchbiegungen führen.

– Unterschiedliches Setzen von Gebäudeteilen.

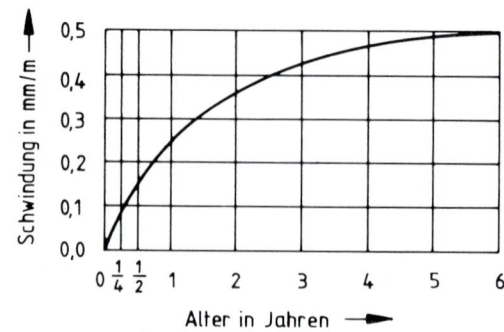

3 Schwinden eines Betons mit einem Zementgehalt von 350 kg/m³

Ständige Bewegungen

Hauptursachen:

– Erschütterungen oder Stoßbelastungen.

– Längenänderung einzelner Bauteile unter Einfluss von
Wasser oder Wärme.

Wasser: Beim Durchfeuchten quellen Baustoffe, beim
Austrocknen schwinden sie.

Wärme: Bei steigender Temperatur dehnen sich Baustoffe aus, bei sinkender Temperatur ziehen
sie sich zusammen.

Da diese Bewegungen von Bauteil zu Bauteil, von Baustoff zu Baustoff unterschiedlich groß sind, führen sie
unvermeidlich zu Spannungen. Diese Spannungen sind
im Allgemeinen so groß, dass sie – ohne Gegenmaßnah-
men – zu unkontrollierter Rissbildung und zu schweren
Bauschäden führen. Richtig geplante Bewegungsfugen können diese Spannungen jedoch aufnehmen und
unschädlich machen.

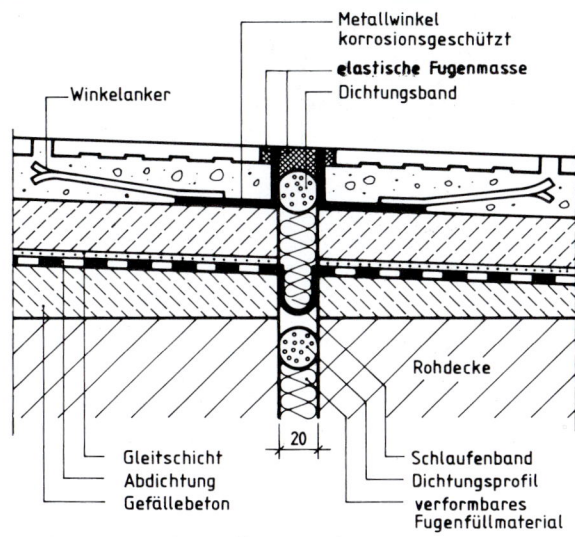

1 Gebäudetrennfuge, rollbeansprucht

9.5.2 Arten

Die DIN 18352 nennt vier Arten von Bewegungsfugen:

– Gebäudetrennfugen

– Feldbegrenzungsfugen

– Randfugen

– Anschlussfugen

Gebäudetrennfugen

Gebäudetrennfugen sind im tragenden Bauwerk vorhandene Bewegungsfugen.

Sie werden vom planenden Architekten oder Statiker
vorgegeben. Der Fliesen- oder Estrichleger findet diese
Fugen im Untergrund vor. Er hat sie an **gleicher Stelle**
und in **ausreichender Breite** in den Belag zu übernehmen. Diese Forderung bereitet dem Ausbau-Handwerker
häufig Schwierigkeiten bei der Belageinteilung. Allerdings
entstehen immer wieder schwere Belagschäden, weil
diese Forderung nicht beachtet wird, wie z. B. Abscheren
von Belagteilen im Bereich der Trennfuge.

> Gebäudetrennfugen sind an gleicher Stelle und
> in ausreichender Breite in den Belag zu überneh-
> men.

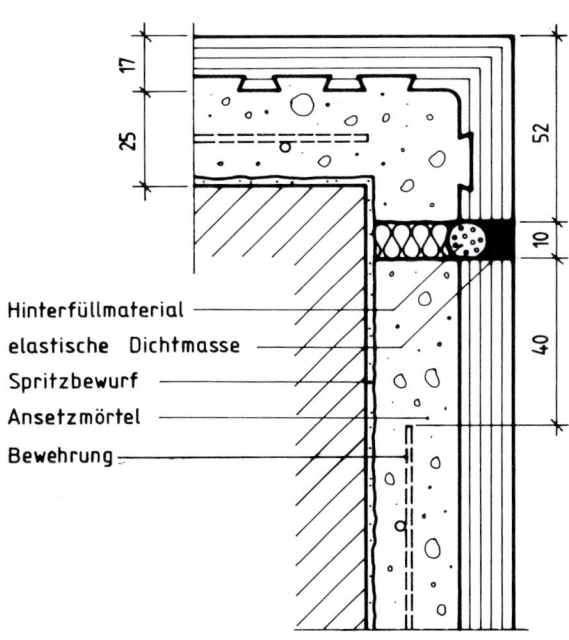

2 Beispiel für die Anordnung der vertikalen Bewegungsfuge an
einer Gebäude-Außenecke

Feldbegrenzungsfugen

Feldbegrenzungsfugen sind Bewegungsfugen im Belag
oberhalb des Verlegeuntergrunds. Sie sind vor allem dort
wichtig, wo starke Temperaturunterschiede zu Spannungen führen, wie bei Belägen im Freien (Balkone, Terrassen oder Fassaden). Auch die Belagfarbe ist hier von
Bedeutung. Dunkle Beläge heizen sich in der Sonnenbestrahlung stärker auf als helle. Ebenso müssen beheizte
Belagflächen (Fußbodenheizung) von unbeheizten Flächen durch Feldbegrenzungsfugen getrennt werden.

Aber auch im Gebäudeinnern können starke Spannungen im Belag auftreten, insbesondere dann, wenn es sich
um große oder unregelmäßig zugeschnittene Flächen
handelt. Diese müssen durch Feldbegrenzungsfugen in
kleinere Teilflächen gegliedert werden.

Über deren Größe lassen sich aber wegen der vielfältigen
Einflüsse keine allgemein gültigen Angaben machen.

Bei Zementestrichen gelten für rechtwinklige Flächen folgende Richtwerte:

Teilflächen max. 40 m² groß. Größte Seitenlänge = 8 m.

Bei unregelmäßigen Flächen:

Überall dort, wo die Breite des Estrichs stark springt, z. B. bei U-, L- oder T-förmigen Flächen, sollten zumindest Scheinfugen angelegt werden. Diese Fugen werden vom Estrichleger in Form von „Kellenschnitten" im noch nicht erhärteten Mörtel oder als nachträglich eingefräste Scheinfugen ausgeführt. Dies sind Schlitze, deren Tiefe etwa der halben Estrichdicke entspricht. Der Fliesenleger muss diese Fugen nicht berücksichtigen, wenn sie nach frühestens 28 Tagen nach Herstellung des Estrichs kraftschlüssig mit Kunstharz geschlossen werden.

Weitere gängige Richtwerte sind:

– bei Fußbodenheizungen:
Seitenlängen der Belagfelder max. 8 m

– bei Fluren:
Bewegungsfugen spätestens nach dem dreifachen Maß der Breite anordnen

– bei Fassaden:
senkrechte Bewegungsfuge alle 3…6 m,
waagerechte Fuge an der Unterkante der Geschossdecke

– bei Terrassenbelägen:
alle 2…5 m

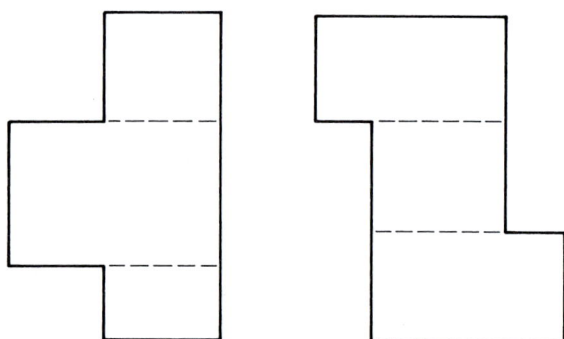

1   Die Anordnung von Bewegungsfugen richtet sich nach dem Zuschnitt der Belagfläche

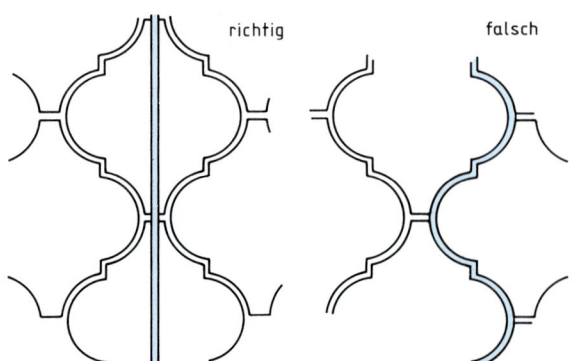

2   Bewegungsfuge bei geschweiften Belagformen

Bewegungsfuge im Wandbelag

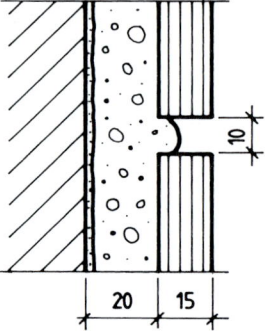

3   Zustand nach dem Ansetzen der Platten

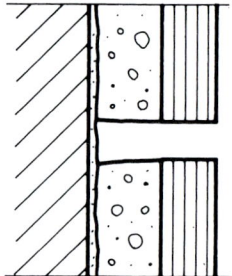

4   Richtig ausgesparte Fuge

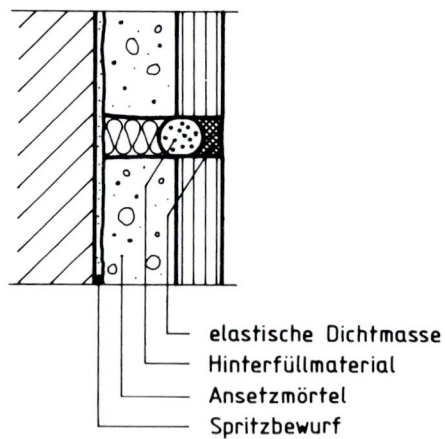

elastische Dichtmasse
Hinterfüllmaterial
Ansetzmörtel
Spritzbewurf

5   Fertige Feldbegrenzungsfuge

Feldbegrenzungsfugen sind Bewegungsfugen im Belag oberhalb des Verlegeuntergrunds. Sie sind überall dort notwendig, wo starke Spannungen im Belag auftreten.

Anschlussfugen

Anschlussfugen verbinden Bauteile unterschiedlicher Art.

Anschlüsse zwischen verschiedenen Materialien sind immer Schwachpunkte im Belag. Werden sie starr vermörtelt, treten früher oder später Risse auf. Der Grund liegt in der unterschiedlichen Längenausdehnung unter dem Einfluss von Wärme und Wasser oder im Übertragen von Erschütterungen. Häufig kommen auch alle diese Faktoren zusammen, wie z. B. beim Anschluss einer Bandewanne an den keramischen Belag. Unterschiedliche Materialien sollten voneinander getrennt und die Fuge mit einer elastischen Dichtmasse geschlossen werden (vgl. 11.2.5, Wannenrand).

Typische Beispiele hierfür sind:

- Anschlüsse zwischen keramischem Belag und
  - Sanitärkeramik wie Waschbecken, WC-Sitz usw.
  - Bodeneinläufen
  - Dampfleitungen
  - Holzfenstern
  - Holztürrahmen
  - Maschinenfundamenten

Bei Anschlussfugen um einen Bodenbelag rechnet man mit einer Breite von 10 mm.

Bei Wandbelägen sollte die elastisch gefüllte Anschlussfuge mind. 5 mm breit sein.

- Wandbelag – Wandbelag

  Raumecken, in denen verschiedenartige Untergründe aufeinander treffen, z. B.:

  Betonwand – Wand aus Gipsplatten
  tragende Wand – nicht tragende Wand
  (vgl. 8.4.2, Eckfliesen)

Randfugen

Sie ergeben sich am Rand eines jeden Bodenbelags. Ein Randstreifen (vgl. 8.5.1) trennt Mörtelbett oder Estrich von allen angrenzenden Bauteilen und soll eine Bewegung von mind. 5 mm zulassen. Ist ein Sockel vorhanden, liegt die Randfuge meist darunter in der Wandebene. Die Breite soll im Innenbereich 5...10 mm betragen, außen mind. 10 mm (siehe auch 6.4.2, S. 45).

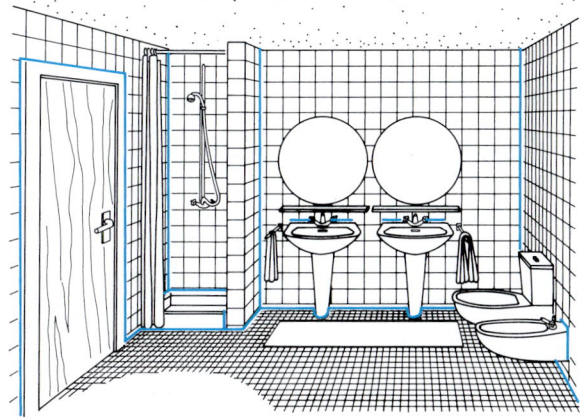

1   Anschlussfugen in einem Bad

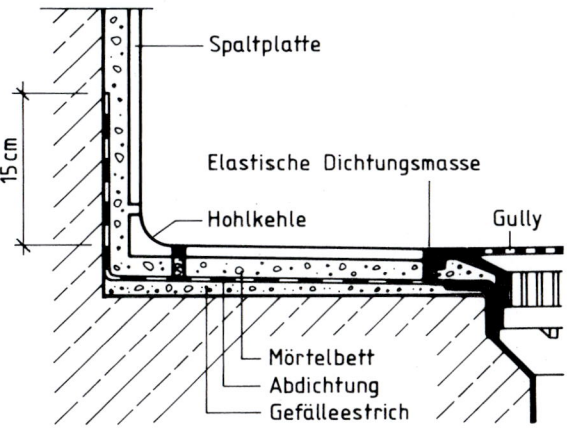

2   Anschlussfugen im gewerblich genutzten Bereich

3   Folgen einer fehlenden Bewegungsfuge

Anschlussfugen verbinden Bauteile unterschiedlicher Art.

Eine elastische Ausführung verhindert Schäden durch unterschiedliche Längenausdehnung oder durch Übertragen von Erschütterungen.

9.5.3 Fugenbreite und Fugentiefe einer Bewegungsfuge

Die Fugenbreite einer Bewegungsfuge richtet sich nach dem Maß der auftretenden Dauerbewegung. Die Dauerbewegung entsteht hauptsächlich durch die Ausdehnung der Baustoffe bei Erwärmung (= Dilatation) und das Zusammenziehen bei der Abkühlung (= Kontraktion). Jeder Baustoff hat einen bestimmten Ausdehnungswert, den „linearen Ausdehnungskoeffizienten", der mit dem griechischen Buchstaben α bezeichnet wird.

Diese **Temperaturdehnzahl** α **T** gibt an, um wie viele mm sich ein Stab von 1 m Länge bei Erwärmung um 1 K ausdehnt. Die Ausdehnungskoeffizienten der wichtigsten Baustoffe zeigt die Tabelle.

Baustoff	$\dfrac{mm}{m \cdot K}$
Normalbeton, Stahlbeton	0,01
Betonwerkstein	0,011 bis 0,018
Klinker und Fliesen	0,005 bis 0,008
Kalksandstein	0,008
Mauerziegel	0,006
Keramische Spaltplatten	0,007
Stahl	0,01 bis 0,014
Kupfer	0,017
Aluminium	0,024
Zinkblech	0,021 bis 0,033
Fichtenholz (Faserlängsrichtung)	0,003 bis 0,005
Fichtenholz (quer zur Faser)	0,03 bis 0,035
Glas	0,004 bis 0,005
Acrylglas	0,07 bis 0,08
glasfaserverstärkter Polyester	0,025 bis 0,04

Lineare Ausdehnungskoeffizienten wichtiger Baustoffe bei Temperaturen von 293 K (20 °C)

Um eine Längenänderung Δl zu berechnen, braucht man außerdem folgende Angaben:

l_0 = Anfangslänge in m

ΔT = max. Temperaturdifferenz in K

Es gilt die Formel: $\Delta l = l_0 \cdot \Delta T \cdot \alpha$

Am Beispiel einer Außenwand aus Beton mit einer Bekleidung aus Spaltplatten sollen die Dauerbewegung und die erforderliche Breite einer Bewegungsfuge vereinfacht gezeigt werden:

Die zu berechnende Fläche soll eine Seitenlänge l_0 von 10 m haben. Der max. Temperaturunterschied ΔT wird mit 100 K angenommen. Dieser Temperaturunterschied ist durchaus nicht ungewöhnlich, wenn man im Winter einen Mindestwert von 253 K (–20 °C) und im Sommer einen Wert von 353 K (+80 °C) zugrunde legt. Daraus ergibt sich folgende Längenänderung:

Betonuntergrund:

$$\Delta l = l_0 \cdot \Delta T \cdot \alpha = \frac{10 \; \cancel{m} \cdot 100 \; \cancel{K} \cdot 0,01 \; mm}{\cancel{m} \cdot \cancel{K}} = 10,0 \; mm$$

Bekleidung aus Spaltplatten:

$$\Delta l = l_0 \cdot \Delta T \cdot \alpha = \frac{10 \; \cancel{m} \cdot 100 \; \cancel{K} \cdot 0,007 \; mm}{\cancel{m} \cdot \cancel{K}} = 7,0 \; mm$$

$$\Delta l \text{ Differenz} \qquad \underline{3,0 \; mm}$$

Die Bewegungsfuge muss diesen Längenunterschied aufnehmen. Setzt man für das Fugenmaterial eine Bewegungsaufnahme von 20 % der Fugenbreite an, ist die erforderliche Breite der Dehnungsfuge:

$$\frac{3,00 \; mm \cdot 100}{20} = \frac{300 \; mm}{20} = \underline{15 \; mm}$$

Diese Berechnung hat allerdings nur eine theoretische Bedeutung, da in Wirklichkeit weit mehr Faktoren zusammenwirken, wie Schwinden beim Erhärten, Feuchtigkeitsdehnung, Kriechen, Reibungswiderstände usw.

Die Breiten von Gebäudetrennfugen werden vom planenden Architekten oder Statiker festgelegt. Die Breite von Anschluss- oder Feldbegrenzungsfugen innerhalb eines Fliesen- oder Plattenbelags muss häufig vom Handwerker selbst entschieden werden. Dazu lassen sich folgende Empfehlungen geben:

– keine Anschlussfuge schmaler als 5 mm

– keine Feldbegrenzungsfuge schmaler als 8 mm

– Mindesttiefe des Dichtstoffes in Fugenmitte 6 mm

– Mindesttiefe des Dichtstoffes an den Flanken 10 mm

Fugentiefe

Um Schäden durch Überdehnung des Dichtstoffes zu vermeiden, sollte folgendes Verhältnis von Fugenbreite zu Fugentiefe eingehalten werden:

Fugenbreite	Verhältnis	Fugentiefe (Mindestdicke der Dichtmasse)
8 mm	1 : 1	8 mm
15 mm	3 : 2	10 mm
30 mm	2 : 1	15 mm

9.5.4 Dichtmassen

Dichtmassen von Bewegungsfugen müssen Bewegungen aufnehmen können, d. h., sie müssen schadlos verformt werden können.

Plastische Stoffe lassen sich verformen, bleiben aber nach der Krafteinwirkung im verformten Zustand.

Elastische Stoffe lassen sich verformen, nehmen aber nach der Krafteinwirkung wieder ihre ursprüngliche Form an.

Das unterschiedliche Verhalten dieser Stoffe verdeutlicht die unten stehende Schemazeichnung einer Bewegungsfuge. Die Dauerbewegung ist in verschiedenen Stufen festgehalten.

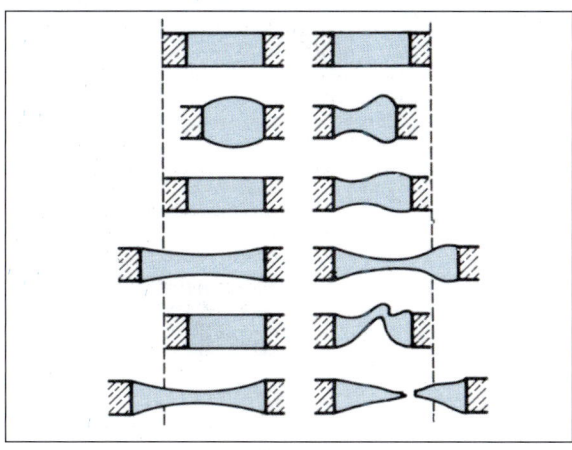

elastisch   plastisch

1   Bewegungsfuge

2   Siliconkautschuk kann auch der Dauereinwirkung von Schwimmbadwasser ausgesetzt werden

Streng genommen kommt plastisches oder elastisches Verhalten in reiner Form nicht vor. Fast alle Dichtmassen liegen zwischen diesen beiden Grenzverhalten.

Nach ihrem Rückstellvermögen teilt man die Dichtstoffe in folgende Gruppen ein:

Plastische Stoffe bleiben nach der Krafteinwirkung im verformten Zustand. Elastische Stoffe nehmen nach der Verformung wieder ihre ursprüngliche Form an. Fast alle Dichtstoffe liegen zwischen diesen beiden Grenzverhalten.

Dichtmasse	Rückstellvermögen	Materialbasis, z. B.	Zulässige Gesamtverformung (ZGV)
plastisch	< 20 %	Öl, Kunstharz, Butylkautschuk	5 %
elastoplastisch	20…40 %	Polyacrylat	10…15 %
plastoelastisch	40…70 %		
elastisch	> 70 %	Polysulfidkautschuk (Thiokol) Siliconkautschuk, Polyurethan	15…20 % 25 %

Für Fliesen- und Plattenbeläge kommen in der Regel nur elastische Dichtstoffe infrage.

VERARBEITUNG

Nach der Verarbeitung unterscheidet man:

1-komponentiges Material, z. B.

• Siliconkautschuk, das meist spritzfertig in Kartuschen geliefert wird und durch Aufnahme von Luftfeuchtigkeit erhärtet – für kleinere Mengen im Sanitärbereich geeignet; lieferbar in Weiß, Grau, Transparent und den verschiedenen Sanitärfarben.

Silicon-Dichtstoffe haben unterschiedliche Reaktionssysteme. Man unterscheidet:

– sauer reagierende (Acetat- oder Essig-Vernetzer)

– neutral reagierende (Alkoxy-Vernetzer)

– alkalisch reagierende (Amin-Vernetzer)

2-komponentiges Material, z. B.

• Polyurethan, Polysulfidkautschuk

Harz und Härter müssen im angegebenen Verhältnis gemischt und innerhalb der vorgeschriebenen Verarbeitungszeit (in der Regel 2 bis 4 Stunden) verspritzt werden. Sie erhärten durch chemische Vernetzung innerhalb von 4 bis 7 Tagen.

ANWENDUNGSBEREICH

– keramische Wand- und Bodenbeläge im Wohnungsbau und Sanitärbereich

Bei Belagstoffen, die zu Verfärbungen neigen (Natursteine), eignen sich neutral vernetzende Silicone.

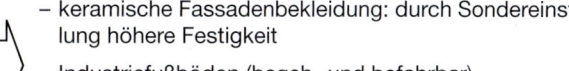

– keramische Fassadenbekleidung: durch Sondereinstellung höhere Festigkeit

– Industriefußböden (begeh- und befahrbar)

– Keramikbeläge auf Terrassen und Balkonen

9.5.5 Ausfugen

Bewegungsfugen im Belag müssen bis auf den Verlegeuntergrund durchgehen und frei von Mörtelresten sein. Schon bei der Mörtelverfugung müssen die Bewegungsfugen so ausgekratzt und gesäubert werden, dass die Fugenflanken geradlinig und parallel verlaufen. Vor Beginn des Ausfugens muss die offene Fuge absolut ölfrei, fettfrei und trocken sein, damit die Dichtmasse sicher an den Seitenflanken haftet. Durch Auftragen eines Primers (engl. = Voranstrich) kann die Flankenhaftung noch verbessert werden. Primer enthalten meist Lösemittel und sind feuergefährlich. Die angegebene Ablüftezeit ist genau einzuhalten.

In jedem Fall muss verhindert werden, dass die Dichtmasse auch am Fugengrund haftet. Eine solche „Dreiflankenhaftung" führt unweigerlich zu Schäden in der Dichtmasse, wie die nachfolgenden Zeichnungen zeigen.

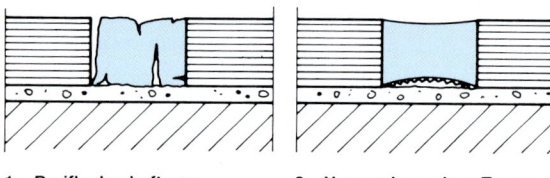

1 Dreiflankenhaftung: Dichtmasse reißt

2 Verwendung eines Trennmittels

Bei der Dünnbettverlegung kann die Bodenhaftung durch Verwendung eines Trennmittels verhindert werden. Bei tiefen Mörtelfugen verwendet man besser ein **Hinterfüllmaterial** in Form einer geschlossenporigen runden Schaumstoffschnur aus Polyethylen. Ihr Durchmesser sollte etwa 30 % größer als die Fugenbreite sein, damit ihr der seitliche Anpressdruck einen festen Halt gibt. Das Hinterfüllmaterial hat folgende Aufgaben:

– die Fugentiefe gleichmäßig zu begrenzen,

– Dreiflankenhaftung zu verhindern,

– einen möglichst symmetrischen Querschnitt der Dichtmasse zu ermöglichen.

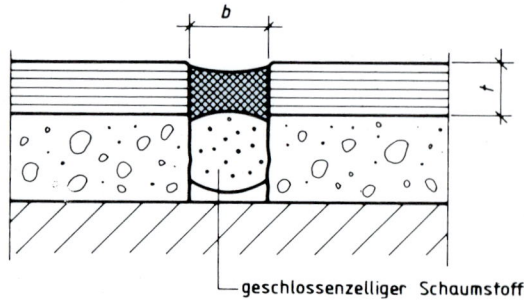

geschlossenzelliger Schaumstoff

3 Die Fugenmasse soll einen möglichst symmetrischen Querschnitt haben und nur an den seitlichen Kanten haften

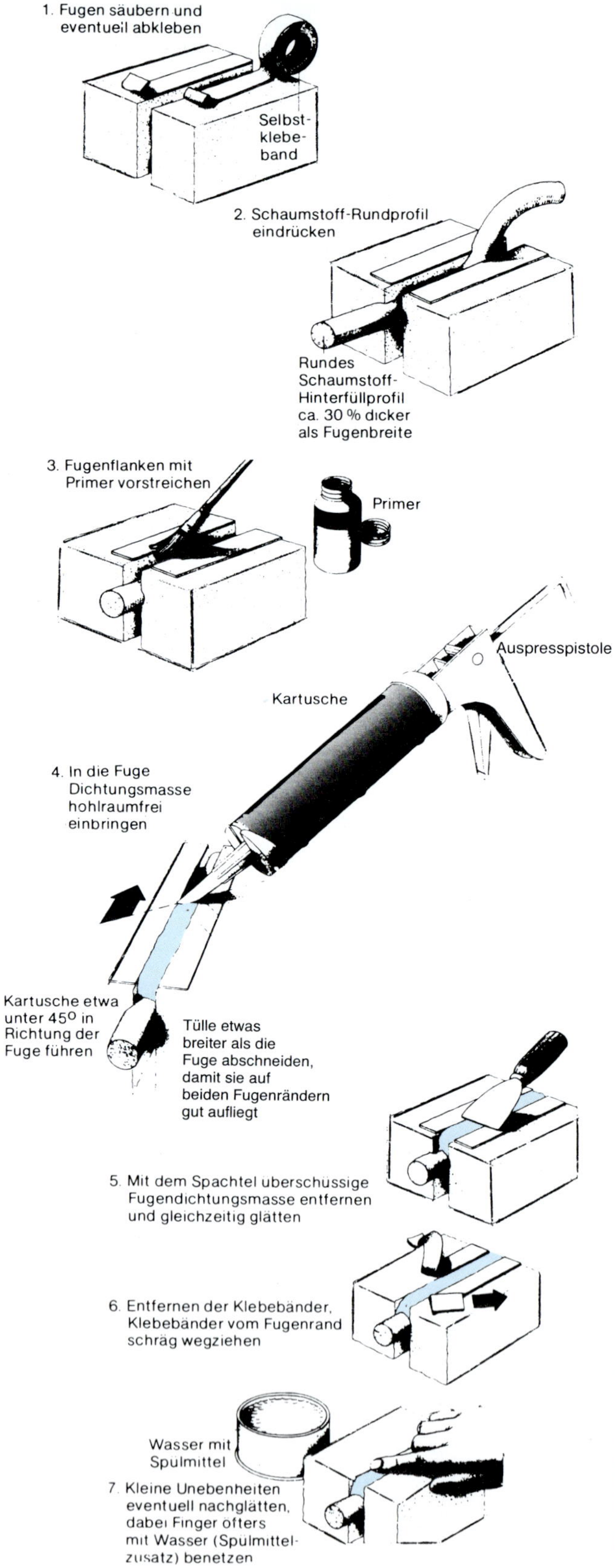

1. Fugen säubern und eventuell abkleben
Selbstklebeband

2. Schaumstoff-Rundprofil eindrücken
Rundes Schaumstoff-Hinterfüllprofil ca. 30 % dicker als Fugenbreite

3. Fugenflanken mit Primer vorstreichen
Primer

Auspresspistole
Kartusche

4. In die Fuge Dichtungsmasse hohlraumfrei einbringen

Kartusche etwa unter 45° in Richtung der Fuge führen

Tülle etwas breiter als die Fuge abschneiden, damit sie auf beiden Fugenrändern gut aufliegt

5. Mit dem Spachtel überschüssige Fugendichtungsmasse entfernen und gleichzeitig glätten

6. Entfernen der Klebebänder, Klebebänder vom Fugenrand schräg wegziehen

Wasser mit Spülmittel

7. Kleine Unebenheiten eventuell nachglätten, dabei Finger öfters mit Wasser (Spülmittelzusatz) benetzen

4 Technik der Fugenabdichtung

Arbeitsablauf in Stichworten

1 Reinigen der Fugenflanken und Abkleben der Fugenränder mit wasserfestem Klebeband

2 Einbringen des Hinterfüllmaterials

3 Primern der Fugenflanken

4 Mischen und Einbringen der Dichtmasse

5 Glätten der Dichtmasse mit dem Spachtel

6 Abziehen der Klebebänder

7 Nachglätten mit dem Finger (Wasser u. Spülmittel)

9.5.6 Fugenausbildung in Gängen und Fahrbahnen

Überall, wo Beläge besonderer Beanspruchung ausgesetzt sind – sei es in Schalterhallen öffentlicher Gebäude oder in Gängen und Fahrbereichen im industriellen oder gewerblichen Bereich –, müssen auch die dort vorhandenen Bewegungsfugen besonders geschützt werden.

Für Fugenbreiten bis 8 mm können Profile aus Hart-PVC mit Doppel-Schenkel und abriebfester Oberfläche eingesetzt werden (s. Abb. 1).

2 Steckprofil aus Hart-PVC (Höhe = 60 mm)

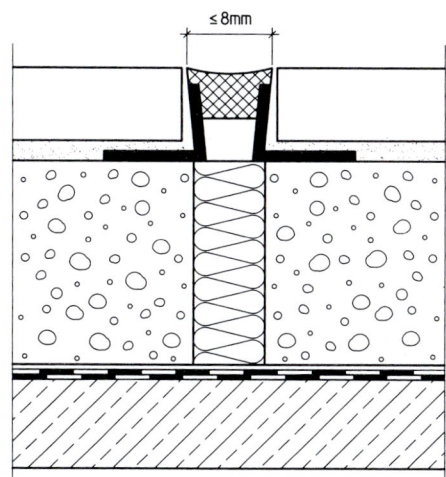

1 Bewegungsfuge mit leichtem Kantenschutz in Höhen von 6 bis 16 mm

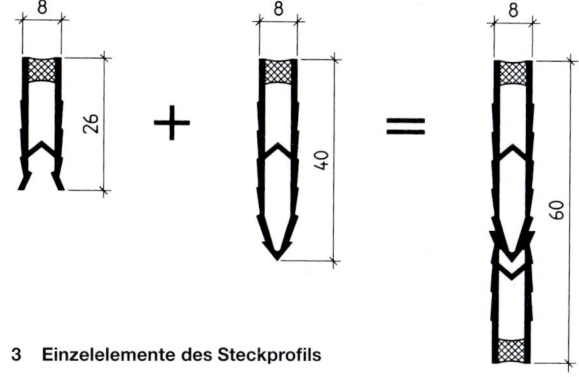

3 Einzelelemente des Steckprofils

Gegen Stöße und Schläge rollender Lasten schützen dagegen besser Metallwinkel aus Messing oder rostfreiem Stahl.

Wird der Belag im Dünnbett verlegt, können die Profile unmittelbar auf dem Verbundestrich verdübelt und verschraubt werden.

Bei der Mörtelverlegung werden sie meist mithilfe von Schladern im Mörtelbett verankert.

Bei Gebäude-Trennfugen mit Breiten bis 120 mm und einem Fugenspiel bis etwa 34 mm (± 17 mm) bietet die Industrie ein großes Angebot an Bewegungsfugen-Dichtungen. Sie bestehen meist aus ineinander verschiebbaren Aluminium-Trägerprofilen mit elastischen Kunststoffeinlagen. Der gelochte untere Profilschenkel kann auf den Untergrund oder auf den Estrich aufgeschraubt werden.

4 Höhenverstellbares PVC-Profil, gedacht für Fließ- und Heizestriche

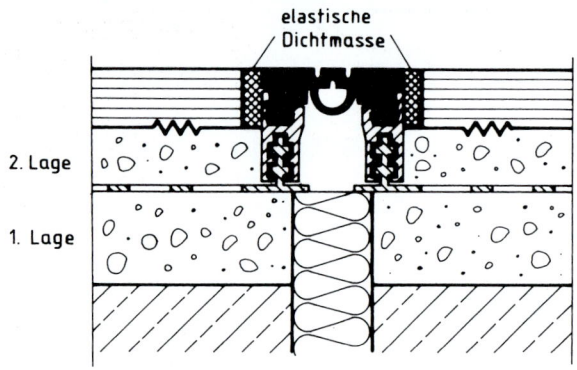

elastische Dichtmasse

2. Lage

1. Lage

1 Die gelochten Schenkel des Aluminium-Profils werden in die erste Lage des frisch aufgetragenen Estrichs eingedrückt. Danach wird die zweite Lage eingebracht

Zusammenfassung:

Bewegungsfugen nehmen im Bauwerk vorhandene Spannungen auf und verhindern Schäden.

Man unterscheidet Gebäudetrennfugen, Feldbegrenzungsfugen, Randfugen und Anschlussfugen.

Die Fugenbreite und Fugentiefe richten sich nach dem Maß der auftretenden Dauerbewegung.

Die Dichtmassen können 1- oder 2-komponentig sein.

Durch Einbringen von Hinterfüllmaterial oder Trennmitteln wird eine Dreiflankenhaftung vermieden.

Die Herstellerangaben müssen genauestens beachtet werden.

2 Fugenprofil, bestehend aus
– Alu-Trägerprofil
– Alu-Befestigungswinkel (gelocht)
– Kunststoff-Einlage, elastisch

Aufgaben:

1. Nennen Sie die Ursachen für
   a) einmalige,
   b) ständige Bewegungen am Bauwerk.

2. Erläutern Sie die Begriffe
   a) Gebäudetrennfuge,
   b) Feldbegrenzungsfuge,
   c) Anschlussfuge.

3. Zur Vermeidung von Spannungsschäden müssen Estriche oder Belagflächen durch Bewegungsfugen in kleinere Teilflächen gegliedert werden.
   Nennen Sie Richtwerte für
   a) rechtwinklige und unregelmäßige Flächen,
   b) beheizte Belagflächen,
   c) Flure,
   d) Fassaden.

4. Geben Sie mindestens 4 Anwendungsbeispiele für eine elastische Anschlussfuge.

5. Eine Bewegungsfuge ist 15 mm breit. Welche Mindestdicke soll die Dichtmasse haben?

6. Nennen Sie 2 typische Anwendungsbereiche für 1-komponentigen Silikonkautschuk als Dichtmasse.

7. Welche Ausführungsfehler führen häufig zu
   a) Ablösungserscheinungen an den Haftflächen (Adhäsionsrisse)?
   b) Rissen in der Dichtmasse?

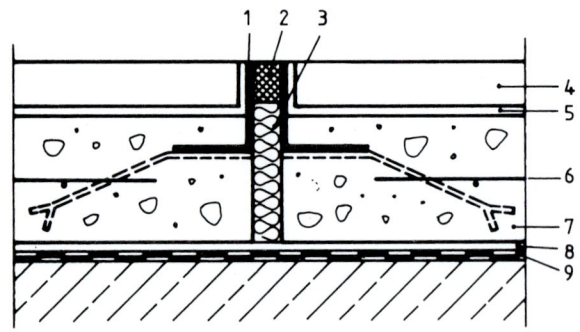

1   Winkelstahl (rostfrei) mit Verankerung
2   elastische Dichtungsmasse
3   Hinterfüllmaterial
4   Plattenbelag
5   Klebemörtel
6   Bewehrung
7   ≥ 5 cm Schutzestrich
8   Gleitschicht
9   Feuchtigkeitsabdichtung

3 Feldbegrenzungsfuge mit starkem Kantenschutz

10 Bautenschutz

Unter dem Begriff Bautenschutz sind Maßnahmen zu verstehen, die den Benutzer eines Gebäudes sowie das Gebäude selbst vor unerwünschten Einflüssen schützen.

Im Einzelnen sind es der **Schall-, Wärme-, Feuchtigkeits- und Brandschutz.**

Der Bautenschutz hat große Bedeutung für das Wohlbefinden, das Sicherheitsgefühl und die **Gesundheit** der Benutzer.

Immer größer wird auch seine **wirtschaftliche Bedeutung,** insbesondere sind die Energieeinsparung, die Erhaltung des Gebäudewertes und die Vermeidung von Bauschäden wesentlich.

Die physikalischen Grundlagen sind in Grundwissen Bau, Kapitel 3 (Physikalische Grundlagen) behandelt.

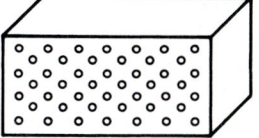
Schallschluckstein
Vollstein 240 / 115 / 52

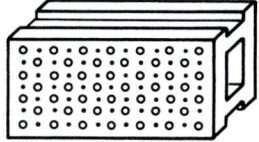
Schallschluckstein
(unregelmäßige Lochung)
240 / 115 / 52

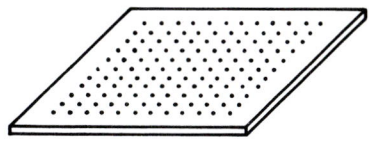
Deckenplatte
(Keraion) 600 / 600 / 8

1   Glasierte Schallschlucksteine für Schwimm- und Turnhallen

10.1 Schallschutz (DIN 4109)

Unter Schallschutz wird die Verminderung des Schalls unterschiedlichster Ursache durch bauliche Maßnahmen verstanden.

10.1.1 Luftschall

Breiten sich Schallwellen in der Luft aus, dann spricht man von Luftschall.

Die Schallquelle können die menschliche Stimme, Lautsprecher, Verkehrslärm usw. sein. Die Schallwellen breiten sich allseitig aus.

Luftschallschutz

Die raumbegrenzenden Bauteile (Decken und Wände) sollen Luftschall daran hindern, in geschlossene Räume einzudringen (z. B. Verkehrslärm in die Wohnungen) bzw. die geschlossenen Räume zu verlassen (z. B. Radiomusik in die Nachbarwohnung).

Die Luftschalldämmung hängt von mehreren Faktoren ab:

– Ausbildung der **Oberfläche**

Glatte, harte Oberflächen (z. B. Glas, Metall, großformatige Keramik) reflektieren die Schallwellen, raue, poröse und weiche Oberflächen (z. B. rauer Putz, Weichfaser-Dämmplatten) absorbieren (schlucken) die Schallwellen.

Die Oberfläche kann auch durch Öffnungen unterbrochen werden, wie bei Akustikplatten (siehe auch keramische Akustikplatten für Schwimmbäder).

– Größe der Decken und Wandflächen

– **Dichte** der Bauteile

Die Bauteile sollen möglichst schwer sein, damit sie nicht so leicht in Schwingungen versetzt werden (flächenbezogene Masse mindestens 350 kg/m²).

– **Konstruktion**

Die Wände und Decken können einschalig (massiv) oder mehrschalig (z. B. als leichte Trennwände, Balkendecke) ausgeführt werden.

Die mehrschalige Konstruktion ist vorteilhafter.

Für den Schallschutz gültige Norm: DIN 4109.

> Besonders gute Luftschalldämmung wird erreicht durch die Wahl geeigneter schwerer Baustoffe in Verbindung mit einer rauen, porösen und weichen Oberfläche (Verkleidung).

10.1.2 Körperschall

Von Körperschall spricht man, wenn sich Schallwellen in festen Körpern ausbreiten. Dabei werden die festen Körper in Schwingungen versetzt.

Körperschall entsteht entweder durch Luftschall (z. B. Verkehrslärm wird im Wohnraum hörbar) oder durch direkte mechanische Einflüsse (z. B. durch Klopfen auf Wand oder Decke).

Die Schallwellen werden insbesondere von dichten Baustoffen gut weitergeleitet (z. B. Beton, Metall, Keramik).

Trittschall

Trittschall ist die am häufigsten vorkommende Form des Körperschalls in Gebäuden, er entsteht beim Begehen von Decken oder durch andere mechanische Einflüsse (z. B. arbeitende Waschmaschine) auf dem Fußboden.

Trittschallschutz

Eine wirkungsvolle Trittschalldämmung wird erreicht, indem die Ausbreitung der Schallwellen in einem festen Körper (Geschossdecke) durch Einbau von schalldämmenden Schichten (Schaumkunststoffen oder Faserdämmstoffen) unterbunden wird. Dies ist die übliche Methode bei der Herstellung von schwimmenden Estrichen.

– Schaumkunststoffe:
Platten aus expandiertem Polystyrol DIN EN 13163 (EPS).

Die für die Trittschalldämmung geeigneten Platten müssen die genormten Werte der Zusammendrückbarkeit (CP) und der dynamischen Steifigkeit (SD) erreichen.

Beispiel:

Anwendungsgebiet-Kurzzeichen (DES): Innendämmung unter Estrich mit Schallschutz-Anforderungen.

Zusammendrückbarkeit (CP3), Kurzzeichen (sm) für mittlere Zusammendrückbarkeit.

Dynamische Steifigkeit (SD) $\leq$ 30.

– Mineralwolle:
Matten aus Mineralwolle-Dämmstoffen DIN EN 13162 (MW).

Beispiel:

Anwendungsgebiet-Kurzzeichen (DES).

Zusammendrückbarkeit (CP5), Kurzzeichen (sh) für hohe Zusammendrückbarkeit.

Dynamische Steifigkeit (SD) $\leq$ 25.

Die auf dem Markt befindlichen Schüttungen, Leichtausgleichsmörtel und Entkopplungssysteme sind nicht genormt.

Deren Trittschall-Eigenschaften werden durch bauaufsichtliche Zulassungen geregelt.

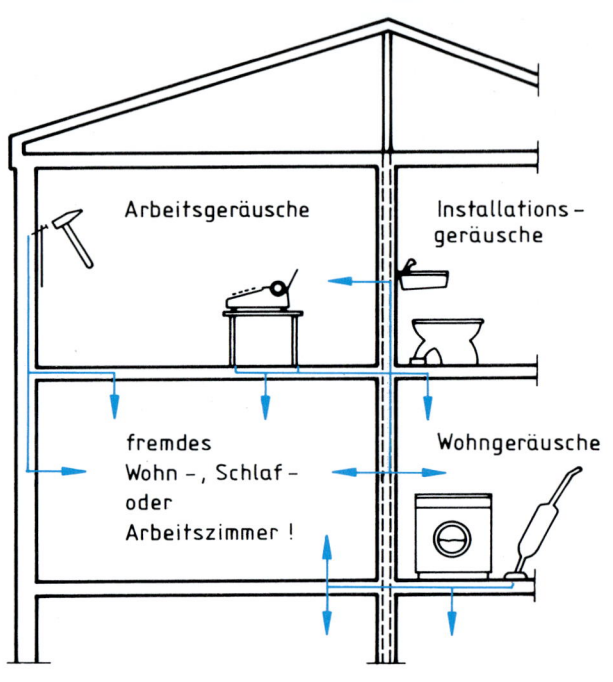

2   Übertragung von Körperschall

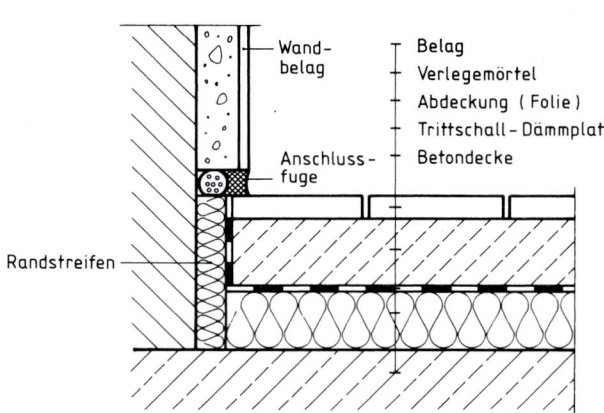

3   Wandanschluss/schwimmender Estrich

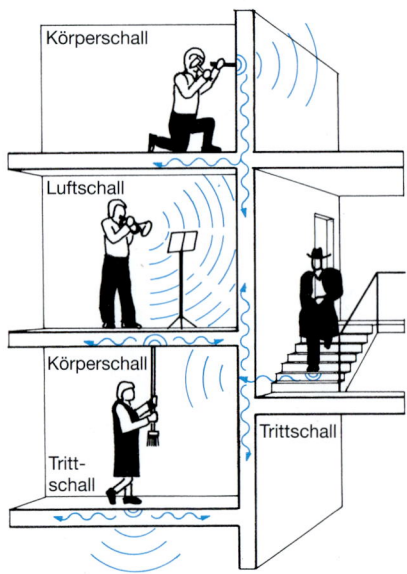

1   Erzeugung und Ausbreitung der Schallarten

Der Fliesenleger muss die Regeln der Trittschalldämmung kennen, damit er die Wirksamkeit der schwimmenden Estriche, z. B. durch Schallbrücken, nicht herabsetzt. Schallbrücken können entstehen, wenn ein Fliesenbelag ohne Randstreifen verlegt wird oder Rohrdurchbrüche ohne Ummantelung ausgeführt werden.

Sehr wichtig ist die Trennung des Fußbodenbelages vom Keramiksockel. Hier wird mit dauerelastischem Fugenmaterial ausgefugt (keine Mörtelfuge). Beim Einbau einer Badewanne ist darauf zu achten, dass sie vom Bauwerk getrennt wird (Randstreifen, elastische Anschlussfugen, Dämmstreifen unter dem Gestell, eventuell Polystyrolschaum-Wannenträger). Dadurch wird die Ausbreitung der Geräusche, die beim Füllen und Leeren der Badewanne entstehen, gemindert (vgl. 11.2.5).

> Trittschalldämmung wird erreicht durch den Einbau von schwimmenden Estrichen. Die Entstehung von Schallbrücken ist zu verhindern.

1 Anwendung von Faserdämmstoffen/schwimmender Estrich

10.2 Wärmeschutz (DIN 4108)

Durch die Verteuerung der Energieträger einerseits und die zunehmende Umweltbelastung andererseits, wird auf eine erhöhte Wärmedämmung von Gebäuden immer größeren Wert gelegt.

Mit der **Energieeinsparverordnung 2006 (EnEV)** muss der gesamte Energiebedarf eines Gebäudes ermittelt werden. Dieser darf einen von der Geometrie eines Gebäudes abhängigen Wert nicht übersteigen. Da der größte Wärmeverlust eines Gebäudes über die wärmeumhüllende Fläche geht, sind diese Bauteile von besonderer Bedeutung. Um die Wärmedämmfähigkeit eines Bauteils beurteilen zu können, muss zuerst deren **Wärmedurchlasswiderstand R** ermittelt werden.

$$R = \frac{d}{\lambda} \left(\frac{m^2 K}{W} \right)$$

d ... Schichtdicke in m
λ ... Wärmeleitzahl in W/mK

„Die **Wärmeleitzahl** λ gibt an, welche Wärmemenge in Watt innerhalb einer Sekunde durch die Fläche von 1 m² einer 1 m dicken Wand eines Baustoffes bei einer Temperaturdifferenz von 1 K der beiden Oberflächen hindurchgeleitet wird."

(λ-Werte aus Bautabellen)

Für eine mehrschichtige Wand gilt dann:

$$R = \frac{d_1}{\lambda_1} + \frac{d_2}{\lambda_2} + \frac{d_3}{\lambda_3} + \dots$$

Dieser R-Wert darf dann einen in der DIN 4108, Tafel 1, festgelegten Mindestwert nicht unterschreiten. Z. B. gilt für Außenwände $\min R = 1{,}20$ m²K/W.

Um den gesamten **Transmissionswiderstand R_T** zu bekommen, werden zu dem R-Wert die Wärmeübergangswiderstände R_{si} und R_{se} addiert.

$$R_T = R_{si} + R + R_{se}$$

si, se ... Oberfläche innen, außen
Z. B. Außenwände: $R_{si} = 0{,}13$ und $R_{se} = 0{,}04$ m²K/W

Der maßgebende U-Wert (früher k-Wert) wird dann über den Kehrwert von R_T ermittelt:

$$U = \frac{1}{R_T} \left(\frac{W}{m^2 K} \right)$$

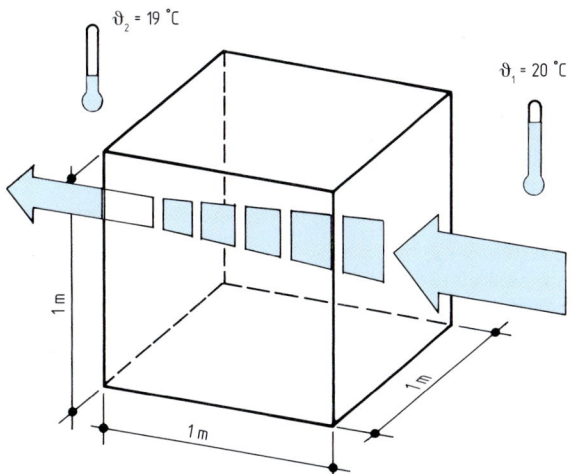

2 Die Einheit der Wärmeleitung durch einen Stoff

10.2.1 Dämmstoffe

Allgemein:

Wärmedämmstoffe haben eine geringe Wärmeleitfähigkeit ($\lambda < 0{,}15$). Dies ist auf den hohen Luftporenanteil zurückzuführen, der eine geringe Dichte und geringere Masse bewirkt.

Wärmedämmstoffe sollen Wasser abweisend sein oder dürfen nicht der Feuchtigkeit ausgesetzt werden, da Wasser eine wesentlich höhere Wärmeleitfähigkeit hat als Luft (etwa 25-fach!) und die Wärmeleitfähigkeit wesentlich herabgesetzt wird. Als weitere Eigenschaft wird von den

Dämmstoffen Witterungs- und Fäulnisbeständigkeit verlangt. Anorganische Dämmstoffe (z. B. Glaswolle) sind deshalb vorteilhafter als organische Dämmstoffe (z. B. Holzwolle-Platten).

Arten nach der Lieferform

lose Dämmstoffe:

– Naturbims

– Hüttenschlacke

– Blähton

– Glasfaser und Steinwolle in loser Form

– schaumige Kunststoffe (z. B. Polystyrolschaum, Polyurethanschaum)

Verwendung:

Füllstoff für Holzbalkendecken, Hinterfüllung bei zweischaligem Mauerwerk, Ausschäumen von Fertigteilen und Hohlräumen, Herstellung von Leichtbeton und Dämmputz.

Dämmmatten und Dämmplatten:

– Holzwolle-Platten

– Holzwolle-Mehrschichtplatten (Schaumkunststoff und Beschichtung aus mineralisch gebundener Holzwolle)

– Schaumkunststoffplatten aus Polystyrolschaum („Styropor"), zum Teil beschichtet (z. B. Metallfolien, Glasflies)

– mineralische Faserdämmstoffe (Glaswolle, Steinwolle als Matten, Platten oder Filze, zum Teil mit einer elastischen Schicht (z. B. Bitumenpapier) versteppt

– pflanzliche Faserdämmstoffe (Kokosfasern, Holzfasern)

– Korkplatten

Verwendung:

Dämmschicht der Außenwand, Flachdächer, Holzbalkendecken, Dachausbau, Zwischenschicht bei zweischaligem Mauerwerk, Fertigteil-Häuser.

1 Wärmedämmung eines zweischaligen Mauerwerks

10.2.2 Ausführung

Bei den raumabschließenden Bauteilen (Decken und Wände) stellt sich die Frage, wo die Dämmschicht angeordnet werden soll, nämlich außen oder innen.

Wird sie außen angebracht, können die Wände die Wärmeenergie speichern (und bei Bedarf wieder abgeben). Auch die Gefahr der Kondenswasserbildung ist bei dieser Lösung geringer.

Weiter ist beim Wärmeschutz das Problem **Kältebrücken** zu berücksichtigen. Kältebrücken sind geschwächte Gebäudeteile (z. B. Heizkörpernischen) oder Betonteile (z. B. Fenstersturz, Stirnseiten der Decken), die einen höheren Wärmeverlust aufweisen und die zusätzlich gedämmt werden müssen, um Kondenswasserbildung und Schimmelbefall in diesem Bereich zu vermeiden.

2 Wärmedämmung bei Dachgeschossbauten mit Dämmmatten

Für die Dickbettverlegung ist die Wärmedämmschicht kein tragfähiger Verlegeuntergrund. Für Wandbeläge ist deshalb ein bewehrter Unterputz notwendig (z. B. keramische Fassaden oder Kühlräume).

> Wärmedämmstoffe haben eine geringe Wärmeleitfähigkeit. Die Wahl der Dämmstoffe erfolgt nach dem Verwendungszweck.

10.3 Feuchtigkeitsschutz (DIN 18195)

Feuchtigkeitsschutz-Maßnahmen sollen das Eindringen von Feuchtigkeit in das Bauwerk bzw. in die Bauteile verhindern.

Mangelnder Feuchtigkeitsschutz kann die Ursache von schwerwiegenden Bauschäden werden. Durchfeuchtete Bauteile neigen zu Ausblühungen und Verfärbungen, besitzen eine geringere Wärmedämmfähigkeit und werden im Außenbereich durch Frostschäden zerstört. Schließlich ist auch ein gesundes Wohnen in feuchten Räumen nicht möglich.

10.3.1 Feuchtigkeitsherkunft

Ein Bauwerk ist an verschiedenen Stellen der Feuchtigkeit ausgesetzt. Man unterscheidet zwischen Oberflächenwasser (Niederschläge) und Grundwasser. Durch den Temperaturunterschied innen/außen kommt es im Mauerwerk zur Bildung von Kondenswasser. Bei der Benutzung der Nassräume sowie deren Reinigung sind diese Räume dem Wasserdampf und der Feuchtigkeit allgemein ausgesetzt. Der Feuchtigkeitsschutz erfolgt dabei durch die richtige Auswahl und Anwendung verschiedener Abdichtungsstoffe.

10.3.2 Abdichtungsstoffe

– **Abdichtungsanstriche** aus Bitumen:

Abdichtungsanstriche auf Bitumenbasis werden kalt oder heiß verarbeitet.

Bei den Kaltanstrichen handelt es sich um **Emulsionen** (im Wasser fein verteilte Abdichtungsstoffe) oder **Lösungen** (im Lösemittel, meist Benzol, aufgelöste Abdichtungsstoffe).

Heiß verarbeitete Klebemassen und Deckanstriche werden nur von Spezialfirmen ausgeführt. Durch Zugabe verschiedener Füllstoffe (Steinmehl, Mineralfasern) können die Eigenschaften der Abdichtungsanstriche gesteuert werden. Dadurch werden verschiedene Einsatzmöglichkeiten erreicht, z. B. Voranstrichmittel, Klebmassen, Deckanstrichmittel, Spachtelmassen.

Ausführung:

Die Emulsionen können im Gegensatz zu Lösungen auch auf feuchtem Untergrund angebracht werden. Bei Arbeiten mit den Lösungen ist zu berücksichtigen, dass diese feuergefährlich und deren Gase gesundheitsschädlich sind.

Abdichtungsanstriche werden kreuzweise in mindestens zwei Arbeitsgängen aufgebracht, um eine voll deckende Sperrschicht zu erhalten. Der zu sperrende Untergrund muss eine geschlossene, ebene und saubere Oberfläche aufweisen, frei von Staub, Schalöl und Rissen sein.

– **Bitumenbahnen und Pappen:**

Bitumenbahnen bestehen aus einer Trägerlage (z. B. Pappe, Filzgewebe, Glasfasergewebe), die unterschiedlich behandelt wird. Die Trägerlage hat dabei die Aufgabe,

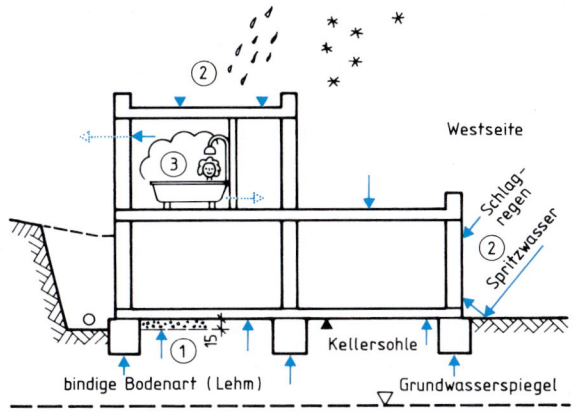

1 Bodenfeuchtigkeit/Grundwasser
2 Regen/Schlagregen/Spritzwasser
3 Wasserdampf/Nassräume/Kondenswasser

1 Feuchtigkeitsherkunft

2 Anbringen einer Spachtelmasse

die Stabilität und Reißfestigkeit der Bahnen zu gewährleisten. Die Abdichtungsfunktion der Bahnen ist durch die verschiedenen Deckschichten gegeben. Je nach Aufbau wird unterschieden in einseitig/beidseitig beschichtete, besandete (die Besandung schützt die Oberfläche), nackte, getränkte oder kaschierte Dichtungsbahnen.

Geliefert werden Bahnen mit einer Breite von 1 m, einer Länge von 10 bis 20 m. Die Bezeichnung, z. B. 500er Bitumenpappe, bezieht sich auf die Masse von 1 m² ungetränkter Trägerlage (500 = 500 g).

Ausführung:

Vor dem Aufkleben der Dichtungsbahnen muss der Untergrund gesäubert und in der Regel mit einem Voranstrichmittel behandelt werden. An Nähten und Stößen müssen sich die Bahnen um mindestens 10 cm überdecken.

Die Verbindung der einzelnen Abdichtungsschichten untereinander geschieht auf verschiedene Art und Weise, so z. B. Verschweißen mit einem Gasbrenner, durch das Bürstenstreichverfahren oder Gieß- und Einwalzverfahren. Zeitsparend ist die Verwendung von selbstklebenden Dichtungsbahnen.

Für den Fliesenleger von besonderer Bedeutung ist die **trogartige Ausbildung der Dichtungsbahnen,** besonders in gewerblichen und häuslichen Nassräumen. Dabei wird die Abdichtungsschicht mindestens 15 cm über Oberkante Fertigfußboden hochgeführt. Bei Duschräumen ist es erforderlich, die Abdichtung an den Wänden bis mindestens 20 cm über die Duschanlage zu führen.

Bei Gefälle-Böden ist der erforderliche Gefälle-Estrich (in der Regel mit 2 % Gefälle) **unter der Abdichtungsschicht** vorzusehen. Dadurch wird eine Ansammlung von Feuchtigkeit auf der Abdichtungsschicht und somit die Durchfeuchtung des Verlegemörtels vermieden.

Etwaige Abläufe oder Rohrdurchführungen müssen sehr sorgfältig an die Abdichtungsschicht angeschlossen werden.

Die eingebauten Abdichtungsschichten sind durch Einbau von Schutzschichten (Estrich, bewehrter Wandputz) gegen Beschädigungen zu schützen.

– Folien

Hier wird zwischen Kunststoff- und Metallfolien unterschieden.

Folien sind widerstandsfähiger (trocknen nicht aus!) als Dichtungsbahnen.

Kunststofffolien werden meist aus Weich-PVC oder Polyethylen hergestellt.

Metallfolien gelten gleichzeitig als Dampfsperre, können also stark beansprucht werden (auch als Sperrschicht gegen Druckwasser!). Die Kupfer- oder Aluminiumfolien werden als Kaschierung bzw. Einlage der Dichtungsbahnen verwendet.

Ausführung:

An Nähten und Stößen müssen die Folien eine Überlappung von mind. 5 cm aufweisen. Die Überlappungen sind durch Quellschweißen wasserdicht zu verbinden (einstreichen mit Lösemittel, anschließend aufeinander pressen).

Die Folien werden auf die Unterlage aufgeklebt, wobei zwischen 1 bis 1,5 kg Klebmasse auf den Quadratmeter aufgebracht werden.

– Abdichtung mit starren zementgebundenen Dichtungsschlämmen:

Diese sind nicht rissüberbrückend und deshalb als Abdichtungsmasse nur geeignet, wenn das Auftreten von Rissen ausgeschlossen werden kann (Setzungen, Formveränderungen).

Abdichtungen aus Dichtungsschlämmen sind nicht genormt.

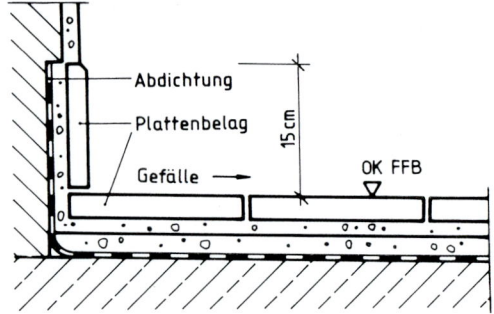

1 Trogartige Ausbildung in Feucht- und Nassräumen (Schema)

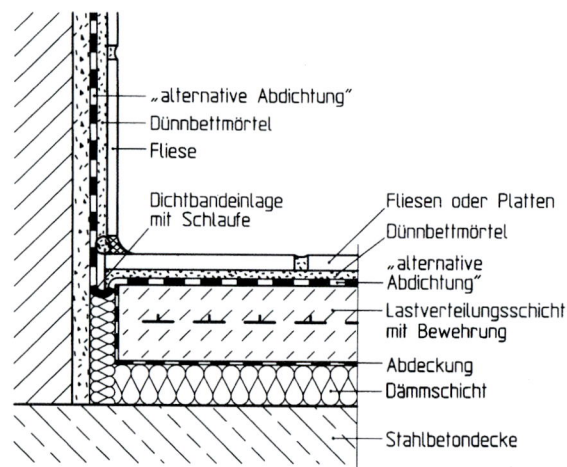

2 Beispiel für „alternative Abdichtung"

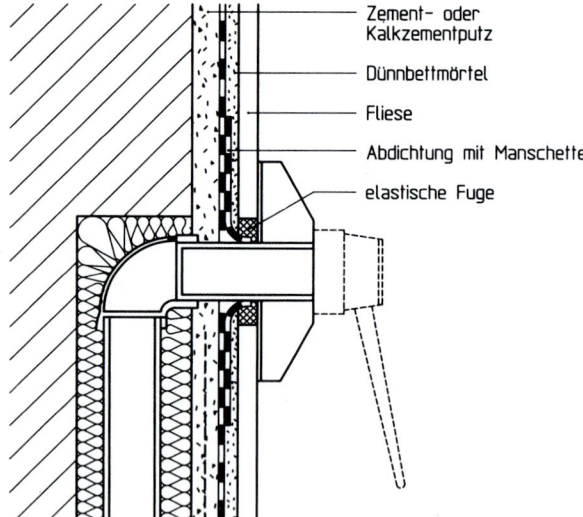

3 Installationsdurchführung

– Abdichtungen im Verbund mit Bekleidungen und Belägen aus Fliesen und Platten:

Immer häufiger werden Abdichtungen im direkten Verbund mit keramischen Bekleidungen und Belägen (sogenannte **alternative Abdichtungen**) im Innen- und Außenbereich ausgeführt; die aufwendigen Abdichtungsmaßnahmen nach der DIN 18195 können damit entfallen.

Wird entsprechend den Merkblättern ausgeführt, so sind die allgemein anerkannten Regeln der Technik eingehalten.

Die Beläge und Bekleidungen mit Fliesen und Platten im Dünnbett bilden die erforderliche Schutzschicht vor Feuchtigkeit.

Abhängig vom Grad der Wasserbelastung unterscheidet das Merkblatt jeweils vier Feuchtigkeits-Beanspruchungsklassen für hohe und mäßige Beanspruchung.

Bauaufsichtlich geregelt sind die Feuchtigkeits-Beanspruchungsklassen A1, A2, B und C für hohe Beanspruchung. Bauaufsichtlich nicht geregelt sind die Feuchtigkeits-Beanspruchungsklassen 0, A01, A02 und B0 für mäßige Beanspruchung.

Es werden geeignete Untergründe für entsprechende Feuchtigkeits-Beanspruchungsklassen angegeben.

Beispiele:

Wandflächen, die durch Brauch- und Reinigungswasser hoch beansprucht sind, entsprechen der Feuchtigkeits-Beanspruchungsklasse A1.

Geeignete Untergründe: Beton, Kalkzementputz MG P II, Kalksandstein-Planblocksteine, Zementputz MG P III, Hohlwandplatten aus Leichtbeton, Verbundelemente aus expandiertem oder extrudiertem Polystyrol.

Bodenflächen mit Bodenablauf, die nur zeitweise und kurzfristig mit Spritzwasser mäßig beansprucht sind, entsprechen der Feuchtigkeits-Beanspruchungsklasse A02.

Geeignete Untergründe: Beton, Zementestrich, Gussasphaltestrich, Verbundelemente aus expandiertem oder extrudiertem Polystyrol.

Entsprechend der Feuchtigkeits-Beanspruchungsklasse werden folgende **Abdichtungsstoffe** verwendet:

– Polymerdispersionen gefüllt oder ungefüllt, auch in Kombination mit Bitumen

– Kunststoff-Zement-(Mörtel)-Kombinationen, z. B. flexible Dichtungsschlämmen

– Reaktionsharze, z. B. Epoxidharze, Polyurethanharze

Ausführung:

Der Untergrund muss ebenflächig, tragfähig und frei von durchgehenden Rissen sein. Die Oberfläche muss frei sein von Verschmutzungen und losen Bestandteilen und ausreichende Festigkeit aufweisen.

Untergründe aus Beton dürfen erst etwa sechs Monate nach der Herstellung bekleidet werden. Zementestriche müssen mindestens 28 Tage alt sein.

Die Abdichtungsstoffe werden durch Streichen, Spachteln, Rollen oder Spritzen aufgetragen und eventuell mit Gewebe verstärkt.

In die Raumkanten sind Dichtbandeinlagen einzuarbeiten. Dabei ist die anzunehmende Bewegung der angrenzenden Bauteile durch die Ausbildung von Schlaufen zu berücksichtigen (siehe Abb. 2, S. 118).

Durchdringungspunkte wie z. B. Armaturen werden mit Flansch und Manschette in die Flächenabdichtung eingebunden (siehe Abb. 3, S. 118). Auch Bodeneinläufe sind durch Flansche an die Flächenabdichtung anzuschließen.

Fliesen und Platten sind in einem gesonderten Arbeitsgang anzusetzen bzw. zu verlegen.

Zusammenfassung:

Vom menschlichen Ohr wahrgenommener Schall ist **Luftschall. Körperschall** entsteht durch in Schwingung versetzte Bauteile.

Trittschall ist eine Sonderform des Körperschalls. Er entsteht z. B. beim Begehen von Decken.

Luftschalldämmung wird durch zweischaligen Wandaufbau erzielt.

Trittschalldämmung wird durch Einbau von schwimmenden Estrichen erreicht. Als Dämmstoff werden Schaumkunststoffe oder Faserdämmstoffe eingesetzt.

Ausreichende **Wärmedämmung** (Dämmwerte sind durch den Gesetzgeber vorgeschrieben!) kann durch den richtigen Einsatz geeigneter Wärmedämmstoffe erzielt werden. Wärmedämmstoffe werden in loser Form, als Schaum, Platten, Matten oder Filze hergestellt.

Feuchtigkeitsschutz der Bauteile ist durch Anbringen von Dichtungsbahnen, Abdichtungsanstrichen, Folien oder Dichtungsschlämmen herzustellen.

Die Abdichtungsmaßnahmen werden teilweise auch durch den Fliesenleger ausgeführt.

Ausreichendes Gefälle und trogartige Ausführung der Abdichtungsschichten sind vorzusehen.

Immer häufiger werden sogenannte alternative Abdichtungen eingesetzt.

Aufgaben:

1. Erläutern Sie den Begriff „Bautenschutz".

2. Durch welche Maßnahmen wird ein wirkungsvoller Luftschallschutz erreicht?
   Nennen Sie drei Maßnahmen.

3. Beschreiben Sie die Ausführung des schwimmenden Estrichs.

4. Warum dürfen Wärmedämmschichten nicht durchfeuchten?

5. Definieren Sie den Begriff „Wärmeleitzahl".

6. Was verstehen Sie unter den Begriffen
   a) „Wärmebrücke",
   b) „Schallbrücke"?

7. Welche Bauschäden können durch Feuchtigkeit verursacht werden?

8. Nennen Sie die Abdichtungsmöglichkeiten.

9. Erläutern Sie den Unterschied zwischen Lösung und Emulsion.

10. Prüfen Sie, ob die genannten Materialien als Untergrund für ein Bad ohne Bodeneinlauf zulässig sind:
    a) Gipsputz   b) Calciumsulfat-Estrich

11. Welche Putzarten sind als Untergrund für die Feuchtigkeits-Beanspruchungsklasse A01 nicht zugelassen?

11.1 Rutschhemmende Beläge

Nach Angaben der gewerblichen Berufsgenossenschaften liegen Stolper-, Rutsch- und Sturzunfälle mit etwa 250 000 Unfällen im Jahr an der Spitze des Unfallgeschehens.

Sowohl die „Arbeitsstättenverordnung" als auch die „Unfallverhütungsvorschrift" verlangen deshalb, dass Fußböden in gefährdeten Räumlichkeiten **rutschhemmend** ausgeführt werden müssen.

Die Keramikhersteller bieten rutschhemmende Fliesen an. Dieses Belagmaterial wird in zwei Bereichen eingesetzt:

– **gewerblicher Bereich**
  (z. B. Metzgereien, Werkstätten, Schlachthöfe usw.)

– **Barfußbereich**
  (z. B. Hallenbäder, Duschräume usw.)

11.1.1 Gewerblicher Bereich

Der Fachausschuss „Bauliche Einrichtungen" der Berufsgenossenschaften teilt die rutschhemmenden Fliesen in **fünf Bewertungsgruppen** ein und gibt dem Planer sowie dem Fliesenleger konkrete Empfehlungen für die Wahl der Bewertungsgruppe.

Drei der Bewertungsgruppen werden mit einem **Verdrängungsraum** angeboten.

Der Verdrängungsraum ist der Zwischenraum zwischen den Erhebungen der Fliesenoberfläche. Hier können sich z. B. Speisereste, Öl, Obstschalen usw. absetzen. Das Schuhwerk hat dabei auf den Erhebungen der Fliesenoberfläche ausreichenden Haftkontakt.

Die Zahl hinter dem V gibt das Mindestvolumen in cm³ je dm² der Fliesenfläche an.

1   Rutschhemmender Belag mit Verdrängungsraum

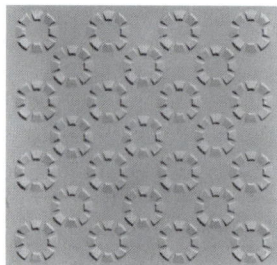 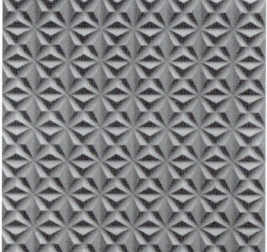

2   Beispiele für Oberflächen mit Verdrängungsraum

Bewertungs-gruppe	Verdrängungs-raum	Neigungswinkel („schiefe Ebene")
R 9		von 6° bis 10°
R 10		> 10° bis 19°
R 11		
R 11	V 4	> 19° bis 27°
R 11	V 6	
R 12		
R 12	V 4	
R 12	V 6	> 27° bis 35°
R 12	V 8	
R 13		
R 13	V 4	
R 13	V 6	> 35°
R 13	V 8	
R 13	V 10	

Bewertungsgruppe	Anwendungs-beispiele	Oberfläche (Beispiele)
R 9	Eingangsbereiche, Treppen	
R 10 (normale Haft-reibung)	Operationsräume, Kantinen, Bäckereien, Teeküchen	Nocken gekörnt
R 11 (erhöhte Haft-reibung	Käseverpackung, Waschhallen, Kühlräume, Betonwaschplätze	gekörnt Stege
R 12 (große Haft-reibung)	Wurstherstellung, Fischverarbeitung, Arbeitsgruben, Werfthallen	Pyramiden
R 13 (sehr große Haftreibung)	Butterherstellung, Zuckerkocherei, Schlachthäuser, Konservenherstellung	Pyramiden unglasiert, Pyramiden vereinzelt

11.1.2 Barfußbereich

Die Anforderungen an die Bodenbeläge im Barfußbereich sind andere als die im gewerblichen Bereich.

Im Barfußbereich nicht vertreten sind Oberflächen, die den unbekleideten menschlichen Fuß, seine durch Baden aufgequollene Haut verletzen können (z. B. Pyramiden, Glasuren mit Sandpapier-Effekt usw.)

Die Bundesarbeitsgemeinschaft der Unfallversicherungsgesellschaften der öffentlichen Hand e. V. (BAGUV), München, unterteilt die rutschhemmenden Fliesen für den Barfußbereich in **drei Bewertungsgruppen.**

Bewertungsgruppe	Neigungswinkel ("schiefe Ebene")
A	von 12° bis 18°
B	> 18° bis 24°
C	> 24°

Bewertungsgruppe	Anwendungsbeispiele	Oberfläche (Beispiele)
A	Barfußgang, Umkleiden	Mosaik, Non-Slip-Mosaik, Spaltplatten, unglasiert
B	Beckenumgang, Beckenboden im Nichtschwimmerteil, Planschbecken	Mosaik, Rondinetten, Reiskorn, Non-Slip, Nocken
C	ins Wasser führende Treppen, geneigte Beckenrandausbildung	Non-Slip, Reiskorn, Mosaik, Nocken

11.1.3 Prüfverfahren

Die Rutschhemmung wird auf der „schiefen Ebene" geprüft. Als „schiefe Ebene" wird eine in der Neigung verstellbare Rampe bezeichnet.

Der zu prüfende Belag wird aufgeklebt (50 × 100 cm). Die Oberfläche wird mit einem Gleitmittel versehen.

Eine Prüfperson bewegt sich in aufrechter Haltung vor- und rückwärts auf dem zu prüfenden Bodenbelag, dessen Neigung, vom waagerechten Zustand beginnend, bis zu dem Winkel gesteigert wird, bei dem die Prüfperson unsicher wird. Dieser Neigungswinkel wird zur Beurteilung des Bodenbelages herangezogen.

Die Prüfbedingungen wie z. B. Anzahl der Prüfpersonen, Prüfschuhe, Raumtemperatur, Viskosität des Gleitmittels usw. sind durch die Normen festgeschrieben.

1   Prüfverfahren von rutschhemmenden Belägen

2   Glasierte Oberfläche für den Barfußbereich

121

11.1.4 Ausführung von rutschhemmenden Belägen

Bei der Planung, Ausführung und Benutzung der rutschhemmenden Beläge sind folgende Punkte zu beachten:

– Richtige Wahl empfohlener Bewertungsgruppen.

– Kleinformatiges Material ist von Vorteil, da der hohe Fugenanteil rutschhemmende Wirkung hat.

– Ein Gefälle von 2 % (besser 3 %) ist einzuplanen, damit die Gleitmittel (z. B. Fette, Öle, Seifenwasser usw.) abfließen können.

– Abflüsse in ausreichender Anzahl und Größe einplanen.

– Benachbarte Räume müssen auch mit einem rutschhemmenden Belag versehen werden, da sich der Mensch auf eine glatte Belagoberfläche nicht schnell genug umstellt (Unfallgefahr!).

Vorzusehen ist die Abstufung um je eine Bewertungsgruppe.

– Die Verfugung erfolgt im Schlämmverfahren (Zementmörtel).

– Vor dem Verfugen sind die Sichtflächen mit dem Schwamm anzufeuchten, wobei die Fugen nicht nass werden sollen. Dadurch soll die Erstreinigung erleichtert werden. Eventuell die Sichtflächen mit einem Abbindeverzögerer behandeln.

– Erstreinigung bereits nach kurzer Zeit vornehmen. Belag vollständig säubern, da der Zementmörtelschleier, bedingt durch die Fliesenoberfläche, beschwerlicher zu entfernen ist.

– Regelmäßige maschinelle Reinigung des Fertigbelags erforderlich.

Wichtig: Verschmutzte Beläge verlieren ihre rutschhemmende Wirkung.

Gültige DIN-Norm:

DIN 51097, „Prüfung von Bodenbelägen; Bestimmung der rutschhemmenden Eigenschaft".

BGR 181, „Fußböden in Arbeitsräumen und Arbeitsbereichen mit Rutschgefahr" (Berufsgenossenschaftliche Zentrale für Sicherheit und Gesundheit BGZ, Alte Heerstraße 111, 53754 St. Augustin)

> Die rutschhemmenden Bodenbeläge werden in zwei Bereiche unterteilt:
>
> – gewerblicher Bereich
>
> – Barfußbereich
>
> Die Wahl geeigneter Bewertungsgruppen bzw. Oberflächen ist der Fachliteratur zu entnehmen.

Aufgaben:

1. *Nennen Sie die zwei Bereiche, die den Einsatz des rutschhemmenden Materials erforderlich machen.*

2. *Erklären Sie den Begriff „Verdrängungsraum".*

3. *Beschreiben Sie das Prüfverfahren, durch das die Rutschhemmung der Fliese geprüft wird.*

4. *Wählen Sie die für eine ins Wasser führende Treppe*
   a) *geeignete Bewertungsgruppe,*
   b) *geeignete Oberfläche (2 Beispiele).*

5. *Begründen Sie die Notwendigkeit, in rutschgefährdeten Bereichen ein Gefälle mit ausreichender Entwässerung einzuplanen.*

6. *Wie soll die Erstreinigung rutschhemmender Beläge erfolgen?*

11.2 Bad

In keinem Raum einer Wohnung trifft man eher einen keramischen Belag an als im Bad. Dies ist gewiss kein Zufall. Während man früher oft sehr sparsam mit dem kostbaren Material umging und nur einzelne Teilflächen belegte, zieht man heute immer mehr eine einheitliche Gesamtwirkung vor. Oft wird für Wand- und Bodenflächen durchgängig nur ein Belagmaterial verwendet. Das Bad ist nicht mehr nur ein Raum für die Körperreinigung, es ist erweiterter Wohnbereich und oft sogar ein Prestigeobjekt geworden.

Dabei kommen die Vorzüge der Keramik ganz besonders zur Geltung: strahlende Farbglasuren, Wasserbeständigkeit, Dauerhaftigkeit, einfache Pflege.

1 Badezimmer als erweiterter Wohnbereich

11.2.1 Besondere Bedingungen

Man darf aber nicht vergessen, dass sich in einem Nassraum komplizierte bauphysikalische Vorgänge abspielen, die von Planer und Handwerker fachgerechte bauliche Lösungen verlangen. Es genügt nur *ein* schwaches Glied in der Kette, z. B.

– eine unzureichende oder fehlende Abdichtung oder Dämmung,

– eine undichte Anschlussfuge,

– falsch ausgewähltes Klebematerial,

– fehlendes Gefälle,

– kein feuchtigkeitsbeständiger Untergrund (Gips!) usw.

und man wird bald mit Schäden zu rechnen haben, die möglicherweise in angrenzenden oder darunterliegenden Räumen erst in vollem Umfang zutage treten. Zwar kann man die einzelne Fliese als „wasserdicht" bezeichnen, den gesamten Belag jedoch nicht. Neuere Untersuchungen zeigen, dass selbst dann Feuchtigkeit in den Untergrund gelangt, wenn mit einem Reaktionsharz ausgefugt wurde. Besonders wichtig ist das Verhältnis zwischen der Dauer der Spritzwassereinwirkung und der nachfolgenden Austrocknungszeit – ob etwa täglich geduscht wird oder in größeren Abständen. Bei Mietwohnungen sollte man allerdings nicht vergessen, dass sich die Nutzung von heute auf morgen entscheidend ändern kann.

Nach dem Merkblatt für die „Ausführung von Abdichtungen im Verbund mit Bekleidungen und Belägen" werden Belagflächen, abhängig von der zu erwartenden Wasserbeanspruchung, in vier Klassen eingeteilt. Danach ist wohl die Mehrzahl der Badezimmer in die niedrigste Klasse, die Feuchtigkeitsbeanspruchungsklasse 0 einzustufen (Bäder ohne Bodeneinlauf).

Aber auch hier gilt: Feuchtigkeitsempfindliche (z. B. gipshaltige) Baustoffe als Untergrund im Bereich der Spritzwasserbelastung (z. B. Duschwände) sind grundsätzlich mit einer Abdichtung zu versehen.

Abdichtung:

Werden die einschlägigen Normen und Regelwerke beachtet, so hat der Planer die Wahl zwischen Dichtungsschlämmen, Abdichtungen im Verbund mit dem Belag, Folien oder Dichtungsbahnen. Neben dem oben genannten Merkblatt für die „alternative" Abdichtung gilt für Abdichtungsmaßnahmen die DIN 18195-5, „Abdichtungen gegen nichtdrückendes Wasser auf Deckenflächen und in Nassräumen". Einzelheiten dazu sind im Kapitel 10.3.2 nachzulesen.

Hier soll nur Grundsätzliches angesprochen werden.

Bei Bodenbelägen sollte die Abdichtung mit 1 bis 2 % Gefälle auf dem Gefälleestrich liegen. Sie sollte an freien Wandseiten 15 cm über FFB, an Badewannen 10 cm über den Wannenrand hochgeführt werden. Bodeneinläufe sollten Sickerschlitze zur Entwässerung des Mörtelbetts haben.

An Duschwänden ist die Abdichtung bis 20 cm über den Brausekopf hochzuführen, der Mörtelträger sollte oberhalb davon mit verzinkten Haken im Untergrund befestigt sein; die Abdichtung darf nicht durchlöchert werden. Rohre, die den Belag durchdringen, müssen mit einem Klebeflansch abgedichtet und elastisch an den Belag angeschlossen werden.

> Die besonderen Bedingungen im Bad erfordern eine sorgfältige Planung des Belagaufbaus. Der Untergrund muss feuchtigkeitsbeständig sein. Abdichtungsmaßnahmen müssen nach den Regeln der Technik ausgeführt werden.

11.2.2 Verlegeplan

Je klarer die Vorstellungen eines Bauherrn oder des Architekten über die Gestaltung des Badezimmers sind, desto weniger kann bei der Ausführung dem Zufall überlassen werden. In solchen Fällen kommt der Architekt nicht ohne Verlegeplan aus, den er rechtzeitig vor Beginn der Arbeiten dem Installateur und dem Fliesenleger zur Verfügung stellen muss. Darin sind die Ansichten der Belagflächen (Wandabwicklungen) meist im Maßstab 1 : 10 gezeichnet.

Ein Verlegeplan entsteht nach folgendem Planungsschema:

1. Einteilen der Belagfläche im Fugenraster unter Beachtung wichtiger Bezugslinien wie z. B. Kanten von Fensterleibungen und Vorlagen oder die Oberkante der Türzargen.

2. Eintragen der Sanitärgegenstände, der Sanitärarmaturen und des Ausstattungszubehörs in das Fugenraster.

3. Festlegen der Leitungsführung, um zu verhindern, dass Leitungen von Schraubenbefestigungen getroffen und beschädigt werden.

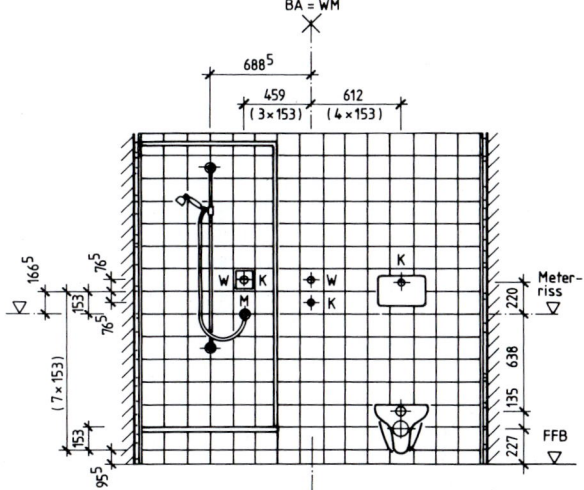

1 **Verlegeplan (Platten-Installationszeichnung eines Brausebades mit WC; BA = Bezugsachse für Seitenmaße, WM = Wandmitte)**

Die Einteilung der Belagflächen erfolgt nach den bekannten Regeln auf der Grundlage der Symmetrie (siehe dazu Kap. 13).

Auch beim Einrichten von Sanitärgegenständen und -armaturen auf das Fugenraster hält man sich in erster Linie an die Symmetrie. Dasselbe gilt für Ausstattungszubehör wie Spiegel, Handtuchhalter, Steckdosen usw.

Sanitärgegenstände

Darunter versteht man Bade- und Brausewannen, Waschbecken, Sitzwaschbecken (Bidets), WC-Sitze u. Ä.

Die senkrechten Mittelachsen dieser Gegenstände sollten entweder in einer Fuge oder in der Mitte einer Fliesenreihe liegen.

Die Oberkante der Gegenstände soll

a) bei einem Wandeinbau mit der Unterkante einer Belagfuge übereinstimmen,

b) bei wandanliegender Montage eine waagerechte Fuge möglichst überdecken.

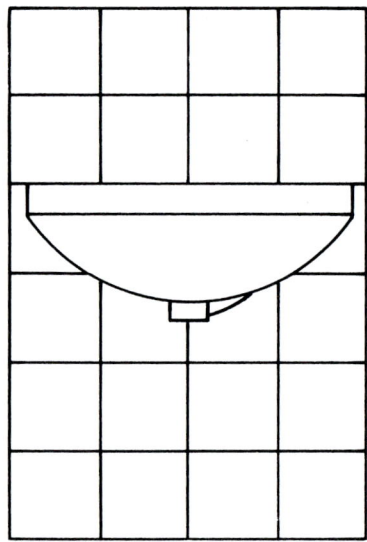

1 Waschbecken auf Fliesenbelag

Sanitärarmaturen

Darunter versteht man die Wasser-, Abwasser- oder Gasanschlüsse von Sanitärgegenständen.

Armaturen mit einem Anschluss

Für die Lage der Rohrstutzen bzw. der später sichtbar bleibenden Rosetten gibt es die in Abb. 1, Seite 125, gezeigten Möglichkeiten, wobei die Lage im Fugenkreuz und in der Fliesenmitte bevorzugt wird.

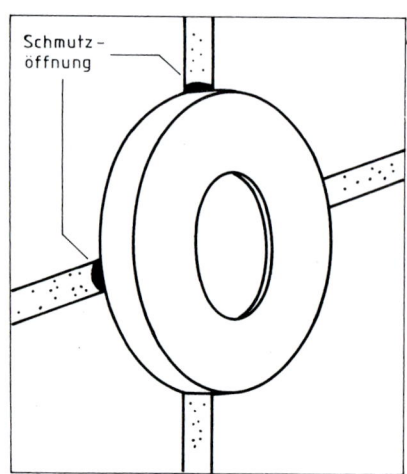

2 Rosette in einem Fugenkreuz

Für die Lage im Fugenkreuz spricht zunächst der geringere Arbeitsaufwand beim Herstellen der Lochaussparung. Sie hat aber den Nachteil, dass man beim Ansetzen im Dickbett die Schnur nicht durchspannen kann, weil Rohrstutzen die Flucht unterbrechen. Außerdem schließt die Rosette später nicht so dicht an der Fliesenoberfläche ab, da die etwas tiefer liegenden Fugen vier Öffnungen hinterlassen, in denen sich Schmutz und Bakterien ansiedeln können. In Bereichen mit hohen hygienischen Anforderungen wie z. B. in medizinischen Untersuchungs- und Behandlungsräumen ist daher die Lage in der Fliesenmitte vorteilhafter.

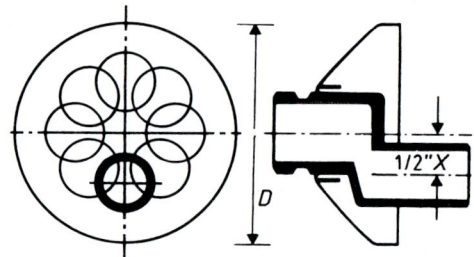

3 Verdeckter S-Anschluss für Sanitärarmaturen, X = Anschlussverstellbarkeit, D = Rosettendurchmesser

Armaturen mit zwei und drei Anschlüssen

Die meisten Armaturen sind nach wie vor auf das Rastermaß von Wandfliesen 15 × 15 mit einer Fugenbreite von 3 mm abgestimmt. Das Achsmaß zwischen den Anschlüssen beträgt damit 153 mm. Um die Abstimmung der Anschlüsse auf das Fugenraster zu erleichtern, werden oft verdeckte S-Anschlüsse verwendet. Dabei liegt die Anschlussachse um ein bestimmtes Verstellmaß y exzentrisch außerhalb der Rosettenmitte. Soll z. B. die Rosettenmitte im Fugenschnittpunkt liegen, so muss der Anschluss um das Verstellmaß y daneben, darunter oder darüber liegen.

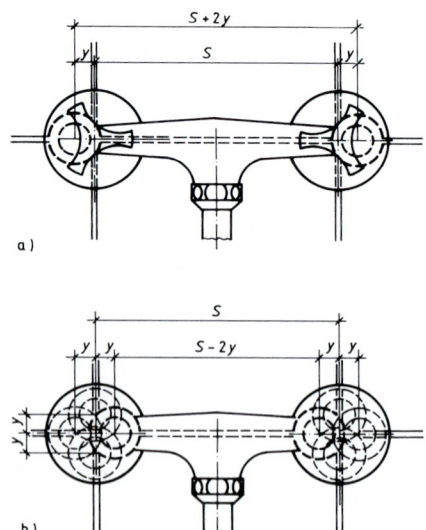

4 Sanitäranschlüsse bei Wandbatterien mit verdeckten S-Anschlüssen, symmetrisch zu den Fugenschnittpunkten

a) S-Anschlüsse nach außen gelegt

b) Anordnungsmöglichkeit der S-Anschlüsse

Die generellen Anschlussmöglichkeiten zeigen die folgenden Zeichnungen

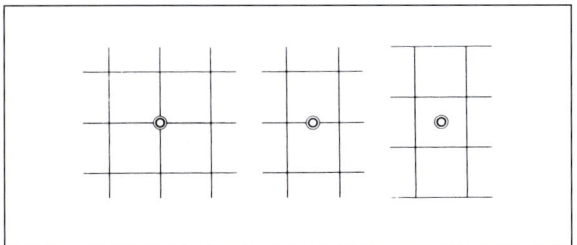

1   Armaturen mit einem Anschluss

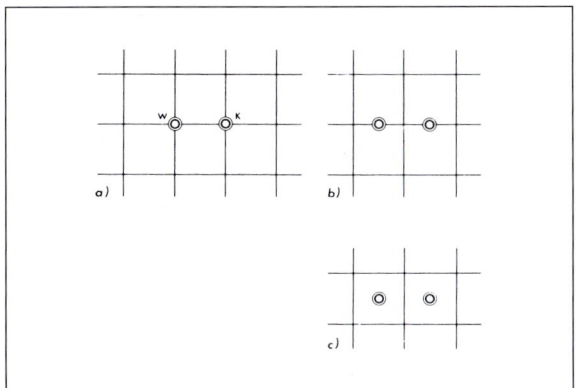

2   Armaturen mit zwei Anschlüssen

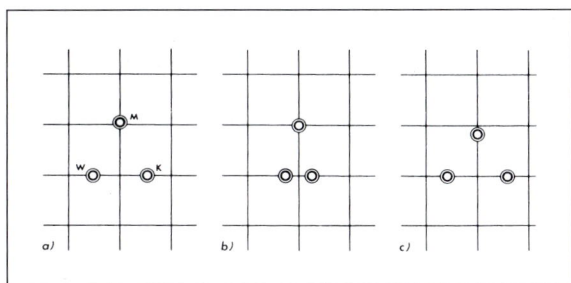

3   Armaturen mit drei Anschlüssen

Falls das Abstandsmaß mit dem Fugenraster nicht übereinstimmt, sollte nach Möglichkeit die Symmetrieachse der Armatur in einer senkrechten Fuge liegen.

Damit Fliesenleger und Installateur ihre Arbeit aufeinander abstimmen können, benötigen sie einen einheitlichen Maßbezug für die Höhen- und Seitenmaße.

Für Wandflächen verwendet man senkrechte Bezugsachsen (abgekürzt = BA), die den Belag symmetrisch unterteilen. Sie liegen entweder in einer Fuge oder in der Mitte einer Fliesenreihe (siehe dazu Abb. 1, S. 123, Verlegeplan). Bei Bodenflächen bezieht man sich zweckmäßigerweise auf ein Achsenkreuz.

Als Bezugslinie für die Höhenmaße verwendet man am besten den **Meterriss** oder Meterstrich. Er liegt genau einen Meter über der Oberkante des fertigen Fußbodens. Diese Bezugslinien sind von der Bauleitung rechtzeitig und unverwischbar auf dem Untergrund anzubringen.

Nur unter diesen Voraussetzungen können Installationen maßgenau auf das Fugenraster eingerichtet werden. Der Fliesenleger hat dann die Aufgabe, vor Beginn seiner Arbeiten zu prüfen, ob der Installateur sich an die vorgeschriebenen Maße gehalten hat. Nach den Bestimmungen der VOB sind Leistungen dieser Art dem Fliesenleger besonders zu vergüten.

> Sanitärgegenstände und Rohranschlüsse werden mithilfe eines Verlegeplanes auf den Fliesenbelag abgestimmt. Bei Wandflächen brauchen Installateur und Fliesenleger eine senkrechte Bezugsachse und den Meterriss.

11.2.3 Badewanne: Art, Material, Form

Arten

Man unterscheidet:

a) freistehende Wannen

b) Schürzenwannen

c) Einbauwannen

Freistehende Wannen haben weder eine Seitenverkleidung noch einen Anschluss an den Wand- oder Bodenbelag.

Schürzenwannen haben bereits eine fertige Seitenverkleidung (Schürze, z. B. aus emailliertem Grauguss).

Einbauwannen werden vom Fliesenleger eingebaut und verkleidet.

Material

Die heute verwendeten Einbauwannen können aus verschiedenen Materialien gefertigt werden:

1. Stahlblech mit Emaillebeschichtung

2. Stahlblech mit Acrylbeschichtung

3. Acryl

4. Quaryl (Markenname)

Stahlblechwannen mit Füßen sind sehr stabil und kostengünstig; die Beschichtung ist chemisch beständig.

Acrylwannen, in allen Sanitärfarben einfärbbar, sind leicht, weniger stabil und anfälliger gegen Verkratzen.

Wannen aus Quaryl (eine Wortverbindung aus Quarz und Acryl) sind stabiler und kratzfester als Acrylwannen. Quaryl lässt sich durchfärben und scharfkantig formen. Wannen können daher fliesenbündig eingebaut werden.

Form und Abmessungen

Das Normalmaß für Badewannen beträgt 175 × 75 cm, außen gemessen. Die Wanneneinbauhöhe soll zwischen 49 und 64 cm über FFB liegen.

Für beengte Raumverhältnisse wird eine Anzahl kleinerer – dafür aber höherer – Wannen angeboten. Die Normalwanne hat eine Rechteckform. Daneben gibt es aber viele Ausführungen, die der Körperform besser angepasst und dadurch bequemer zu benutzen sind.

1   Frei stehende Wanne

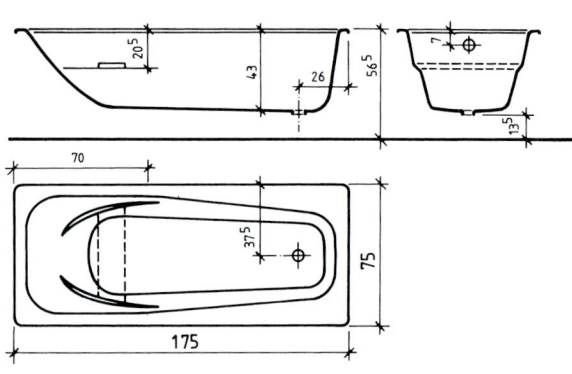

Größe 175 / 75

3   Einbauwanne (Körperform-Wanne)

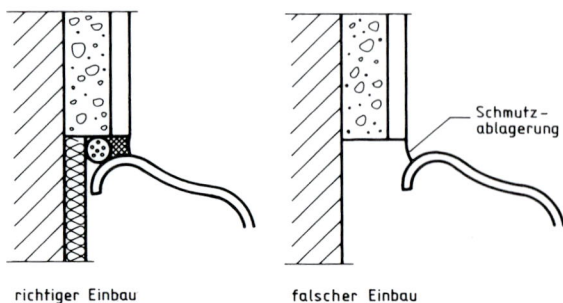

2   Eckbadewanne mit Schürze

11.2.4 Kontrollen vor dem Einbau

Bevor der Fliesenleger mit dem Einbauen der Wanne beginnt, hat er wichtige Kontrollen durchzuführen. Eventuelle Versäumnisse könnten ihn nämlich hinterher teuer zu stehen kommen. Er sollte prüfen,

1. ob die Wanne beschädigt, der Abfluss angeschlossen oder evtl. verstopft ist,

2. ob die Wanne in beiden Richtungen waagerecht steht,

3. ob die Wanne den richtigen Abstand zur Wand hat,

4. ob Metallwannen geerdet sind,

5. ob schalldämmende Maßnahmen getroffen wurden.

Einbauwannen sind meist aus emailliertem Stahlblech oder aus eingefärbtem Acryl. Der Wannenrand kann eben oder profiliert sein. Vor dem Einbauen muss der Fliesenleger die Lage und den ordnungsgemäßen Zustand der Wanne überprüfen.

Wannenrand

Der Wannenrand kann entweder **eben** oder **profiliert** sein. Beim profilierten Rand ist auf den senkrechten Wandanschluss besonders zu achten. Die Fliesenvorderkante soll nämlich auf den höchsten Punkt des Wannenrandes zulaufen. Damit wird verhindert, dass sich dort Wasser ansammelt und Schmutz ablagern kann.

4   Profilierter Wannenrand

Wanne an Putz:
Selbsthaftender
Dämmstreifen mit
Sollbruchstelle

Wanne an Rohwand:
Schallgedämmter
Anschluss

Rohwand

Putz

mind. 5 mm

1   Beispiel für einen schallgedämmten Einbau der Badewanne

11.2.5 Schalldämmende Maßnahmen

Lärm zählt zu den Umwelteinflüssen, die den heutigen Menschen ganz besonders belasten. Die DIN 4109, „Schallschutz im Hochbau", fordert deshalb in ihrer Neufassung einen wesentlich erhöhten Schallschutz.

Schallerzeugend im Bad ist beispielsweise einlaufendes Badewasser oder Rutschen in der Wanne. Dieser Körperschall kann sich über alle an die Wanne angrenzenden Bauteile ausbreiten. Schalldämmende Maßnahmen müssen deshalb direkt an der Badewanne getroffen werden.

Der jeweilige Aufwand ist abhängig von der Art der Wannenaufstellung. Man kann dabei drei Fälle unterscheiden.

Fall 1: Wanne steht auf Rohdecke

1. Die Wannenfüße sind auf eine weiche, federnde Unterlage (z. B. Kork- oder Neoprenstreifen) zu stellen. Andere Lösung: Dämmstreifen liegt zwischen Wannenträger und Wanne.

2. Sämtliche Anschlüsse an den Wannenrand müssen als elastische Bewegungsfugen ausgebildet werden.

Dies ist im Bereich der Schürze oft schwer zu erfüllen, da die Stabilität der Abmauerung eher für eine kraftschlüssige Verbindung mit der Wanne spricht. Untersuchungen zur Schallübertragung zeigen allerdings ganz deutlich, dass schon die geringsten Schallbrücken (z. B. in Form von Mörtelbatzen) die gesamte Maßnahme unwirksam machen.

Fall 2: Wanne auf schwimmendem Estrich

Hier genügt es, wenn lediglich die Anschlussfuge zur Wand hin weich hinterfüllt und elastisch verfugt wird, da die Wanne ja bereits auf einer schallgedämmten Schicht aufliegt.

Fall 3: Wannenträger aus Hartschaum

Fast von selbst lösen sich die Probleme der Schallübertragung, wenn die Badewanne in einem Wannenträger aus Polystyrol- oder Polyurethan-Hartschaum liegt und die Anschlussfugen elastisch geschlossen sind.

Nebenbei verhindert der Dämmstoff, dass die Wärme aus dem Badewasser rasch abgeleitet wird.

> Zwischen Wanne und den Wand- oder Bodenflächen darf es keine Schallbrücke geben. Die Anschlussfugen sind elastisch zu schließen.

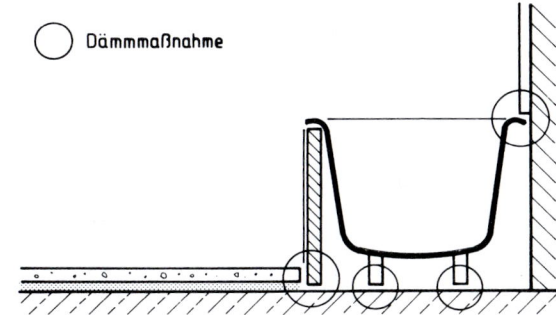

Dämmmaßnahme

Fall 1: Wanne steht auf Rohdecke

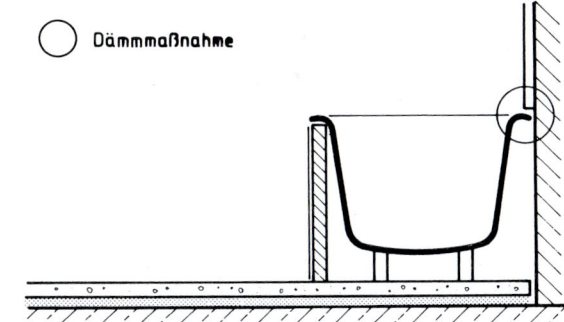

Dämmmaßnahme

Fall 2: Wanne steht auf schwimmendem Estrich

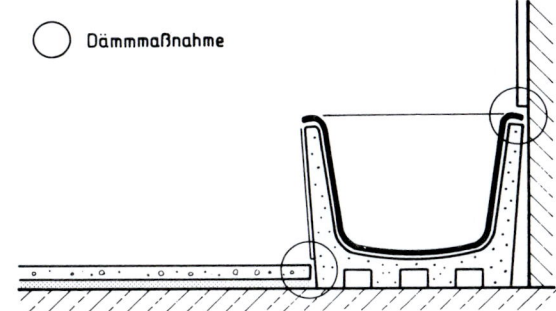

Dämmmaßnahme

Fall 3: Wannenträger aus Hartschaum (PS, PUR)

2   Schalldämmung

11.2.6 Einbau der Wanne

Ermittlung der Höhe

Die Wanne soll in das Fugennetz des Wandbelags passen. Das bedeutet, dass über dem Wannenrand stets Ganze angesetzt werden sollen. Die Höhe des Wannenrandes richtet sich nach der Wahl des Fliesenformats und sollte aus Sicherheitsgründen in einem Bereich zwischen 49 und 64 cm über dem fertigen Fußboden liegen.

Beispiele:

a)

Fliesen 20 × 20 cm ohne Sockel, Fugen 0,3 cm

1 Anschlussfuge	0,5 cm
3 Wandfliesen	60,0 cm
2 Fugen	0,6 cm
Höhe	61,1 cm

b)

Fliesen 15 × 15 cm mit Sockel, Fugen 0,3 cm

1 Anschlussfuge	0,5 cm
1 Sockel	10,0 cm
3 Wandfliesen	45,0 cm
3 Fugen	0,9 cm
Höhe OK Wanne	56,4 cm

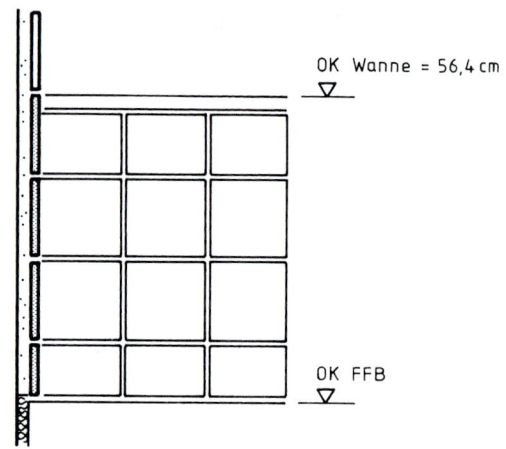

1   Beispiel zu b)

Einmauern/Einbauen

Lässt es der Bauablauf zu, ist es vorteilhaft, die Wanne *nach* dem Bekleiden der Wände und *vor* dem Verlegen des Bodenbelags einzubauen. Dies erleichtert das maßgenaue Aufstellen, da sich der Installateur nach den Kanten der Wandaussparung richtet. Weiterhin entfällt für den Fliesenleger das Abdecken und Säubern der Wanne. Die Gefahr von Beschädigungen ist vermindert.

Für das Einmauern können alle tragfähigen und wasserbeständigen Baustoffe verwendet werden. Leicht zu verarbeitende Materialien wie Bims, Porenbetonsteine oder beschichtete Hartschaumplatten werden bevorzugt.

Um die Wärme des Badewassers möglichst lange zu speichern, belässt man die zwischen Wanne und Abmauerung entstehende wärmedämmende Luftschicht oder man schäumt diesen Hohlraum mit einem Dämmstoff aus.

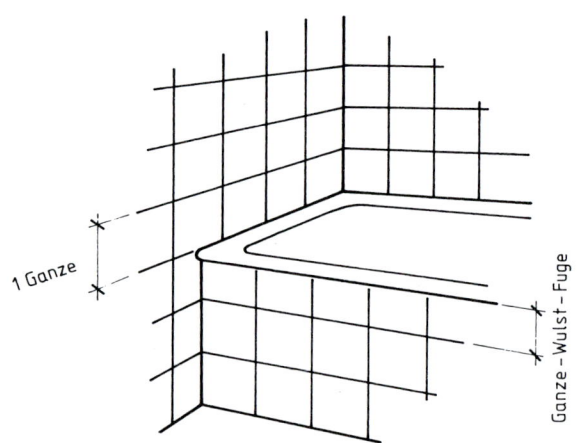

2   Wenn möglich, sollten über dem Wannenrand Ganze angesetzt werden

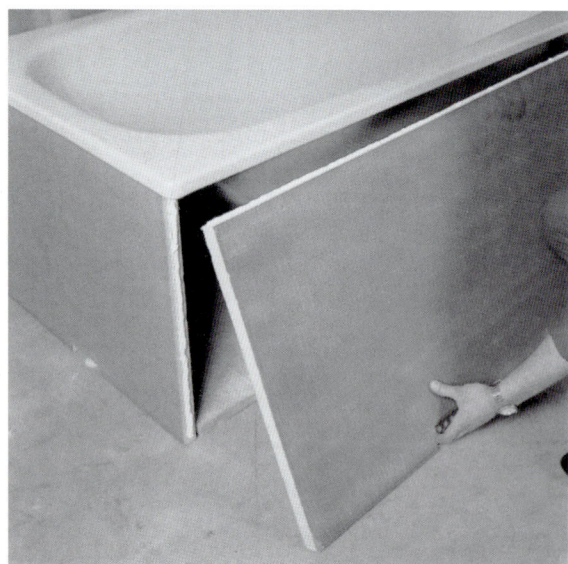

3   Wanneneinbau mit beschichteten Hartschaumplatten
a) Verkleben der Plattenelemente mit Silicon-Dichtmasse (an den Stirnseiten)

b) Für den Einbau gibt es viele gestalterische Möglichkeiten

Die Wanne kann auf unterschiedliche Weise eingemauert werden.

Folgende Ausführungen sind üblich:

Senkrechte Abmauerung

Diese Ausführung hat den Nachteil, dass man sich beim späteren Reinigen der Wanne weit vorbeugen muss und die Gefahr besteht, das Gleichgewicht zu verlieren.

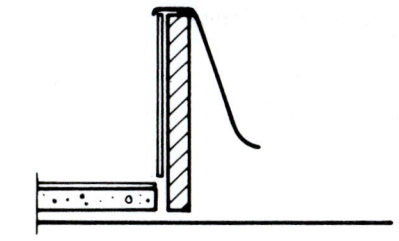

1   Senkrechte Abmauerung

Schräge Abmauerung

Durch die Schräge ergibt sich ein Rücksprung, der so genannte Untertritt. Der Fliesenleger muss beachten, dass der Fugenschnitt am seitlichen Wandanschluss durchläuft. In der Regel genügt es, die waagerechten Fugen der schrägen Schürze zu verbreitern, ohne dass dabei eine störende Wirkung erreicht wird. Die Abschrägung kann auch nur auf den mittleren Bereich der Seitenverkleidung beschränkt werden.

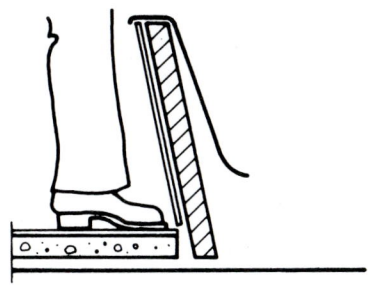

2   Schräge Abmauerung

Gerade Abmauerung mit Untertritt

Diese Ausführung ist handwerklich etwas aufwendiger, da der Rücksprung im Sockelbereich eine standsichere Abmauerung verlangt. Bis der Mörtel erhärtet ist, kann die Auskragung durch ein Brett gestützt werden. Ebenso kann ein eingelegter Stahlwinkel als Träger dienen. Länge des Untertritts: ca. 1 m.

Die Vorderkante der fertig bekleideten Abmauerung sollte 0,5 bis 1 cm hinter dem Wannenrand zurückstehen. Dies hat mehrere Gründe:

1. Man vermeidet dadurch, dass die Eckfliesen über den abgerundeten Wannenrand hinausragen.

2. Maßabweichungen innerhalb des Wannenrandes können abgefangen werden.

3. Es ergibt sich eine Griffleiste, die das Aufstehen oder Hinsetzen in der Wanne erleichtert.

Sichere Haltegriffe erhält man auch durch Aussparungen unterhalb des Wannenrandes.

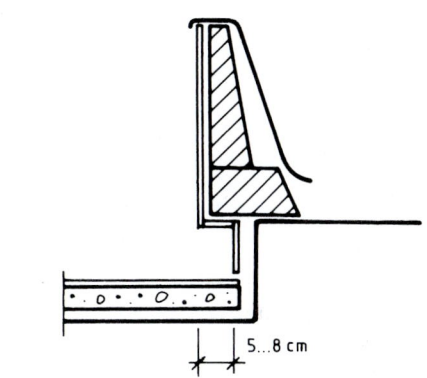

3   Gerade Abmauerung mit Untertritt

> Über dem Wannenrand sollten nur ganze Fliesen verlegt werden. Die vorherige Ausführung des Wandbelags erleichtert das maßgenaue Aufstellen und Einbauen der Wanne. Wannen mit Untertritt oder schräger Abmauerung lassen sich leichter reinigen.

Revisionsrahmen

Der Badablauf bzw. Geruchsverschluss sollte auch nach dem Einbau der Wanne für Kontroll- oder Reparaturarbeiten zugänglich sein. Deshalb soll in jede Badewanne in der Seitenverkleidung – auf der Seite des Ablaufs – eine Revisionstür eingebaut werden. Sie besteht aus einem herausnehmbaren, im Fugenschnitt liegenden Metallrahmen, dessen Fläche meist mit 2 × 2 bis 2 × 3 Fliesen bekleidet ist und durch Magnete gehalten wird.

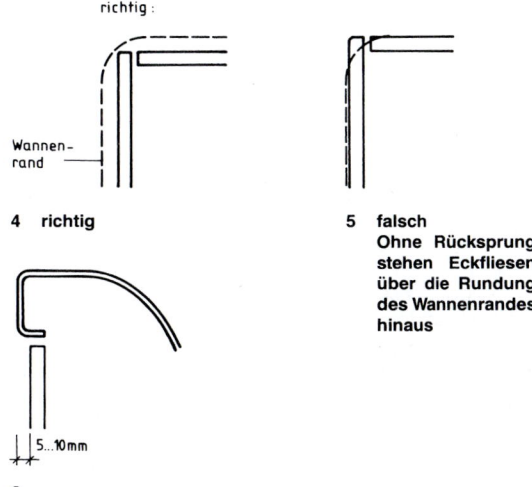

4   richtig

5   falsch
Ohne Rücksprung stehen Eckfliesen über die Rundung des Wannenrandes hinaus

6

1 Unsichtbar ausgeführte Revisionsöffnung:
Am Öffnungsrand sind 4 Magnetplättchen eingebettet. Eine
Fliese trägt die 4 „Türfliesen" mit je einem Gegenplättchen.
Das Türelement wird umlaufend elastisch verfugt.

  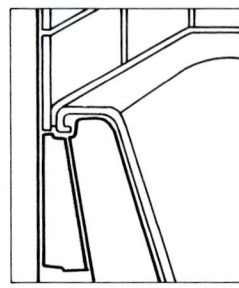

3 Passstücke für Dünnbettverlegung   **4** Dickbett   **5** Nach dem Einsetzen der Wanne wird die Anschlussfuge ausgespritzt

Wannenträger aus Hartschaum

Ein ganz anderer Einbaufall liegt vor, wenn man Wannenträger aus Hartschaum verwendet. Wannenhöhe, Abstand zur Wand und die Form der Schürze lassen sich der jeweiligen Situation anpassen. Abweichend von sonstigen Einbauverfahren baut hier der Fliesenleger zunächst nur den Wannenträger – ohne Wanne – ein. Die Schürzen werden im Dünnbettverfahren, die Wände wahlweise im Dick- oder Dünnbett bekleidet. Da das Abflusssystem im Wannenträger bereits vormontiert ist, kann die Wanne nachträglich von oben eingesetzt und mit wenigen Handgriffen angeschlossen werden. Zu beachten ist, dass hervorstehende Einbauteile, wie z. B. Seifenhalter, oft erst nach dem Einsetzen der Wanne eingebaut werden können.

Weiterer Vorteil dieses Systems: Beschädigte Wannen können später ohne Beschädigung des Wandbelags ausgewechselt werden.

6 Die Abflussleitung kann in verschiedene Richtungen geführt werden

11.2.7 Dusche

Abmessungen

Die üblichen Abmessungen für eine Dusche sind 90 × 90 cm. In keinem Fall sollte das Maß von 80 × 80 cm unterschritten werden. Neben den quadratischen oder rechteckigen Grundformen gibt es noch verschiedene Sonderformen. Es handelt sich dabei meist um Mehrzweck-Brausewannen, die Sitzflächen und sonstige besondere Ausformungen aufweisen. Sie lassen sich auch als Fuß-, Sitz- oder Kinderbad verwenden.

Anforderungen

Da die mit Fliesen bekleideten Seitenwände sowohl dem Spritzwasser als auch dem herablaufenden Wasser ausgesetzt sind, sollte der Ansetzgrund abgedichtet sein. Die Abdichtung ist bis 20 cm oberhalb des Brausekopfes hochzuführen. Für Wohnungsduschen gilt im Allgemeinen Sperrputz mit einem Dichtungsmittel als ausreichend, wenn die Verfugung Wasser abweisend ausgeführt wird (siehe auch Kap. 10.3.2).

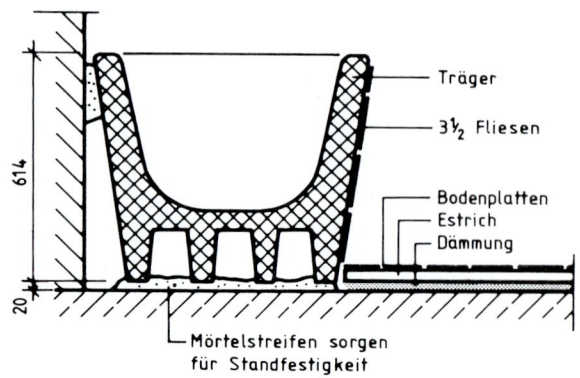

Träger

3½ Fliesen

Bodenplatten
Estrich
Dämmung

614

20

Mörtelstreifen sorgen für Standfestigkeit

2 Wannenträger aus Hartschaum

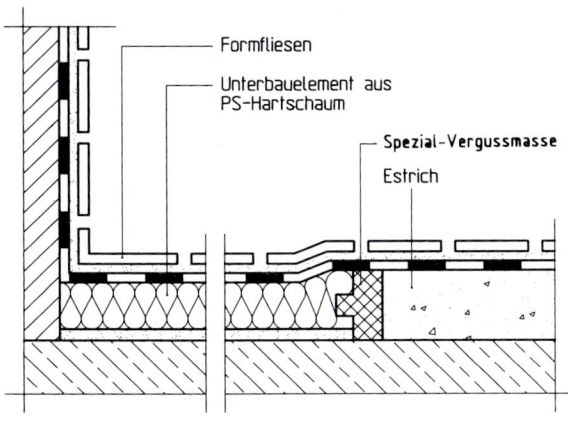

1   Einbaufall: ausgesparter Estrich

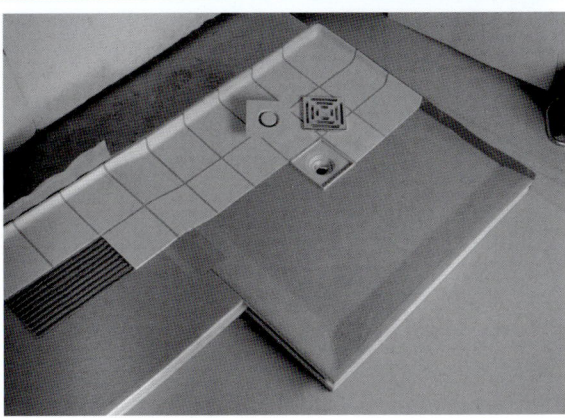

2   Unterbauelement mit eingegossenem Ablauf-Oberteil; darauf kommen Formfliesen, abgestimmt auf das 15-cm-Raster

Duschwannen

Da das Duschbad unter fließendem Wasser genommen wird, dient die Dusch**wanne** dazu, das niederfallende Wasser zu sammeln und zum Abfluss zu leiten.

Es gibt verschiedene Möglichkeiten der Ausbildung:

1. Bodenbelag als Wanne

Die Bodenfläche ist mit einer im Gefälle liegenden Abdichtung zu versehen. Der Bodenlauf liegt zwischen 40 und 60 mm tiefer als der angrenzende Belag. Es sollte rutschhemmendes Belagmaterial verwendet werden.

2. Aufgesetzte Wanne

Aufgesetzte Wannen bestehen meist aus Grauguss, Stahlblech oder Feuerton. Der Wannenrand kann **eben** oder **profiliert** sein. Die Abbildungen zeigen Beispiele für den Anschluss des Wannenrandes an senkrechte oder waagerechte Belagflächen. Um das Ein- und Aussteigen zu erleichtern, sollte die Oberkante des Wannenrandes nicht höher als 30 cm über dem Fertigfußboden liegen. Werden keine Wannenträger aus Polystyrolschaum verwendet (siehe oben), kann der Hohlraum zwischen Wannen und Fußboden mit Beton ausgegossen werden.

3. Eingelassene Wanne

In diesem Fall schließt der Wannenrand bündig an den Fußbodenbelag an. Dies setzt allerdings voraus, dass die Rohdecke im Duschbereich abgesenkt ist, was sich im Geschossbau häufig nicht verwirklichen lässt.

> Bei Duschen sollte die Wandabdichtung bis 20 cm über den Brausekopf hochgeführt werden.
>
> Aufgesetzte Duschwannen werden wie Einbauwannen abgemauert und bekleidet.

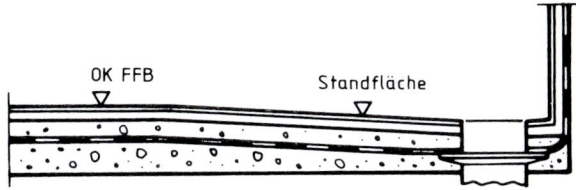

3   Bodenbelag als Wanne

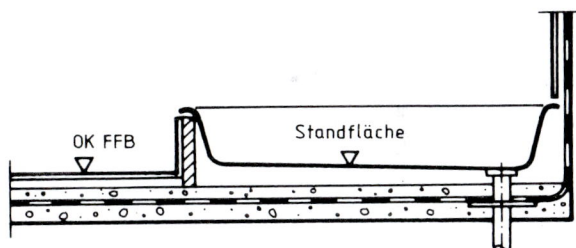

4   Aufgesetzte Wanne

5   Eingelassene Wanne

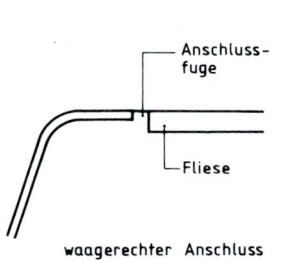

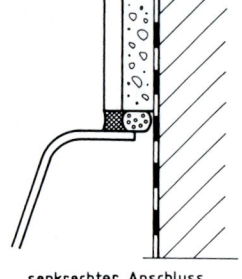

1 Ebener Wannenrand

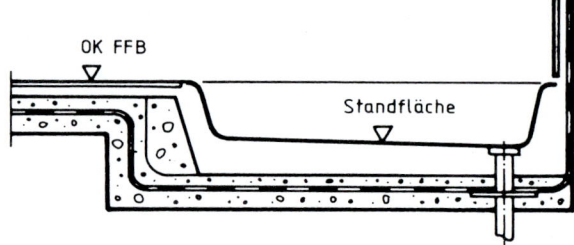

2 Eingelassene Wanne

Zusammenfassung:

> Keramisches Belagmaterial ist für Wand- und Bodenflächen in Bädern vorzüglich geeignet. Da die Fugen nicht wasserdicht sind, ist der Untergrund normgerecht abzudichten und feuchtigkeitsbeständiges Material zu verwenden.
>
> Gips als Untergrund in Nassräumen ist abzulehnen.
>
> Abdichtungen am Boden sollen grundsätzlich oberhalb eines Gefälleestrichs liegen.
>
> Sanitärgegenstände und Rohranschlüsse werden mithilfe eines Verlegeplanes auf den Fliesenbelag abgestimmt.
>
> Die Belageinteilung und die Abstimmung erfolgen nach den Regeln der Symmetrie.
>
> Zur Ausführung benötigen Installateur und Fliesenleger unverwischbar angebrachte Bezugsachsen sowie den Meterriss.
>
> Einbauwannen bestehen meist aus emailliertem Stahlblech oder Acryl.
>
> Vor dem Einbau hat der Fliesenleger Lage und Zustand der Wanne zu überprüfen.
>
> Zwischen Wanne und den Wand- oder Bodenflächen darf es keine Schallbrücken geben. Die Anschlussfugen sind elastisch zu schließen.
>
> Wannenträger aus Hartschaum bieten zugleich Schall- und Wärmedämmung.
>
> Der Wannenrand soll zwischen 49 und 64 cm über FFB liegen.
>
> Wannen mit Untertritt oder schräger Abmauerung lassen sich leichter reinigen.

Aufgaben:

1. Weshalb gilt eine keramische Belagfläche nicht als wasserdicht?

2. Nennen Sie Baustoffe, die als Belag-Untergrund in einer Duschecke ungeeignet sind. Begründung.

3. Führen Sie verschiedene normgerechte Abdichtungsmaßnahmen gegen nicht drückendes Oberflächenwasser auf.

4. Wozu dient ein Verlegeplan?

5. Nennen Sie die einzelnen Planungsschritte, nach denen ein Verlegeplan entsteht.

6. Was versteht man unter
   a) Sanitärgegenständen,
   b) Ausstattungszubehör?

7. Rohranschlüsse lassen sich auf unterschiedliche Weise in das Fugenbild einpassen.
   Nennen Sie die Vor- und Nachteile der jeweiligen Art.

8. Welche Vorteile haben die sog. verdeckten S-Anschlüsse?

9. Was bedeutet die Abkürzung „BA" in einem Verlegeplan?

10. Was versteht man unter dem Meterriss?

11. Nennen Sie den Unterschied zwischen
    a) frei stehenden Wannen,
    b) Schürzenwannen,
    c) Einbauwannen.

12. Aus welchen Materialien bestehen die üblichen Einbauwannen?

13. Nennen Sie die Abmessungen der Normalbadewanne und die übliche Einbauhöhe.

14. Nennen und begründen Sie die einzelnen Kontrollmaßnahmen, die der Fliesenleger vor dem Wanneneinbau vornehmen soll.

15. Weshalb soll der Belag im Bereich der Schürze gegenüber dem Wannenrand um 0,5 bis 1 cm zurückliegen?

16. Einbauwannen können vor oder nach dem Bekleiden der Wand aufgestellt werden. Nennen Sie die jeweiligen Vor- und Nachteile.

17. Im mehrgeschossigen Wohnbau sind schalldämmende Maßnahmen an der Wanne besonders wichtig. Zählen Sie die einzelnen Maßnahmen auf für die Fälle
    a) Wanne auf Rohdecke,
    b) Wanne auf schwimmendem Estrich,
    c) Wanne auf Hartschaumträger.

18. Wozu dient die Revisionstür?

19. Bei einer Dusche wird der Bodenbelag als Wanne oder Grube ausgebildet. Welche Eigenschaften sind vom Belagmaterial zu fordern?

11.3 Beanspruchung von Außenbelägen

Beläge außerhalb von Gebäuden sind außer mechanischen Beanspruchungen durch das Begehen und Befahren den Witterungseinflüssen **Hitze, Kälte, Regen** und starker **Sonneneinstrahlung** ausgesetzt. Darüber hinaus entsteht durch den Einsatz von Tausalz und durch die Luftverschmutzung ein **chemischer Angriff** auf Belagmaterialien im Freien. Der **ultraviolette** (nicht sichtbare) **Strahlungsanteil** der Sonne bewirkt ebenfalls eine chemische und physikalische Veränderung organischer Baustoffe; Farben werden ausgebleicht, Dichtungsmaterialien verspröden und werden rissig. Die **starke Erwärmung** erweicht heißflüssige Dichtstoffe wie Bitumen so sehr, dass Beläge durch ihr Eigengewicht in Sperrschichten einsinken. Bei **niedrigen Temperaturen** werden elastische und plastische Materialien hart und spröde. Da mit der Abkühlung eine nicht unerhebliche Längenverminderung verbunden ist, entstehen Spannungen, die das glasartig harte Dichtungsmaterial zerreißen.

Plötzlich einsetzende Regengüsse und Hagel verursachen bei eben noch stark durch Sonneneinstrahlung aufgeheiztem Material **Temperaturwechselspannungen.** Es können Risse und Abplatzungen entstehen. Gefrierende eingedrungene Feuchtigkeit entwickelt Sprengkräfte, die ungeeignetes Belagmaterial oder einen fehlerhaften Mörtelunterbau zerstören.

Anforderungen an Beläge im Freien

1. **Gefälle** zur Ableitung von Niederschlagswasser **mind. 1 bis 2 %.**

   Bei rauer oder profilierter Belagoberfläche **mind. 3 %.**

2. **Ausreichende Dehnungsmöglichkeiten** durch Anordnung von elastischen Bewegungsfugen im Abstand von 2…5 m; helle Farben von Belägen sind wegen der geringeren Aufheizung durch die Sonne vorteilhaft.

3. **Die Plattenoberfläche** muss dem Umstand Rechnunng tragen, dass häufig Feuchigkeit, gelegentlich Schnee, Matsch oder Eis, dazu auch Blätter oder schmieriger Schmutz die **Trittsicherheit** infrage stellen.

4. **Belagmaterialien** im Freien müssen selbstverständlich **frostbeständig** sein. Das gilt auch für den Unterbau.

5. **Außenbeläge** müssen gute **chemische Beständigkeit** aufweisen. Säuren- und Laugenbeständigkeit wären wünschenswert (Tausalz und saurer Regen).

6. **Die Abriebfestigkeit** sollte möglichst hoch sein, da Sand als Schmirgel wirkt.

> Material für Außenbeläge muss frostbeständig, temperaturwechselbeständig, chemisch beständig, rutschhemmend und abriebfest sein.

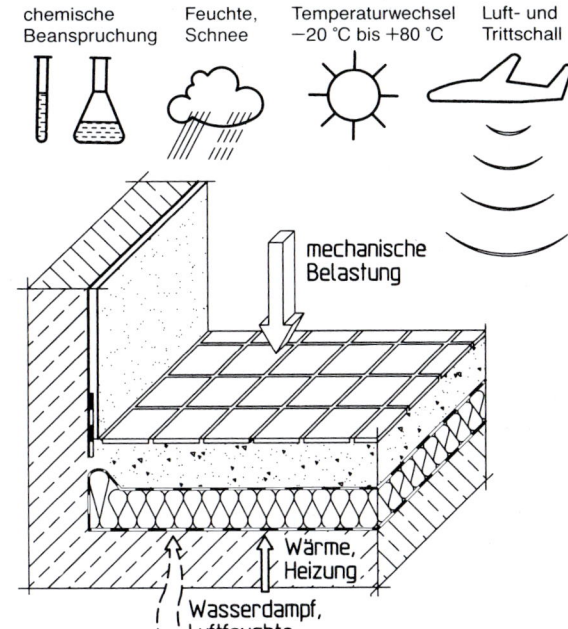

chemische Beanspruchung | Feuchte, Schnee | Temperaturwechsel −20 °C bis +80 °C | Luft- und Trittschall

mechanische Belastung

Wärme, Heizung

Wasserdampf, Luftfeuchte

1 Außenbeläge sind den unterschiedlichsten Belastungen ausgesetzt

Material für Außenbeläge

Keramische Fliesen und Platten
Geeignet sind frostbeständige, abriebfeste und nicht zu glatte Belagmaterialien wie Klinkerplatten, Spaltplatten, Steinzeug- und Feinsteinzeugfliesen, unglasiert oder mit Rauglasuren.

Natursteine
Natursteine müssen frostbeständig, temperaturwechselbeständig und abriebfest sein. Die Wasseraufnahme muss möglichst gering sein. Auch die chemische Beständigkeit gegen die Einwirkung der Luftschadstoffe und das Tausalz sollte möglichst groß sein.

Geeignet sind Granit, Syenit, Porphyre, Basaltlava und Quarzit. Auch manche Sandsteine und Kalksteine wie Travertin können nach Herstellerangaben im Freien eingesetzt werden. Als Oberflächen empfehlen sich bruchraue, gesägte, sandgestrahlte, gestockte oder feuergeflammte, keinesfalls aber polierte oder fein geschliffene Oberflächen.

Betonwerksteine
Das Vorsatzmaterial der Betonwerksteine muss frostbeständig, möglichst chemisch widerstandsfähig und abriebfest sein. Durch Verwendung von Luftporenbildnern und Zementen mit geringem Kalkanteil wie Portlandpuzzolanzement und CEM II mit hohem Sulfatwiderstand kann der Widerstand gegen den sauren Regen und die Frostbeständigkeit erhöht werden.

Verlegehinweis:
Terrassenbeläge werden im Fugenschnitt verlegt. Die früher übliche Verlegung im Verband hat sich nicht bewährt. Wärmedehnungen führen zum Reißen des Belagmaterials.

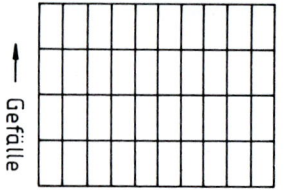
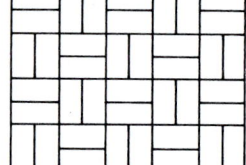

1 Geeignete Verlegemuster

Rechteckiges Belagmaterial sollte mit der Längsseite in Richtung des Gefälles verlegt werden, damit weniger Fugen das Ablaufen des Wassers hemmen. Die Fugenteilung sollte auf die Form des Balkons oder der Terrasse abgestimmt sein.

11.3.1 Außenbeläge auf natürlichem Untergrund – Terrassen gegen Grund

Voraussetzung:

Der Untergrund muss die nötige Standfestigkeit aufweisen. **Auffüllungen** müssen aus nichtbindigem Material und einwandfrei verdichtet sein.

Bindige Bodenarten (Lehme, Schluff, Tone) besitzen hohe Kapillarität, d. h., sie saugen Wasser aus tieferen Bodenschichten hoch und **erweichen** dabei. Gefriert der Boden im Winter, so bilden sich an der Frostgrenze Eislinsen, die die darüberliegenden Schichten anheben.

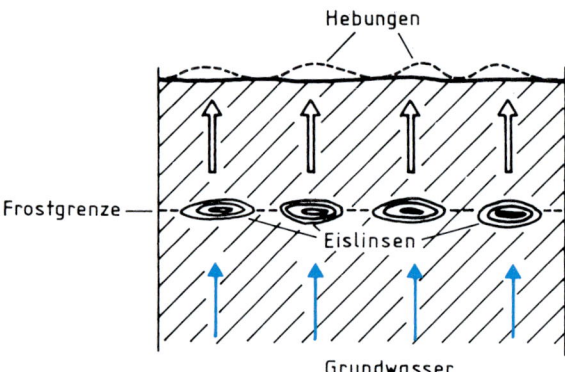

2 Eislinsenbildung bei bindigen Bodenarten

Zur Verhinderung dieser Frostaufbrüche müssen Terrassen auf gewachsenem Untergrund bei bindigen Böden einen kapillarbrechenden Kies-Sand-Unterbau erhalten.

Der Terrassenaufbau kann je nach Art des verwendeten Belagmaterials verschieden ausgeführt werden.

1. Großformatige Platten

Auf eine ca. 30 cm dicke Kies-Sand-Schicht mit weniger als 8 % Korngruppen unter 0,065 mm, die mit dem Flächenrüttler verdichtet wurde, wird als Trennschicht gegen das Eindringen des Mörtels eine gelochte Polyethylenfolie aufgebracht. Die Platten werden in einem 5 cm dicken Zementmörtelbett MV 1 : 4...1 : 5 nach Raumteilen verlegt.

Alternativ können die Platten auch in Sand verlegt werden. Die PE-Folie kann dann entfallen.

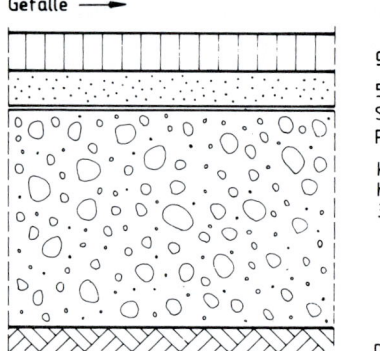

3 Terrassenaufbau mit großformatigen Platten

2. Mittel- und kleinformatige Beläge

Auf einer etwa 15 cm dicken kapillarbrechenden Kies-Sand-Schicht mit weniger als 8 % Korngruppen unter 0,065 mm, die mit dem Flächenrüttler verdichtet wurde, wird über eine Trennschicht (PE-Folie) eine mind. 15 cm dicke Stahlbetonplatte hergestellt. Diese Platte übernimmt die Druckverteilung und bildet den Untergrund für die Verlegung des Terrassenbelags in einem ca. 3 cm dicken Mörtel aus Portlandpuzzolanzement MV 1 : 4... 1 : 5 n. R. T.

Die gleiche Ausführung ist bei großformatigen Platten bei aufgefülltem Untergrund zu empfehlen.

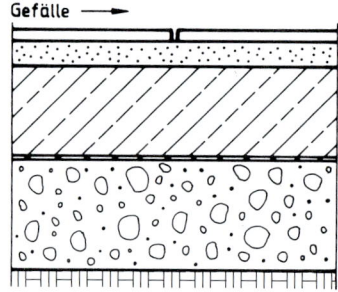

4 Terrassenaufbau mit mittel- und kleinformatigen Platten

Bei der Randausbildung von Terrassen auf natürlichem Grund sollte das ablaufende Regenwasser berücksichtigt werden. Ein Kiesstreifen von ca. 20 cm Breite, gegen angrenzendes Erdreich mit Einfassungssteinen abgegrenzt, kann als Sickerpackung ausgebildet werden.

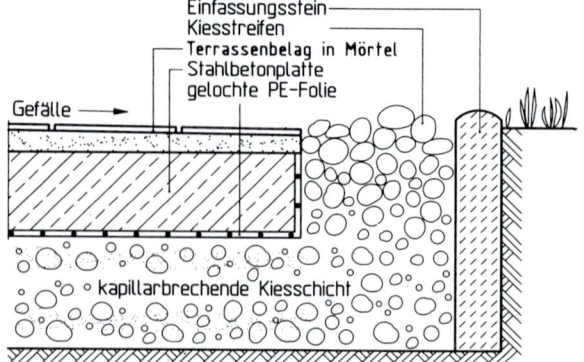

5 Terrassenrand mit Kiesstreifen

11.4 Außenbeläge auf Gebäudeteilen, Terrassen und Balkonen

11.4.1 Außenbeläge auf Gebäudeteilen ohne Wärmedämmung

Balkonbelag im Verbund mit Dichtmörtel

Auf der mindestens 28 Tage alten, im Gefälle liegenden Stahlbetondecke wird eine Dichtungsschlämme aus Werkmörtel mit Kunstharzdispersionszugabe in 2 Arbeitsgängen mit einer Streichbürste oder der Traufel aufgetragen. An den Übergängen Wand-Boden werden Kunststoffgewebestreifen in die Dichtmörtelschichten eingebettet. Auf der fertigen Dichtschicht wird frühestens nach 2 Tagen im Verbund mit einem flexiblen Dünnbettmörtel der Balkonbelag aufgebracht. Die Fugen des Belags sollten ebenfalls mit elastifiziertem Mörtel hergestellt werden.

Balkonbelag auf Abdichtung nach DIN 18195

Bei höheren Anforderungen an die Dichtigkeit werden Abdichtungen nach DIN 18 195 eingebaut.

Abdichtungen können aus einer oder mehreren Lagen von Dichtungsbahnen aus Bitumen, Kunststoff oder Metallbändern hergestellt werden. Diese werden auf der im Gefälle liegenden, mit einem Voranstrich versehenen Rohdecke aufgeklebt. Fehlt ein Gefälle, so muss erst ein Gefälleestrich im Verbund mit der Rohdecke aufgebracht werden.

Oberhalb der Abdichtung wird eine Dränschicht angeordnet. Diese kann aus einer Kiesschicht, einer Kunststoff-Noppenbahn oder Hartschaumdränplatten bestehen.

1 Elemente aus Bodenklinkerplatten auf Stelzlager

Anstelle von Kies können bei großformatigen Platten auch Stelzlager aus Kunststoff oder Gummi unter dem Fugenkreuz von Platten eingebaut werden. Auf Abdichtungen aus bitumenhaltigen Stoffen, die im Sommer infolge des Wärmestaus erweichen, werden zweckmäßigerweise dünne, extrudierte Polystyrol-Hartschaumplatten eingebaut.

Klein- und mittelformatige Platten benötigen einen festen Unterbau. Auf den Dränplatten wird ein bewehrter Schutzestrich aufgetragen, der als Untergrund für die Dünnbettverlegung mit „Flex-Kleber" und „Flex-Fuge" dient.

Balkonbeläge ohne Wärmedämmung

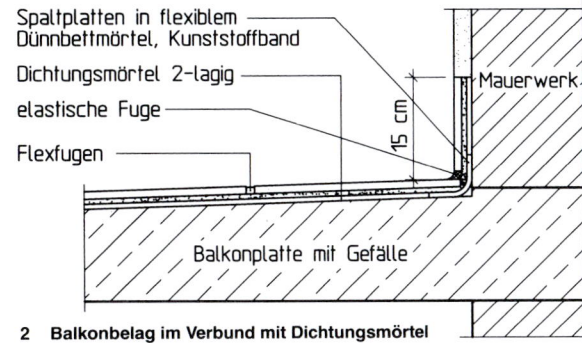

2 Balkonbelag im Verbund mit Dichtungsmörtel

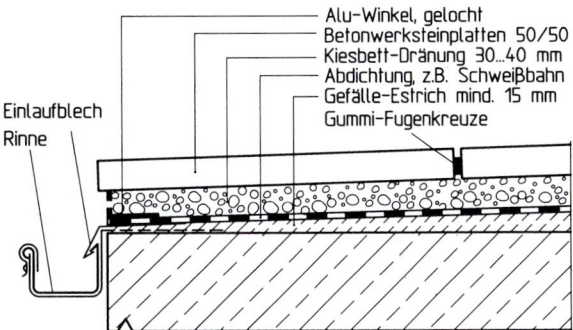

3 Balkon mit Betonwerksteinplatten im Kiesbett

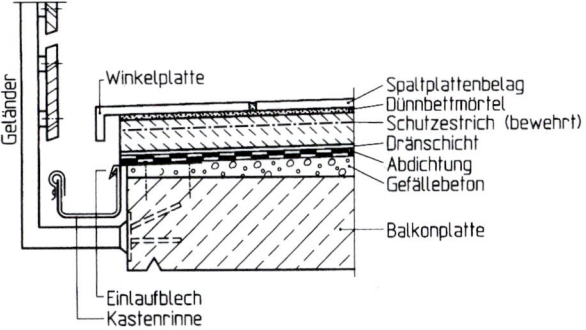

4 Balkon mit Spaltplattenbelag auf Schutzestrich

11.4.2 Außenbeläge auf Gebäudeteilen mit Wärmedämmung

z. B. **Terrassen über beheizten Räumen**

Die Anforderungen an die Konstruktionen mit Wärmedämmung sind höher als an die ungedämmten Konstruktionen. Durch den Temperaturunterschied zwischen innen und außen entsteht auch ein Dampfdruckgefälle. Von der warmen Innenseite dringt der Wasserdampf der Luft von unten in die Deckenkonstruktion ein. Wenn mit dem Temperaturabfall der Sättigungsdampfdruck erreicht wird, bildet sich Tauwasser. Geringe Mengen von Tauwasser, die in der warmen Jahreszeit wieder verdunsten, sind zulässig, wenn durch dieses Wasser keine Schäden an der Konstruktion entstehen (z. B. faulendes Holz, durchnässte Dämmung).

Warmdachkonstruktion

Die dampfdichte Abdichtung liegt **oberhalb** der Wärmedämmung. Wegen der Dampfdiffusion vom Innenraum her muss auf der Rohdecke unter der Wärmedämmung eine Dampfsperre eingebaut werden. So kann kein Wasserdampf in die Dämmschicht eindringen und dort Tauwasser bilden.

Kaltdachkonstruktionen

Bei Dachterrassen kommen Kaltdachkonstruktionen selten vor. Bei dieser Konstruktion ist oberhalb der Wärmedämmung ein durchlüfteter Hohlraum erforderlich. Durch diesen Hohlraum wird der Terrassenaufbau zusätzlich erhöht.

Umkehrdachkonstruktion

Werden Dämmstoffe verwendet, die kein Wasser aufnehmen, z. B. extrudierte Polystyrol-Hartschaumplatten, so kann die Wärmedämmung oberhalb der Abdichtung verlegt werden. Die Platten müssen beschwert und gegen mechanische Beschädigung geschützt werden. Diese Aufgabe erfüllt der Terrassenbelag. Es können großformatige Platten oder Plattenelemente in Kies verlegt oder auf Mörtelsäckchen oder Stelzlager versetzt werden. Bei kleinformatigen Platten und bei befahrbaren Terrassen wird die Wärmedämmung mit einem Schutzbeton geschützt.

1. Wandanschluss

An angrenzenden Bauteilen muss wegen der Gefahr eines Wasserstaus durch Matsch und Schnee und wegen des Spritzwassers die Abdichtung **mindestens 15 cm** über die **Oberkante des fertigen Belags** hochgeführt werden. Auch an Türen und Ausgängen muss diese Höhe eingehalten werden, wenn nicht durch andere Maßnahmen, z. B. Überdachung oder zusätzliche Entwässerung, sicher verhindert werden kann, dass sich Wasser oder Matsch staut.

Die Abdichtung ist durch mechanische Befestigung, z. B. mit einer Klemmschiene, gegen Abrutschen zu sichern und vor mechanischen Beschädigungen durch Stoß und vor der Sonneneinstrahlung zu schützen, z. B. durch

einen Stellsockel oder ein Überhangblech. Besonders zu achten ist auf **Schlagregen,** der von den senkrechten Bauteilen ablaufend keinesfalls hinter die Abdichtung gelangen darf. **Kittfugen** sollten nicht als **alleinige** Dichtung herangezogen werden, da sie im Laufe der Zeit versprödern oder Flankenablösung aufweisen können.

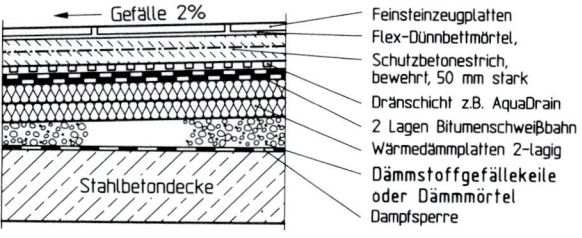

2 Terrassenbelag mit Feinsteinzeugplatten (Warmdach)

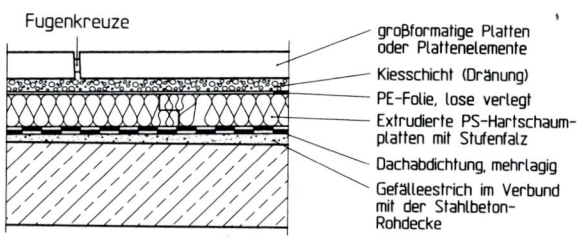

3 Terrassenbelag mit großformatigen Platten (Umkehrdach)

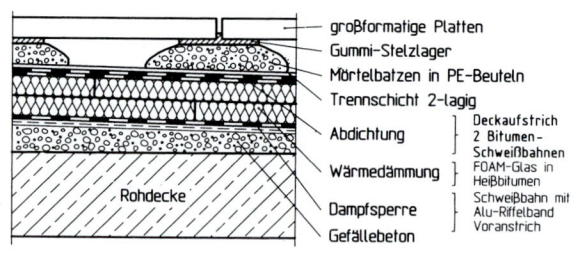

4 Terrassenaufbau mit Stelzlagern

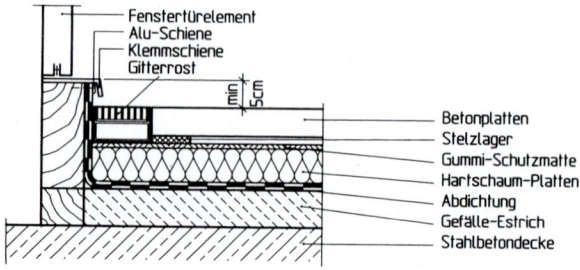

1 Wandanschluss Terrasse

5 Türanschluss mit Entwässerungsrinne (Umkehrdach)

2. Innere Entwässerung durch Terrassengully

Bei sehr großflächigen Terrassen kann auf innen liegende Einläufe (Gullys) nicht verzichtet werden, da der Aufbau durch den Gefälleestrich zu hoch würde. Die Gullys und die innen liegende Abflussleitung müssen wegen des kalten Tauwassers wärmegedämmt sein. Um Verstopfung durch Eisbildung zu verhindern, gibt es elektrisch beheizbare Gullys.

Da bei Verstopfung der Dachgullys mit Wasserstau zu rechnen ist, sollte immer ein zusätzlicher Sicherheitsablauf (Wasserspeier oder Ähnliches) eingebaut werden.

Die Höhenlage dieses Sicherheitsablaufs kann zweckmäßigerweise etwa 1 cm höher als die Terrassenoberfläche gewählt werden, damit dieser nur im Fall von Wasserstau zu laufen beginnt und nicht bei normalen Verhältnissen.

Beim Einbau der Dachgullys ist besonderer Wert auf eine rückstausichere Konstruktion zu legen. Die Einläufe sollten oberhalb der Abdichtung Sickerschlitze zur Entwässerung des Mörtelbetts aufweisen (mehrtägige Entwässerung). Falsch oder schlecht eingebaute Terrassengullys werden sonst zu „Bewässerern" der Wärmedämmschicht.

3. Ausbildung von Rohrdurchgängen

Müssen Rohre, z. B. für Elektroanschlüsse, Antennen oder neuerdings Sonnenkollektoren, durch Terrassenflächen geführt werden, so sind diese durch einen Dichtflansch in die Abdichtung einzudichten. Der Dichtflansch muss mit Druckdichtung oder durch Verschweißung wasserdicht am Rohr anschließen. Für die Durchführung von Kunststoffrohren oder elektrische Leitungen muss ein Hülsenrohr eingebaut werden.

Wo möglich, sollten Rohrdurchführungen aus der bewässerten Ebene der Terrasse wegverlegt werden, z. B. in Wände oder an Brüstungen.

Auch Geländerpfosten müssen, wenn sie auf der Decke befestigt werden, mit Dichtflansch in die Sperrschicht eingedichtet werden.

11.4.3 Ausbildung von Bewegungsfugen

1. Feldbegrenzungsfugen im Terrassenbelag

Wegen der starken Aufheizung von Terrassen (bis zu +70 °C) muss mit großen Ausdehnungsunterschieden zwischen der Belagoberfläche und der wärmegedämmten Deckenkonstruktion gerechnet werden (vgl. 9.5.3).

Daher sind Feldbegrenzungsfugen im Belag oberhalb der Abdichtung einzubauen. Sie bestehen entweder aus einem weichen Hinterfüllmaterial, das oben mit einem elastischen Dichtstoff verschlossen ist, oder aus einem vorgefertigten Fugenprofil (Abb. 3).

Der Abstand der Feldbegrenzungsfuge richtet sich nach dem Belagmaterial und der zu erwartenden Aufheizung, er sollte zwischen 2 m und 5 m liegen.

> Bewegungsfugen sind an den kritischen „Bruchstellen" anzuordnen. Bei Außenbelägen sollte der Abstand von Feldbegrenzungsfugen höchstens 5 m betragen.

Das Oberflächenwasser wird über einen Gitterrost aufgenommen. Das Sickerwasser auf der Abdichtung wird durch seitliche Schlitze im Aufstockelement in den Gully geleitet.

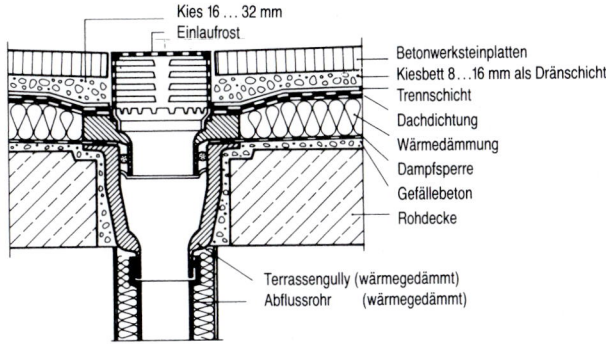

1 Terrassengully

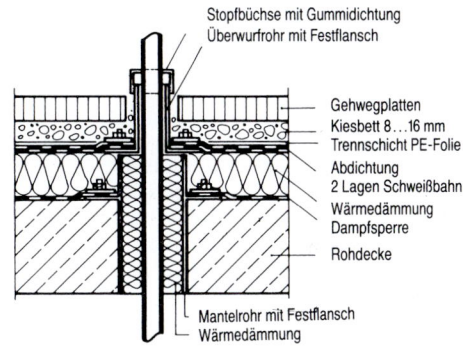

2 Rohrdurchführung mit Dichtflanschen

3 Vorgefertigtes Fugenprofil

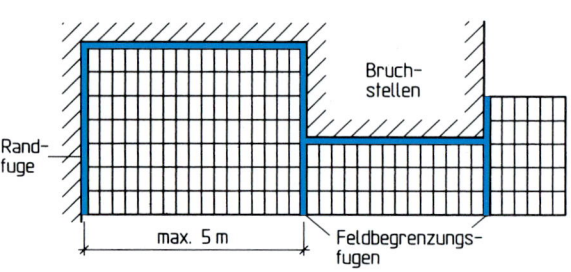

1 Bewegungsfugen bei einem Balkon

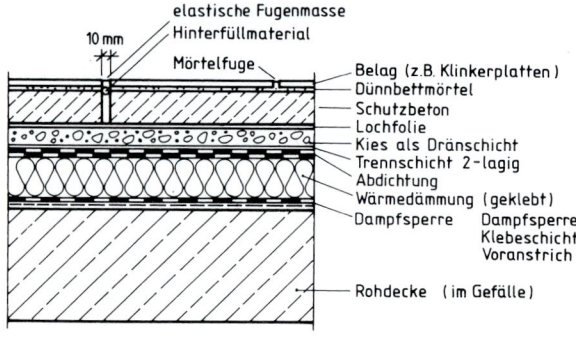

2 Bewegungsfuge im Belag

2. Gebäudetrennfugen

Sie müssen selbstverständlich in gleicher Breite im gesamten Aufbau der Terrasse ausgebildet werden.

Besondere Aufmerksamkeit muss der Ausbildung der Trennfuge in der Abdichtung und in der Dampfsperre gewidmet werden. Während bei der Dampfsperre Schlaufenbildung möglich ist, sollte bei der Abdichtung weder eine Erhöhung noch eine Vertiefung ausgebildet werden, um Wasserstau zu vermeiden.

Am sinnvollsten wird das Gefälle so angelegt, dass es von Gebäudetrennfugen wegführt oder parallel zu diesen verläuft (siehe Abb. 3a und b).

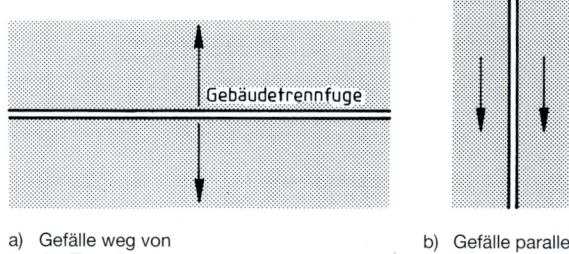

a) Gefälle weg von der Trennfuge

b) Gefälle parallel zur Trennfuge

3 Richtige Anordnung einer Gebäudetrennfuge

Schäden an Terrassen und Balkonen

Balkone und Terrassen sind häufig mit Bauschäden behaftet.

1. Ausblühungen

Ursache von Ausblühungen ist meist, dass Kalk von eindringendem Wasser aus dem Mörtel herausgelöst wird. Dieser Kalk bildet an Stellen, wo dieses Wasser austritt, Kalksinterablagerungen.

Auch die Ausblühung von Silikaten, die auf der Belagoberfläche unlösliches SiO_2 hinterlassen, haben ihre Ursache in eingedrungenem Wasser.

Die Luftverschmutzung mit Verbrennungsgasen, insbesondere mit Schwefeldioxid, macht das Regenwasser zu einer aggressiven Säure (Schwefelsäure), die auf Fugen und Mörtelbett zerstörend einwirkt.

Abhilfe ist meist durch Fugen aus Reaktionsharzen möglich. Wichtig ist, dass das Belagmaterial kein Wasser aufnimmt, damit die schädigende Einwirkung nicht durch den Belag hindurch das Mörtelbett errreicht. Empfehlenswert ist hier die Verwendung von Portlandpuzzolanzement für Verlege- und Fugenmörtel.

Stauwasser ist besonders gefährlich, denn es dringt durch feinste Haarrisse. Ausreichendes Gefälle und eine Dränschicht oberhalb der Abdichtung sorgen für eine einwandfreie Wasserabführung.

2. Risse im Belagmaterial

Sie entstehen meist durch fehlende oder nicht ausreichende Anzahl von Feldbegrenzungsfugen im Belag. Auch das Verlegen im Verband kann sich nachteilig auswirken.

Zu schmale oder fehlende Gebäudetrennfugen führen zwangsläufig zu Rissen. Die Gebäudetrennfuge darf auch nicht im Belag seitlich versetzt angeordnet werden. An Schmalstellen des Belags bilden sich durch Bewegungen oft Risse, die durch Anlegen von Bewegungsfugen vermeidbar sind.

3. Abplatzen und Lostreten von Belagteilen

Ins Mörtelbett eingedrungenes Wasser führt im Winter zu Auffrierungen. Zu magerer oder mit ungünstigem Kornaufbau der Gesteinskörnung hergestellter Mörtel neigt ebenfalls zum Zerfall. Poröse Fugen und fehlende Ausdehnungsmöglichkeit erhöhen die Gefahr, dass Belagteile hochgehen. Dünnbettmörtel mit zu geringer Haftung am Belagmaterial wegen zu spätem Einlegen kommt auch als Ursache infrage.

Ist der Zementestrich falsch zusammengesetzt oder sind die Stahleinlagen nicht genügend überdeckt, rostet der Stahl und treibt den Belag hoch. In solchen Fällen hilft meist nur noch ein kompletter Neuaufbau des Belags.

Zusammenfassung:

Außenbeläge unterliegen starken Beanspruchungen durch die Witterung (Hitze, Kälte, Sonnenstrahlung, Regen und Wind) und durch das Begehen und Befahren. Sie müssen deshalb frostbeständig, rutschhemmend und beständig sein gegen raschen Temperaturwechsel, gegen Abrieb, gegen chemische Einflüsse und gegen die ultraviolette Sonnenstrahlung.

Geeignete Materialien sind dichte und nicht zu glatte **keramische Beläge** wie Spaltplatten, Klinkerplatten und Steinzeugfliesen. **Natursteine** wie Granit, Quarzit, Basalt und manche Sandsteine sind ebenfalls geeignet. **Betonwerksteine** müssen frostbeständiges Vorsatzmaterial und dichtes Gefüge aufweisen.

Außenbeläge gegen Grund werden auf einer kapillarbrechenden Kies-Sand-Schicht in Mörtel- oder Sandbett oder bei unsicherem setzungsgefährdetem Untergrund auf einer Stahlbetonplatte verlegt.

Außenbeläge über Gebäudeteilen erfordern eine **Feuchtigkeitsabdichtung** und über bewohnten Räumen auch eine **Wärmedämmschicht**. Die Ableitung von Wasser muss sicher gewährleistet sein. Dafür ist ein Gefälle von 1 bis 3 % erforderlich, das gegebenenfalls durch einen Gefällebeton direkt auf der Rohdecke hergestellt wird. Die Abdichtung muss an Bauteilen wie Wänden und Brüstungen wegen des Spritzwassers und eventuellem Wasserstau **15 cm** über die Oberkante des Plattenbelags hochgeführt und mechanisch befestigt werden. Die Abdichtung ist überall gegen mechanische Beschädigungen zu schützen.

Wegen der an Außenbelägen auftretenden großen Temperaturunterschiede und den damit verbundenen Längenänderungen müssen Feldbegrenzungsfugen in ausreichendem Maße (max. alle 5 m) angeordnet werden. Man kann sie als offene Fuge ausbilden oder mit elastischen Dichtstoffen schließen.

Aufgaben:

1. Nennen Sie Belastungen und schädigende Einflüsse, denen Außenbeläge ausgesetzt sind.

2. Nennen Sie Anforderungen an Belagmaterial für Außenbeläge und Beispiele für geeignetes Material.

3. Skizzieren Sie einen Terrassenaufbau auf gewachsenem Grund mit großformatigen Platten.

4. Skizzieren Sie

   a) einen Balkonaufbau mit Spaltplatten ohne Wärmedämmung,

   b) einen Terrassenbelag mit Wärmedämmung unter Verwendung von Betonwerksteinplatten in Kies.

5. Begründen Sie die Vorschrift der DIN 18195:

   a) Abdichtungen müssen an Wandanschlüssen 15 cm über Belagoberkante hochgeführt werden,

   b) Abdichtungen müssen mechanisch befestigt und gegen Beschädigung geschützt werden.

6. Begründen Sie, weshalb Außenbeläge durch Feldbegrenzungsfugen aufzuteilen sind, und nennen Sie den Höchstabstand.

7. Nennen Sie Materialien zur Herstellung von Abdichtungen.

8. Erläutern Sie die Aufgaben der Dränschicht.

9. Erklären Sie die Entstehung von Ausblühungen bei Belägen im Freien.

11.5 Fassadenbekleidungen aus keramischen Baustoffen

Fassadenbekleidungen werden durch ihre Lage im Außenbereich wesentlich stärker beansprucht als Beläge in Innenräumen. Witterungseinflüsse, große Belagflächen und unterschiedliche Untergründe, z. B. Mischmauerwerk, Skelettbau usw., können Schwierigkeiten hervorrufen. Um folgenschwere Bauschäden zu vermeiden, ist eine sorgfältige Planung und Ausführung der Fassadenbekleidung gemäß DIN 18515 und DIN 18516 notwendig.

11.5.1 Aufgaben der Fassadenbekleidungen

Schutz der Außenwand

Das Gebäude wird durch die Fassadenbekleidung vor den Witterungseinflüssen geschützt (Fassade = „Regenmantel" des Gebäudes).

Architektonische Gestaltung

Die Farbgebung sowie die Unterteilung der Gebäudeflächen erfolgen durch die Fassadenbekleidung (Fassade = „Gesicht" des Gebäudes).

Wärmedämmung

Die Wärmedämmfähigkeit der Außenwand wird durch die Fassadenbekleidung verbessert, wenn eine Durchfeuchtung der Außenwand verhindert wird.

11.5.2 Einwirkungen auf die Fassadenbekleidungen

– Hohe Temperatur

Die Fassadenbekleidungen werden im Sommer bis zu 80 °C aufgeheizt. Deshalb sind dunkle Fassaden zu vermeiden.

– Frost

Es darf nur frostbeständiges Belagmaterial verwendet werden. Das Mörtelbett darf keine Hohlräume enthalten, da Wasseransammlung zu Frostabplatzungen führen kann.

– Temperaturwechsel

Bedingt durch den Tag-Nacht-Rhythmus oder bei rascher Abkühlung der aufgeheizten Fassadenbekleidung durch einen Gewitterregen werden Spannungen hervorgerufen, die zu Rissebildung führen können.

– Feuchtigkeit

Zu unterscheiden ist die Feuchtigkeitseinwirkung von außen (Luftfeuchtigkeit, Niederschläge) und die Feuchtigkeitseinwirkung von innen (Wasserdampf aus den Innenräumen).

Der Feuchtigkeitseinwirkung von außen ist besonders die Wetterseite (Westseite) des Gebäudes ausgesetzt. Bei der Feuchtigkeitseinwirkung von innen muss die Bildung von Kondenswasser im Mauerwerk bzw. im Verlegebett verhindert werden. Durch einen hohen Fugenanteil der Fassadenbekleidung wird diese Feuchtigkeit durch die Fugen nach außen abgegeben.

– Wind

Ab einer bestimmten Geschwindigkeit entstehen an der Fassade durch den Wind Druckkräfte und Sogkräfte. Deshalb ist eine feste Verbindung bzw. Verankerung der Fassadenbekleidung notwendig.

– Luftverschmutzung

Durch das Zusammenwirken von Abgasen und Niederschlägen entstehen Säuren, die die Fassadenbekleidung (Belagmaterial, Fugen und Anker) angreifen.

– Bewegungen des Untergrundes

Sie können hervorgerufen werden durch:

Schwinden von Mörtel und Beton während des Abbindens und Erhärtens, Kriechen von Bauteilen (Formveränderung durch Belastung), Setzen des Untergrunds, unterschiedliche Ausdehnung der Bauteile bei Temperaturveränderungen. Die Bekleidungsstoffe sollen daher möglichst spät angebracht werden. Die unterschiedli-

che Ausdehnung der Bauteile wird durch die richtige Anordnung und Ausführung von Bewegungsfugen aufgenommen.

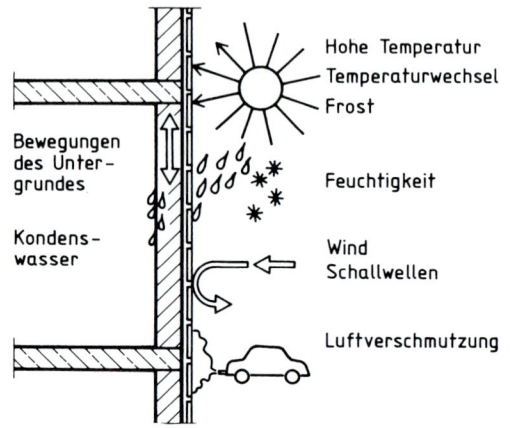

1   Einwirkungen auf die Fassadenbekleidung

> Fassadenbekleidungen sind starken Beanspruchungen ausgesetzt, die bei der Planung und Ausführung berücksichtigt werden müssen.

11.5.3 Fassadenarten

Fassadenbekleidungen werden nach ihrem Aufbau (Konstruktion) in drei Gruppen unterteilt:

Angemörtelte Fassadenbekleidung:

Es handelt sich hierbei um die traditionelle Art, Fliesen und Platten direkt auf den Untergrund anzusetzen.

Das Bekleidungsmaterial ist in der Regel kleiner als 0,2 m² (Platten, größer als 0,1 m², müssen verankert werden!).

Je nach den baulichen Gegebenheiten des Untergrunds, z. B. Tragfähigkeit, Haftfähigkeit, Maßabweichungen, werden folgende Konstruktionen gewählt:

– ohne Unterputz (Dickbett),

– mit Unterputz (Dickbett/Dünnbett),

– mit bewehrtem Unterputz (Dickbett/Dünnbett).

Das Bekleidungsmaterial haftet hierbei durch die Anhangskraft des Ansetzmörtels am Untergrund.

Angemauerte Fassadenbekleidung:

Werden Bekleidungen am Untergrund angemauert, muss eine mit dem Bauwerk fest verbundene Aufsetzmöglichkeit (Deckenvorsprung, Konsole) vorhanden sein.

Als Bekleidungsmaterial kommen Riemchen, Sparverblender (Dicke 30 bis 70 mm), Naturwerkstein und Betonwerkstein in Betracht.

Die Aufsetzmöglichkeit und die vorgeschriebenen Halteanker verbessern die Haftung zusätzlich.

Fassadenbekleidung auf Wärmedämmschicht mit bewehrtem Unterputz:

Bei nicht ausreichender Wärmedämmung der Außenwand ist der Einbau von Wärmedämmschichten erforderlich. Diese können z. B. aus Faserdämmplatten oder Polystyrol-Hartschaumplatten hergestellt werden.

Über die Wärmedämmschicht wird bewehrter Unterputz aufgebracht, dieser im Untergrund mittels nicht rostender Flachanker nach Angaben des Statikers verankert. Ein Quadratmeter dieser Konstruktion wiegt etwa 90 kg ≙ 0,9 kN!

Das Bekleidungsmaterial kann in beiden Ansetzmethoden (Dickbett oder Dünnbett) aufgebracht werden.

Fassadenbekleidungen auf Wärmedämm-Verbundsystem:

Wärmedämm-Verbundsysteme werden häufig als „Vollwärmeschutz" bezeichnet.

Die Wärmedämmung wird in verschiedenen Stärken bis zu 15 cm meist aus Faserdämmplatten oder Polystyrol-Hartschaumplatten mit Bauklebern an die Wandfläche angebracht und zusätzlich mit Dübeln befestigt. Darauf wird eine kunststoffvergütete, mit Glasfasergewebe armierte Spachtelung aufgebracht, die den Putzuntergrund darstellt.

Auf der Putzfläche wird das keramische Bekleidungsmaterial im Dünnbett mit zementhaltigem Mörtel angesetzt.

Hinterlüftete Fassadenbekleidung:

Diese Konstruktion bietet mehrere Vorteile. So ist die laufende Trocknung der Außenwand möglich; durch die fast ruhende Luftschicht wird der Wärmeschutz zusätzlich noch erhöht.

Mögliche Konstruktionen:

a) vorgefertigte Systeme:
Keramische Großplatten (z. B. Keraion) werden mit verschiedenen Befestigungs-Systemen an entsprechender Metallunterkonstruktion befestigt.

Die Fugen bleiben dabei offen, die Bekleidung hat dadurch Bewegungsspielraum.

b) vorgefertigte Fassadenelemente:
Die Trägerplatte besteht aus Beton, Metall oder glasfaserverstärkten Kunststoffen. Für die Trägerplatte und deren Befestigung ist eine statische Berechnung zu erbringen.

c) handwerklich erstellt:
Perforierte Kunststoff-Rohrtafeln, die der Hinterlüftung dienen, werden in frischen Unterputzmörtel eingedrückt und angeworfen. Auf dieser hinterlüfteten Putzschicht wird die Fassadenbekleidung nach der Dickbett- oder Dünnbettmethode angesetzt.

> Bei der Wahl geeigneter Konstruktionen sind die baulichen Voraussetzungen zu berücksichtigen.

11.5.4 Ausführung

Bei der Ausführung der Fassadenbekleidungen sind die gültigen Normvorschriften genau einzuhalten.

„Technische Merkblätter" gelten für Konstruktionen, die in der DIN 18515 nicht erfasst sind.

Keramisches Belagmaterial erfüllt die hohen Anforderungen für die Fassadenbekleidung. Zu Schadensfällen kann es durch eine falsche Wahl der Konstruktion bzw. eine nicht sorgfältige Ausführung kommen.

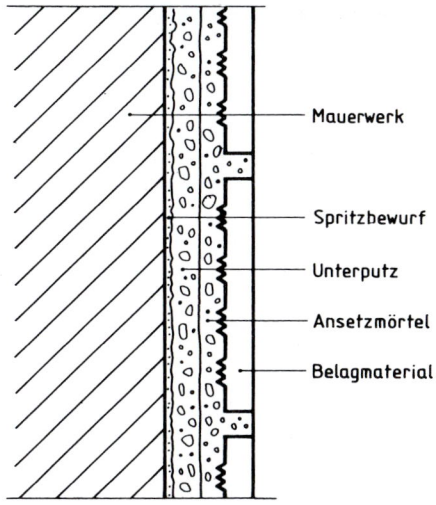

1 Angemörtelte Fassadenbekleidung auf massivem Untergrund, ohne Unterputz

- Mauerwerk
- Spritzbewurf
- Unterputz
- Ansetzmörtel
- Belagmaterial

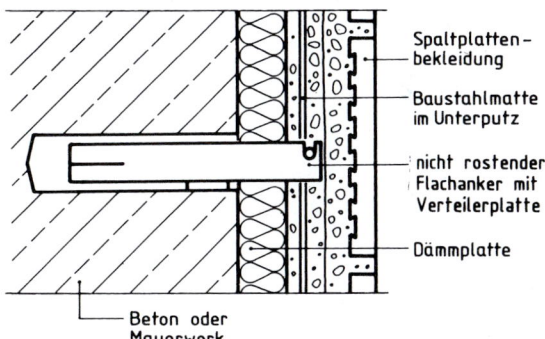

2 Angemörtelte Fassadenbekleidung auf Wärmedämmschicht mit bewehrtem Unterputz

- Spaltplattenbekleidung
- Baustahlmatte im Unterputz
- nicht rostender Flachanker mit Verteilerplatte
- Dämmplatte
- Beton oder Mauerwerk

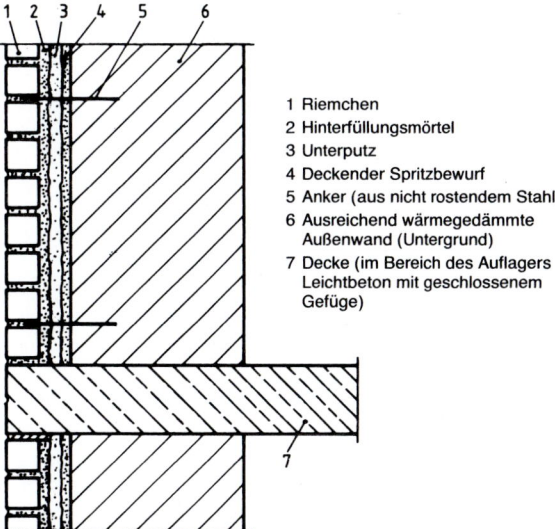

3 Angemauerte Fassadenbekleidung

1 Riemchen
2 Hinterfüllungsmörtel
3 Unterputz
4 Deckender Spritzbewurf
5 Anker (aus nicht rostendem Stahl)
6 Ausreichend wärmegedämmte Außenwand (Untergrund)
7 Decke (im Bereich des Auflagers Leichtbeton mit geschlossenem Gefüge)

Besonders wichtig ist die Prüfung der baulichen Voraussetzungen, da die Art und Ausführung des Verlegeuntergrunds für die Wahl der Konstruktion bestimmend ist (z. B. Abweichungen in der Ebenflächigkeit, Tragfähigkeit usw.).

Das Ansetzen des Belagmaterials entspricht den Methoden des Ansetzens in Innenräumen. Wichtig aber ist die „satte" Verlegung, damit keine Hohlräume entstehen, in denen sich Wasser ansammeln kann. Dies könnte später zu Frostabplatzungen führen.

Werden Dichtungszusätze verwendet, so ist darauf zu achten, dass der Ansetzmörtel seine Wasserdampfdurchlässigkeit behält.

Grundsätzlich dürfen nur frostbeständige Dünnbettmörtel verwendet werden.

Verfugt wird mit Zementmörtel MV 1 : 3 ... 1 : 4, Fertigmörtel sind vorteilhaft.

11.5.5 Bewegungsfugen

Um Spannungen zu mildern, die in der Fassadenbekleidung zur Rissbildung und zu Abplatzungen führen können, sind Bewegungsfugen zu planen und sorgfältig auszuführen.

Man unterscheidet drei Arten von Bewegungsfugen:

Gebäudetrennfugen

Sie führen durch alle tragenden und nicht tragenden Teile des Bauwerks hindurch. Gebäudetrennfugen müssen an der gleichen Stelle und in der gleichen Breite in der Fassadenbekleidung übernommen werden.

Ausfugung durch elastische Dichtungsmasse.

Feldbegrenzungsfugen

Sie gehen durch die Fassadenbekleidung nur bis auf den Verlegeuntergrund. Durch diese Fugen wird die Fassadenbekleidung in einzelne Felder unterteilt. Abstand horizontal und vertikal von 3 bis 6 m, aus gestalterischen Gründen am besten den Fensterleibungen und Fensterstürzen folgend.

Anschlussfugen

sind Fugen zwischen der Fassadenbekleidung und den angrenzenden Bauteilen (z. B. Fensterrahmen, Balkone).

> Fassadenbekleidungen müssen hohlraumfrei verlegt werden. Bewegungsfugen sind sorgfältig zu planen und auszuführen.

Aufgaben:

1. Nennen Sie die Aufgaben der Fassadenbekleidung.
2. Aus welchem Grunde sind dunkle Fassadenbekleidungen zu vermeiden?
3. Wie wirken sich Temperaturschwankungen auf die Fassadenbekleidung aus?
4. Nennen Sie Ursachen für Bewegungen des Verlegeuntergrundes.
5. In welche fünf Arten werden Fassadenbekleidungen unterteilt?
6. Bei der Prüfung der baulichen Voraussetzungen stellen Sie fest, dass der Verlegeuntergrund Maßtoleranzen über 25 mm aufweist und nicht genügend tragfähig ist. Bestimmen Sie die geeignete Konstruktion der Fassadenbekleidung.
7. Beschreiben Sie die Ausführung einer Fassadenbekleidung mit unbewehrtem Unterputz bei Anwendung der Dünnbettmethode.
8. Welche Aufgabe haben die Anschlussfugen?

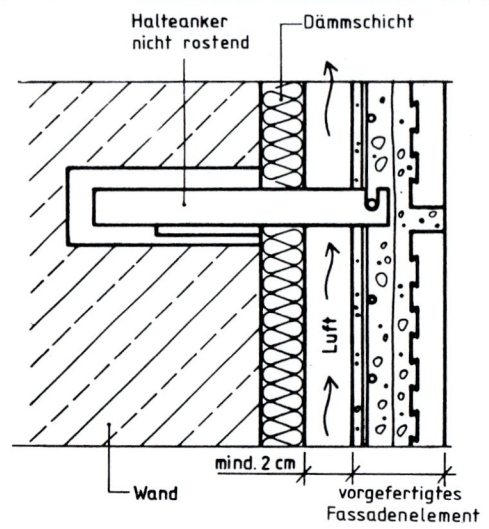

1   Hinterlüftete Fassadenbekleidung

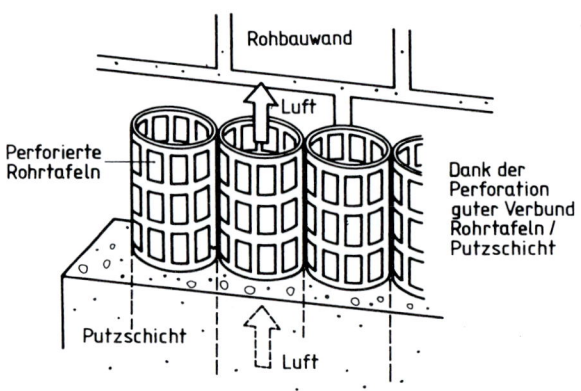

2   Handwerklich hergestellte hinterlüftete Fassadenbekleidung

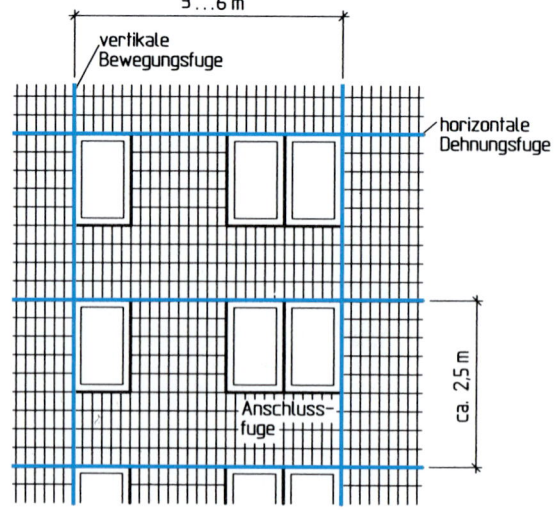

3   Beispiel für die Anordnung von Bewegungsfugen

11.6 Pfeiler und Säulen

Als Pfeiler werden (recht)eckige, als Säulen runde bzw. ovale **Stützen** bezeichnet.

Bei Stützen ist zu berücksichtigen, dass sie ständig durch Druck belastet sind. Daher können Formveränderungen auftreten (Kriechen des Betons). Als Einzelbauteile sind sie auch eher in Gefahr, beschädigt zu werden, z. B. durch Einkaufswagen oder Fahrzeuge.

– Stützenkonstruktion:

Als Baustoffe für die Stützen kommen nur tragfähige Baumaterialien in Betracht:

- bewehrter Beton
- Stahlbauprofile
- Naturwerksteine
- Mauerziegel

Als vorbeugender Brandschutz wird für die Stahlstützen oft eine Ummantelung verlangt. Diese kann auf folgende Weise ausgeführt werden:

- Beplankung mit Gipsplatten bzw. mit Faserzementplatten
- Anbringen einer Rabitzkonstruktion (Mörtelträger, Spritzbewurf, Zementputz)

Die Ummantelung hat den Vorteil, dass mögliche Stützenbewegungen nicht auf die keramische Stützenverkleidung übertragen werden.

– Stützenbekleidung:

Die Stützenbekleidung kann sowohl im Dickbett als auch im Dünnbett ausgeführt werden.

Vorteilhaft ist die Verwendung von stoßfestem Belagmaterial (Steinzeug, Spaltplatten, Steinzeugmosaik), das möglichst glasiert sein soll, da die Stützen oft verschmutzt werden.

Bei allen Arten der Stützenbekleidung ist ein fester Verbund (hohlraumfreies Ansetzen) mit dem Verlegeuntergrund anzustreben.

Im Bereich des Stützenkopfes bzw. Stützenfußes (Sockelbereich) ist immer eine elastische Anschlussfuge (Fugenbreite 10 mm) anzuordnen. Dadurch werden mögliche Spannungen infolge der Stützenbewegung vermieden.

11.6.1 Pfeiler

Pfeiler haben in der Regel einen rechteckigen Querschnitt, sodass die Gegenseiten gleiche Abmessungen haben.

Die Einteilung ist im Kapitel 13 beschrieben.

Es gelten die gleichen Einteilungsregeln wie bei der Wand- bzw. Vorlageeinteilung;

- Streifen über ½ Fliesenbreite
- keine Streifen außen
- Symmetrie einhalten

Zusätzlich ist zu beachten, dass die langen Seiten die kurzen überdecken.

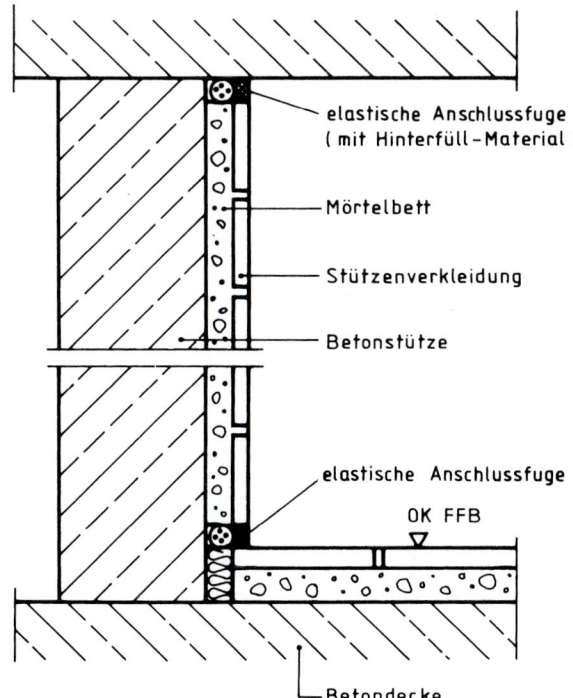

1 Stützen-Anschluss an angrenzende Bauteile

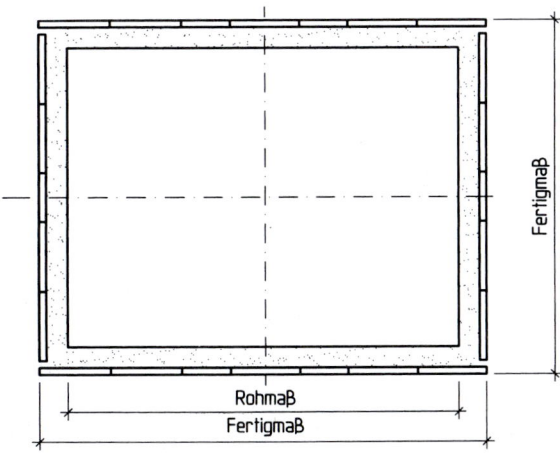

Grundriss

2 Beispiel für die Einteilung eines Pfeilers

– Ausführung im Dickbett:

- Verlegeuntergrund prüfen (Oberflächenbeschaffenheit, Lot, Rechtwinkligkeit)
- Fertigmaße ermitteln (Rohbaumaß, Aufzugsstärke, Fliesendicke)
- Einteilung vornehmen
- Lote an beiden Enden der kurzen Seite aufhängen (Verlegelänge)
- Ansetzen der Fliesenbekleidung an der langen Seite
- waagerechte Fugen Schicht für Schicht prüfen
- kurze Gegenseite ansetzen (erneut zwei Lote aufhängen, gleiche Verlegelänge)
- Übereinstimmung der Schichthöhen prüfen (Wasserwaage)
- jeweils die elastische Anschlussfuge berücksichtigen

Sind die Pfeilerkanten besonders gefährdet, z. B. durch Gabelstapler in Lagerräumen, so werden die Kanten durch Eckschutzschienen geschützt.

Bei Verwendung von rechteckigem Belagmaterial (z. B. Spaltplatten) wird Hochkant-Verlegung aus optischen Gründen empfohlen.

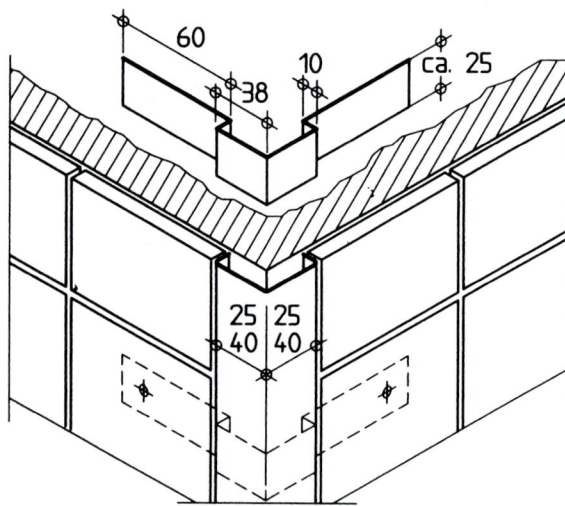

1 Kantenschutz durch ein Edelstahl-Normprofil

11.6.2 Säule

Für die Säulenbekleidung können nur schmale Streifen, Riemchen bzw. kleinformatiges Mosaik verwendet werden.

Nur so kann die annähernd kreisrunde Querschnittsform erreicht werden. Scharfe Kanten im Fugenbereich werden dadurch vermieden.

Auch ein hohlraumfreies Verlegen ist nur bei Verwendung von schmalen Streifen möglich.

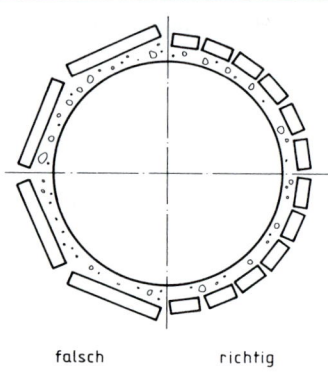

falsch   richtig

2 Wahl der Streifenbreite

– Ausführung:

Es muss hierbei nach den Ansetzmethoden unterschieden werden:

Dickbettmethode:

Einteilung entsprechend dem in Kapitel 13 beschriebenen Verfahren notwendig, Ausführung mit Holzschablonen.

Dünnbettmethode:

Ansetzen auf vorgeputzte Säule, wobei das Verputzen sehr sorgfältig geschehen muss.

Dickbettmethode:

- Verlegeuntergrund prüfen (Oberflächenbeschaffenheit, Lot)
- Fertigmaße ermitteln (Umfang der fertig bekleideten Säule)
- Einteilung
- **Schablonen** herstellen

  Die Schablonen können aus Brettern, besser aber aus einer Span- oder Sperrholzplatte hergestellt werden.

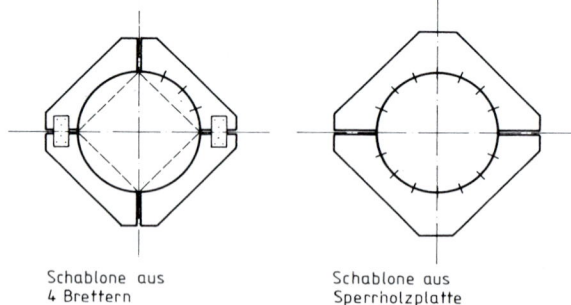

Schablone aus
4 Brettern

Schablone aus
Sperrholzplatte

3 Schablonen für die Säulenverkleidung

Die herausgesägte Rundung entspricht in den Abmessungen der fertig bekleideten Säule.

Die Streifenbreiten und Fugenbreiten werden genauestens auf die Rundung der Schablone eingetragen.

- Befestigung der Schablonen

Die zweiteiligen Schablonen werden am Säulenkopf eingeschoben und miteinander verbunden. Dabei ist auf richtigen Abstand der Schablone von der Säule zu achten.

- Festlegen der senkrechten Fuge

Um gleichmäßigen Mörtelaufzug zu erreichen, wird in der Mitte jeder zweiten Fuge eine Schnur gezogen, gespannt und im Sockelbereich befestigt.

- Prüfen der Lote

Obere und untere Achse werden durch vier Senkel in Übereinstimmung gebracht. Die untere Schablone wird dann beschwert, denn senkrechte Fugen dürfen nicht verdreht sein („Gewindedrehung").

- Setzen von Punktfliesen im Sockelbereich

Etwa 70 cm von der Säule zwei Latten in Raumhöhe einspannen. Höhe einer Punktfliese auf Latte waagerecht übertragen und wieder zurück auf zweite Punktfliese; dann auf zweite Latte, jetzt die dritte Punktfliese kontrollieren.

Die vierte Punktfliese wird mit der Höhe der beiden Latten kontrolliert. Auf diese Weise wird die **waagerechte Fuge** festgelegt.

Ansetzen der Säulenverkleidung erfolgt abschnittsweise, das heißt, dass jeweils ein Viertel der Säulenabwicklung in voller Höhe bekleidet wird.

2   Kontrolle der Punktfliesen bei der Herstellung einer Säulenbekleidung im Dickbett

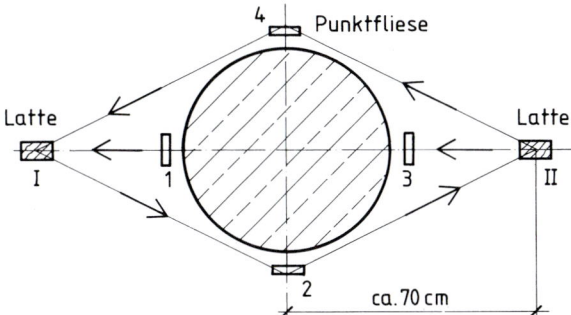

1   Kontrolle der Punktfliesen

Dünnbettmethode:

Die Säulenbekleidung mit Mosaik erfolgt im Dünnbett.

- Untergrund **prüfen.**

- Durch die Ansetzmethode bedingt, muss die Säule maßgenau mit Schablonen so vorgeputzt sein, dass eine bestimmte Anzahl von ganzen Mosaiksteinchen die Säule bekleidet. Die Kleberdicke ist dabei zu beachten. 1 mm Kleberaufzug entspricht 2 mm Durchmesserzunahme und 6,28 mm Kreisumfangsverlängerung (2 mm × 3,14 = 6,28 mm).

- Der senkrechte und waagerechte Fugenverlauf kann wie beim Ansetzen im Mörtelverfahren kontrolliert werden.

Aufgaben:

1. Erklären Sie die Begriffe

   a) Pfeiler,

   b) Säule.

2. Welche Vorteile bringt eine Rabitzkonstruktion um eine Stahlstütze?

   Nennen Sie zwei.

3. Nennen Sie die Regeln der Pfeilereinteilung.

4. Begründen Sie, weshalb nur schmale Formate für die Säulenbekleidung verwendet werden sollen.

5. Beschreiben Sie die Reihenfolge der Arbeitsschritte für die Säulenbekleidung im Dickbett.

11.7   Beheizter Fußboden

Beläge aus Keramik oder Naturstein fühlen sich an ihrer Oberfläche kalt an. Auch eine darunterliegende Dämmschicht ändert nichts an dieser Tatsache. Dies hängt in erster Linie damit zusammen, dass keramisches Belagmaterial dicht und schwer ist und deshalb eine gute Wärmeleit- und Wärmespeicherfähigkeit besitzt. Die Wärme des Fußes wird also rasch abgeleitet und löst damit eine Kälteempfindung aus.

Der Gedanke lag deshalb nahe, durch Beheizen des Estrichs – sei es durch Heizdrähte oder durch Warmwasserrohre – diesen Nachteil auszugleichen.

Da die darunterliegende Dämmschicht eine Wärmeableitung nach unten verhindert, wirkt die Belagfläche als „Heizkörper" und kann bei niedrigen Oberflächentemperaturen (25 bis 28 °C) für angenehme Raumwärme sorgen.

Neuere Heizsysteme, die die Wärmeenergie aus der Umwelt beziehen – aus Sonne, Wind, Wasser, Erde –, arbeiten wirtschaftlicher, wenn sie keine hohen Temperaturen erzeugen müssen.

Die Warmwasser-Fußbodenheizung, die eine Vorlauftemperatur von höchstens 55 °C benötigt, bietet sich dafür als Ergänzung an.

Bei der Planung muss allerdings berücksichtigt werden, dass beheizte Beläge einen wesentlich höheren Aufbau benötigen. Für den nachträglichen Einbau in Altbauten sind verschiedene Systeme auf dem Markt, die mit geringen Höhen auskommen. Es handelt sich meist um profilierte Schaumstoff-Fertigteile, in deren Aussparungen Kunststoffrohre verlegt und mit festen Platten als Träger des Oberbelages abgedeckt werden.

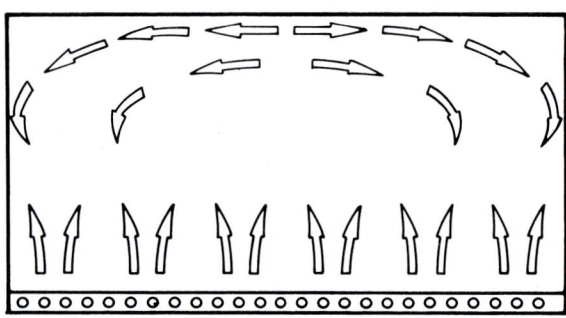

1   Temperaturverteilung bei der Fußbodenheizung

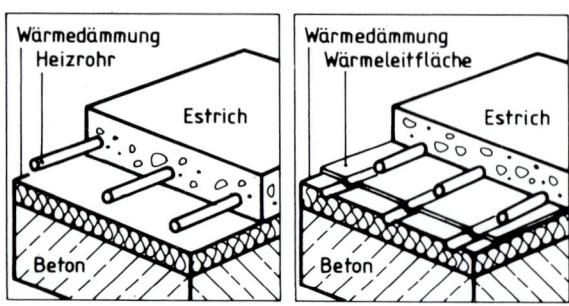

2   Temperaturverteilung bei der Radiatorheizung

Gleichmäßiger aufsteigende Wärme, Abkühlung unter der Decke und an den Außenwänden, geringere Luftbewegung im Raum.

Ungleichmäßigere Temperaturschichten innerhalb des Raumes, kühlere Zonen im Fußbereich.

11.7.1   Arten

Warmwasserheizung

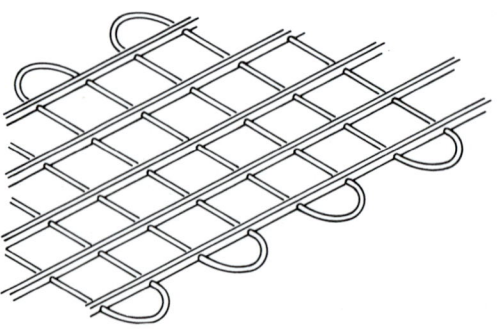

3   a) Estrich umschließt die Heizrohre und verteilt die Wärme
   b) Heizrohre liegen in einem Wärmeleitblech

Elektroheizung

4   Vollelastische Heizmatte. Wird vorgefertigt auf der Baustelle angeliefert

11.7.2 Elektroheizung

Fußbodenheizungen dieser Art finden schon seit Längerem Verwendung, um beispielsweise Fußgängerunterführungen, Garageneinfahrten und Gehwege schnee- und eisfrei zu halten. Das Prinzip ist einfach. In den Estrich werden Matten aus speziellen Wärmekabeln eingelegt.

Bei der **Direktheizung** ist die Aufheizzeit sehr kurz. Dabei können um die Heizdrähte herum Temperaturen bis 75 °C auftreten. In Verbindung mit keramischem Belagmaterial kann dies aber zu gefährlichen Spannungen führen, da das Wärmeausdehnungsverhalten von Estrich und Belag unterschiedlich ist. Je nach Belagmaterial beträgt das Verhältnis etwa 2 : 1 (vgl. 9.5.3, Tabelle: Lineare Ausdehnungskoeffizienten).

Bei der **Speicherheizung** wird der billigere Nachtstrom zur Wärmeerzeugung genutzt. Eine zusätzlich aufgebrachte, 4 bis 6 cm dicke Estrichschicht gibt dann die gespeicherte Wärme den Tag über gleichmäßig ab.

Für den Altbaubereich wurden in den letzten Jahren verschiedene platzsparende Systeme entwickelt, wie z. B. Heizflächen in Folienform, die in das Dünn- oder Mittelbett eingelegt werden.

Ein anderes bewährtes System besteht aus einer Heizmatte aus einem Textilgewebe von 30 cm Breite, in welches Heizleiter mäanderförmig eingewirkt sind. Neben der geringen Aufbauhöhe von 2 mm liegt ein wesentlicher Vorteil in der leichten Verarbeitbarkeit: Mit einer Haushaltsschere kann die Heizmatte zwischen den Heizleitern aufgeschnitten werden. So lassen sich leicht Teilflächen und Aussparungen herstellen, die man problemlos an die Flächenform z. B. eines Badezimmers anpassen kann.

Bevor die Heizmatte vollflächig auf dem Estrich verklebt wird, führt man einen Temperaturfühler in ein vorbereitetes Leerrohr ein. Die Anschlussleitungen werden – ebenfalls über Leerrohre – zu einer Anschlussdose geführt und später von einem Elektrofachmann angeschlossen.

Das Dünnbettmaterial muss für Temperaturen bis 80 °C beständig sein. Oberhalb der Heizmatte sollte es aus Sicherheitsgründen mindestens 5 mm dick sein.

1 Widerstands-Litzenleiter
2 hochtemperaturbeständige Trennschicht (FEP)
3 Isolierung aus hochwärmebeständiger Gummimischung (EVA)
4 Stahlwellmantel

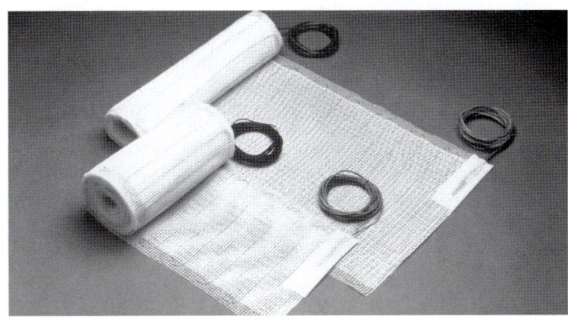

1   Schnitt durch eine Heizleitung der Heizmatte mit Stahlwellmantel

Elektroheizungen gibt es als Direkt- und als Speicherheizungen.

Direktheizungen haben sehr kurze Aufheizzeiten. Für den Altbaubereich gibt es Systeme mit Aufbauhöhen von wenigen Millimetern.

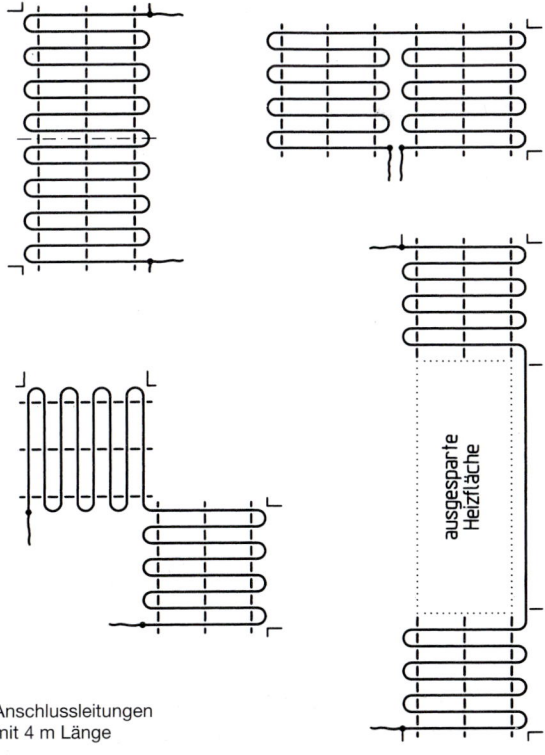

2   Textilgewebe mit den Heizleitern: Aufbauhöhe = 2 mm

Anschlussleitungen mit 4 m Länge

ausgesparte Heizfläche

3   Anordnungsbeispiele von aufgeschnittenen Gewebeflächen

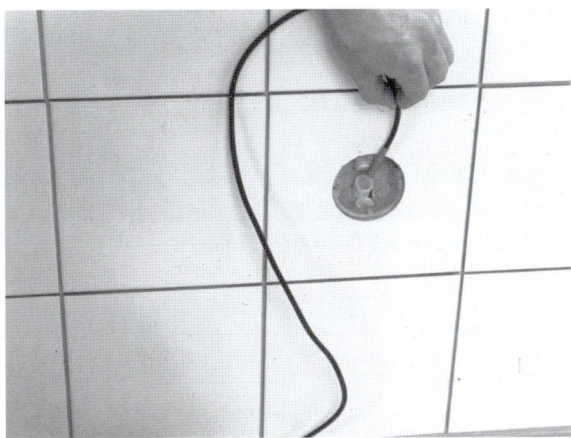

4   Der Temperaturfühler wird in das Leerrohr eingeführt

11.7.3 Warmwasserheizung

Um Korrosionsschäden von vornherein auszuschließen, verwendet man heute vorwiegend Kunststoffrohre, die einen Vor- und Rücklaufanschluss an die Warmwasserheizung haben. Sie werden nach einem vorher festgelegten Ringsystem meist auf Klemmhaltern befestigt und in den Estrich eingegossen.

Die Abstände zwischen den Rohren richten sich nach dem jeweiligen Wärmebedarf. So werden sie an kälteren Außenwandzonen enger gewählt als z. B. in Raummitte.

Auch können einzelne Felder Ringsysteme erhalten, die später wahlweise zu- oder abgeschaltet werden. Für einen Wohnraum kann z. B. die Vorlauftemperatur 55 °C, die Rücklauftemperatur 25 °C betragen. Es tritt damit innerhalb eines Belages eine Temperaturdifferenz von 30 °C auf. Je größer die Differenz, desto größer die Spannung zwischen Belagmaterial und Estrich (vgl. Elektroheizung). Örtliche Wärmestaus, z. B. durch einen nachträglich ausgelegten Bodenteppich, sollten daher möglichst vermieden werden. Die Temperaturunterschiede können hier extreme Werte annehmen und dadurch Spannungen hervorrufen, die sich schlagartig in Form von Rissen entladen.

Die Aufheizzeit ist deutlich länger als bei Elektroheizungen. Auch reagiert die Regelung träger auf wechselnde Temperaturen, z. B. bei einem Wetterumschlag.

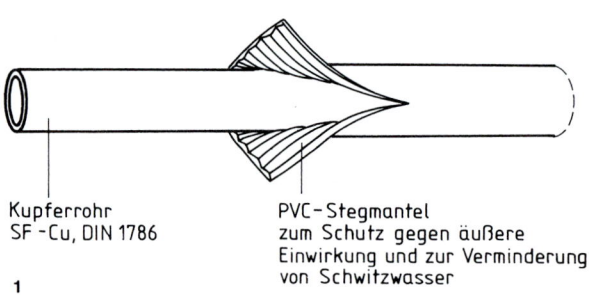

Kupferrohr
SF-Cu, DIN 1786

PVC-Stegmantel
zum Schutz gegen äußere
Einwirkung und zur Verminderung
von Schwitzwasser

1

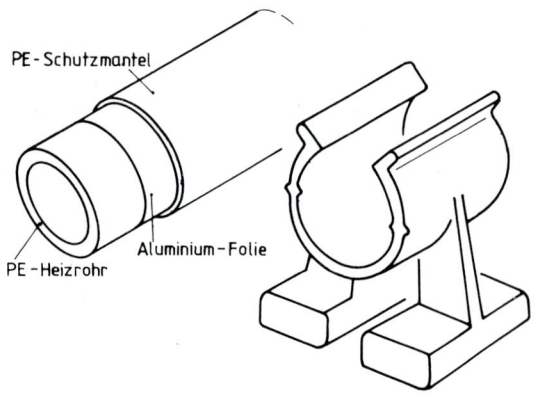

2   Rohr aus vernetztem Polyethylen und Rohrklipp

PE-Schutzmantel
Aluminium-Folie
PE-Heizrohr

Die zusätzliche Aluminiumfolie macht das Rohr völlig diffusionsdicht. Korrosionsschäden durch Sauerstoffdiffusion werden dadurch verhindert.

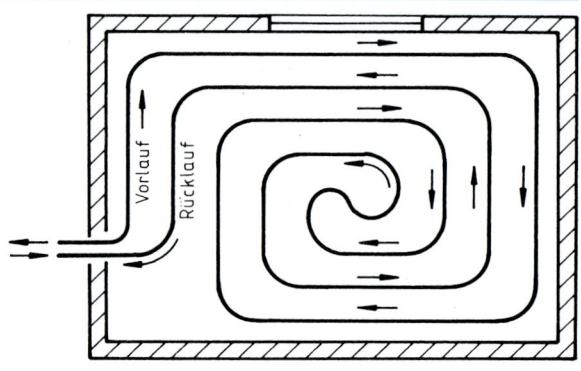

Vorlauf
Rücklauf

3   Bifilare Verlegung
Vor- und Rücklauf liegen nebeneinander

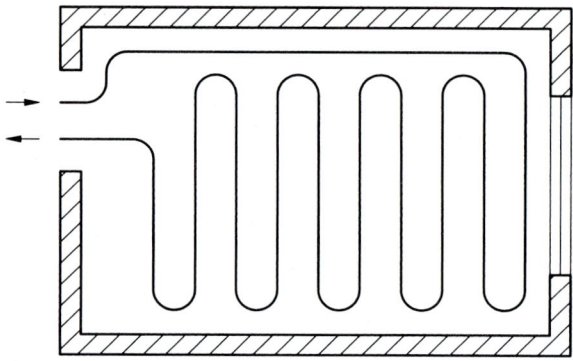

4   Mäanderförmige Verlegung
Die Fensterseite bekommt mehr Wärme

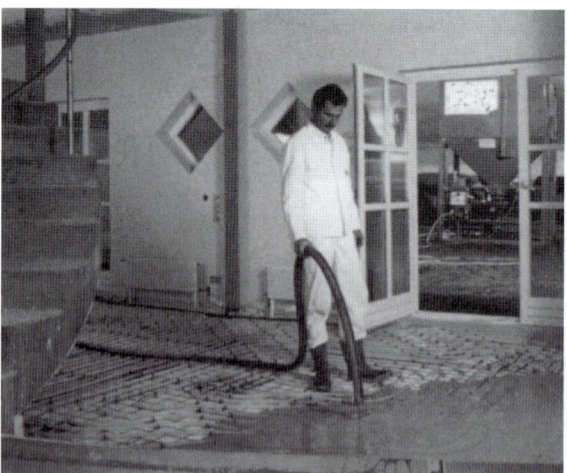

5   Fließestrich für eine Fußbodenheizung

Warmwasserheizungen haben eine längere Aufheizzeit und reagieren träger auf wechselnde Außentemperaturen.

Wärmestaus erzeugen gefährliche Spannungen und sollten vermieden werden.

11.7.4 Aufbau

Die folgenden Angaben beziehen sich auf Konstruktionen mit zementgebundenen Estrichen zusammen mit Warmwasser-Heizleitungen.

Untergrund

Der Untergrund muss tragfähig, trocken und eben sein. An die Ebenheit sind **erhöhte Anforderungen** nach DIN 18202 zu stellen. Falls ein Gefälle vorgesehen ist, muss es unterhalb der Dämmschicht liegen.

Dämmschichten

Nach DIN 18560-2 gelten für Heizestriche und für schwimmende Estriche dieselben Anforderungen.

Dämmschichten aus Schaumkunststoff oder aus Mineralwolle werden in „Stufen der Zusammendrückbarkeit" eingeteilt. Die Auswahl richtet sich nach der späteren Nutzlast auf dem Belag. So ist z. B. für eine Nutzlast von 2,0 kPa (= 200 kg/m²) ein Dämmstoff der Stufe CP5 gefordert. Trittschalldämmstoffe müssen außerdem noch die geforderte dynamische Steifigkeit (SD) aufweisen (siehe 10.1.2). Unter Heizestrichen darf das Maß der Zusammendrückbarkeit max. 5 mm (bei Calciumsulfatestrichen max. 3 mm) betragen. Bei zweilagiger Ausführung sind die steiferen Platten fugenversetzt über den weicheren zu verlegen. Die Dämmschicht ist mit einer Polyethylenfolie von mindestens 0,2 mm Dicke (oder einem gleichwertigen Material) abzudecken. Sie soll bei ca. 8 cm Überlappung bis über den seitlichen Randstreifen hochgeführt werden.

Estrich

Der schwimmende Zementestrich hat mehrere Funktionen. Er muss

– die Last tragen und verteilen,

– die Warmwasser- oder Elektroheizung aufnehmen,

– die Wärme gleichmäßig verteilen und speichern.

Um die Bildung von breiten Rissen zu verhindern, kann der Estrich bewehrt werden.

Die Gesamtdicke des Estrichs richtet sich nach der Lage der Heizrohre. Man unterscheidet dabei die folgenden Fälle:

Fall 1

Liegen die Heizrohre unmittelbar auf der Abdeckung – oder mit eine geringen Abstand darüber –, beträgt die Estrichdicke oberhalb des Heizrohrs mindestens **45 mm.**

Der Untergrund für beheizte Estriche muss tragfähig, trocken und eben sein. Dämmschichten müssen temperaturbeständig sein und sich höchstens um 5 mm zusammendrücken lassen. Der last- und wärmeverteilende Estrich kann bewehrt werden.

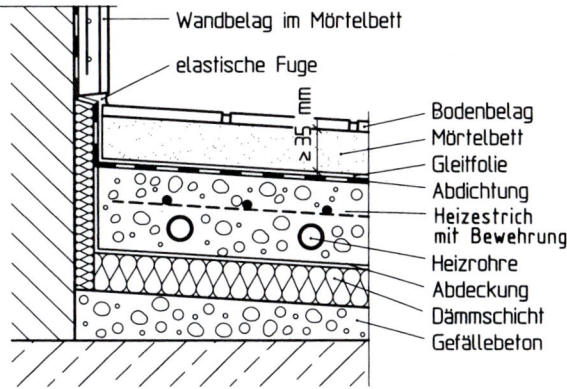

Wandbelag im Mörtelbett
elastische Fuge
Bodenbelag
Mörtelbett
Gleitfolie
Abdichtung
Heizestrich mit Bewehrung
Heizrohre
Abdeckung
Dämmschicht
Gefällebeton

1   Beheizter Fußboden im Nassraum (Schwimmhalle)

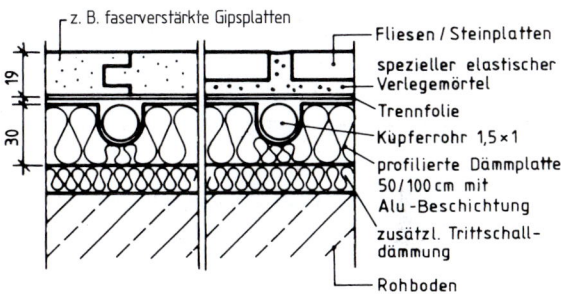

z. B. faserverstärkte Gipsplatten
Fliesen / Steinplatten
spezieller elastischer Verlegemörtel
Trennfolie
Küpferrohr 1,5 × 1
profilierte Dämmplatte 50/100 cm mit Alu-Beschichtung
zusätzl. Trittschalldämmung
Rohboden

2   Für den Einbau in Altbauten: Fußbodenheizung mit besonders niedrigem Aufbau

Fall 2

Liegen die Heizrohre im Estrich mit einem Abstand von 5 mm bis 15 mm über der Abdeckung, so beträgt die Gesamtdicke des Estrichs **50 mm + d** (d = Durchmesser des Heizrohrs).

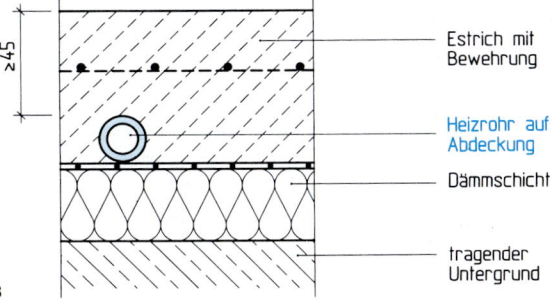

Estrich mit Bewehrung
Heizrohr auf Abdeckung
Dämmschicht
tragender Untergrund

3

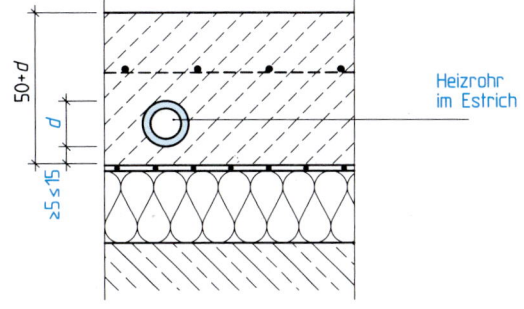

Heizrohr im Estrich

4

Fall 3

Liegen die Heizrohre im Estrich mit einem Abstand von mindestens 15 mm über der Abdeckung und einer Überdeckung von mindestens 25 mm oberhalb der Rohre, so beträgt die Gesamtdicke des Estrichs **45 mm + d**. Dabei muss die Summe der Abstände zwischen dem Heizrohr und den Außenkanten des Estrichs mindestens 45 mm betragen.

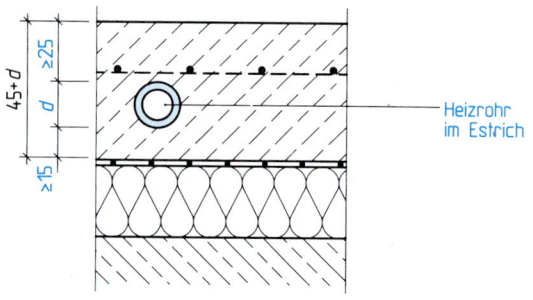

Heizrohr
im Estrich

1

Fall 4

Liegen die Heizrohre in Aussparungen der Dämmplatten, so muss die Estrichdicke oberhalb der Abdeckung mindestens **45 mm** betragen.

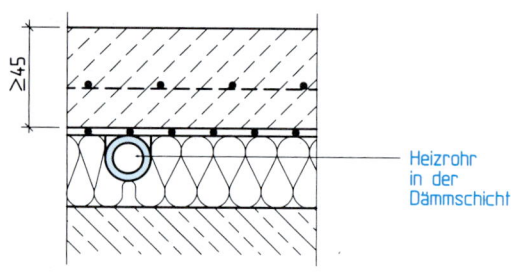

Heizrohr
in der
Dämmschicht

2

Fall 5

Liegen die Heizrohre auf der Abdeckung in einem eben abgezogenen Ausgleichsestrich, so muss dieser mindestens **20 mm + d** dick sein. Darüber ist auf einer Gleitschicht (z. B. aus zwei Lagen PE-Folie) ein Estrich als Lastverteilungsschicht mit einer Mindestdicke von **45 mm** einzubauen.

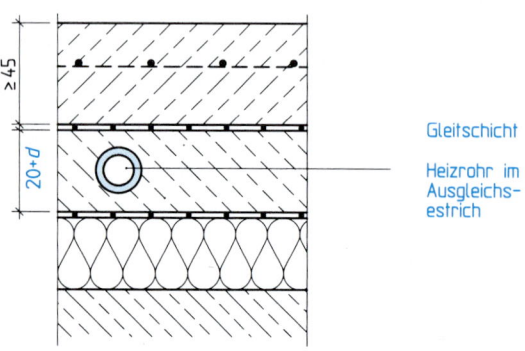

Gleitschicht

Heizrohr im
Ausgleichs-
estrich

3

Feldgrößen und Bewegungsfugen

Das Merkblatt über beheizte Fußbodenbeläge nennt 40 m² als obere Grenze für die Feldgröße. Die größte Seitenlänge soll 8 m, das Seitenverhältnis höchstens 1 : 2 sein, die Felder müssen durch mindestens 8 mm breite Feldbegrenzungsfugen voneinander getrennt sein. Dabei darf bis auf die Abdeckung hinunter keine starre Verbindung sein. Bewehrungen sind zu unterbrechen, kreuzende Heizrohre sind durch Rohrhülsen o. Ä. vor einer Kraftübertragung zu schützen. Damit sich die beiden Estrichkanten nicht gegeneinander versetzen, sollten ca. alle 50 cm bewegliche Dübel (Höhenversatzeisen) eingebaut werden (siehe Abb. 4).

Dasselbe gilt zwischen beheizten und unbeheizten Belagflächen. Die Lage der Feldbegrenzungsfugen muss genau auf das Fugenraster des Belags abgestimmt sein. Zwischen Bodenbelag und Sockelleiste ist eine mindestens 5 mm breite Randfuge vorzusehen.

> Aufbauhöhe und Estrichdicke richten sich nach der Lage und der Dicke der Heizrohre.
>
> Feldgrößen dürfen 40 m² nicht überschreiten. Bewegungsfugen sollen gegen Höhenversatz gesichert werden.

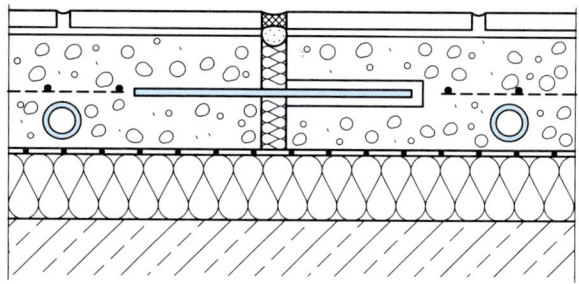

4   Sichern der Estrichkanten gegen Höhenversatz

11.7.5 Verlegen

Es wird empfohlen, großformatiges Belagmaterial mit einer Fläche von mind. 0,10 m² im Fugenschnitt zu verlegen. Grundsätzlich sollte die Methode „vorgezogenes Mörtelbett" nur bei kleinen Flächen angewandt werden.

> Auf den frischen oder den erhärteten Estrich soll möglichst großformatiges Belagmaterial im Fugenschnitt verlegt werden.

Verlegung im frischen Estrich

Auf das frisch vorgezogene Mörtelbett wird eine Kontaktschicht aufgetragen. Diese besteht entweder aus einer Zement-/Sand-Schlämme, MV 1 : 1, oder einer Schlämme aus hydraulisch erhärtendem Dünnbettmörtel. Darauf können gleichmäßig dicke Platten verlegt werden. Belagstoffe, die zu Verfärbungen neigen – wie z. B. heller Marmor –, sollten aber auf keinen Fall frisch in frisch verlegt werden.

Verlegung auf erhärtetem Estrich

Der eingebrachte Heizestrich braucht zunächst eine Ruhezeit, bis der erste große Schwindprozess abgeklungen und gleichzeitig eine ausreichende Festigkeit für den folgenden Aufheizvorgang entwickelt ist.

Um die einwandfreie Funktion der Heizung feststellen zu können, beginnt man – frühestens nach 21 Tagen – mit dem Aufheizen ("Funktionsheizen"): die ersten drei Tage mit einer Vorlauftemperatur von 25 °C; danach hält man vier Tage lang die vorgesehene Höchsttemperatur. Über den Aufheizvorgang ist ein Protokoll zu fertigen, das dem Fliesenleger vorzulegen ist, bevor er die Belegreife prüft.

Die Belegreife ist dann erreicht, wenn das CM-Gerät eine Restfeuchte von höchstens 2,0 Massen-% anzeigt (bei Calciumsulfat-Estrichen höchstens 0,3 Massen-%). Da für die vorgeschriebenen CM-Messungen Proben aus dem Estrich zu entnehmen sind, müssen pro 200 m² Fläche 3 Messstellen in einem Plan festgehalten und für den Fliesenleger auf dem Boden markiert sein.

Erst wenn die Belegreife erreicht ist, kann der Estrich auf die Verlegetemperatur abgekühlt und im Dünnbettverfahren verlegt werden.

Wegen der zu erwartenden Spannungen sollten elastifizierte Dünnbettmörtel oder Epoxidharzklebstoffe verwendet werden. Auf eine möglichst hohlraumfreie Einbettung ist zu achten.

Aufgaben:

1. *Nennen Sie die beiden Arten von Fußbodenheizungen und stellen Sie die jeweiligen Vor- und Nachteile einander gegenüber.*

2. *Begründen Sie, warum hohe Temperaturen für beheizte Bodenflächen gefährlich sind.*

3. *Welche Anforderungen sind bei beheizten Fußböden zu stellen an*

   a) *Untergrund,*

   b) *Dämmschicht,*

   c) *Zementestrich?*

4. *Wovon ist die Dicke der beheizten Estrichschicht abhängig?*

5. a) *Weshalb ist die Aufteilung in Felder notwendig?*

   b) *Welche Feldgrößen nennt das Merkblatt?*

6. *Beschreiben Sie den fachgerecht ausgeführten Aufheizungsvorgang eines beheizten Estrichs.*

7. *Welche Prüfpflichten hat der Fliesenleger zu erfüllen, bevor er mit den Belagarbeiten auf einem erhärteten Estrich beginnen kann?*

8. *Welche Anforderungen stellen beheizte Estriche an*

   a) *die Dünnbettmaterialien?*

   b) *die Verlegearbeiten?*

Nach frühestens 21 Tagen wird der Estrich 3 Tage lang mit 25 °C und danach 4 Tage mit der maximalen Vorlauftemperatur aufgeheizt.

Das Aufheizungsprotokoll muss sich der Fliesenleger vorlegen lassen, wenn er die Belegreife prüft.

Die Belegreife ist erreicht, wenn das CM-Gerät höchstens 2,0 Massen-% anzeigt.

Zusammenfassung:

Keramik und Naturstein eignen sich wegen ihrer Dichte und Wärmespeicherfähigkeit hervorragend als Oberbelag auf beheizten Estrichen.

Bei der Planung muss die notwendige Aufbauhöhe berücksichtigt werden.

Fußbodenheizungen gibt es als Elektroheizung (Direkt- oder Speicherheizung) und als Warmwasserheizung. Die Heizkabel der Elektroheizung heizen den Estrich sehr schnell auf. Sie erzeugen am Anfang hohe Temperaturen, die dem keramischen Belag gefährlich werden können.

Die Metall- oder Kunststoffrohre der Warmwasserheizung heizen den Estrich langsamer auf. Örtliche Wärmestaus sowie große Temperaturdifferenzen zwischen Vor- und Rücklauf müssen vermieden werden.

Eine temperaturbeständige Dämmschicht über dem trockenen und ebenen Untergrund verhindert die Ableitung der Wärme nach unten.

Der Zementestrich trägt und verteilt die Last; er soll Wärme gleichmäßig verteilen und speichern.

Die Estrichdicke ist von der Dicke der Dämmschicht, der Lage und der Dicke der Heizrohre abhängig.

Beheizte Estrichflächen dürfen höchstens 40 m² groß sein. Die einzelnen Felder sind durch Feldbegrenzungsfugen, die bis auf die Abdeckung hinunterreichen, voneinander zu trennen.

Feldbegrenzungsfugen werden durch Höhenversatzeisen gegen Aufkanten gesichert.

Nach frühestens 21 Tagen soll der Estrich vorschriftsmäßig aufgeheizt werden.

Die Messstellen zur Prüfung der Belegreife müssen markiert und in einen Plan eingetragen sein.

Großformatiges Belagmaterial kann sowohl auf dem frischen als auch auf dem erhärteten Estrich verlegt werden, vorteilhaft im Fugenschnitt.

Wird nicht im Verbund gearbeitet, so ist zuerst eine eben abgezogene Ausgleichsschicht zur Aufnahme der Heizrohre herzustellen. Nach der Erhärtung kann darüber eine Trennschicht (z. B. zwei Lagen PE-Folie) und eine mindestens 45 mm dicke Lastverteilungsschicht als Estrich oder als Mörtelbett aufgebracht werden.

11.8 Becken und Behälter

Behälter für die Industrie (z. B. Brauereien, Schlachthöfe, Trinkwasseraufbereitungsanlagen) sowie Becken (Freibäder, Hallenbäder, Mineralbäder) werden durch Frost, chemische Belastung, Wasserdruck usw. stark beansprucht.

Alle erforderlichen Handwerksleistungen müssen deshalb mit großer Sorgfalt durchgeführt werden.

11.8.1 Beckenkonstruktion (Schwimmbad)

Die Beckenkonstruktion kann aus verschiedenen Materialien bestehen:

– Kunststofffolien (aufblasbar bzw. gegen Erdreich verlegt)

– Kunststoff (das ganze Becken als Endprodukt bzw. einzelne Segmente)

– Metall

– Beton

Die meisten Becken werden aus **wasserundurchlässigem Beton** hergestellt (Wassereindringtiefe L < 5 cm).

Wasserundurchlässiger Beton ist erreichbar durch die Verwendung von günstiger Kornzusammensetzung, niedrigem Wasserzementwert, richtigem Mischungsverhältnis und der eventuellen Zugabe von Dichtungsmittel.

Die Wasserundurchlässigkeit muss durch das Becken selbst und nicht durch die Beckenbekleidung gewährleistet sein. Eine 2- bis 3-wöchige **Probefüllung** des Betonbeckens dient dem Nachweis der Wasserundurchlässigkeit.

11.8.2 Beckenrandsysteme

Der Beckenrand kann unterschiedlich ausgebildet werden. Die Wahl des geeigneten Beckenrandsystems wird von der Art bzw. Nutzung des Beckens beeinflusst (z. B. Wettkampf-Sportbecken, Planschbecken, Bewegungstherapie-Becken usw.).

Die Abbildungen zeigen schematisch verschiedene Beckenrandsysteme.

Die Überflutungssysteme (hoch liegender Wasserspiegel) haben folgende Vorteile:

– Kosteneinsparung bei Schalungs- und Betonierarbeiten (einfacher)

– bessere Hygiene

– schnelle Wellenberuhigung

– bessere Übersicht für den Schwimmer und Bademeister

– angenehmer für den Badenden (freier Ausblick)

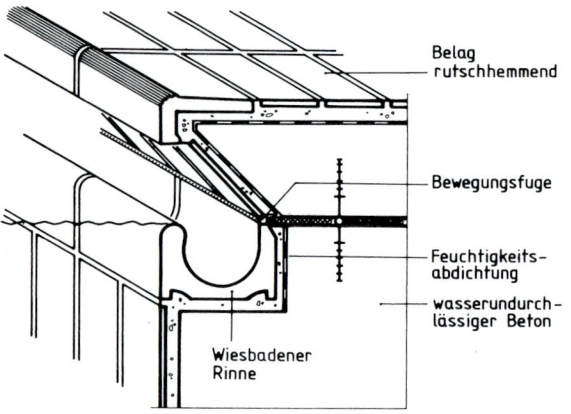

1   Tief liegender Wasserspiegel, System „Wiesbaden"

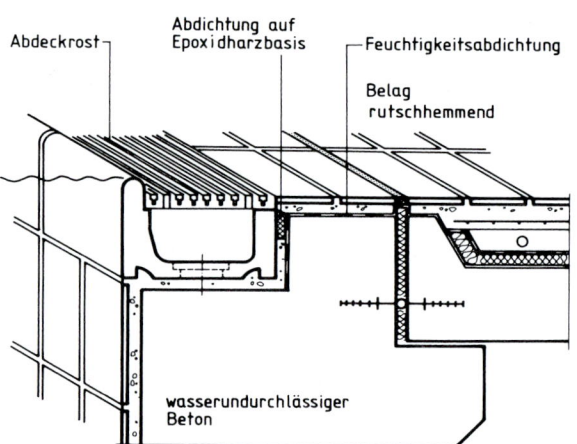

2   Hoch liegender Wasserspiegel, System „Wiesbaden"

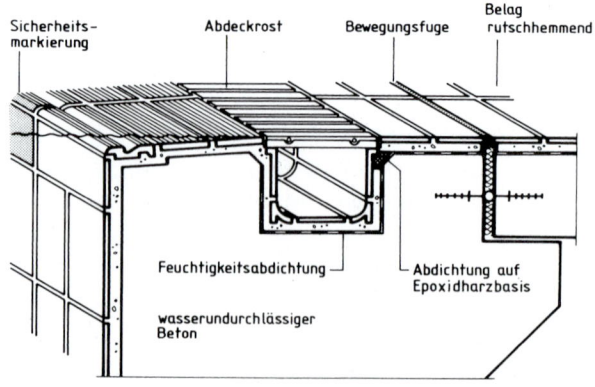

3   Hoch liegender Wasserspiegel, System „Finnische Rinne"

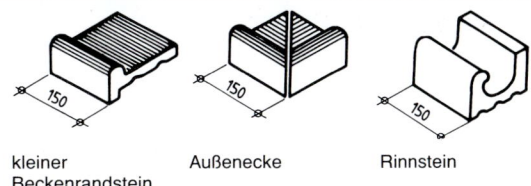

kleiner   Außenecke   Rinnstein
Beckenrandstein

11.8.3 Beckenbekleidung

Frühere Verfahren wie Farbanstriche oder Folienbekleidungen bringen nicht die Vorteile, wie sie die Keramik bietet (Farbanstrich muss laufend erneuert werden).

11.8.3.1 Eigenschaften der keramischen Beckenbekleidung

Der starken Beanspruchung der Becken und Behälter sind Steinzeugfliesen und Spaltplatten am besten gewachsen.

Das Material ist:

– frostbeständig

– temperaturwechselbeständig

– beständig gegen Chemikalien

– stoßunempfindlich

– licht- und farbecht

– hygienisch

– rutschhemmend

Der Markt bietet eine Vielzahl an notwendigen Formsteinen und Zubehörteilen (Beckenrand, Startblöcke usw.).

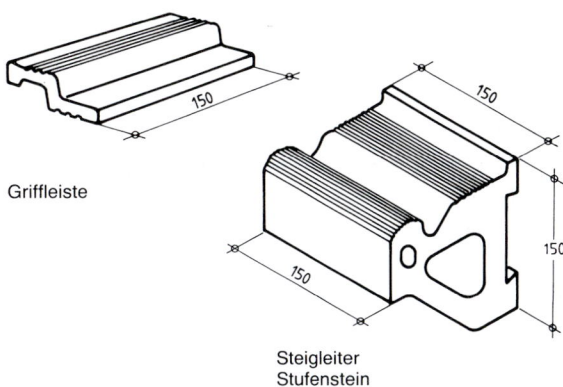

Griffleiste

Steigleiter
Stufenstein

1   Beispiele: Formsteine und Zubehörteile

11.8.3.2 Formate, Formsteine und Zubehörteile

Steinzeugfliesen werden in verschiedenen **Formaten** angeboten, z. B. 150 × 150 mm, 150 × 305 mm, aber auch aus Mosaik, z. B. 50 × 50 mm, 20 × 20 mm usw.

Die **Formsteine und Zubehörteile** sind auf die Formate abgestimmt.

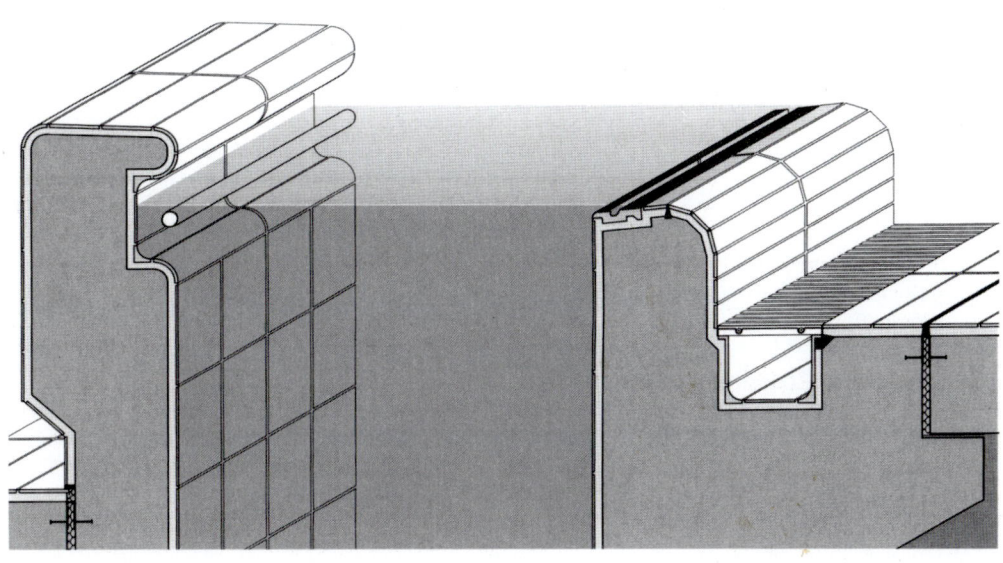

2   Beispiel: Beckenkopf eines Therapiebeckens

153

Bei den Spaltplatten wird meistens das Format 115/240 unglasiert oder glasiert bevorzugt.

Die keramische Industrie hat Glasuren entwickelt, die eine rutschhemmende Wirkung haben.

> Die häufigste Beckenkonstruktion ist das Becken aus wasserundurchlässigem Beton.
>
> Der Beckenrand kann unterschiedlich ausgeführt werden.
>
> Wegen ihrer besonders guten Eigenschaften wird keramische Bekleidung bevorzugt verwendet.

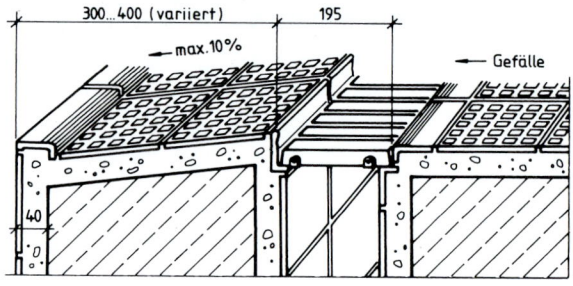

1 Ausführungsbeispiel „Finnisches Überflutungssystem", Kanal abgedeckt

11.8.4 Ausführung

Handwerkliches Können und sorgfältige Ausführung der Verlege- und Verfugarbeiten sind Voraussetzung für eine einwandfreie Beckenbekleidung. Die Beckenbekleidung kann in Dickbett- und Dünnbettmethode ausgeführt werden.

11.8.4.1 Dickbettmethode

Als Konstruktionsstärke für den Fliesenbelag (vom Stahlbetonbecken bis Vorderkante Beckenbekleidung) werden **40 mm** angenommen.

ca. 10 mm   Ausgleich von Unebenheiten des Betons (Maßtoleranzen des Beckens), evtl. als Sperrputz

ca. 15 mm   Mörtelbett (nach DIN 18352)

ca. 15 mm   keramischer Belag

Die Ausführung erfolgt vorteilhaft mit **Trasszementmörtel.** Als Mischungsverhältnis ist zu wählen:

– innen: 1 RT Portlandzement CEM I 32,5 R (besser Portlandpuzzolanzement), 5–6 RT gewaschener, gemischtkörniger Sand

– außen: 1 RT Portlandzement CEM I 32,5 R (besser Portlandpuzzolanzement), 4–5 RT Sand

Besonders wichtig ist das **hohlraumfreie Verlegen,** sonst kommt es zur Hinterspülung der Bekleidung, ferner ist das angesammelte Wasser unhygienisch (Bakterienbildung!) bzw. Ursache von Frostschäden (Freibäder).

Die Dickbettmethode hat den Nachteil, dass Hohlräume kaum zu vermeiden sind und dass die Zementfuge bzw. das Mörtelbett nicht chemisch beständig sind (erforderlich bei Meer-, Moor-, Mineralbädern).

Vorteilhaft dagegen ist die Möglichkeit eines Maßausgleichs, was bei Wettkampfbecken von großer Bedeutung ist, da hier keine Minus-Maßtoleranzen zulässig sind.

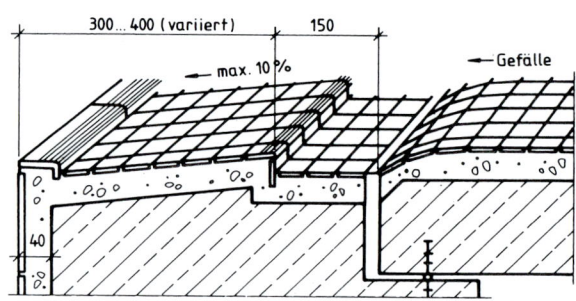

2 Ausführungsbeispiel „Finnisches Überflutungssystem", offene Rinne

11.8.4.2 Dünnbettmethode

Die Voraussetzung für die Ausführung in der Dünnbettmethode ist ein **ebenflächiger Untergrund.** Zur zusätzlichen Sicherheit für Ebenflächigkeit und Dichte wird oft ein Sperrputz aufgebracht.

Als Konstruktionsstärke werden **30 mm** angenommen:

ca. 12 mm   Unterputz, Sperrputz

ca. 3 mm   Dünnbettmörtel

ca. 15 mm   keramischer Belag

Das Ansetzen bzw. Verlegen erfolgt nach eventuellem Voranstrich (Sperrputz ist nicht saugend) mit **hydraulisch erhärtendem Dünnbettmörtel** oder mit **2-Komponenten-Kleber.** Die Wahl des geeigneten Klebers wird durch die Nutzung bzw. Wasserart bestimmt (Mineralbad, Lagerung aggressiver Flüssigkeiten usw.).

Das Gleiche gilt auch für die Wahl eines geeigneten Fugenmaterials. Neben der Zementmörtelfuge kann die Verfugung mit 2-Komponenten-Material durchgeführt werden.

Vorteile der Dünnbettverlegung liegen darin, dass Hohlräume und damit Hinterspülung eher zu vermeiden sind. Damit ist auch die Haftung der Fliese am Untergrund höher als bei der Dickbettmethode.

Bei der Verwendung von 2-Komponenten-Material zur Verlegung und Verfugung ist die Gewähr auf Beständigkeit gegen chemischen Angriff gegeben.

11.8.4.3 Allgemeine Hinweise für die Ausführung von Beckenbekleidungen

– Festlegung der Fliesenformate, der Formsteine, Aussparungen für die Abläufe, Rinnen usw. schon während der Planung vornehmen (Zusammenarbeit Architekt mit Fachfirmen).

– Verlegeplan anfertigen (meistens in Zusammenarbeit mit dem Hersteller des keramischen Belagmaterials).

– Bei der Wahl rutschhemmender Fliesen die gültigen Vorschriften und Empfehlungen beachten (siehe auch Kapitel 11.1.3).

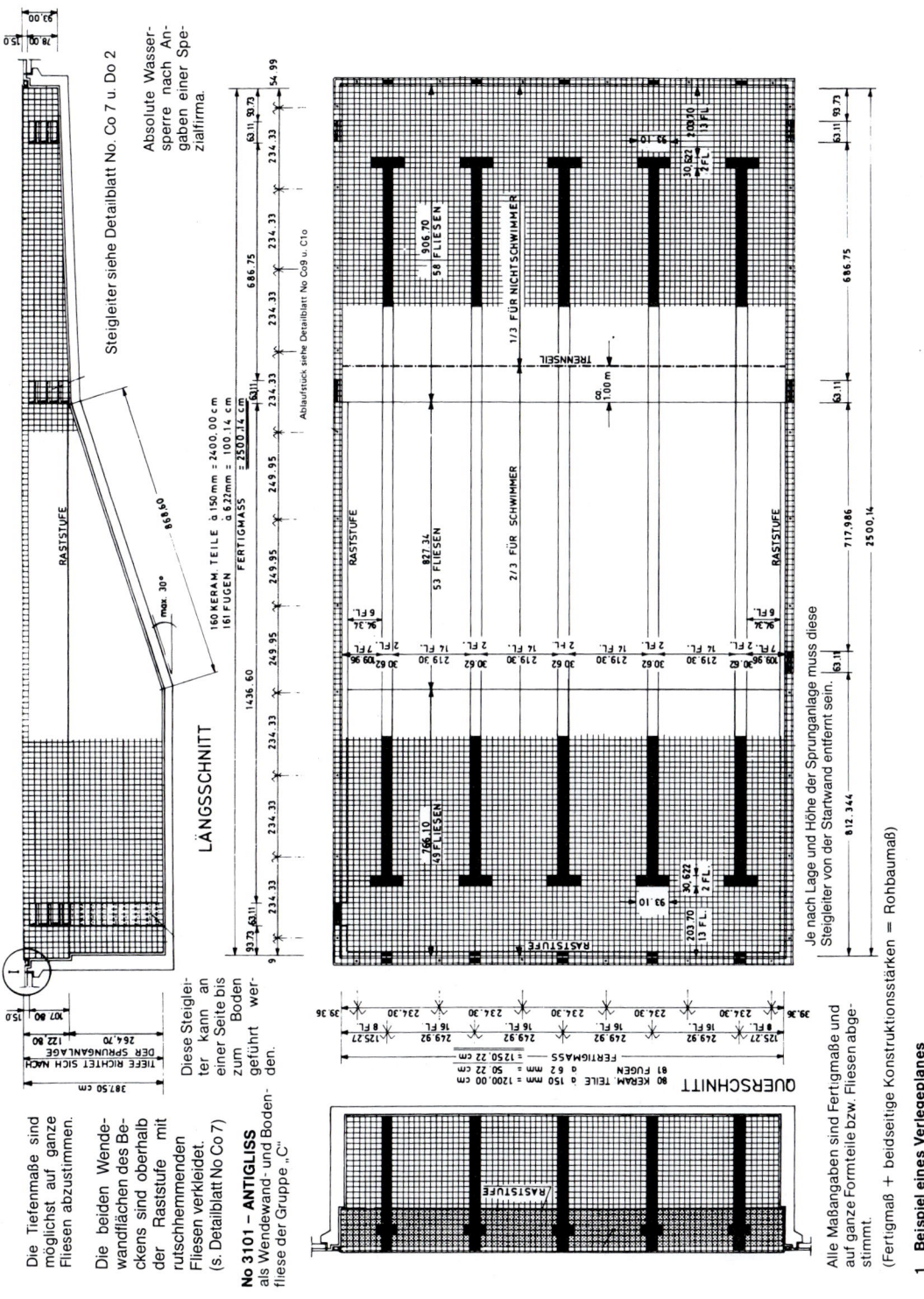

1 Beispiel eines Verlegeplanes

155

– Während der **Probefüllung** des Stahlbetonbeckens ist es zweckmäßig, in Höhe des Wasserspiegels Markierungen anzubringen. Dies erleichtert das genaue Verlegen der Überlaufrinne.

– Wettkampfbecken sind vor Beginn der Fliesenverlegearbeiten von einem öffentlich zugelassenen Vermessungsingenieur zu **vermessen.**

  Toleranzen nach internationalen Bäderbaurichtlinien für ein 50-m-Becken: plus 0,03, minus 0,00 m.

– Gefälle des Rohbaus prüfen.

– Etwaige Mängel des Untergrundes sind dem Auftraggeber unverzüglich schriftlich mitzuteilen.

– Beim Anbringen von **Zementspritzbewurf** hat sich das Verfahren „feucht in feucht" bewährt, d. h., der Spritzbewurf wird sofort nach dem Ausschalen angebracht.

– Gehört der Sperrschutz zu den Leistungen, so sind die Vorschriften des Dichtungsmittel-Herstellers zu beachten.

– **Hohlraumfreie Verlegung** anstreben.

– Das Becken muss vom übrigen Baukörper getrennt werden. Die in diesem Bereich vorhandene **Bewegungsfuge** ist sorgfältig einzuarbeiten. Zum Füllen und Verschließen der Bewegungsfugen ist ein für den Schwimmbäderbau geeignetes Material zu wählen.

– Richtige **Pflege und Reinigung** der Becken und Behälter ist die Voraussetzung für eine lange Lebensdauer der Deckenbekleidung. Die Unterweisung des Pflegepersonals und Verwendung geeigneter Reinigungsmittel sind notwendig.

> Die Ausführung der Beckenbekleidung bedarf großer Sorgfalt und handwerklichen Könnens.
>
> Das Ansetzen bzw. Verlegen kann sowohl in der Dickbett- als auch in der Dünnbettmethode erfolgen.

11.8.5 Behälter

Verschiedene Industriezweige benötigen für ihre Produktion Behälter, die widerstandsfähig gegen chemische Angriffe sind.

Dazu gehören Vorrats- und Rührbehälter in der Lebensmittelherstellung (Molkereien, Brauereien, Schlachthöfe), Trinkwasseraufbereitungsanlagen, Klärbecken usw.

Keramik (Spaltplatten, unglasiertes Steinzeug) bietet sich als Beckenbekleidung dafür aus vielerlei Gründen an: Sie ist chemikalienbeständig, pflegeleicht, bakterienfeindlich, geruchlos, unverrottbar, druck-, stoß- und ritzfest.

Bei diesen Behältern ist ähnlich wie bei den Mineralwasser-Schwimmbecken zu berücksichtigen, dass die **gesamte Konstruktion chemikalienbeständig** sein muss. Für die Ausführung bedeutet dies, dass der Verlegeuntergrund abgedichtet werden muss, für das Verlegen spezielle Säurekitte verwendet werden und die Verfugung mit chemisch beständigem Zweikomponentenmaterial erfolgt (siehe auch Kap. 9.4).

Die Belagarbeiten müssen besonders sorgfältig ausgeführt werden, da die Behälter neben den chemischen Angriffen (z. B. durch Milchsäure, Fettsäure, Zitronensäure) auch thermischer Beanspruchung (z. B. beim Reinigen mit Dampfstrahlgeräten) sowie mechanischen Belastungen (z. B. durch Spülen, Schleifen, Rütteln) ausgesetzt sind.

Das Mörtelbett muss dicht und hohlraumfrei sein. Dies erreicht man am besten mit einem Zementunterputz und der darauffolgenden Anwendung des kombinierten Buttering-Floating-Verfahrens. Ganz wichtig ist die Wahl geeigneter Materialien und Fugenbreiten, die Anordnung von Gefälle sowie die sorgfältige Anarbeitung von Rinnen und Abläufen.

Der Säurebau ist ein Spezialgebiet im Aufgabenbereich des Fliesenlegers. Informationen zum Thema Säurebau können bei der **Säurefliesner-Vereinigung** eingeholt werden.

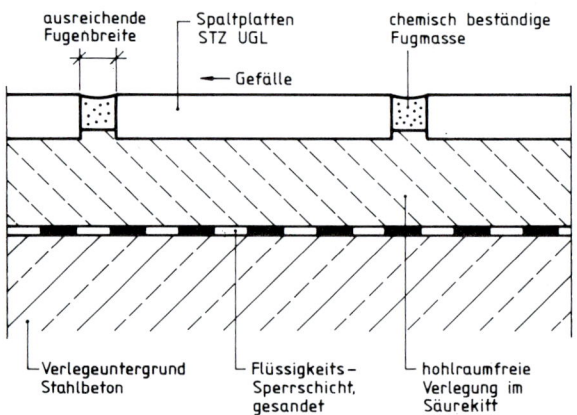

1 Ausführungsbeispiel

Aufgaben:

1. *Wer hat die Gewährleistung für die Wasserundurchlässigkeit eines Beckens zu übernehmen:*

   a) *Fliesenleger,*

   b) *Rohbauunternehmen?*

2. *Nennen Sie die Beckenrandsysteme.*

3. *Welche Vorteile haben Überflutungssysteme?*

4. *Zählen Sie mindestens fünf vorteilhafte Eigenschaften der keramischen Beckenbekleidung auf.*

5. *Wie viele mm beträgt die Konstruktionsstärke der Beckenbekleidung bei*

   a) *Dickbettmethode,*

   b) *Dünnbettmethode?*

   Nennen Sie den Aufbau und die einzelnen Schichtdicken.

6. *Begründen Sie die Notwendigkeit einer hohlraumfreien Verlegung.*

7. *Nennen Sie mindestens fünf Punkte, die bei der Ausführung von Becken und Behältern zu beachten sind.*

11.9 Trennwände

Unter dem Sammelbegriff „Trennwände" lassen sich tragende und nicht tragende Wände verschiedenster Bauart und Zweckbestimmung zusammenfassen.

Dieses Kapitel beschränkt sich auf nicht tragende Trennwände bzw. Trennwandsysteme, die in den Tätigkeitsbereich des Fliesenlegers gehören, also:

beidseitig gefliese Trennwände mit einer Konstruktionsdicke zwischen 30 und 50 mm.

Solche Trennwände dienen vor allem zur Herstellung halb oder ganz geschlossener Raumzellen bei Toiletten, Duschen oder Umkleiden im Nassbereich von Schwimmbadanlagen, Sportstätten und Krankenhäusern.

11.9.1 Anforderungen an Trennwände

Trennwände unterteilen Räume. Sie haben nicht die Aufgabe, Räume zu umschließen oder gar gegen die Außenluft hin abzuschirmen. Deshalb entfallen in der Regel Maßnahmen zur Schall- und Wärmedämmung.

Folgende Anforderungen müssen an Trennwände gestellt werden:

– möglichst geringe Dicke, um Räume platzsparend zu unterteilen

– möglichst geringes Gewicht

– ausreichende Stabilität und Standfestigkeit gegen Schlag- und Stoßbelastungen

– ihre Oberfläche muss vor Abnutzung, Nässe und Beschmieren schützen; sie muss leicht zu reinigen sein

– sie müssen möglichst bodenfrei ausgeführt sein (Reinigung)

1   Leichte Trennwände bei einer Dusch-Reihenanlage

11.9.2 Montagearten

Aufgesetzte Trennwände

Die Trennwand ist auf den Bodenbelag aufgesetzt.

Der Trennwandkern ist in der Regel mit dem Verlegemörtel des Bodenbelags verbunden. Eine zusätzliche Einbindung in die Rückwand oder eine Aussteifung durch Querwände sorgen für die notwendige Standfestigkeit.

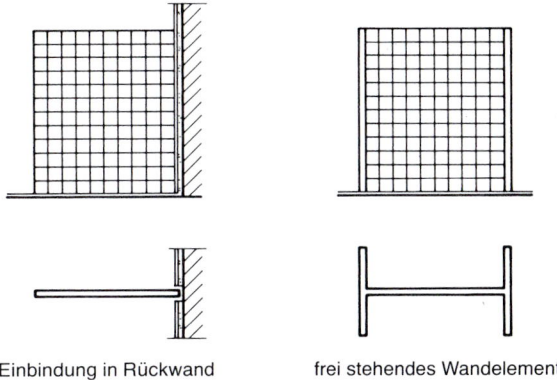

Einbindung in Rückwand   frei stehendes Wandelement

2

> Aufgesetzte Trennwände eignen sich dort, wo geschlossene Raumzeilen bei hoher Belastbarkeit gefordert werden. Viele Eckanschlüsse erschweren die Herstellung und die Sauberhaltung des Belags.

Aufgestelzte Trennwände

Die Trennwand braucht ein unteres Rahmenprofil, das von Stahlrohrfüßen getragen wird. Der lichte Abstand zwischen Fertigfußboden und Profilunterkante beträgt zwischen 15 und 30 cm.

Die Standfestigkeit wird durch eine Einbindung in die Rückwand oder durch Querwände erreicht.

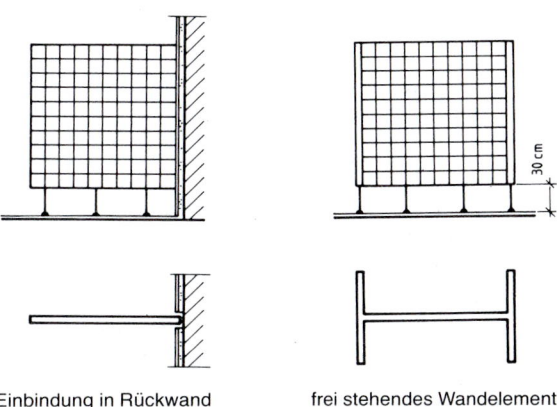

Einbindung in Rückwand   frei stehendes Wandelement

3

157

Aufgestelzte Trennwände eignen sich für offene Raumzellen bei geringer Belastung. Die Trennwand kann unabhängig vom Bodenbelag erstellt werden.

Die Bodenfreiheit erlaubt ein maschinelles Reinigen des Fußbodens.

Halb hängende Trennwände

Zwischenwände auf Stützen tragen die Seitenteile.

Zusätzliche Träger über den Seitenteilen sorgen bei Reihenanlagen für die notwendige Aussteifung.

Diese Montageart verlangt ganz vorgefertigte Wandelemente.

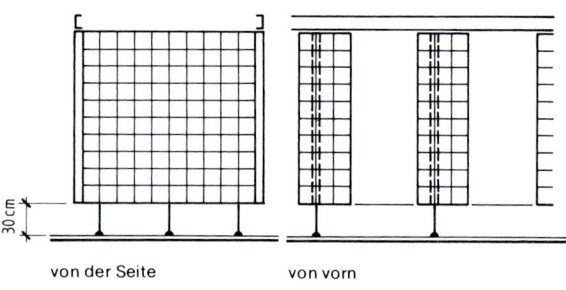

von der Seite   von vorn

1

Halb hängende Trennwände eignen sich für Reihenanlagen mit gleichen Raumelementen. Einfache Schraubverbindungen erlauben kurze Aufbauzeiten, unabhängig von anderen Belagarbeiten.

Hängende Trennwände

Ganz vorgefertige Zwischenwände und Seitenteile hängen an durchlaufenden Trägern, die in größeren Abständen von Stützen getragen werden.

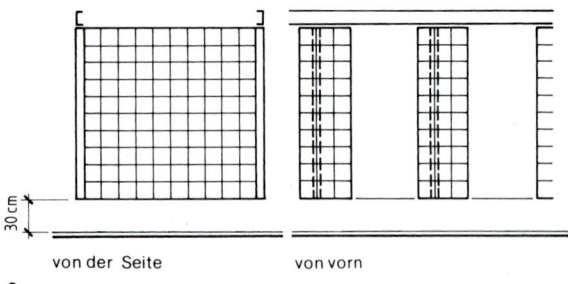

von der Seite   von vorn

2

Hängende Trennwände weisen die größte Bodenfreiheit auf, da nur wenige Stützen Verbindung zum Bodenbelag haben. Rasche Aufbauzeiten, unabhängig von anderen Belagarbeiten, und einfache Sauberhaltung sind die Vorzüge dieser Montageart.

11.9.3 Arten nach der Herstellung

Nach der Bauart lassen sich drei Gruppen von Trennwänden unterscheiden:
– örtliche hergestellte Trennwände
– teilweise vorgefertigte Trennwände
– ganz vorgefertigte Trennwände

11.9.4 Örtlich hergestellte Trennwände/ Rabitzwand

Den Kern der Trennwand bildet eine Betonstahlmatte, die an einem Stahl-Rahmenprofil befestigt ist. Die Betonstahlmatte, mit einem verzinkten Rippenstreckmetall bespannt, bindet in einen Wandschlitz der Rückwand ein. Um die Konstruktionsdicke möglichst gering zu halten, schalt man eine Seite des Rabitzgewebes ein und wirft danach die andere Seite mit Zementmörtel (MV 1 : 4) an. Einen Tag später kann auf der aufgezogenen Seite mit dem Ansetzen begonnen werden. Nach weiteren zwei Tagen kann die Schalung entfernt und die Rückseite bekleidet werden.

Montage

– Als aufgesetzte Trennwand:
  Die Betonstahlmatte ist in den Verlegemörtel des Bodenbelags eingebunden.
– Als bodenfreie Trennwand:
  Das Rahmenprofil ruht auf einzelnen Stahlrohrfüßen.

Türzargen können direkt an das Rahmenprofil geschraubt werden.

Rabitzwände haben einen tragenden Mörtelkern. Die Bewehrung besteht aus einer Betonstahlmatte, die mit einem Mörtelträger (Rippenstreckmetall) bespannt ist. Die Aufbauzeit beträgt mehrere Tage.

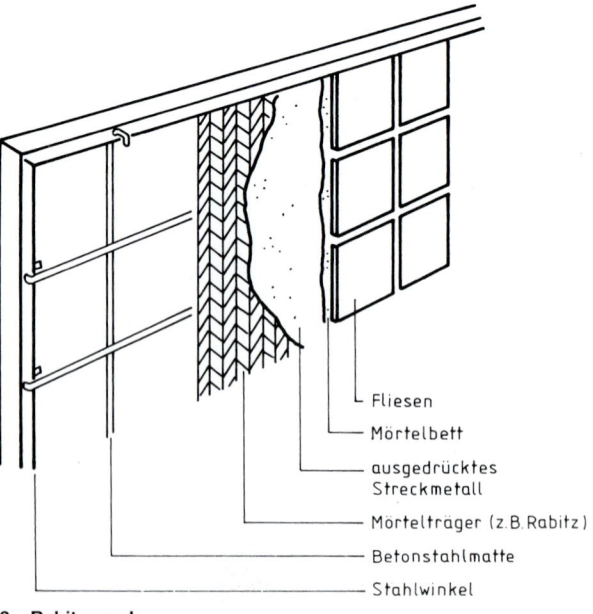

Fliesen
Mörtelbett
ausgedrücktes Streckmetall
Mörtelträger (z.B. Rabitz)
Betonstahlmatte
Stahlwinkel

3   Rabitzwand

Wände aus Trennwandsteinen

Weitgehend von der Bildfläche verschwunden ist diese hochbelastbare Trennwandart:

Grobkeramische Trennwandsteine, im Rastermaß der Spaltplatten (240 × 115 × 50 mm), beidseitig glasiert, werden – ähnlich wie Glasbausteine – mit Zementmörtel örtlich aufgemauert. Für die Standfestigkeit sorgen verzinkte Rundstähle, die alle zwei bis drei Schichten in die Lagerfuge eingelegt werden.

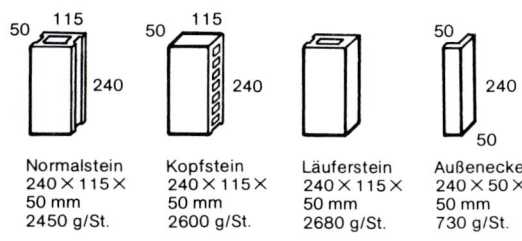

Normalstein
240 × 115 ×
50 mm
2450 g/St.

Kopfstein
240 × 115 ×
50 mm
2600 g/St.

Läuferstein
240 × 115 ×
50 mm
2680 g/St.

Außenecke
240 × 50 ×
50 mm
730 g/St.

1

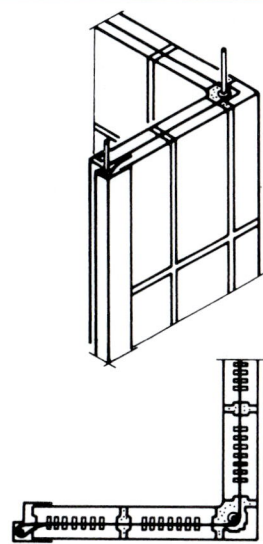

2 Systemskizze Bewehrung

> Wände aus Trennwandsteinen werden, ähnlich wie Glasbausteine, mit Zementmörtel aufgemauert.
>
> Durch eingelegte Rundstähle sind sie standfest und hoch belastbar.

Trennwände mit Hartschaumplatten

Auf dem Markt sind derzeit sogenannte „Bauplatten", die äußerst vielseitig verwendbar sind. Es handelt sich dabei um Hartschaumplatten aus extrudiertem Polystyrol, beidseitig mit Glasfasergewebe armiert und mit kunststoffvergütetem Zementmörtel beschichtet. Sie sind trotz ihres geringen Gewichtes (eine Platte mit den Abmessungen 250 × 60 × 5 cm wiegt nur 6,2 kg) erstaunlich stabil und absolut wasserfest. Beidseitig mit Fliesen belegt, steigt ihre Biegezugfestigkeit auf das 2,5-Fache an.

Da sich die Platten einfach mit dem Messer oder einem Fuchsschwanz schneiden lassen, können daraus z. B. Duschabtrennungen, Zwischenwände, aber auch Ablagen oder Beplankungen individuell gestaltet und anschließend mit Fliesen bekleidet werden (Abb. 3).

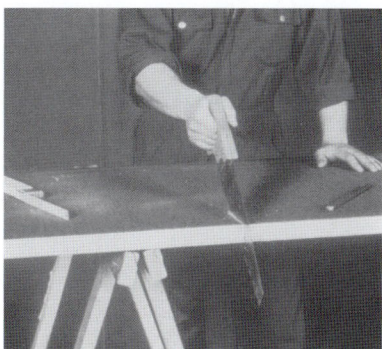

3

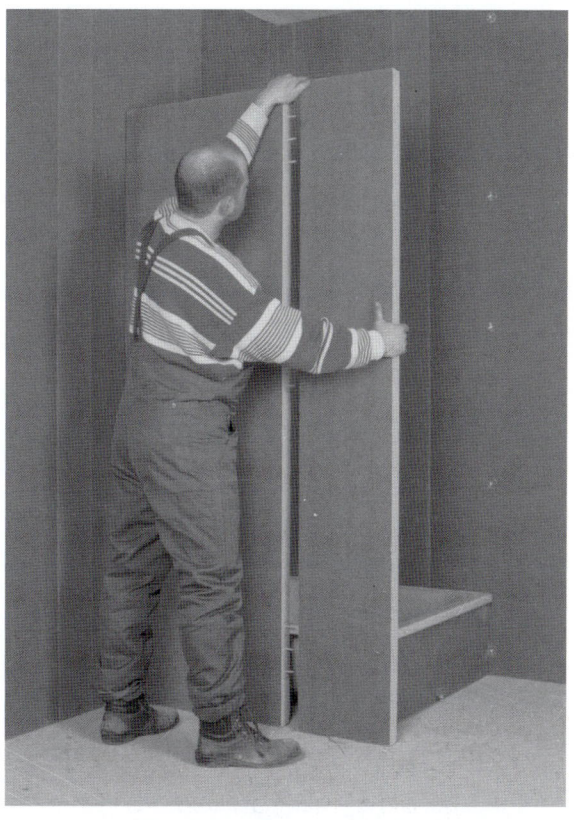

4 Zusammenfügen der vorbereiteten Platten (Steckverbindung am Stoß)

Auch Rundungen lassen sich einfach herstellen, indem man nur auf einer Seite (der späteren Außenseite) Streifen einschneidet und die keilförmigen Zwischenräume mit Dünnbettmörtel füllt (Abb. 1).

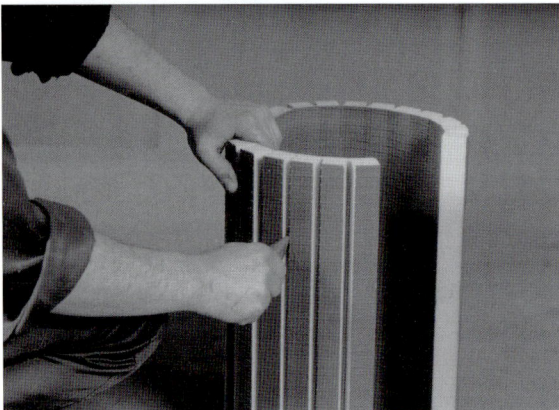

1

Plattenstöße und Eckbereiche werden mit einem Armierband überspachtelt. Im Nassbereich arbeitet man stattdessen Dichtbänder ein. Damit ist auch im Spritzwasserbereich einer Dusche keine weitere Maßnahme notwendig, wie z. B. das Aufbringen einer „alternativen Abdichtung" (Abb. 2).

2

Aus armierten und beschichteten Hartschaumplatten lassen sich mit einfachen Mitteln Trennwände herstellen. Sie sind leicht, formstabil und wasserfest und können im Dünnbettverfahren mit Fliesen bekleidet werden.

Für Anschlüsse an Wand, Boden und Decke oder für Stöße gibt es besondere Verbindungsteile, die sich einerseits einfach in den Hartschaum eindrücken lassen, andererseits auch angedübelt werden können. Ihre Flanken liegen nachher bündig und unsichtbar in der Dünnbettschicht.

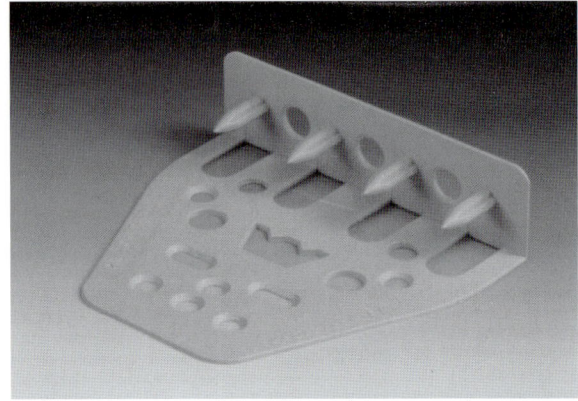

3   Winkelstück zur Befestigung der Platten an Boden, Wand und Decke

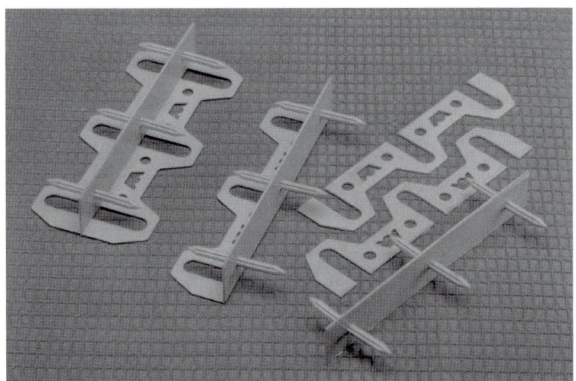

4   Verbindungsstück am Stoß zur Herstellung größerer Flächen Sollbruchstellen erlauben das Ablösen der Flanken nach Bedarf

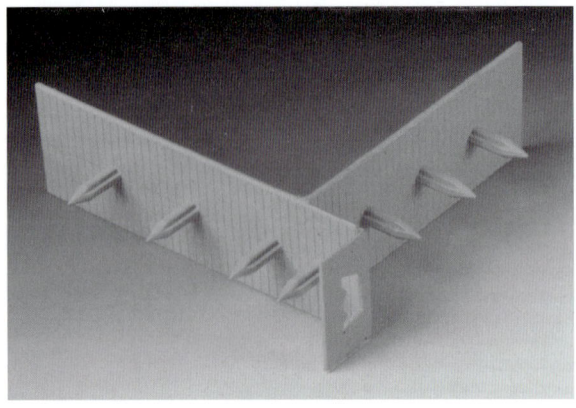

5   Eckverbindung

11.9.5 Teilweise vorgefertigte Trennwände

Trennwände aus vorgefertigten Elementen

Umkleidebereiche von Hallenbädern und Sportstätten setzen sich aus einer großen Zahl gleicher Trennwandeinheiten zusammen. Hier liegt es nahe, die Aufbauzeiten solcher Reihenanlagen dadurch zu verkürzen, dass vorgefertigte Teilelemente verwendet werden.

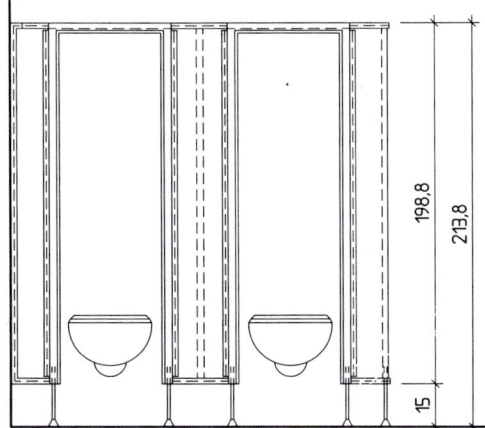

1 Ansicht einer Doppel-WC-Anlage im Rohzustand. Türen können, wahlweise nach innen oder außen anschlagend, eingebaut werden.

2 Systemwand im fertig bekleideten Zustand

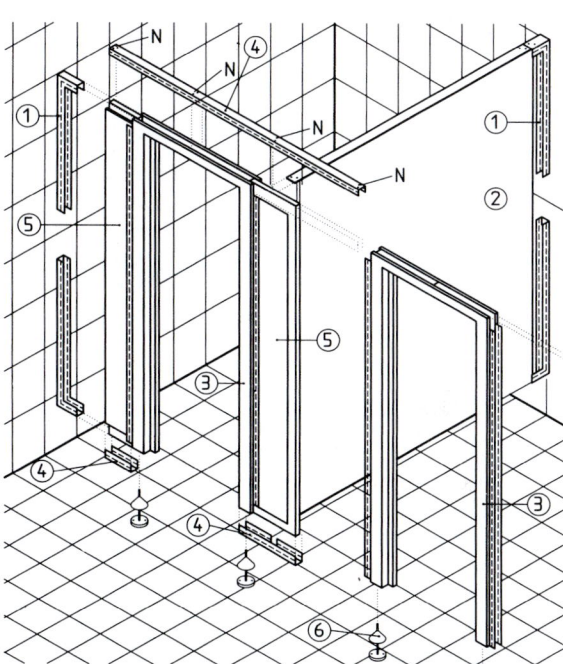

Für Reihenanlagen eignen sich Trennwände aus wenigen vorgefertigten Einzelkomponenten. Die Montage ist unkompliziert und kann vom Fliesenleger mit übernommen werden.

Die Industrie bietet dazu ein „Trennwand-Schnellbausystem" auf der Basis von 30 mm dicken PS-Hartschaumplatten an (siehe auch Abschnitt 11.9.4, Trennwände mit Hartschaumplatten). Dieses System besteht nur aus wenigen Einzelkomponenten, die vom Werk montagefertig vorbereitet sind.

Ein Vorteil dieses Systems: Die Montage bedarf keiner umfangreichen Spezialkenntnisse und kann vom Fliesenleger leicht mit übernommen werden. Die Gesamtleistung liegt damit in einer Hand.

Die nebenstehende Abbildung zeigt die verwendeten Einzelkomponenten und ihre Anordnung. Die Zahlen geben dabei die Reihenfolge an, in der die Elemente zusammengefügt werden:

1. Montagewinkel an der Wand

2. erste und jede weitere Mittelwand (mit vormontierten Alu-Schienen oben und unten)

3. Türzargen (werden später ausgeschäumt)

4. Verbindungsschienen oben und unten

5. Frontstücke

6. Stellfüße, 15 cm lang, aus V2A-Stahl mit Kunststoff-Abdeckkappe (um ± 15 mm höhenverstellbar)

N = diese Stellen sind zu vernieten

Nach der Montage können die Wände im Dünnbett mit Fliesen bekleidet werden.

11.9.6 Vorgefertigte Trennwände

Trennwände mit Stahlbetonkern

Der steigende Bedarf an standardisierten (vereinheitlichten) Trennwand-Elementen bei großen Reihenanlagen führte zur Herstellung von montagefertigen Trennwandsystemen. Vorteile sind dabei, dass die Aufbauzeiten noch weiter verkürzt werden und dass die Wände im Werk – nach den Plänen des Architekten – unter gleichmäßigen, kontrollierten Bedingungen hergestellt werden können.

Den Kern dieser sehr stabilen Trennwände bildet ein mit hochfestem Zement hergestellter Beton, der mit Betonstahlmatten armiert ist. Die Trennwände werden in horizontaler Lage hergestellt. Dies garantiert ein hohlraumfreies Verdichten und erleichtert das Einlegen der Fliesen oder Platten mithilfe eines Verlegerasters.

Nicht rostende Schraubverbindungen aus Messing werden mit eingegossen. Sie sind – ebenso wie die Kunststoff-Türzargen oder Kantenschutz-Profile – an der Betonstahlmatte fest verankert.

Abmessungen:

Elementgrößen bis 4,00 m²

Elementhöhen bis 3,5 m

Wanddicken einschließlich der beidseitigen Fliesenschale:

35 mm

– Normaldicke für nicht raumhohe Wände

47 mm

– für raumhohe Wände oder für Wände mit dickeren Fliesen oder Platten

– für raumhohe Wände, deren Stabilität ausreicht, um bodenfreie WC-Becken oder andere Sanitär-Einbauteile zu tragen

– für Wände mit Installationen, z. B. Leerrohre für Elektroleitungen, Kalt- und Warmwasserrohre, Abflussrohre usw.

Montage:

Die Einzelelemente (Paneele) lassen sich mit Kunststoffprofilen in kurzer Zeit zu großen Wandflächen zusammensetzen.

Rechtwinklige Anschlüsse zwischen Trennwandelementen erfolgen über Schraubverbindungen und Einrastkästen. Der Anschluss an eine massive, befliese Rückwand kann über ausgesparte Wandschlitze oder über Steckprofile auf dem fertigen Belag erfolgen. Größere Reihenanlagen lassen sich in allen Aufstellungsarten – aufgesetzt, aufgestelzt, halb hängend, hängend – ausführen.

Fußstützen können auch auf dem fertigen Bodenbelag aufgesetzt werden. Damit entfällt die Gefahr, dass die Abdichtung in der Bodenkonstruktion beschädigt wird.

1 Y-förmige Duschtrennwände in einem Bade- und Bewegungszentrum

Trennwände mit Stahlbetonkern werden im Werk in horizontaler Lage hergestellt und können hohlraumfrei verdichtet werden. Zusammen mit den eingegossenen, nicht rostenden Schraubverbindungen erzielt man äußerst stabile Trennwandelemente.

Fußstütze

a) eingesetzt

b) aufgesetzt

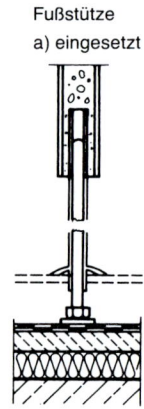

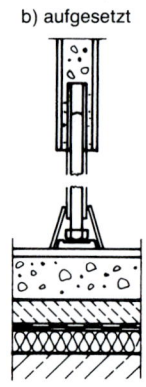

Fußstütze wird auf Flachstahl montiert, anschließend wird der Boden verlegt

Fußstütze sitzt auf dem fertigen Belag, nur möglich bei Kopfaussteifung

2

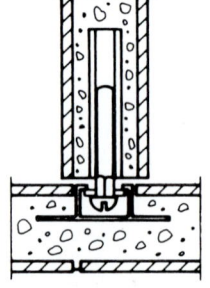

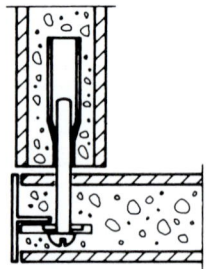

Stirnstück: Verbindung mit Einrastkasten

Eckverbindung

3

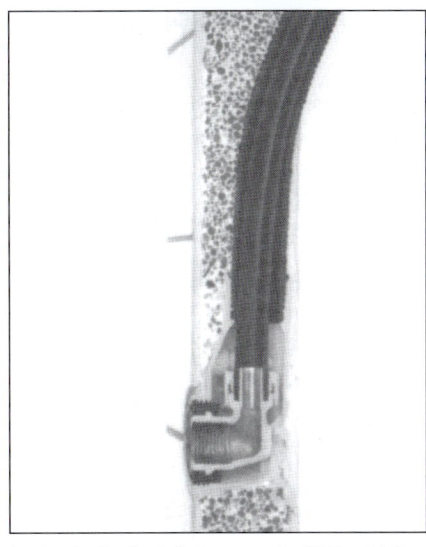

1 Anschlüsse an eine massive Wand

(Bild: 52 mm Schlitzbreite | Steckprofil)

Trennwände mit Stahlbetonkern werden montagefertig an die Baustelle geliefert. Je nach Bedarf können sie mit Installationsleitungen versehen werden. Die Montage wird meist von Spezialisten ausgeführt.

2 Schnitt durch eine Installationswand mit Wandeinbaudose für VPEc-Rohrinstallation

Zusammenfassung:

Mit Fliesen bekleidete Trennwände werden meist im Sanitär- und Nassbereich verwendet. Ihre Oberfläche muss deshalb vor Nässe und Beschmieren schützen und leicht zu reinigen sein. Sie sollen bei möglichst geringem Gewicht Räume platzsparend unterteilen. Sie müssen gegen Stoßbelastungen gesichert sein. Die Bewehrung muss so ausgeführt sein, dass keine Korrosionsschäden auftreten.

Nach der Bauart unterscheidet man:

– örtlich hergestellte Trennwände

– teilweise vorgefertigte Wände

– ganz vorgefertigte Trennwände

Nach der Montageart lassen sich folgende Ausführungen unterscheiden:

– aufgesetzt

– aufgestelzt

– halb hängend

– ganz hängend

Trennwände aus armierten und beschichteten Hartschaumplatten sind leicht, formstabil und wasserfest. Sie lassen sich leicht bearbeiten und mit wenigen Verbindungsstücken montieren.

Für Reihenanlagen eignen sich Trennwände aus wenigen vorgefertigten Einzelkomponenten. Die Montage ist unkompliziert und kann vom Fliesenleger mit übernommen werden. Die Verarbeitungshinweise der Hersteller sind genau zu beachten.

Ganz vorgefertigte Trennwände mit einem Stahlbetonkern werden montagefertig an die Baustelle geliefert. Je nach Bedarf können sie mit Installationsleitungen bestückt werden. Die Montage wird von geschultem Personal ausgeführt.

3 Trennwände, ganz in hängender Ausführung

Aufgaben:

1. Nennen Sie den Unterschied zwischen der Montageart „aufgesetzt" und „aufgestelzt".

2. Beschreiben Sie das Material und den Schichtaufbau einer Trennwand mit Hartschaumplatten.

3. Eine teilweise vorgefertigte Trennwand besteht aus passgenau vorbereiteten Wandelementen. Welche zusätzlichen Komponenten benötigt man für den Aufbau der gesamten Anlage?

4. Welches Trennwandsystem eignet sich besonders für die ganz hängende Ausführung?

5. Nennen Sie Gründe für die außerordentliche Stabilität von ganz vorgefertigten Trennwänden mit Betonkern.

11.10 Beläge auf Entkopplungsschichten

Ein Bauherr wünscht einen keramischen Bodenbelag anstelle des vorhandenen Holz-Dielenbodens.

Er stellt folgende Bedingungen:

– es muss schnell gehen,

– OKFFB soll so niedrig wie möglich sein,

– möglichst wenig Schmutz,

– möglichst keine Nässe,

– Belag soll sich möglichst leise begehen lassen.

Die Bauindustrie hat im Laufe der Zeit verschiedene Lösungen entwickelt, die nach sorgfältiger Prüfung des Einzelfalles einsetzbar sind.

Entkopplung

Allen Lösungen gemeinsam ist das Prinzip der Entkopplung. Bewegungen des Untergrunds werden von einer Pufferschicht aufgefangen und können sich nicht auf die Belagkonstruktion übertragen. Die Entkopplungsschicht besteht in der Regel aus drei Teilen:

• dem unteren Dünn- oder Mittelbett,

• dem Trägermaterial,

• dem oberen Dünn- oder Mittelbett.

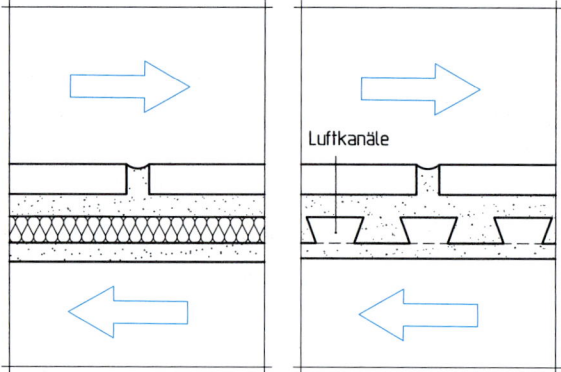

1 Zwischenlage:
PE-Dämmstoff, faserig
oder geschlossenzellig

2 Zwischenlage:
gerippte PE-Trägermatte
gleichzeitig Abdichtung

Meist ist das Trägermaterial so elastisch eingestellt, dass es in sich schon den größten Teil der Bewegungen aufnehmen kann. Dies ist der Fall bei Matten aus geschlossenzelligem Schaumstoff (Polyethylen), bei Faserplatten aus Polyester, bei einer Filzschicht oder bei rippenförmigen Trägermatten aus Polyethylen.

Bei starren Trägermaterialien wird die Entkopplung dadurch erreicht, dass sie z. B. mit einer elastischen Trittschall-Dämmschicht kombiniert werden und beweglich auf dem Untergrund aufliegen.

> Keramik- oder Natursteinbeläge sind als starre Schalen anzusehen. Sie brechen, wenn sie Verformungen aus einem instabilen Untergrund aufnehmen sollen. Entkopplungsschichten wirken als Puffer und trennen den Belag vom Untergrund. Die meisten Systeme sind dreischichtig: Eine Trägermatte oder -platte liegt zwischen zwei Dünnbettschichten.

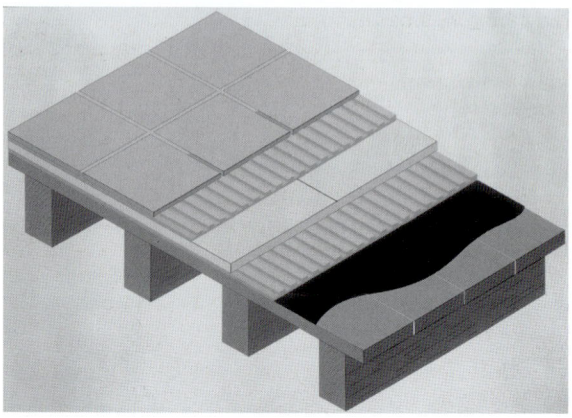

3 Keramischer Belag auf einem Holzboden

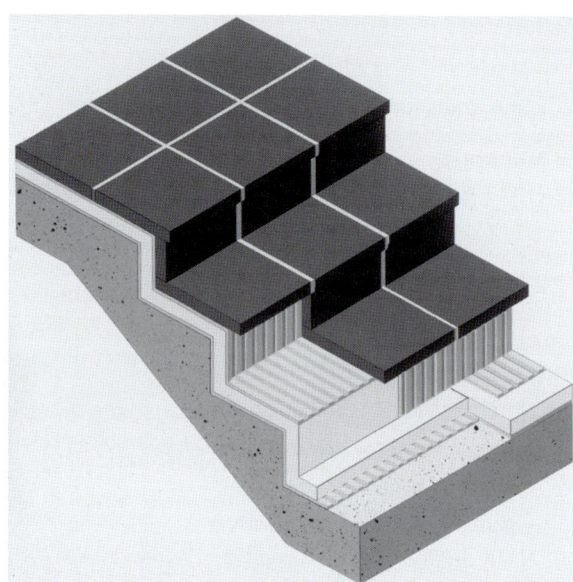

4 Trittschallverbesserung bis zu 20 dB bei Treppen

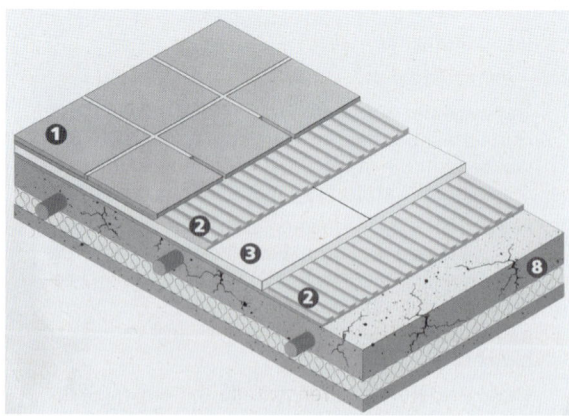

5 Heizestrich mit zu geringer Rohrüberdeckung
1 = Fliesenbelag
2 = flexibler Dünnbettmörtel
3 = Dämmplatte
8 = schadhafter Heizestrich

Vorbereitungsmaßnahmen

Je nach Zustand des Untergrunds können folgende Vorbereitungsmaßnahmen notwendig werden:

– Flächen säubern,

– lockere und knarrende Dielen nachschrauben,

– Schadstellen grundieren,

– Fehlstellen mit Reparaturmörtel ausgleichen,

– große Unebenheiten mit (selbstverlaufender) Ausgleichsmasse nivellieren,

– Randstreifen stellen (bei Holzdielen: 15 mm dick).

Anwendung

Außer dem genannten Beispiel eines alten Dielenbodens kann der Einsatz von Entkopplungsschichten noch bei weiteren heiklen Fällen sehr hilfreich sein, so z. B. bei Belägen

– auf alten, gerissenen Estrichen,

– auf alten keramischen Belägen,

– auf Mischuntergründen bei Wand oder Boden (altes Fachwerkhaus),

– auf zu jungen Betonflächen an Wand oder Boden,

oder wenn außer der Entkopplung noch weitere Aufgaben erfüllt werden sollten, wie z. B.

– Wäremedämmung unter einer neu zu verlegenden Elektroheizung,

– Dämmung und zusätzliche Abdichtung in einem Altbau-Badezimmer,

– Trittschalldämmung auf einer Rohtreppe (Verbesserung bis 20 dB).

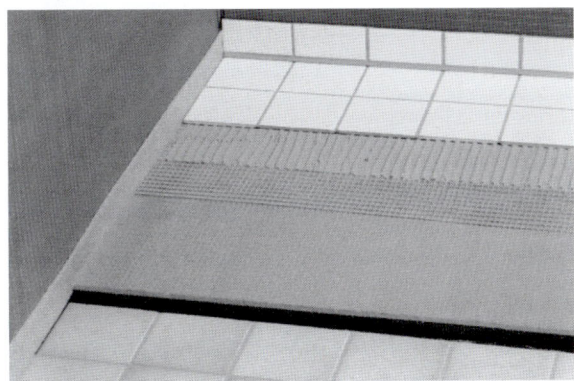

1   Neuer Belag auf altem, schadhaften Belag

Eine zweischichtige Platte mit Stufenfalz – bestehend aus einer Trittschalldämmschicht und einer PS-Hartschaumplatte (beide 6 mm dick) – wird fugenversetzt über dem alten Belag verlegt. Eine Gewebearmierung gibt dem Dünnbett zusätzliche Stabilität.

> Entkopplungsschichten verhindern Schäden bei Belägen auf kritischen, spannungsreichen Untergründen. Sie sind in der Regel leicht einzubauen und zeichnen sich durch geringe Aufbauhöhe aus.

Verlegemörtel mit Kautschuk-Gummischnitzel

Schaumstoffplatten, wahlweise mit 3 oder 4 mm Dicke, werden aufgetackert und die Stöße abgeklebt. Nun feuchtet man den Untergrund an und legt Lehren für die gewünschte Dicke des Mörtelbetts (zwischen 6 und 15 mm). Dann rührt man die trockenen Komponenten mit Wasser an und zieht den eingebrachten Mörtel mit einer Winkelschiene ab. Der Keramikbelag wird in den feuchten Mörtel eingelegt und frühestens nach 24 Stunden mit elastifiziertem Fugenmörtel ausgefugt. Das äußerst elastische Mörtelsystem kann auch im Außenbereich eingesetzt werden (siehe Abb. 2).

2   Lösung mit einem elastischen Mörtelsystem

Zusammenfassung:

> Keramik- oder Natursteinbeläge sind als starre Schalen anzusehen. Sie brechen, wenn sie Verformungen aus einem instabilen Untergrund aufnehmen sollen. Entkopplungsschichten wirken als Puffer und trennen den Belag vom Untergrund. Oft werden mit der Entkopplung noch andere Funktionen übernommen, wie Wärme-, Trittschalldämmung oder Abdichtung. Entkopplungsschichten sind in der Regel leicht einzubauen und zeichnen sich durch geringe Aufbauhöhen aus.

Aufgaben:

1. *Erklären Sie die Funktionsweise von Entkopplungsschichten.*

2. *In welchen Fällen werden Beläge entkoppelt?*

   Geben Sie Anwendungsbeispiele.

3. *Erläutern Sie verschiedene Entkopplungssysteme.*

4. *Stellen Sie die wesentlichen Unterschiede zwischen den Konstruktionen „schwimmender Estrich" und „Entkopplungsschicht" heraus.*

12.1 Treppenarten

12.1.1 Treppenarten nach der Lage

Treppen dienen zur Überwindung von Höhenunterschieden innerhalb und außerhalb von Gebäuden.

Nach ihrer Lage unterscheidet man deshalb Innen- und Außentreppen.

Zu den **Innentreppen** gehören Kellertreppen, Geschosstreppen und Bodentreppen.

Zu den **Außentreppen** gehören Eingangstreppen von Gebäuden, Freitreppen in Garten- oder Parkanlagen und Kelleraußentreppen.

Gerade Treppen

Die einläufige gerade Treppe wird vorwiegend in Wohngebäude mit geringer Geschosshöhe eingebaut. Bei vielgeschossigen Gebäuden mit größeren Geschosshöhen werden meist mehrläufige gerade Treppen mit Zwischenpodest vorgesehen. Sie beanspruchen weniger Raum und sind sicherer und bequemer zu begehen.

Die zweiläufige gegenläufige gerade Treppe mit Zwischenpodest ist die im Wohnungsbau bevorzugte Treppenform.

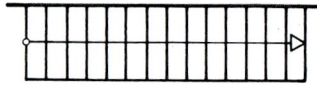

2 Einläufige gerade Treppe

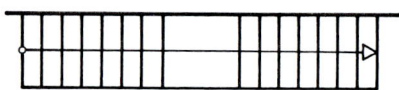

3 Zweiläufige gerade Treppe mit Zwischenpodest

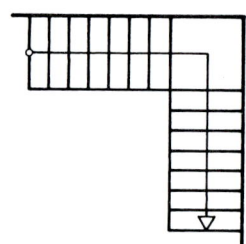

4 Zweiläufige gewinkelte Treppe mit Zwischenpodest (als Rechtstreppe dargestellt)

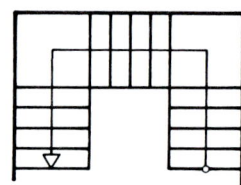

5 Dreiläufige zweimal abgewinkelte Treppe mit Zwischenpodesten (als Linkstreppe dargestellt)

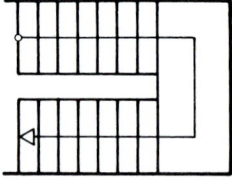

6 Zweiläufige gegenläufige Treppe mit Zwischenpodest (als Rechtstreppe dargestellt)

1 Belagtreppe

12.1.2 Treppenarten nach der Form

Die Form einer Treppe wird hauptsächlich von der Art und Bedeutung eines Gebäudes und von dem zur Verfügung stehenden Platz bestimmt.

Eine Treppe kann aus einem oder mehreren **Treppenläufen** bestehen (vgl. 12.2). Ein Treppenlauf hat mindestens drei aufeinanderfolgende Stufen.

Nach der Grundrissform der Treppenläufe werden **gerade** und **gewendelte** Treppen unterschieden.

Gewendelte Treppen

Bei gewendelten Treppen werden die Zwischenpodeste durch Stufen ersetzt. Sie werden so ausgebildet und angeordnet, dass die Richtung des Treppenlaufes nicht scharf gebrochen wird, sondern sich in einer Drehbewegung vollzieht. Nach der Art der Wendelung werden folgende Treppenformen unterschieden:

a) Die angewendelte Treppe; Antritt und/oder Austritt können gewendelt sein.

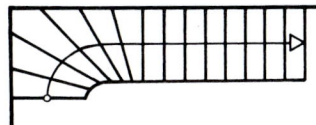

1 Einläufige, im Antritt viertelgewendelte Treppe (dargestellt als Rechtstreppe)

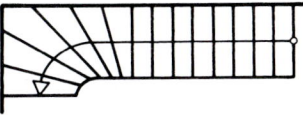

2 Einläufige, im Austritt viertelgewendelte Treppe (dargestellt als Linkstreppe)

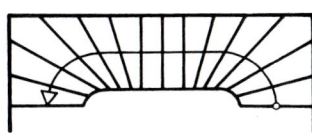

3 Einläufige, zweimal viertelgewendelte Treppe (dargestellt als Linkstreppe)

b) Die halb gewendelte Treppe; der Treppenlauf beschreibt im Bereich der Wendelung einen Halbkreisbogen.

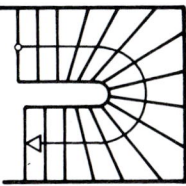

4 Einläufige, halbgewendelte Treppe (dargestellt als Rechtstreppe)

c) Die ganz gewendelte Treppe; man unterscheidet die Wendeltreppe (mit Treppenauge) und die Spindeltreppe (mit Treppenspindel); diese Treppen haben einen kreisförmigen Grundriss.

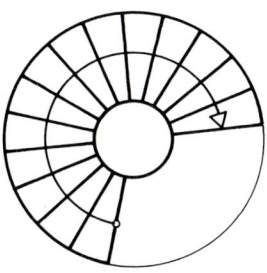

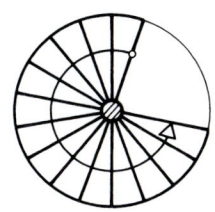

5 Wendeltreppe, Treppe mit Treppenauge (dargestellt als einläufige Rechtstreppe)

6 Spindeltreppe, Treppe mit Treppenspindel (dargestellt als einläufige Linkstreppe)

Gewendelte Treppen beanspruchen weniger Grundfläche als gerade Treppen. Nachteilig ist jedoch bei einigen gewendelten Treppen, dass sie weniger sicher und bequem zu begehen sind.

> Größe und Bedeutung eines Bauwerks und der zur Verfügung stehende Raum bestimmen die Form einer Treppe. Typische Treppenform im Wohnungsbau ist die zweiläufige gegenläufige gerade Treppe mit Zwischenpodest. Den geringsten Raum beanspruchen Wendeltreppen.

12.1.3 Treppenarten nach der Konstruktion

Nach der Konstruktion lassen sich Belagtreppen und Werksteintreppen unterscheiden.

Belagtreppen

Belagtreppen haben eine **tragende Unterkonstruktion,** die meist aus längs oder quer gespannten Stahlbetonplatten oder aus Fertigteilen besteht.

Auf diese Rohtreppe kommt eine Bekleidung mit keramischem Material, Naturstein oder Betonwerkstein (vgl. 12.4).

Werksteintreppen

Als Werksteintreppen werden solche Treppen bezeichnet, bei denen die Stufen selbst die tragenden Teile der Treppe darstellen (siehe 12.4.3). Die tragenden Stufen aus Naturwerkstein oder Betonwerkstein können untermauert, in die Treppenhauswand eingebunden sein oder auch durch Balken oder Wangen getragen werden.

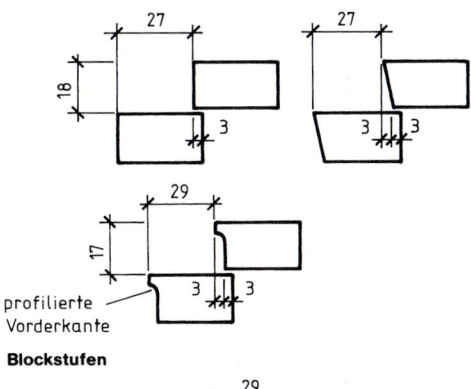

7 Skizze Werksteintreppen

Nach der jeweiligen Konstruktionsart unterscheidet man bei Betonwerksteintreppen:

– **Balkentreppen**

Ein oder mehrere vorgefertigte oder an Ort und Stelle betonierte Balken tragen die platten- oder winkelförmigen Stufen.

– **Wangentreppen**

Die Stufen werden von seitlich angelegten Wangen getragen.

– **Kragtreppen**

Jede Stufe ist unabhängig von der anderen im Mauerwerk oder in einer Betonwand eingespannt.

– **Spindeltreppen**

Die Stufen sind einseitig und übereinander versetzt in eine Stütze oder Spindel eingespannt und führen in einer kreisförmigen Bewegung nach oben.

1   Balkentreppe

12.2 Bezeichnungen an Treppen

Ein Treppenlauf besteht aus mindestens drei aufeinanderfolgenden Stufen.

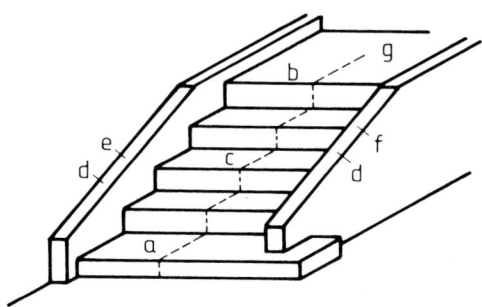

a) Antrittstufe   e) Wandwange
b) Austrittstufe   f) innere Wange
c) Lauflinie   g) Podest
d) Wange

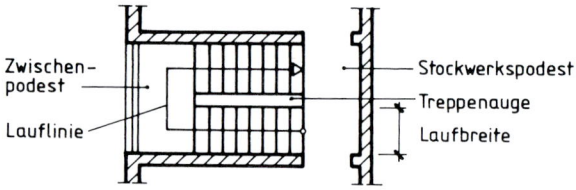

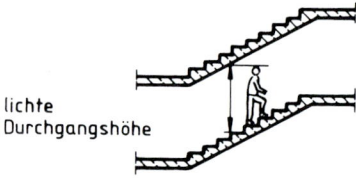

4   Bezeichnungen an Treppen

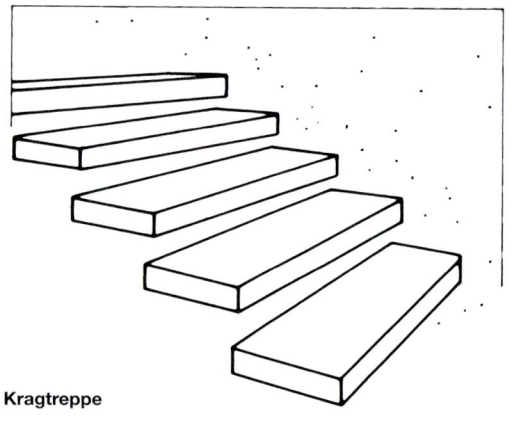

2   Kragtreppe

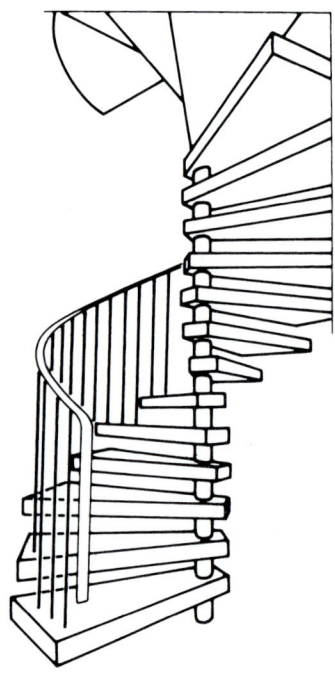

3   Spindeltreppe

Man unterscheidet:

Antrittstufe	= erste oder unterste Stufe
Austrittstufe	= letzte oder oberste Stufe
Trittstufe	= der waagerechte Teil einer Stufe
Setzstufe	= der senkrechte oder annähernd senk-rechte Teil einer Stufe
Auftritt	= das waagerechte Maß von der Vorder-kante einer Stufe bis zur Vorderkante der folgenden Stufe
Steigung	= das senkrechte Maß von der Auftritts-fläche einer Stufe zur Auftrittsfläche der folgenden Stufe
Wangen	= Treppenteile, die die Stufe tragen und seitlich begrenzen

Treppenlauflänge = das waagerechte Maß von Vorderkante Antrittstufe bis Vorderkante Austrittstufe, im Grundriss an der Lauflinie gemessen

Treppenlaufbreite = entspricht dem Grundrissmaß der Konstruktionsbreite

Lauflinie = gedachte Linie, die den üblichen Weg der Benutzer einer Treppe angibt. Bei geraden Treppen liegt sie mittig, bei gewendelten Treppen außerhalb der Laufmitte. Sie ist mit einem Pfeil gekennzeichnet, der die Aufwärtsrichtung der Treppe angibt

Treppenauge = der vom Treppenlauf umschlossene freie Raum

Lichte Durchgangshöhe = lotrechtes Fertigmaß über den Vorderkanten der Stufen und über den Podesten bis zu den Unterkanten darüberliegender Bauteile

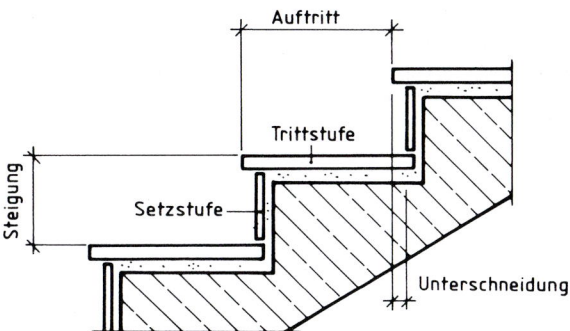

1 Bezeichnung am Beispiel einer Stahlbetontreppe mit Natursteinplatten

In DIN 18065, „Gebäudetreppen – Definitionen, Messregeln, Hauptmaße", und in den Landesbauordnungen sind Höchst- oder Mindestabmessungen für Treppen festgelegt. Die wichtigsten Angaben sind in der folgenden Tabelle zusammengefasst:

Treppenart		Maßangaben in cm		
		nutzbare Treppenlaufbreite mind.	Steigung	Auftritt
in Wohngebäuden mit nicht mehr als zwei Wohnungen				
baurechtlich notwendige Treppen	Treppen zu Aufenthaltsräumen	80	14...20	23...37
	Keller- und Bodentreppen	80	14...21	21...37
baurechtlich nicht notwendige Treppen	z. B. zusätzliche Treppen	50	14...21	21...37
	innerhalb geschlossener Wohnungen	50	nicht festgelegt	
in sonstigen Gebäuden:				
notwendige Treppen		100	14...19	26...37
nicht notwendige Treppen		50	14...21	21...37

Treppen bestehen aus mindestens drei aufeinanderfolgenden Stufen.

Die Höchst- oder Mindestabmessungen für Treppen sind in den DIN-Normen und den Landesbauordnungen festgelegt.

12.3 Berechnung von Treppen

12.3.1 Treppenformel und Steigungsverhältnis

Eine Treppe ist umso bequemer und sicherer zu begehen, je günstiger das Verhältnis von Treppensteigung zur Auftrittbreite ist. Als Grundlage zur Ermittlung des Steigungsverhältnisses dient die durchschnittliche Schrittlänge eines Menschen, die mit 63 cm angenommen wird. Beim Begehen einer Treppe verkürzt sich nun dieses Maß um den doppelten Betrag der zu überwindenden Steigung. Das verbleibende Maß stellt die Auftrittbreite der Stufe dar. Daraus leitet sich die Treppenformel ab, nach der die Stumme aus zwei Steigungen s und einem Auftritt $a \approx 63$ cm beträgt (genau: 62 ± 3 cm).

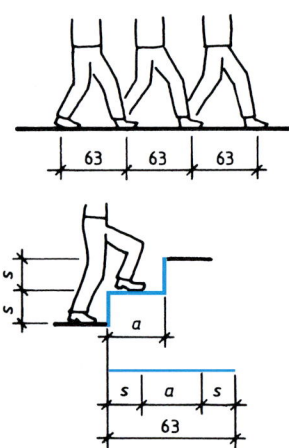

1 Schrittmaß

In Bauzeichnungen werden die Anzahl der Steigungen und das Maß für die Steigungshöhe und die Auftrittbreite in cm angegeben, z. B. 16 × 17,2/29.

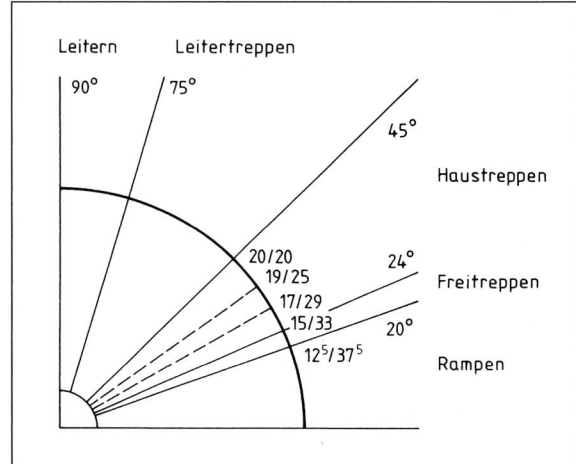

2 Neigungswinkel und Steigungsverhältnisse bei Treppen

> Bequemes und sicheres Begehen einer Treppe ist vom Steigungsverhältnis abhängig. Dieses Verhältnis von Steigung zur Auftrittbreite muss für alle Stufen einer Treppe gleich sein. Bei gegebener Steigung kann die Auftrittbreite nach der Treppenformel berechnet werden.

> **Treppenformel:**
>
> $$a + 2s \approx 63 \text{ cm}$$
>
> $$a \approx 63 \text{ cm} - 2s$$

Für flache Treppen ergeben sich große und für steile Treppen kleine Auftritte.

Beispiele:

Bei einer Steigung $s = 14$ cm ergibt sich eine Auftrittbreite $a = 63$ cm $- 2 \cdot 14$ cm $= 35$ cm.

Bei einer Steigung $s = 17$ cm ergibt sich eine Auftrittbreite $a = 63$ cm $- 2 \cdot 17$ cm $= 29$ cm.

Untersuchungen haben für den Wohnungsbau als günstigstes Steigungsverhältnis 17/29 cm ermittelt.

Soweit keine Vorschriften die Steigungsverhältnisse regeln, werden im Allgemeinen folgende Steigungen eingehalten:

Gartentreppen, Freitreppen	14…16 cm
Theater, Schulen	16…17 cm
Mehr- und Einfamilienhäuser	17…18 cm
Keller- und Bodentreppen	20…22 cm

12.3.2 Berechnungsbeispiel

Eine zweiläufige gerade Treppe mit Zwischenpodest von 1 m Länge hat eine Geschosshöhe von 2,75 m. Gesucht wird die Zahl der Steigungen, die Steigungshöhe, die Auftrittbreite und die Lauflänge.

Zahl der Steigungen

Die Anzahl der Steigungen wird ermittelt, indem die Geschosshöhe durch eine angenommene Steigungshöhe geteilt wird:

$$\frac{275 \text{ cm}}{17 \text{ cm}} = 16,20 \qquad \text{Gewählt werden 16 Steigungen, also 8 Steigungen pro Treppenlauf.}$$

Steigungshöhe

Das genaue Maß der Steigungshöhe ergibt sich, wenn die Geschosshöhe durch die Zahl der Steigungen geteilt wird:

$$\frac{275 \text{ cm}}{16} = 17,2 \text{ cm}$$

Auftrittbreite

Die Auftrittbreite wird nach der Treppenformel berechnet:

$a = 63\ \text{cm} - 2 \cdot s = 63\ \text{cm} - 2 \cdot 17{,}2\ \text{cm} = 28{,}6\ \text{cm}$

Lauflänge

Die Lauflänge einer zweiläufigen geraden Treppe mit Zwischenpodest setzt sich aus zwei Lauflängen und der Podestlänge zusammen.

Die Länge eines Treppenlaufes ist gleich der Auftrittbreite multipliziert mit der um eins verminderten Zahl der Steigungen:

Treppenlauflänge = 28,6 cm · (8 − 1) = 28,6 cm · 7 = 200,2 cm

Gesamtlauflänge = 200,2 cm + 100 cm + 200,2 cm = 500,4 cm = 5,004 m

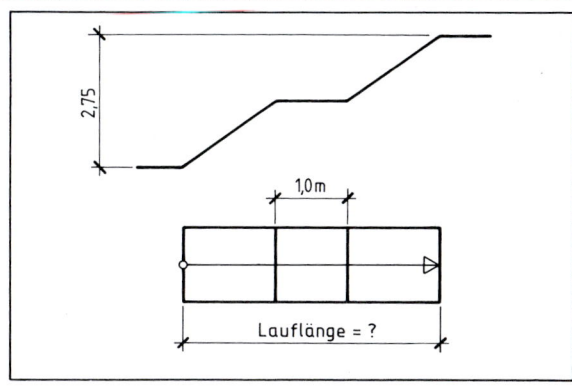

1   Berechnungsbeispiel

12.4 Belagtreppe

12.4.1 Bekleidung aus keramischem Belagmaterial

Treppen sind einem starken schleifenden Verschleiß ausgesetzt. Zur Bekleidung von Betontreppen eignet sich deshalb nur abriebfestes, fein- oder grobkeramisches Boden-Belagmaterial mit oder ohne Glasur. Die Keramikindustrie bietet dazu eine Fülle von Formstücken und Formaten an, die auf die einzelnen Belagprogramme abgestimmt sind. Da Treppen häufig Unfallquellen sind, müssen an den Belag besondere Anforderungen gestellt werden. Dazu gehört,

– dass die Vorderkanten der Trittstufen abgerundet oder abgefast sind,

– dass die Trittplatte grundsätzlich die Setzplatte an der Vorderkante überdeckt,

– dass die Stufenvorderkante durch Rillen, Stege oder durch Farbunterschiede optisch betont wird,

– dass die Auftritte von Außentreppen in einem Gefälle von ca. 2 % in Laufrichtung liegen,

– dass die Oberfläche des Belags rutschhemmend wirkt.

Die rutschhemmende Wirkung kann bei einem Mosaikbelag durch das dichte Fugennetz, bei Fliesen oder Platten durch die Struktur der Oberfläche erzielt werden. Sie ist entweder rau oder durch Nocken, Stege oder Pyramiden profiliert (vgl. Kapitel 11.1, Rutschhemmende Beläge).

Stark profilierte Oberflächen haben jedoch den Nachteil, dass sie sich schlecht reinigen lassen, was wiederum zu einer Unfallgefahr werden kann. Die Auswahl des Belagmaterials bezüglich seiner rutschhemmenden Eigenschaft hat sich an der „Arbeitsstättenverordnung" und an den Unfallverhütungsvorschriften zu orientieren, in denen die Rutschgefahr für die verschiedenen Verkehrsbereiche bewertet wird.

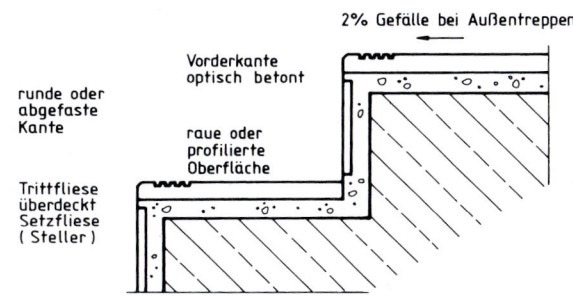

2   Belagtreppe, Maßnahmen zur Unfallverhütung

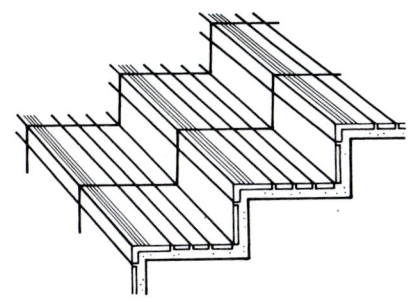

3   Belagtreppe mit Spaltplatten, Längsschenkel und Riemchen, Vorderkante bündig

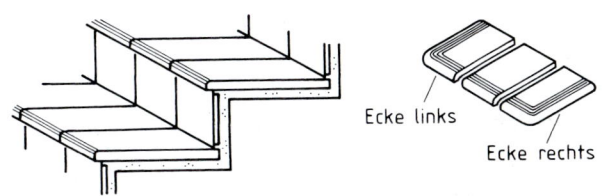

4   Belagtreppe mit Formklinkern

5   Auftrittfliesen aus Steinzeug (15 x 30 cm)

So gilt z. B. im nassbelasteten Barfußbereich:

– für „Treppen außerhalb eines Schwimmbeckens" die Bewertungsgruppe B,

– für „ins Wasser führende Treppen" die höhere Bewertungsgruppe C.

Um Unfälle zu vermeiden, müssen an Treppen besondere Sicherheitsanforderungen gestellt werden.

Ein Treppenbelag muss vor allem rutschhemmend sein.

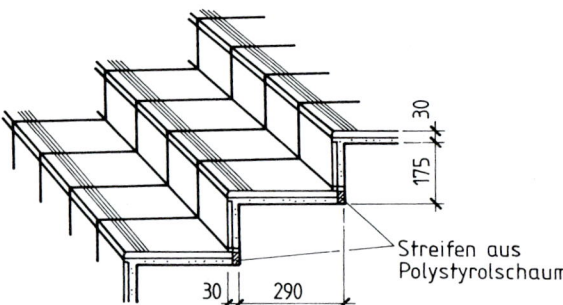

1   Belagtreppe im Freien

Belagtreppe im Freien

Die Setzstufe ist vor der Trittstufe anzusetzen und gut von oben zu verfüllen.

Wichtig: hohlraumfreies Verlegen; Mörtelbett höchstens 20 mm dick.

Ausführung

Ist das Dünnbettverfahren *nicht* vorgesehen, dann werden Treppenbeläge üblicherweise im vorgezogenen Mörtelbett verlegt. Diese Methode erlaubt eine bessere Verdichtung des Mörtelbetts und erhöht damit die Tragfähigkeit des Belags.

Handwerkliches Können und gestalterische Fähigkeiten werden vom Fliesenleger gefordert, wenn Treppen kompliziert zugeschnitten oder unregelmäßig gewendelt sind (Abb. 2). Hat er die Fugen nach einem klaren Ordnungsprinzip geplant, können sie – neben der dekorativen Wirkung – auch eine Art Leitfunktion für das Begehen der Treppe übernehmen (Abb. 3 und 4).

3   Ansicht:
Die erste Fuge innen läuft durch und leitet den Begeher aufwärts

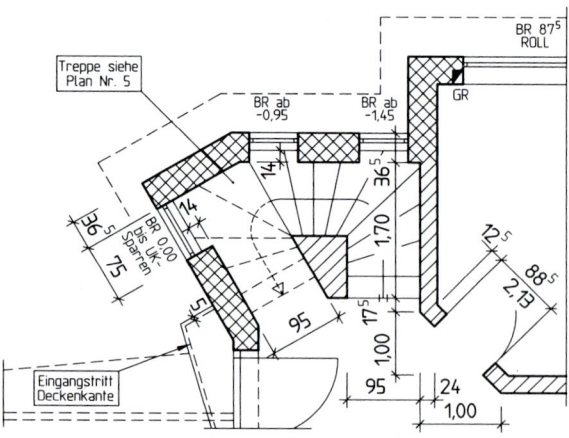

2   Ausschnitt aus dem Werkplan des Architekten:
Wohnhaustreppe mit einer unregelmäßigen Grundrissform

4   Draufsicht

12.4.2 Bekleidung aus Natursteinplatten

Verbindet eine Treppe zwei Ebenen, deren Bodenflächen mit Natursteinplatten belegt sind, so wird auch der Treppenbelag aus dem entsprechenden Material bestehen. Als Beispiele seien Schiefer, Quarzit, Travertin, Juramarmor und Solnhofener Platten genannt. Unter Beachtung der in den vorausgegangenen Abschnitten genannten Anforderungen und Sicherheitsvorschriften für Treppen können diese Platten nach den Richtlinien der DIN 18332 „Naturwerksteinarbeiten", VOB, Teil C, verlegt werden (vgl. 8.5.2).

Da es sich hierbei um „gewachsene" Materialien handelt, gilt für alle Natursteinplatten die Grundregel: Je größer die Einzelplatte, desto teurer ist sie. Treppen werden daher häufig mit unterteilten Platten bekleidet, wie die Abbildung am Beispiel von Solnhofener Platten zeigt.

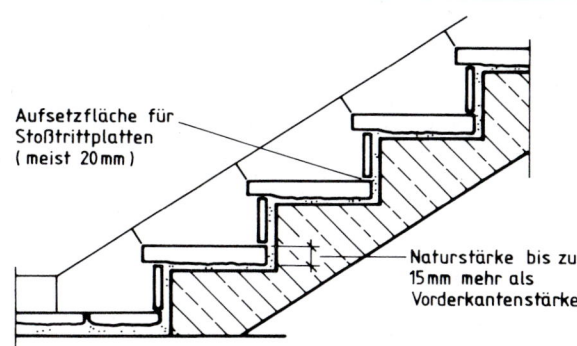

2   Treppe mit Solnhofener Natursteinplatten

12.4.3 Bekleidung aus Betonwerkstein

Stufen aus Betonwerkstein sind mehrschichtig aufgebaute, bewehrte Beton-Fertigteile. Ihre Oberfläche ist in der Regel maschinell geschliffen (vgl. 7.7).

Ihre Herstellungstechnik erlaubt einen großen Spielraum bezüglich ihres Aussehens, ihrer Form, ihrer Abmessungen und ihrer Tragfähigkeit. Die Stufen können deshalb entweder als Werksteintreppen die tragenden Teile der Treppe darstellen (vgl. 12.1) oder als Belag für eine Rohtreppe dienen.

Nach der Querschnittsform unterscheidet man vor allem drei Stufenarten:

– **Plattenstufen** mit Tritt- und Setzstufen

– **Winkelstufen** mit winkelförmigem Querschnitt

– **L-Stufen**

Winkelstufen haben eine höhere Tragfähigkeit als Plattenstufen. So hat z. B. eine Winkelstufe von 4 cm Dicke dieselbe Tragfähigkeit wie eine 8 cm dicke Plattenstufe.

Jede zweite Stufe ist in zwei gleich lange Stücke unterteilt

Springende Trennfuge (meist im Verhältnis 1/3 … 2/3)

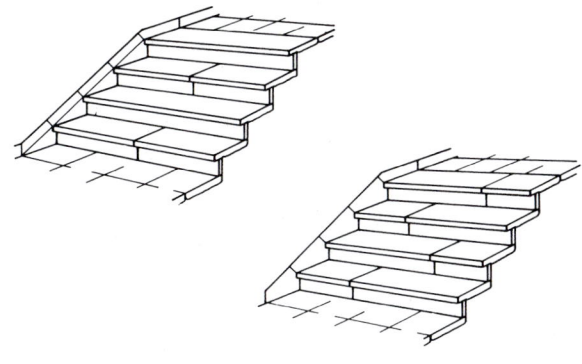

Im Verband: erste Stufe zwei gleich lange Teile, zweite Stufe drei ungleich lange Teile usw.

Im Verband: erste Stufe zwei gleich lange Teile, zweite Stufe drei gleich lange Teile usw.

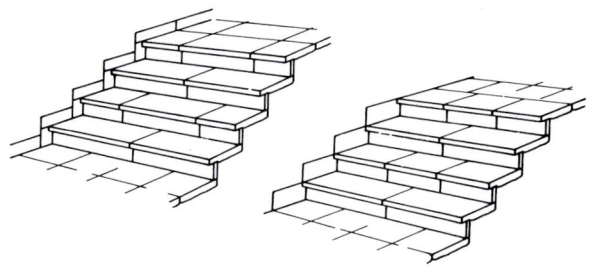

1   Verschiedene Muster zur Verlegung unterteilter Natursteinplatten

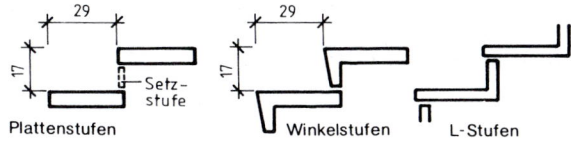

3   Drei Stufenarten

Ausführung

Betonwerksteinstufen reichen über die volle Breite eines Treppenlaufs. Belagteile dieser Größe weisen bei Temperaturunterschieden beträchtliche Formveränderungen auf (vgl. Kapitel 9).

Werden diese Formveränderungen dadurch behindert, dass die Stufe z. B. vollflächig im Mörtelbett verlegt und auch seitlich fest vermörtelt wird, kann schon eine Abkühlung um 20 K (°C) zu Rissen im Belagteil führen. Deshalb sind beim Verlegen folgende Grundregeln zu beachten:

1. **Kein Einspannen** in das seitliche Mauerwerk, um den Längenänderungen freies Spiel zu lassen. Die seitliche Sockelleiste nicht direkt auf die Stufe setzen.

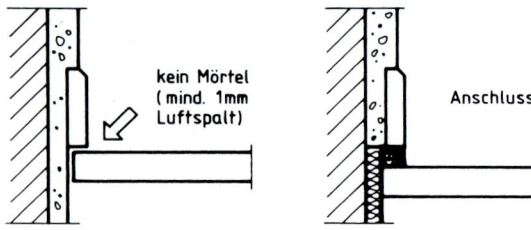

2. Verlegung nur auf zwei Mörtelstreifen.

   Bei Längen bis 1,10 m:

   am äußersten Ende der Betonwerksteinstufen.

   Bei Längen über 1,10 m:

   Mörtelstreifen um 1/6 der Länge nach innen verlegen.

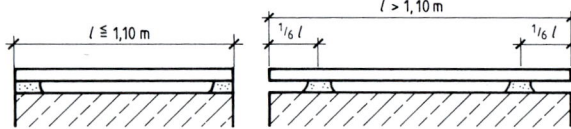

3. Bei Winkel- oder L-Stufen bleibt die Setzstufe unvermörtelt.

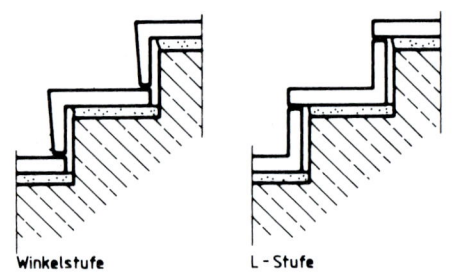

Als Verlegemörtel eignet sich knapp plastischer Zementmörtel mit einem MV von 1 : 3 in Raumteilen.

Betonwerksteinstufen brauchen viel Bewegungsfreiheit. Sie werden deshalb auf Mörtelstreifen verlegt.

Zusammenfassung:

Die Konstruktion und die Form einer Treppe sind dem Fliesenleger meist vorgegeben. Er hat die Aufgabe, die tragende Unterkonstruktion mit keramischem Belagmaterial, mit Naturstein oder mit Betonwerkstein zu bekleiden.

Bei der Auswahl des geeigneten Belagmaterials müssen die Richtlinien der Arbeitsstättenverordnung und der Unfallverhütungsvorschriften beachtet werden. Besonders nassbelastete Treppen und Treppen im Bereich der Nahrungsmittelindustrie müssen nach der jeweiligen Bewertungsgruppe rutschhemmend ausgeführt werden.

Betonwerksteinstufen werden – abweichend von der üblichen Verlegepraxis – frei beweglich auf Mörtelstreifen verlegt.

Aufgaben:

1. *Erklären Sie die Bezeichnungen:*
   a) *Auftritt,*
   b) *Steigung,*
   c) *Treppenlauflänge.*

2. *Der keramische Belag für eine Außentreppe muss möglichst unfallsicher und dauerhaft ausgeführt werden.*

   Welche Maßnahmen bezüglich Materialauswahl und Ausführung sind zu treffen?

3. *Welche Natursteinarten sind für den Belag einer Außentreppe nicht geeignet?*

4. *Nennen Sie die Grundregeln für das Verlegen von Betonwerksteinstufen.*

13 Belageinteilung

Das Angebot an fein- und grobkeramischem Material für Bodenbeläge ist besonders reichhaltig. Die Fülle verschiedener Größen und Formate, wie Rechteck, Quadrat, Vieleck, Kreisform und geschweifte Form (Florentiner), sowie die Möglichkeit des Mischens innerhalb verschiedener Formate erlauben eine Vielzahl von Verlegemustern (Ziermuster). Dieses Kapitel beschränkt sich auf die Darstellung der am häufigsten verwendeten Formate (Rechteck und Quadrat) und der Verlegeart „Fuge auf Fuge".

Der Fliesenleger findet am Bau Räume vor, deren Abmessungen (Rohbaumaße) lange vorher vom Architekten festgelegt wurden. Oft sind zum Zeitpunkt der Rohbauplanung weder das Format noch das Verlegemuster des später einzubringenden Bodenbelages bekannt. Da bei Bodenbelägen außerdem eine Randfuge von 1 cm Breite zu berücksichtigen ist, kann man nicht damit rechnen, dass die vorgegebene Raumlänge ein Vielfaches des Teilermaßes – bestehend aus Plattenmaß + Fuge – beträgt. Es ergeben sich also zwangsläufig **Teilstreifen** oder **Reststreifen.**

Um die Schönheit des Belages nicht zu beeinträchtigen, darf der Fliesenleger nicht planlos an einer Wandseite mit dem Verlegen von ganzen Platten beginnen und mit einer zufällig sich ergebenden Teilfliese an der anderen Seite enden. Er muss den Belag **einteilen.** Dies kann bei kleineren Räumen durch vorheriges Auslegen erfolgen; bei größeren Räumen empfiehlt es sich, den Raum auszumessen und rechnerisch die Anzahl der Ganzen und die Größe der Reststreifen zu ermitteln.

Hierbei sollten die folgenden Grundregeln beachtet werden:

13.1 Bodenbelag: Grundregeln

- Teilstreifen sollen nicht kleiner als ½ Platte sein.

- Sie sollten am Belagrand an nicht bevorzugter Stelle liegen.

- Ergibt sich ein zu kleiner Reststreifen, wird zu diesem Streifen eine ganze Fliesenbreite addiert und die Summe durch zwei geteilt.

- Man erhält dadurch zwei gleich breite, größere Reststreifen, die rechts und links an den Belagrand gelegt werden.

  Der Belag wird dadurch symmetrisch, d. h. spiegelgleich, bezogen auf eine Symmetrieachse.

  Der Belag ist damit „ausgemittelt".

- Bei Anschlagschienen sollen auch aus technischen Gründen – Stöße und Erschütterungen – möglichst ganze Platten, zumindest große Teilstreifen, verlegt werden.

13.1.1. Rechnerische Einteilung

Ermitteln der Verlegelängen

Angaben:

Rohbaulänge $R_1 = 163,5$ cm

Rohbaulänge $R_2 = 126,0$ cm

Belag: STZ 15 × 15 cm

Fugenbreite: 2 mm

Verlegart: Fuge auf Fuge

Bei der rechnerischen Einteilung von Fliesen- und Plattenbelägen muss zuerst vom Rohbaumaß her die Verlegelänge bestimmt werden. Wurden die Wände bereits raumhoch verputzt, so ist anstelle des Rohbaumaßes das *lichte Maß* zwischen OK Putz und OK Putz für die Berechnung zu verwenden.

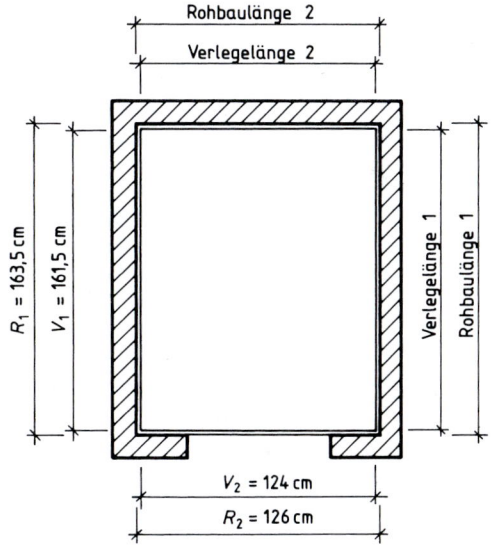

1   Grundriss mit den Hauptmaßen

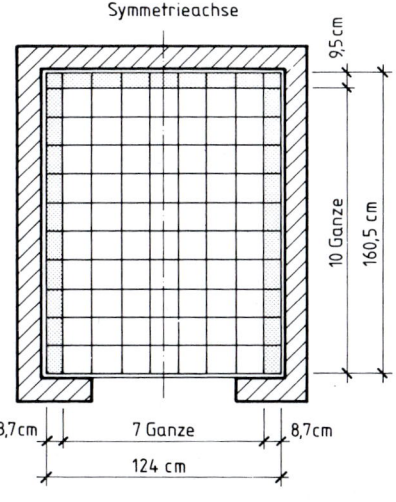

2   Grundriss mit Belageinteilung

Die Verlegelänge misst von Außenkante Belag bis Außenkante Belag.

Anzahl der Ganzen und Größe der Teilfliesen

Beispiel:

Man rechnet:

Verlegelänge V_1 = Rohbaulänge R_1 – 2 · 1 cm Randfuge
= 163,5 cm – 2 cm = 161,5 cm.

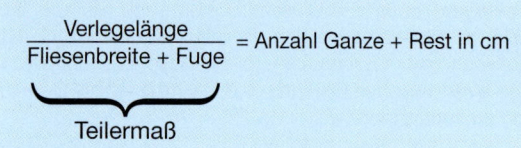

$$\underbrace{\frac{\text{Verlegelänge}}{\text{Fliesenbreite + Fuge}}}_{\text{Teilermaß}} = \text{Anzahl Ganze + Rest in cm}$$

Bei Fliesen von 15 × 15 cm und Fugenbreiten von 2 mm ergibt sich folgende Aufteilung:

Anzahl = $\dfrac{161,5 \text{ cm}}{15,2 \text{ cm}}$ = 10 Ganze, Rest 9,5 cm

Da der Reststreifen größer als eine halbe Fliesenbreite ist, schreibt man:

Gewählt = 10 Ganze und 1 Reststreifen mit 9,5 cm

Probe:

Zur Überprüfung des Ergebnisses sollte man die Probe durchführen. Hierbei muss die Summe der Belagteile und die Summe der Fugenbreiten zusammen das Maß der Verlegelänge ergeben.

Da die Verlegelänge von Außenkante bis Außenkante Belag misst, ist die Zahl der Fugen um 1 geringer als die Zahl der Belagteile.

10 Ganze = 10 · 15,0 cm	=	150,0 cm
1 Teilfliese = 1 · 9,5 cm	=	9,5 cm
10 Fugen = 10 · 0,2 cm	=	2,0 cm
Verlegelänge V_1	=	161,5 cm

Nach derselben Methode wird nun der Belag in der anderen Richtung eingeteilt.

Verlegelänge V_2 = Rohbaulänge R_2 – 2 · 1 cm Fuge
= 126 cm – 2 cm = 124 cm

Anzahl = $\dfrac{\text{Verlegelänge}}{\text{Fliesenbreite + Fuge}}$

= $\dfrac{124 \text{ cm}}{15,2 \text{ cm}}$ = 8 Ganze, Rest 2,4 cm

Da der Reststreifen mit 2,4 cm kleiner als eine halbe Fliese ist, verringert man die Zahl der Ganzen um 1, rechnet zur Fliesenbreite den Reststreifen hinzu und teilt die Summe durch 2.

Dadurch erhält man zwei gleich breite Streifen, die in jedem Fall größer als eine halbe Fliese sind, und ordnet sie später rechts und links am Belagrand an.

Gewählt = 7 Ganze und 2 gleich breite Reststreifen

mit je $\dfrac{(15 + 2,4) \text{ cm}}{2} = \dfrac{17,4 \text{ cm}}{2} = 8,7 \text{ cm}$

Probe:

7 · 15,0 cm	= 105,0 cm
2 · 8,7 cm	= 17,4 cm
8 · 0,2 cm	= 1,6 cm
Verlegelänge V_2	= 124,0 cm

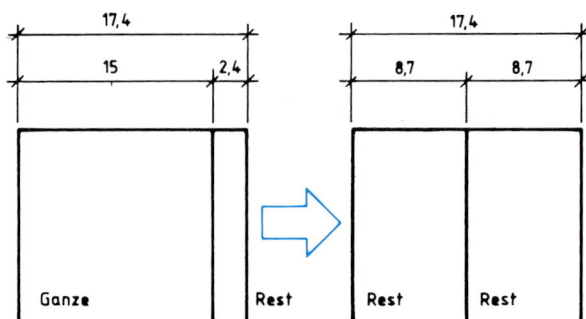

1   Reststreifen ist zu schmal: Lösung

Grundregeln:

– Randfuge mit 1 cm Breite vorsehen

– Teilstreifen mind. 1/2 Fliese breit

– Teilstreifen an den Belagrand legen

– bei zwei Teilstreifen: Symmetrie beachten

– bei Anschlagschienen möglichst Ganze verlegen

Zusammenfassung:

– Die Verlegelänge misst immer von Außenkante bis Außenkante Belag.

– Die Formel für die Berechnung der Ganzen und die Größe der Reststreifen lautet:

$$\frac{\text{Verlegelänge}}{\text{Fliesenbreite + Fuge}} = \text{Anzahl Ganze + Rest in cm}$$

Aufgabe:

Berechnen Sie für den folgenden Bodenbelag die Anzahl der Ganzen und die Größe der Teilstreifen.

Angaben:

Rohbaulänge R_1 = 4,26 m

Rohbaulänge R_2 = 3,76 cm

Belagmaterial: STZ 20 × 20 cm

Fugenbreite: 4 mm

Verlegart: Fuge auf Fuge

13.1.2 Diagonalverlegung

Wegen ihres gestalterischen Reizes findet man diese Verlegeart schon seit vielen Jahrhunderten in Kirchen oder in Festsälen von Schlössern. Aber auch heute trifft man vermehrt auf diese klassische Verlegeart, sei es in repräsentativen Eingangshallen von Banken und Hotels oder im privaten Wohn- und Badebereich.

Für die Diagonalverlegung eignen sich vor allem quadratische Formate. Da sie diagonal zu den Wänden liegen, ist als Teilermaß das Diagonalmaß y anzunehmen. Man erhält es, indem man das Maß von Seitenlänge + Fuge mit $\sqrt{2}$ multipliziert. Die Anpassung an die Länge und die Breite des Raumes erreicht man mit einem Fries. Den Fries kann man mit dem Rahmen um ein Bild vergleichen. Oft erhält er sogar eine andere Farbe oder Oberflächenstruktur als die diagonal verlegte Fläche.

Einteilungsregeln

1. Als Formate gibt es nur Ganze, Halbe und Viertel.

2. Das Diagonalmaß von Fliese + Fuge ergibt das Teilermaß.

3. Bei der Berechnung der Friesbreite sind im Zähler 2 Fugen abzuziehen (wenn man keinen Schnittverlust für das Teilen der Fliesen ansetzt). Diese Fugen befinden sich zwischen den Diagonalen und dem Fries.

4. Da der Fries an der langen und kurzen Seite des Raumes unterschiedlich breit wird, wählt man diejenigen Breiten, die einander am nächsten liegen. Eventuell erhöht oder verringert man die Anzahl der Diagonalen um eine halbe.

Eckausbildung

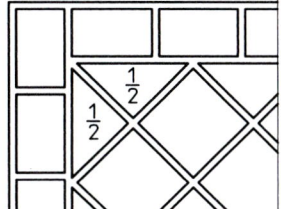

1a Lösung 1:
Fuge läuft in die Ecke

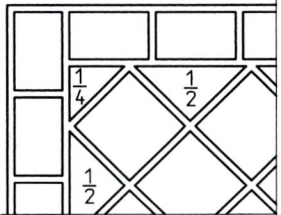

1b Lösung 2:
Viertelformat in der Ecke

Beispiel für eine rechnerische Einteilung

Der in Abbildung 3 gezeigte Raum soll einen diagonal verlegten Bodenbelag mit Fries erhalten.

Angaben:

Rohbaumaß R_1 = 263,5 cm

Rohbaumaß R_2 = 238,5 cm

Fliesenformat = 20 × 20 cm

Fugenbreite = 3 mm

Grundsätzlich gilt:

- Lösung 2 kann immer angewandt werden.

- Lösung 1 ist ungeeignet für das Schachbrettmuster.

- Wählt man als Anzahl $(n + \frac{1}{2})$ Diagonalmaße, so ergibt sich für die eine Ecke Lösung 1, für die andere Ecke Lösung 2.

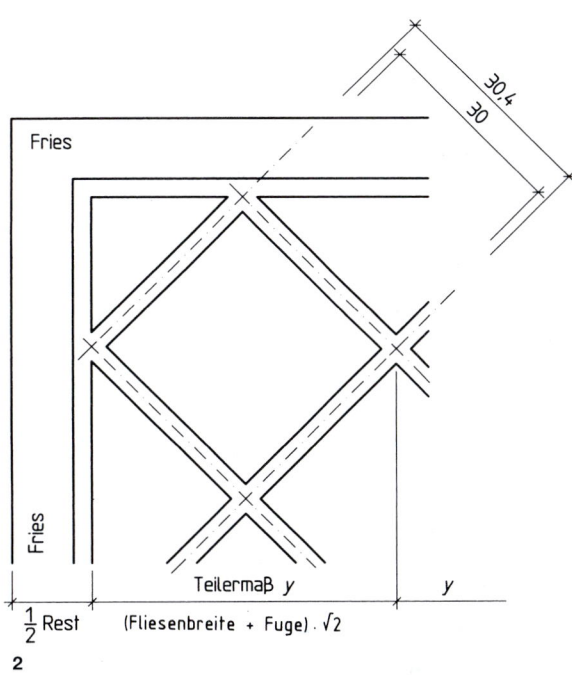

2

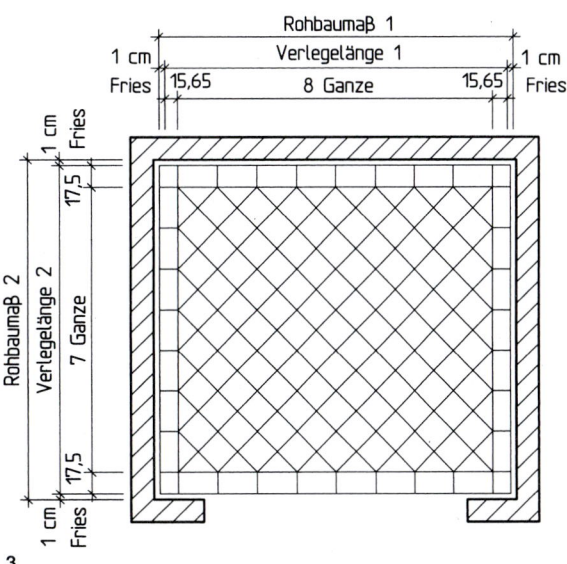

3

Lösung:

Diagonalmaß y = $(20 + 0,3)$ cm $\cdot \sqrt{2}$ = 28,704 cm $\cong$ 28,7 cm

Verlegelänge 1 = $R_1 - 2$ cm = 261,5 cm

Anzahl = $\dfrac{\text{Verlegelänge 261,5 cm}}{\text{Diagonalmaß 28,7 cm}}$ = 9 Ganze, Rest 3,2 cm

gewählt = 8 Ganze + Fries mit je $\dfrac{28,7 \text{ cm} + 3,2 \text{ cm} - 2 \cdot 0,3 \text{ cm}}{2}$ = 15,65 cm

Verlegelänge 2 = 238,5 cm − 2 cm = 236,5 cm

Anzahl = $\dfrac{236,5 \text{ cm}}{28,7 \text{ cm}}$ = 8 Ganze, Rest 6,9 cm

gewählt = 7 Ganze + Fries mit je $\dfrac{35,6 \text{ cm} - 2 \cdot 0,3 \text{ cm}}{2}$ = 17,5 cm

Probe:

8 · 28,70 cm	= 229,6 cm
2 · 15,65 cm	= 31,3 cm
2 · 0,30 cm	= 0,6 cm
V_1	= 261,5 cm

Probe:

7 · 28,70 cm	= 200,9 cm
2 · 17,50 cm	= 35,0 cm
2 · 0,30 cm	= 0,6 cm
V_1	= 236,5 cm

13.2 Wandbelag

13.2.1 Durchgehende Wandfläche

Eine einfache Wandfläche wird rechnerisch wie ein recht-eckiger Bodenbelag eingeteilt. Da Wandbeläge aber meist direkter im Blickfeld des Betrachters liegen, ist besonderer Wert auf die Symmetrie zu legen.

Das Maß der waagerechten Verlegelängen hängt vor allem von der Situation in der Ecke ab, wie die folgende Abbildung zeigt:

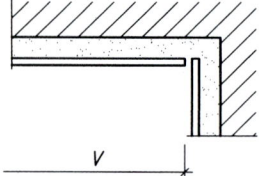

1a Verlegelänge = kürzer

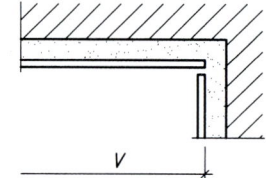

1b Verlegelänge = länger

13.2.2 Gegliederte Wandfläche

Sind die Wandflächen gegliedert, so hat der Fliesenleger die einzelnen Flächen von Nische, Vorlage, Innen- und Außenecke getrennt einzuteilen. Man geht dabei grund-sätzlich von den Maßen im Werkplan, also den Rohbau-maßen aus. Wenn nichts anderes vereinbart ist, wird die Mörtel- oder Putzdicke mit 15 mm angenommen. Sind weiterhin noch Fliesendicke, Fugenbreiten und Dünn-bettaufzug bekannt, so können die Verlegelängen der Einzelflächen berechnet werden.

Für die Beispiele wurden folgende Abkürzungen verwen-det:

R = Rohbaumaß
V = Verlegelänge
M = Mörteldicke
P = Putzdicke
Fu = Fugenbreite
Fd = Fliesendicke
AF = Anschlussfuge

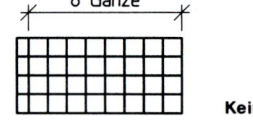

Keine Symmetrie

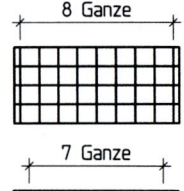

Symmetrisch, Teilstreifen zu schmal

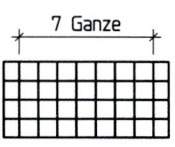

Symmetrisch, große Teilstreifen

2

Bei Wandbelägen ist die Symmetrie besonders wichtig.

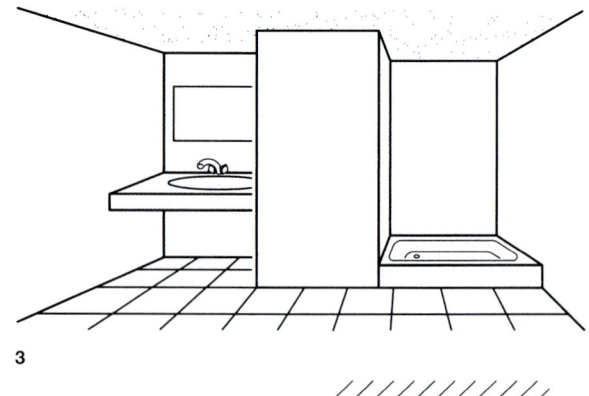

3

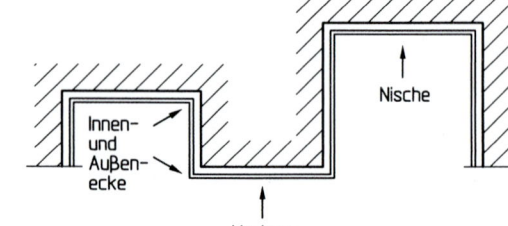

4

178

Ermitteln der Verlegelänge

Bei allen Beispielen sind die Rohbaumaße gegeben. Die dazu parallel liegenden Verlegelängen ermittelt man, indem man zum Rohbaumaß R die Maße von M oder P, Fu, Fd … addiert oder sie davon subtrahiert.

Nische	Vorlage	Innen- und Außenecke

Nische

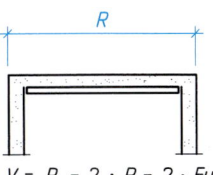

$$V = R - 2 \cdot P - 2 \cdot Fu$$

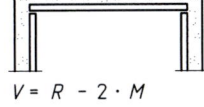

$$V = R - 2 \cdot M$$

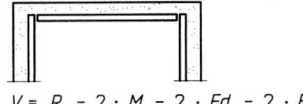

$$V = R - 2 \cdot M - 2 \cdot Fd - 2 \cdot Fu$$

Vorlage

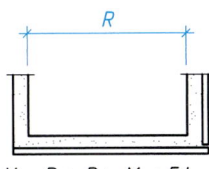

$$V = R + P + M + Fd$$

$$V = R + 2 \cdot M + 2 \cdot Fd$$

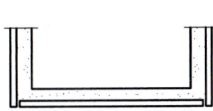

$$V = R + 2 \cdot M - 2 \cdot Fu$$

Innen- und Außenecke

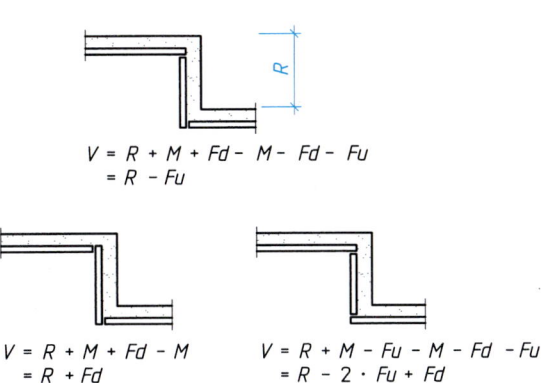

$$V = R + M + Fd - M - Fd - Fu$$
$$= R - Fu$$

$$V = R + M + Fd - M \qquad V = R + M - Fu - M - Fd - Fu$$
$$= R + Fd \qquad\qquad = R - 2 \cdot Fu + Fd$$

Aufgabe:

Die im Grundriss dargestellte Wandfläche soll rechnerisch in der Breite eingeteilt werden.

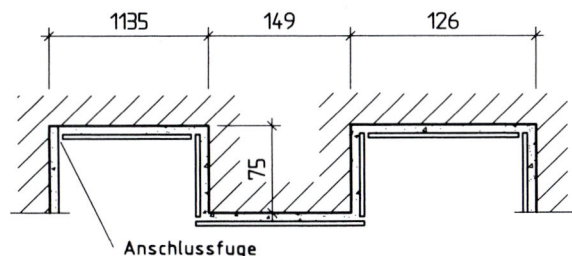

Konstruktionsangaben:

Putz/Mörtel	=	15 mm
Fliesen	=	10 × 20 × 0,7 cm (liegendes Format)
Fugen	=	3 mm
Anschlussfuge	=	5 mm

Verlangt:
- Verlegelängen
- Anzahl der Ganzen und Größen der Reststreifen
- gewählt
- Probe
- Lage der Reststreifen ist in die Zeichnung einzutragen

13.2.3   Unterbrochene Wandflächen

Wird eine Wandfläche von einem Fenster, einer Tür oder einer Wandnische unterbrochen, muss vor allem angestrebt werden, diese Fläche harmonisch in das Fugennetz einzubinden. Dies erreicht man dadurch, dass man ihre Kanten als Fugen im Belag weiterführt. Damit ergeben sich verschiedene Teilflächen, die jeweils für sich – möglichst symmetrisch – einzuteilen sind. Um einen allzu hohen Verschnittanteil zu vermeiden, sollte der Fliesenleger hierbei einen Mittelweg finden, der sowohl den wirtschaftlichen Forderungen als auch den gestalterischen Ansprüchen Rechnung trägt.

Grundregeln der Einteilung

1. Die Umrisse von Unterbrechungen sollen in den Fugen weiterlaufen.

2. Höhenausgleichsstreifen sollten unten angeordnet werden, wenn sich alle Unterbrechungen auf einer Höhe befinden.

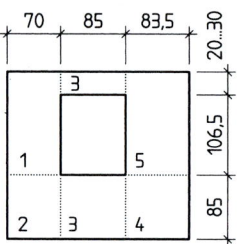

1

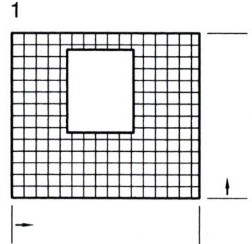

2

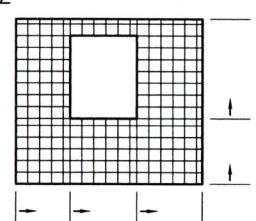

3

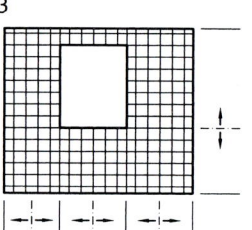

4

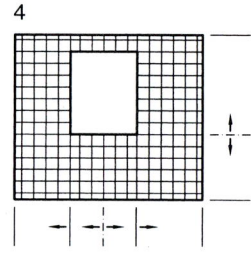

Beurteilung:

Grundregel 1 und 2 nicht beachtet,
ohne Ausmittlung verlegt,
Eckfliese am Fenster ausgeschnitten

= schlecht

Regel 1 beachtet,
Regel 2 nicht beachtet,
keine Symmetrie vorhanden

= bedingt brauchbar

Regel 1 und 2 beachtet,
Einzelflächen symmetrisch (Breite),
hoher Verschnittanteil

= gut, aber teuer

Regel 1 und 2 beachtet,
mittlere Fläche symmetrisch,
Verschnittanteil tragbar

= gut

Beispiel für eine rechnerische Einteilung

Die im Beispiel gezeigte Wandfläche ist rechnerisch einzuteilen. Verwenden Sie dazu die Einteilungsmöglichkeit 4. Angegebene Maße sind Fertigmaße.

Angaben:

Fliesen: Werkmaß W = 150 mm × 150 mm

Fugenbreite: 2 mm

Verlegeart: im Fugenschnitt

Ecklösung am Fenster:

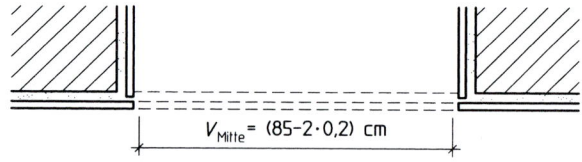

$$V_{Mitte} = (85 - 2 \cdot 0{,}2) \text{ cm}$$

Lösung:

Fläche links   Anzahl = gewählt = $\dfrac{V}{Fl + Fu}$ = $\dfrac{70 \text{ cm}}{15{,}2}$ = 4 Ganze, Rest 9,2 cm

Fläche Mitte   Anzahl = $\dfrac{85 \text{ cm} - (2 \cdot 0{,}2 \text{ cm})}{15{,}2}$ = $\dfrac{84{,}6 \text{ cm}}{15{,}2}$ = 5 Ganze, Rest 8,6 cm

gewählt = 4 Ganze + 2 Streifen mit je $\dfrac{(15 + 8{,}6) \text{ cm}}{2}$ = 11,8 cm

Fläche rechts   Anzahl = gewählt = $\dfrac{83{,}5 \text{ cm}}{15{,}2}$ = 5 Ganze, Rest 7,5 cm

Höhe 1   Anzahl = gewählt = $\dfrac{85 \text{ cm}}{15{,}2}$ = 5 Ganze, Rest 9 cm

13.2.4 Wandbelag an Treppenläufen

Wandbeläge, die direkt an Treppenstufen anschließen, erhalten in der Regel einen stoßfesten und unempfindlichen Sockel. Man unterscheidet zwei Ausführungsarten:

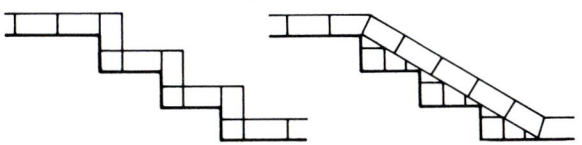

1a Abgetreppter Sockel   **1b Durchlaufender Sockel**

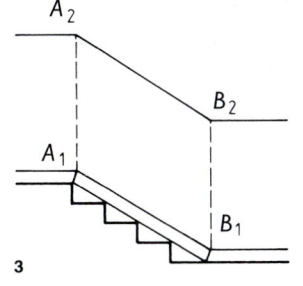

obere Schräge nicht parallel
B_2 liegt über B_1

3

Bei der fachgerechten Ausführung eines Wandbelags ist Folgendes zu beachten:

– Waagerechte Fliesenfugen müssen auch im Bereich der Treppenschräge durchlaufen.

– Da der Höhenunterschied von Podest zu Podest nicht mit dem Fliesenrastermaß übereinstimmt, ergibt sich ein **Höhenausgleichsstreifen.**

Wird vom oberen Podest aus mit dem Wandbelag begonnen, liegt der Höhenausgleichsstreifen über dem unteren Podest. Wird von unten nach oben gearbeitet, liegt er über dem oberen Podest.

– Er liegt am vorteilhaftesten auf der Seite, die entweder weniger im Blickfeld liegt oder wo sich das kürzere Wandstück befindet.

– Bei Wandflächen, die nicht raumhoch bekleidet sind, muss die Oberkante der Abdeckschicht der Schräge des Treppenlaufs folgen. Dafür gibt es grundsätzlich zwei Möglichkeiten für eine optisch ansprechende Lösung:

1. Obere Schräge läuft parallel zur Treppen- bzw. Sockelschräge. Hierbei können aber nicht beide Knickpunkte senkrecht übereinander liegen, will man einen zusätzlichen Ausgleichsstreifen **oben** vermeiden.

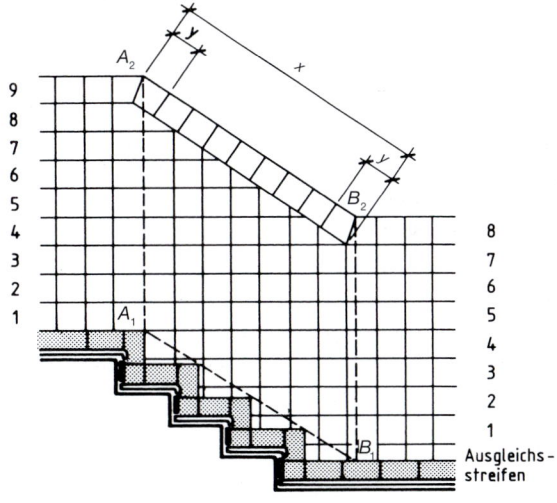

4 Wandbelag mit abgetrepptem Sockel

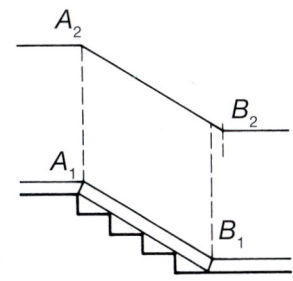

obere Schräge parallel
B_2 liegt nicht über B_1

2

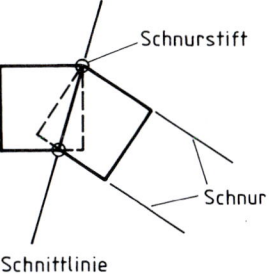

Punkt A_2
Schneiden der Schräge
Schnurstift
Schnur
Schnittlinie

5

2. Obere Schräge läuft nicht parallel, dafür liegen aber die oberen Knickpunkte senkrecht über den unteren Knickpunkten.

Da das menschliche Auge die senkrechten Linien besonders empfindlich wahrnimmt, ist die zweite Lösung im Allgemeinen vorzuziehen.

Einteilen der schrägen Abdeckschicht:

Maß x herausnehmen

Verlegelänge = Maß x – 2 Fugen

$$\text{Anzahl} = \frac{\text{Verlegelänge}}{\text{Fliesenbreite} + \text{Fuge}}$$
$$= n \text{ Ganze} + 2 \text{ gleich breite Reststreifen } y$$

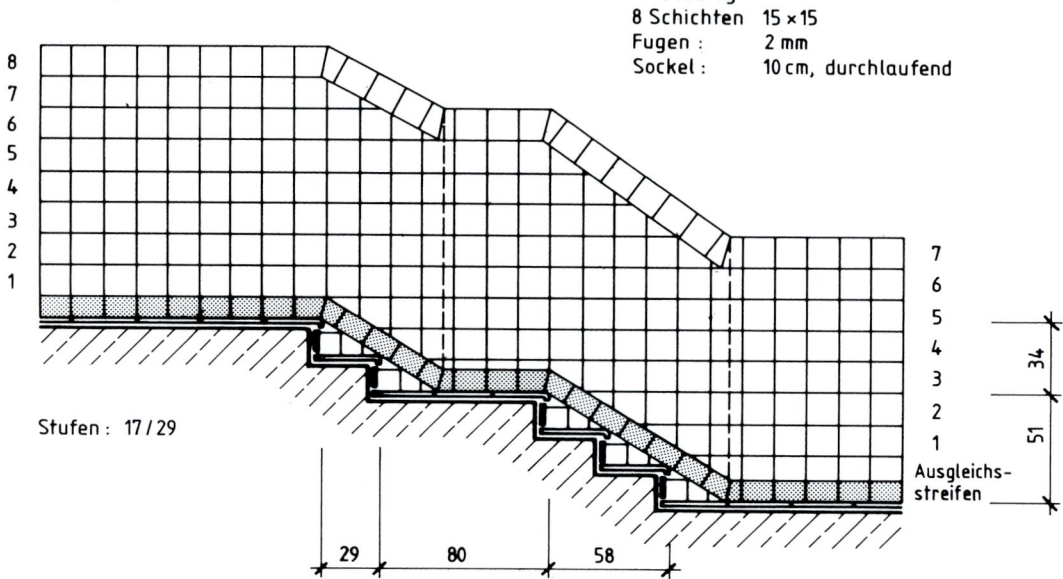

Wandbelag :
8 Schichten   15 × 15
Fugen :   2 mm
Sockel :   10 cm, durchlaufend

Stufen : 17 / 29

1   Wandbelag mit Zwischenpodest nach Lösung 2

13.3 Stützen

Stützen sind Bauteile, die vorwiegend senkrecht wirkende Lasten abzutragen haben. Da sie als Einzelbauteile besonders auffallen, muss bei der Belageinteilung vor allem auf die optische Wirkung geachtet werden. Nach der Querschnittsform unterscheidet man zwei Arten:

Pfeiler

2   Die Querschnittsfläche ist eckig (geradlinig begrenzt)

Säule

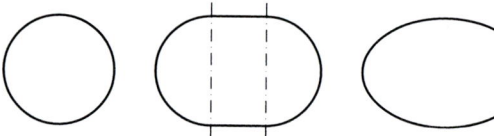

3   Die Querschnittsfläche ist kreisförmig, oval oder elliptisch

13.3.1 Pfeiler

Die Seitenflächen von Pfeilern werden nach den allgemeinen Grundregeln wie die Flächen von Vorlagen (= Wandpfeiler) eingeteilt (s. 31.2.1 und 13.2.2).

Einer alten Grundregel folgend – „Lang bleibt lang" –, deckt üblicherweise die Eckfliese der langen Seite die Eckfliese der kurzen Seite ab. Somit entspricht die Verlegelänge der Langseite dem Fertigmaß des Pfeilers.

Da Pfeiler als Einzelbauteile besonders auffallen, muss bei der Belageinteilung vor allem auf die optische Wirkung geachtet werden. In keinem Fall sollten deshalb an den Ecken Teilfliesen liegen. Damit das Fugenbild nicht unruhig wirkt, sollten Teilfliesen annähernd die Größe von Ganzen haben und symmetrisch in der Mitte angeordnet werden (besser mehrere größere als wenige schmale Teilfliesen).

Grundregeln der Einteilung

1. An den Pfeilerecken sind Ganze anzusetzen.

2. Teilfliesen sollten möglichst groß sein. Sie sollten an der langen und an der kurzen Seite nicht zu verschieden sein.

3. Teilfliesen sind symmetrisch in Flächenmitte anzuordnen.

4. Möglichst keine Fuge in die Pfeilermitte legen, deshalb eine ungerade Zahl von Belagteilen wählen.

5. Die Eckfliese der langen Seite deckt üblicherweise die Eckfliese der kurzen Seite ab: „Lang bleibt lang".

6. Pfeiler mit regelmäßigen Querschnitten wie Quadrate, Sechs- oder Achtecke erhalten an den Kanten meist Fliesen mit Gehrungen (Jollys).

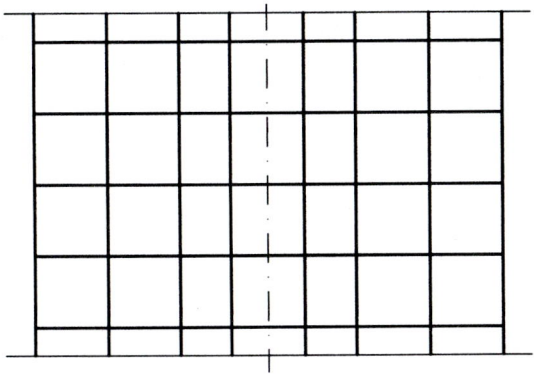

1 Ansicht lange Seite

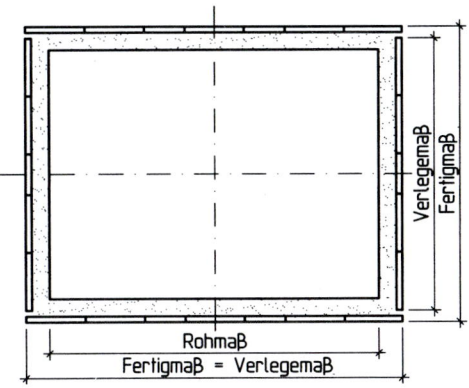

2 Grundriss

13.3.2 Säule

Für das Bekleiden von schlanken Säulen eignet sich besonders kleinformatiges Belagmaterial wie z. B. Mikro-, Klein-, Mittel- oder Rundmosaik, weil es sich durch seinen hohen Fugenanteil der gewünschten runden Form leichter anpassen kann.

Um zu verhindern, dass der Säulenquerschnitt eine polygonale (= vieleckige) Form annimmt, ist die Streifenbreite abhängig von der Größe des Durchmessers zu wählen: je kleiner der Durchmesser, desto schmaler die Streifen!

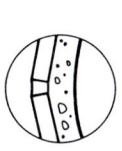

breite, keil-
förmige Fugen:
schlechte Haf-
tung des Fugen-
mörtels
3

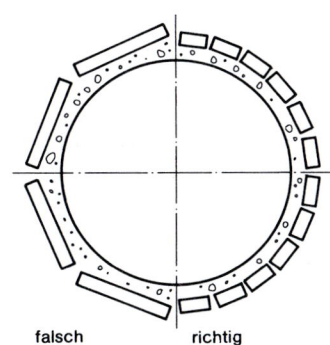

falsch   richtig

Konstruktionsangaben:

– Umfang Rohsäule	= 170 cm
– Mörtel oder Putz + Dünnbett	= 15 mm
– Belagmaterial	= STG 10,8 × 21,8 × 0,6 cm senkrecht verlegt
– Fugenbreite	= 2 mm
angestrebte Streifenbreite	= 5 cm

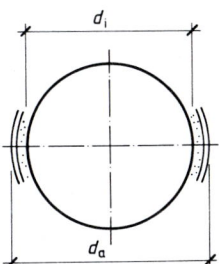

4

Einteilung der Säule: Berechnungsbeispiel (Dickbett)

Ziel einer Belageinteilung ist es, für die Säule mit dem geforderten Fertigdurchmesser *gleiche* Streifen mit *gleich breiten* Fugen zu erhalten. Ausgangspunkt für die Berechnung ist der Umfang der Rohsäule (genauer zu bestimmen als der Durchmesser).

Aus dem Umfang der Rohsäule wird der Durchmesser der Rohsäule (d_i) errechnet. Zu diesem Maß des Durchmessers werden nun die Mörtel- bzw. Kleberdicke sowie die Dicke des gewählten Belagmaterials addiert – insgesamt zweimal.

Man erhält somit den Durchmesser der Fertigsäule (d_a) und kann hieraus den Umfang der Fertigsäule ermitteln. Der Umfang der Fertigsäule entspricht der Verlegelänge + 1 Fuge. Der Außenumfang wird nun durch die angestrebte Streifenbreite + Fuge geteilt. Die angestrebte Streifenbreite soll so gewählt werden, dass möglichst wenig Verschnitt entsteht. Sie soll z. B. etwas kleiner als die Hälfte oder ein Drittel der Fliesenbreite sein.

Berechnung:

1. Durchmesser Rohsäule:

$$d_i = \frac{U}{\pi} = \frac{170\ cm}{3,14} \qquad = 54,14\ cm$$

2. Durchmesser Fertigsäule:

$$d_a = d_i + 2 \cdot \text{Mörtel} + 2 \cdot \text{Fliesendicke}$$
$$= 54,14\ cm + 3\ cm + 1,2\ cm \qquad = 58,34\ cm$$

3. Umfang Fertigsäule:

$$U_a = d_a \cdot \pi = 58,34\ cm \cdot 3,14 \qquad = 183,19\ cm$$

4. Auswahl der Streifen:

$$\frac{U_a}{\text{Streifenbreite + Fuge}} = \frac{183,19\ cm}{5,2\ cm} = \begin{array}{l}35\ \text{Stück +} \\ \text{Rest}\end{array}$$

5. Gewählt:

36 Stück mit einer Breite von

$$\frac{183,19\ cm}{36} = 5,09\ cm\ \text{mit Fuge}$$

$$\triangleq \underline{4,89\ cm\ \text{ohne Fuge}}$$

183

13.4 Bogenkonstruktionen

Wandflächen über Öffnungen müssen ihre Last auf das Mauerwerk rechts und links der Öffnung übertragen. Beim früheren Steinbau überbrückte man kleinere Öffnungen meist mit einem scheitrechten Sturz. Bei größeren Öffnungen aber mauerte man einen Bogen. Die Last von oben verkeilt dabei die Steine und presst sie seitlich aneinander. Aufgrund ihrer hohen Druckfestigkeit geben diese den Druck unbeschadet weiter und verteilen ihn auf beide Seiten. Bei modernen Gebäuden übernimmt meist der Stahlbeton diese Aufgabe. Wenn also heute Bögen gebaut und mit Fliesen bekleidet werden, so geschieht dies fast immer aus gestalterischen Gründen. Auch wenn die Bogenkonstruktion dabei nur vorgeblendet ist, muss doch das Fugenbild den geometrischen Einteilungsregeln genau entsprechen.

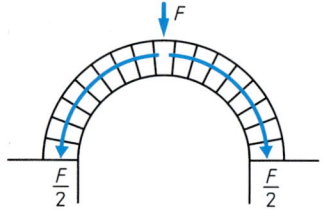

1   Lastverteilung bei einem Bogen

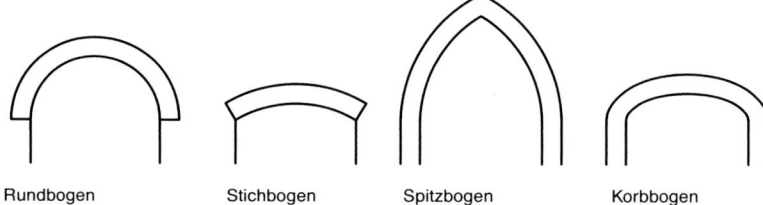

2   Bogenformen: Übersicht

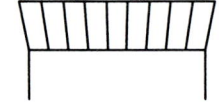

3   Scheitrechter Sturz

13.4.1 Einteilen eines Rundbogens

Man geht dabei von der *lichten Öffnungsbreite* oder *inneren Spannweite* (S_i) aus. Dieses Maß entspricht dem doppelten Radius des Halbkreisbogens. Rechnet man zu diesem Maß rechts und links je eine Fliesenbreite hinzu, so erhält man die *äußere Öffnungsbreite* (S_a). Für die Einteilung benötigt man die Länge des *Bogenrückens* (B_r) über (S_a), weil sich darauf das größere Breitenmaß der Bogenfliesen befindet. Die Anzahl der Bogenfliesen legt man nach praktischen und gestalterischen Gesichtspunkten fest: Handelt es sich um einen großen Bogen, dann können ganze Fliesen in Betracht kommen. Bei kleineren Bögen wählt man eher Teilfliesen, wobei man – wie bei der Säuleneinteilung – vom Maß einer halben oder Drittelfliese ausgeht und davon ca. 5 mm für das Abschneiden der Werkkanten abzieht.

Grundregeln der Einteilung

1. Man sollte eine *ungerade* Anzahl von Bogenfliesen wählen.

2. Damit erreicht man, dass sich in Bogenmitte keine Fuge befindet, sondern der „König" sitzt, der dem Schlussstein im gemauerten Bogen entspricht.

3. Die Fugen zwischen den Bogenfliesen laufen genau auf den Mittelpunkt zu.

4. Unter dem Bogen sind an den Leibungen ganze Fliesen anzusetzen.

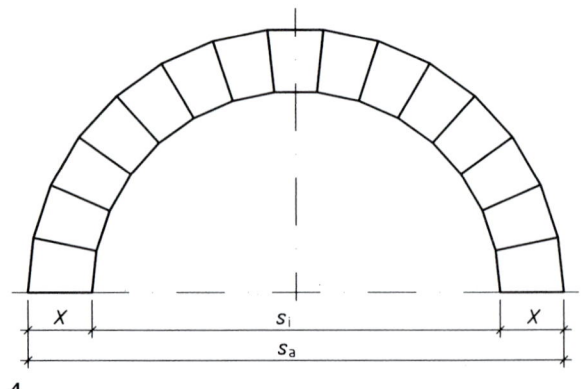

4

Ausführung

Man geht etwa folgendermaßen vor:

Der äußere und innere Bogen wird im Maßstab 1 : 1 auf Packpapier aufgerissen. Hat die Berechnung z. B. eine Anzahl von 25 Teilfliesen ergeben, wird nun der äußere Bogen in 25 gleiche Teile eingeteilt. Damit ist das Maß von Fugenmitte zu Fugenmitte festgelegt. Für das Abtragen der Maße – z. B. mit dem Stechzirkel – benötigt man meist mehrere Versuche. Es ist ratsam, als Erstes im Scheitelpunkt zu beginnen und die halbe Breite des Königs rechts und links der Symmetrieachse abzutragen. So braucht man jeweils nur den halben Bogen einzuteilen. Die Teilpunkte verbindet man mit dem Bogenmittelpunkt, wobei man die Striche über den äußeren Bogen weit hinauszieht. Die Fliesen werden nun der Reihe nach auf das Packpapier gelegt und im Abstand einer halben Fugenbreite vom Striche zugeschnitten. Das Ansetzen erfolgt mithilfe einer Holzlehre. Die Teilfliesen am Kämpferpunkt und der König werden als Erste angesetzt, danach die übrigen dazwischen.

Ein im Bogenmittelpunkt befindlicher Nagel und eine Schnur dienen als Kontrolle dafür, dass die Fugen genau auf den Mittelpunkt zulaufen.

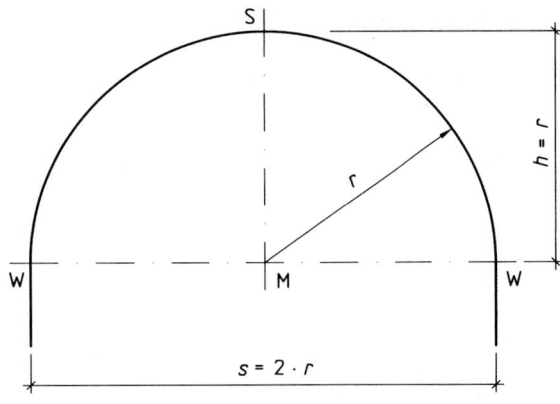

S = Scheitelpunkt
s = Spannweite oder lichtes Öffnungsmaß
r = Bogenradius
h = Bogenhöhe oder Stichhöhe
W = Widerlager oder Kämpferpunkt
M = Bogenmittelpunkt oder Einstichpunkt

1 Bezeichnungen am Bogen

Berechnungsbeispiel:

Angaben:

Öffnungsbreite (S_i)	= 84 cm
Belagmaterial	= Fliese STG 15 × 15 cm
Fugenbreite	= 2 mm

Spannweite

äußerer Bogen (S_a) $= S_i + 2 \cdot 15$ cm

$\qquad\qquad\quad = 84$ cm $+ 30$ cm

$\qquad\qquad\quad = 114$ cm

Länge des äußeren

Bogens $\dfrac{U}{2}$ $\quad = \dfrac{d}{2} \cdot \pi$

$\qquad\qquad\quad = \dfrac{114 \text{ cm}}{2} \cdot 3,14$

$\qquad\qquad\quad = 178,98$ cm

angestrebte
Streifenbreite $\quad < 7,5$ cm

$\qquad\quad = \dfrac{178,98 \text{ cm} - 0,2 \text{ cm}}{7,5 \text{ cm} + 0,2 \text{ cm}}$

$\qquad\quad = \dfrac{178,78 \text{ cm}}{7,7 \text{ cm}}$

$\qquad\quad = 23 + \text{Rest}$

gewählt:

25 gleich breite
Streifen mit je $\quad = \dfrac{178,78 \text{ cm}}{25} \approx 7,15$ cm mit Fuge

$\qquad\quad = \underline{6,95 \text{ cm ohne Fuge}}$

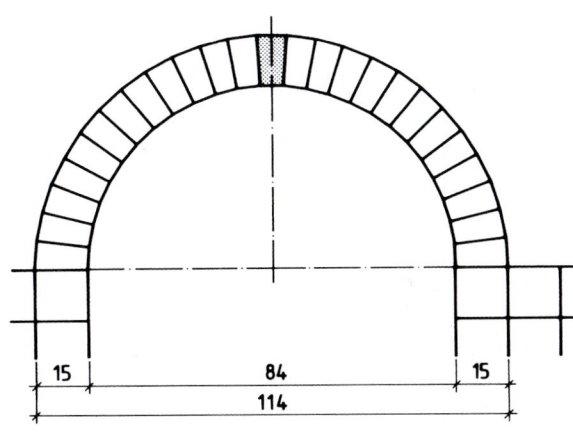

2 Ansicht

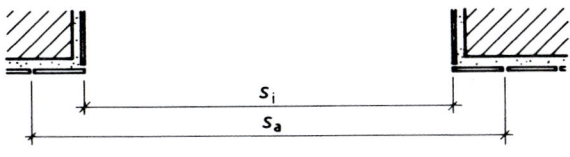

3 Grundriss

Probe:

$25 \cdot 6,95$ cm $= 173,75$ cm
$\underline{26 \cdot 0,20 \text{ cm} = 5,20 \text{ cm}}$
$\qquad\qquad\qquad 178,95$ cm $\approx V$

13.4.2 Stichbogen

Der Unterschied zum Rundbogen besteht darin, dass die Öffnungsbreite durch ein Kreisbogenteil überdeckt wird, das in jedem Falle kleiner als ein Halbkreis ist. Die Stichhöhe kann zu der vorgegebenen Öffnungsbreite frei gewählt werden. Sie beträgt im Allgemeinen 1/6 bis 1/12 der Spannweite.

Beim Einteilen eines Stichbogens kann man folgendermaßen vorgehen:

Im Maßstab 1 : 1 werden auf Packpapier drei parallele, senkrechte Geraden im Abstand der halben Spannweite sowie die waagerechte Kämpferlinie aufgezeichnet. Auf der mittleren Geraden, der Symmetrieachse, wird von der Kämpferlinie nach oben die gewählte Stichhöhe h abgetragen. Den Bogenmittelpunkt erhält man, indem auf der Sehne zwischen Widerlager und Scheitelpunkt die Mittelsenkrechte errichtet wird. Diese schneidet die Symmetrieachse im Einstichpunkt M. Dieselbe Konstruktion über der anderen Sehne ergibt die Kontrolle. Neben dem inneren Bogen zeichnet man nun im Abstand der Fliesengröße auch den zweiten äußeren Bogen. Die Anzahl der Teilfliesen bestimmt man auf dieselbe Art wie beim Rundbogen. Am besten misst man die äußere Bogenlänge mit dem gekrümmten Meterstab und teilt dieses Maß durch die gewählte ungerade Zahl.

Nachdem die Teilpunkte mit dem Mittelpunkt verbunden, die Linien weit über den Bogen hinaus durchgezogen worden sind, können die einzelnen Fliesen auf das Packpapier gelegt und geschnitten werden.

Der Stichbogen sollte möglichst so in das Fugenbild eingepasst werden, dass die Oberkante der äußeren Bogenfliesen auf die Oberkante der Widerlagerfliesen trifft. Lässt man die Unterkante der äußeren Bogenfliesen auf die Unterkante der Widerlagerfliesen treffen, ergibt sich eine vorspringende Form der Widerlagerfliesen.

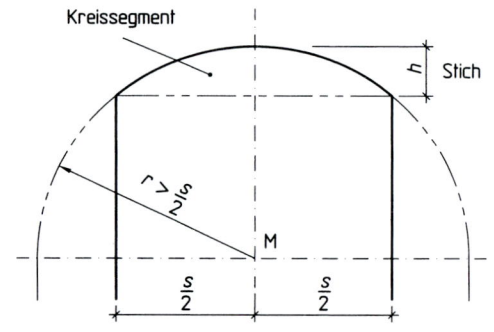

2　Stichbogen oder Segmentbogen

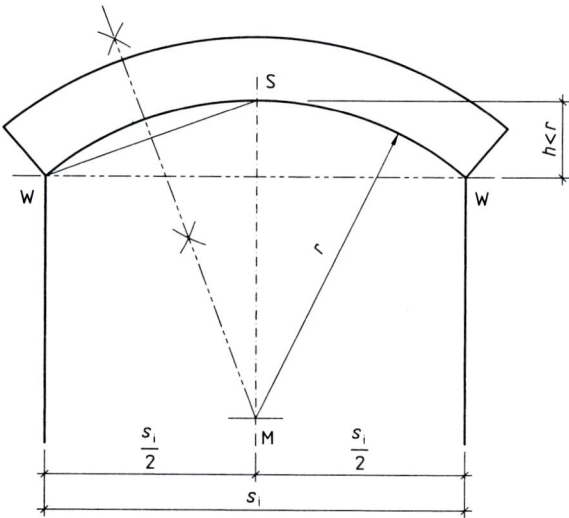

3　Konstruktion des Segmentbogens

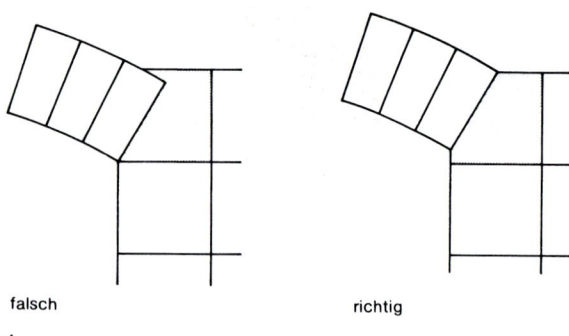

falsch　　　　　　　richtig

1

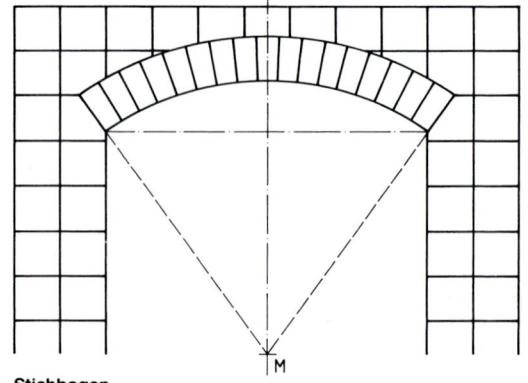

4　Stichbogen

14.1 Grundlagen der Farbenlehre

Entstehung der Farben

Farbe ist im übertragenen Sinne eine physikalische Eigenschaft von Licht; im Experiment kann weißes Sonnenlicht beim Durchgang durch ein Prisma in Farben zerlegt werden. Dabei entstehen die „**Spektralfarben**".

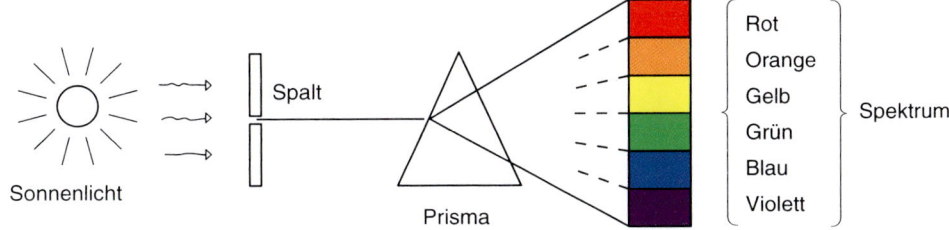

1 Spektralfarben

Farben sind in jeder Umgebung vorhanden; in der Architektur, vor allem in der Innenarchitektur, finden sie besondere Beachtung und sind daher für Platten- und Fliesenleger von großer Bedeutung. Dabei unterscheiden wir Baustoffe, bei denen Farbe als Materialeigenfarbe, z. B. Beton, Ziegel, Naturstein, oder Farbe durch Einfärbung von Materialien, z. B. Fliesen, Kunststoff, vorhanden ist.

Um sich mit der Farbgestaltung auseinander zu setzen, ist es notwendig, wesentliche Begriffe der Farblehre zu unterscheiden:

Grundfarben sind Farben, aus denen alle weiteren Farbtöne zusammengesetzt werden können.

> Als Grundfarben gelten: Rot, Blau, Gelb

Diese Grundfarben sind der Ausgang für den natürlichen Farbkreis Goethes.

Werden die drei Grundfarben miteinander vermischt, entstehen neue Farben, die wir als **Sekundärfarben** oder **Mischfarben 1. Grades** bezeichnen (subtraktive Farbmischung).

> Orange, gemischt aus Gelb und Rot
> Violett, gemischt aus Rot und Blau
> Grün, gemischt aus Gelb und Blau

Mischt man diese wiederum untereinander, erhält man neue Farbtöne, **die Mischfarben 2. Grades.**

> Rotbraun, gemischt aus Orange und Violett
> Blaugrau, gemischt aus Violett und Grün
> Seegrün, gemischt aus Grün und Orange

Neben den Buntfarben Rot, Gelb, Blau … gibt es noch Weiß, Schwarz und Grau, die sogenannten **unbunten Farben.** Die reinen im Farbenkreis dargestellten Farbtöne können durch Aufhellen, Dunkeln und Trüben abgewandelt werden. Durch Mischen mit Weiß entstehen Pastelltöne, die leichter, zarter wirken als die reinen Farben. Durch Zusatz von Schwarz erhalten wir gedunkelte Farbtöne, die kräftiger, schwerer und wärmer wirken als die reinen Farben. Werden reine Farben mit Grau getrübt, so erscheinen sie verhaltener und verhüllt.

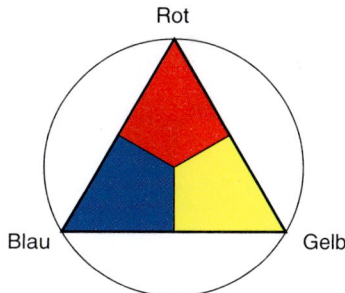

2 Grundfarben

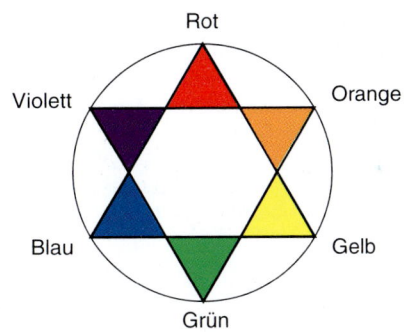

3 Farbkreis

Betrachten wir den Farbkreis, stellen wir fest, dass sich immer zwei Farben gegenüberbefinden, z. B.:

Rot ↔ Grün, Blau ↔ Orange ...

Diese beiden Farben sind:

> Gegenfarben oder Komplementärfarben

Im Farbkreis erkennen wir außerdem, dass in einem komplementären Farbenpaar immer alle drei Grundfarben enthalten sind.

Rot ↔ Grün	= Rot ↔ (Gelb + Blau)
Gelb ↔ Violett	= Gelb ↔ (Rot + Blau)
Blau ↔ Orange	= Blau ↔ (Gelb + Rot)

Gegenfarben werden uns bei unseren Farbgestaltungen noch stärker beschäftigen, sie sind es, die die stärksten Kontraste und größten Effekte liefern.

Wenn wir Farben betrachten, entstehen bestimmte menschliche Empfindungen, Stimmungen und Gefühle für jede einzelne Farbe. Diese Empfindungen wollen wir den Farben im Farbkreis zuordnen.

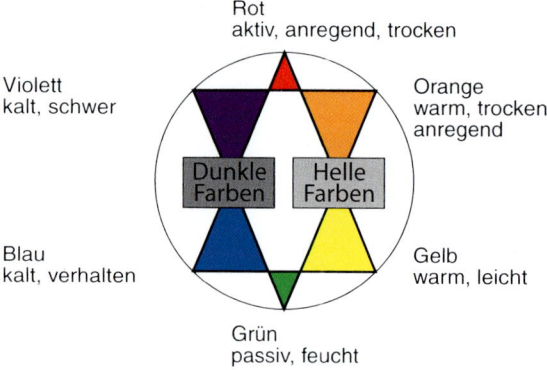

1   Psychologischer Farbenschlüssel

Jeder Mensch hat zu den Farben ein anderes Verhältnis, wie Testversuche einwandfrei erwiesen haben. Zuweilen steht eine einzige Farbe als ausgesprochene Lieblingsfarbe im Vordergrund, meistens jedoch ist für jeden Menschen eine ganz bestimmte Farbskala charakteristisch, die aber durch körperliche und seelische Einwirkungen verändert werden kann und deshalb als Ausdruck des Individuellen anzusehen ist. Im Durchschnitt gilt für die Reihenfolge der Farbbevorzugung:

> Orange – Blau, Rot, Grün, Gelb, Violett –
> Brauntöne
> Pastellfarben – Grau – Schwarz und Weiß

Aus diesen Grundlagen der Farblehre entstehen nun einfache Regeln, die für die Wirkung der Farben von Bedeutung sind.

14.1.1 Farbkontraste

- **„Farbe-an-sich-Kontrast"**

  Mindestens drei der voneinander abstehenden Farben,

  Wirkung: bunt, laut

- **„Hell-Dunkel-Kontrast"**

- **„Kalt-Warm-Kontrast"**

  Rot
  Orange   ↔   Blaugrün

- **„Komplementär-Kontrast"**

  Scharfe Kontraste bei der Verwendung von Gegenfarben, z. B.:

  > Rot ↔ Grün, Orange ↔ Blau

- **„Qualitäts-Kontrast"**

  Gegensatz von gesättigten, leuchtenden Farben zu stumpfen, getrübten Farben

- **„Quantitäts-Kontrast"**

  große Farbmengen zu kleinen Farbmengen

Aufgabe:

Stellen Sie die aufgezeigten Kontraste mit Buntstift oder Wasserfarben in Rastern dar.

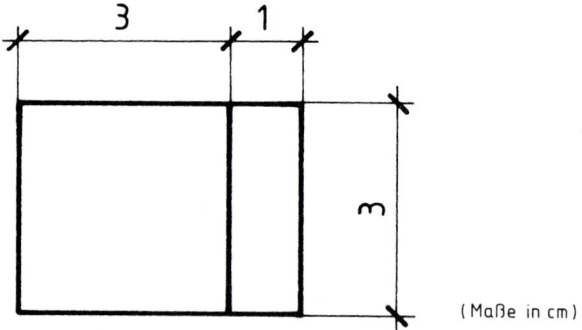

2   Grundraster

14.1.2 Farbwirkung des Raumes auf den Menschen

Welche Wirkung hat die Farbe des Raumes auf den Menschen?

Die farbliche Gestaltung der Begrenzungsflächen Fußboden, Wand, Decke entwickelt Stimmung und Gefühle beim Menschen und bestimmt Raumklima und Raumproportion.

• **Warme und helle Farben**

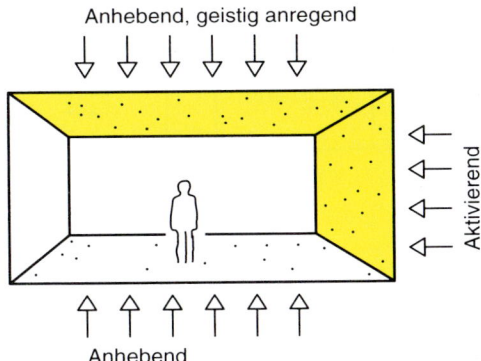

Anhebend, geistig anregend

Aktivierend

Anhebend

• **Kalte und helle Farben**

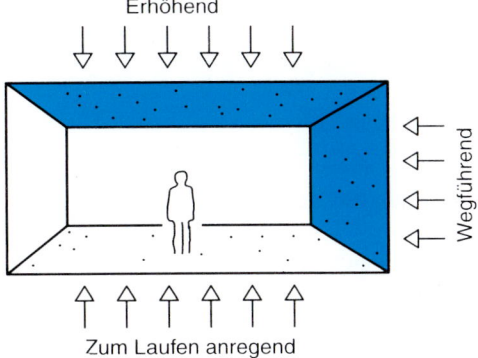

Erhöhend

Wegführend

Zum Laufen anregend

• **Warme und dunkle Farben**

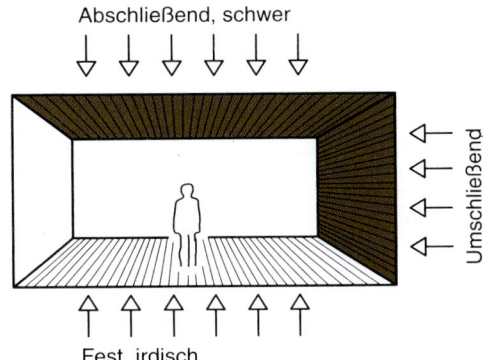

Abschließend, schwer

Umschließend

Fest, irdisch

• **Kalte und dunkle Farben**

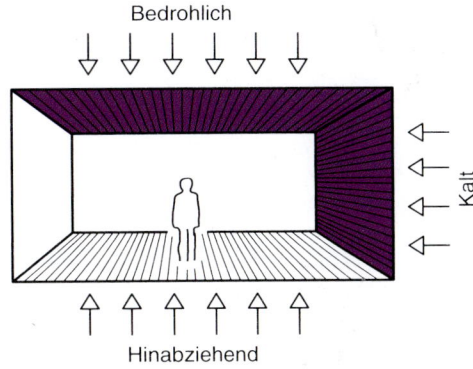

Bedrohlich

Kalt

Hinabziehend

14.1.3 Farbkomposition – Farbharmonie

Eine große Fläche sollte nur eine einzige Hauptfarbe aufweisen. Bei mehreren Farben ergeben drei Farben eine Unentschiedenheit im Ausdruck, wobei die dominierende Farbe überwiegt.

A = Dominante

B = Kontrastfarbe

C = Akzentfarbe

Eine Komposition ohne Farbharmonie ist kaum vorstellbar. Zu einer echten harmonischen Farbgestaltung gehören nicht nur künstlerisches Empfinden oder ein guter Geschmack, sehr subjektive Dinge, sondern der Bezug auf das Objekt, um danach Zusammenstellungen zu geben, die entweder durch ihren ergänzenden Gegensatz oder durch ihre innere Übereinstimmung harmonisch wirken.

Ein Beispiel:

Nach Goethe wirken die Komplementärfarben harmonisch, nachbarliche Farben dagegen monoton, eine subjektive Aussage, die nicht überall Anwendung finden wird und daher keine Regel darstellt.

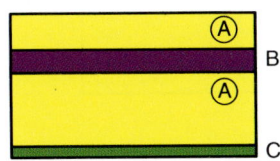

A = Dominante
B = Kontrastfarbe
C = Akzentfarbe

1 Farbkomposition

Zusammenfassung:

Kenntnisse über die Grundfarben (Rot, Blau, Gelb), ihre Mischfarben (Gelb + Rot = Orange), die Gegen- bzw. Komplementärfarben (Rot ↔ Grün), die Farbwirkung eines Raumes, Einwirkung der Farbe auf den Menschen, Farbkontraste und Farbharmonie ergeben die Grundlage für die farbliche Gestaltung im Bauwesen.

14.2 Grundlagen der Gestaltung

Grundlage einer Gestaltungslehre ist eine allgemeine **Kontrastlehre,** die in einfachen Beispielen dargestellt werden kann, z. B. groß-klein, breit-schmal, horizontal-vertikal, Fläche-Linie, glatt-rau ...

Durch diese Kontraste, geometrische rhythmische Formen, durch Proportionen ist es möglich, Bauteile bzw. ihre Flächen zu gestalten. Grundlegende Informationen über Gestaltungsregeln sollen nachfolgend aufgezeigt werden.

Kontraste sind die ausdrucksvollsten und wichtigsten Gestaltungsmittel. Von Bedeutung ist natürlich, dass alle Kontrastwirkungen relativ sind; eine Linie wirkt lang oder kurz, je nachdem sie zu einer kürzeren oder längeren Linie in Beziehung steht, oder eine große dunkle Form wird bedeutungsvoller, wenn eine kleine helle Form entgegenwirkt. Schwarze Flächen und Körper wirken kleiner als weiße Flächen und Körper; soll eine gleich große Wirkung vorhanden sein, so sind weiße Flächen und Körper entsprechend zu verkleinern.

Proportion:

> Maßverhältnisse einzelner Bauteile untereinander und zum Ganzen; Ausdruckskraft von Seitenverhältnissen und die Anordnung von Flächen und Eingrenzungen in Baukörpern.

Bei Bauteilflächen ist die eigentliche Größe der Flächen für den Eindruck der Empfindungen ziemlich gleichgültig; wesentlich sind das Seitenverhältnis und die Anordnung bzw. Lage der Fläche.

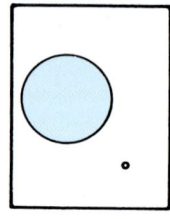

2 groß/klein

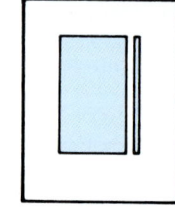

3 breit/schmal

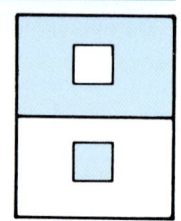

4 dunkel/hell

Seitenverhältnisse

Raumproportionen können natürlich auch optisch verändert werden, wie nachfolgende Beispiele zeigen sollen:

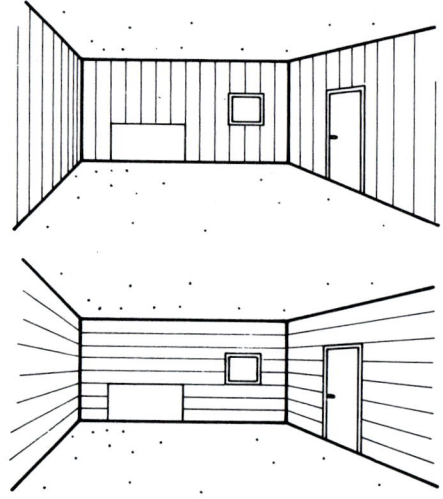

5

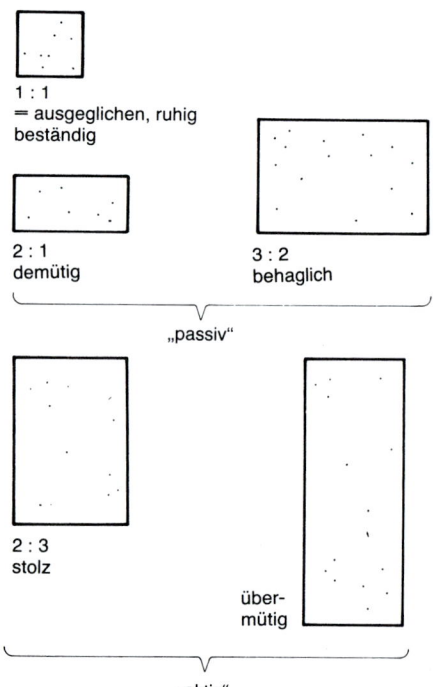

1

1 : 1
= ausgeglichen, ruhig
beständig

2 : 1
demütig

3 : 2
behaglich

„passiv"

2 : 3
stolz

über-
mütig

„aktiv"

Untersuchungen der Maßverhältnisse des Menschen auf der **Grundlage des goldenen Schnittes** sind der Ausgang für die Proportionslehre des französischen Architekten le Corbusier, der für alle seine Projekte diese Schnittverhältnisse als „le Moduler" benutzt hat.

Geometrische Teilung einer Länge *a* nach dem goldenen Schnitt:

$$m : M = M : (M + m)$$

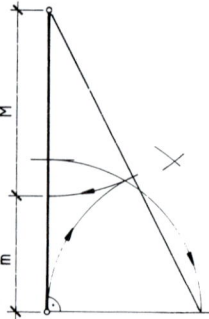

6 Goldener Schnitt

Generell sollte der Mensch als Maßstab für die Gliederung und den Gesamtaufbau von Einrichtungen, Räumen und Baukörpern im Vordergrund stehen; bei Ausstattungsüberlegungen sollten Bauteile der menschlichen Größe angemessene Maße haben.

Durch Kontraste und Proportionen können Flächen, Bauteile gegliedert und gestaltet werden.

Weitere Möglichkeiten von Gestaltlösungen sollen aufgezeigt werden:

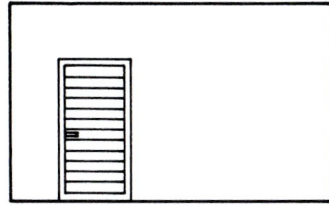

1 Dominante, Vorherrschaft eines Flächenteils in einer Fläche „Maßstabshilfe"

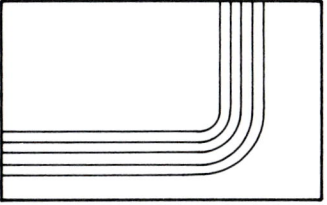

5 Freie Form

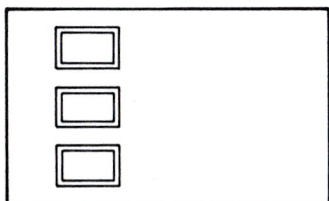

2 Reihung

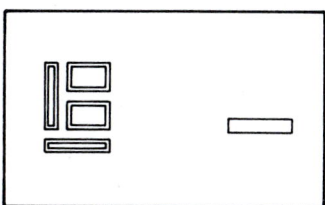

6 Häufung

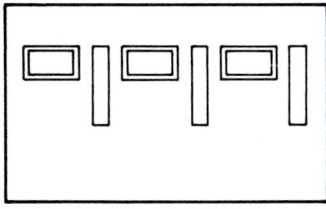

3 Rhythmus, Reihenfolge in festgelegten Abständen oder Höhen

7 Symmetrie, gleichmäßige Ordnung um Achsen

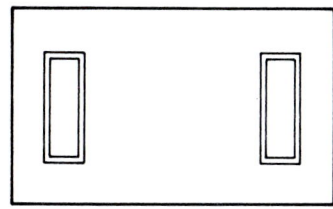

4 Polarität, Spannung zwischen zwei Polen

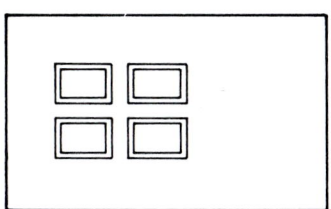

8 Gruppierung

14.2.1 Oberfläche und Material

Bei jedem Material wird zunächst die Oberfläche beachtet; die unterschiedliche Wirkung von Oberflächen auf den Betrachter kann als gutes Gestaltungsmittel eingesetzt werden.

Strukturen	Texturen	Fakturen	Materialeigenschaften im Verhältnis zum Licht
gewachsener Aufbau eines Baustoffes	Zusammenfügen von gleichen Materialien zu einer Einheit	Wirkung durch Oberflächen-bearbeitung	Spiegelung, Lichtreflexion, lichtdurchscheinend

Holz	Naturstein	Gebrannte Steine	Beton
Behaglichkeit Wärme, Ruhe	raue, gesplitterte Oberfläche (Granit) abstoßend, unsympathisch	kleine Maßstäbe warme, angenehme Farbtöne, glasierte Ziegel und Platten sind vom Material kühler und abweisender	humaner Maßstab bei Bauteilen durch kleinteilige Verarbeitung und vielfältige Oberflächenstruktur
	gerundete, glatte Oberfläche (Sandstein) angenehm		
	große Festigkeit des Materials vermittelt Vertrauen und Sicherheit		

Zusammenfassung:

Bei der Gestaltung von Bauteilen ist menschlicher Maßstab notwendig. Gestaltlösungen können über Kontraste, Proportionen, Symmetrie, Reihung, Gruppierung, Rhythmus, Oberfläche und Material erreicht werden.

14.3 Praktische Anwendung

14.3.1 Wirkung und Farbe der Fuge

Allgemeine Faustregeln für die farbliche Gestaltung von Räumen (Wohnräume, Küche, Bad) können natürlich nicht gegeben werden, diese sind stark vom Typ, Temperament und Farbcharakter der in dem Raum wohnenden Menschen abhängig.

Wohn- und Schlafräume sollten im Allgemeinen nicht allzu gewagte Zusammenstellungen zeigen, da man sich auf Dauer nur in ruhigen und harmonischen Räumen wohl fühlt; Pastellfarben sind hierfür, auch psychologisch, am ehesten geeignet. Flure können dagegen markante Farbgegensätze aufweisen.

Wie wirken farblich gestaltete **Nassräume** – Küche, Bad?

Wand-, Bodenbelag und sanitäre Einrichtungen müssen farblich aufeinander abgestimmt sein, zu viele verschiedene Farben schaffen Unruhe, der Gesamteindruck ist zu bunt. Wird ein Sockel verwendet, sollte man ihn nie als Farbband gegen eine Wand absetzen, sondern in der Farbe des Wandbelags oder Bodens ausführen. Es lässt sich feststellen, dass alle **dunklen Farben** bedrückend wirken, die Reinigung ist erschwert, da Seifen- und Wasserspritzer gut zu sehen sind. **Helle Farben** wirken leicht, freundlich, sie verbreiten mehr Licht, heitern Räume auf und verpflichten zu größerer Sauberkeit. Die Räume wirken weiter und höher, günstig in kleinen Bädern; dunkle Farben lassen sie dagegen kleiner erscheinen. Kombinationen von hellen und dunkeln Tönen nebeneinander können eine gute Spannung abgeben. Die Farben können Ton-in-Ton oder im Kontrast zueinander stehen; bei Wandfliesen mit buntem Dekor sollte als Ruhepol ein einfarbiger Boden gewählt werden.

Gelbe, rote und blaue Wände wirken im ersten Augenblick sehr ansprechend, auf die Dauer stellen sie jedoch eine Belastung der Augen dar.

Sind Stützen, Pfeiler … farblich zu gestalten, sollten **Farben und statische Funktion** stets eine Einheit bilden, denn können Stützen wirklich subjektiv etwas tragen, wenn sie in Weiß oder Gelb die Last einer blauen Decke aufnehmen sollen?

Beim Plattieren von Läden ist zu beachten, dass sie die Kontrastfarbe zur Ware enthalten (z. B. grünblauer Schlachterladen), denn Fleisch auf rotbraunen Fliesen kann Geschäftserfolge erheblich verscherzen.

Jede Fliese kommt deutlich zur Geltung; Fugennetz trägt stark zur Gestaltung des Raumes bei (2).

Fugennetz kommt nicht stark zur Geltung; Fliesen werden nicht getrennt, Dekor wirkt über die gesamte Fläche (3).

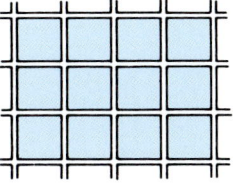

2 Farbiger Wandbelag; breite weiße Fuge

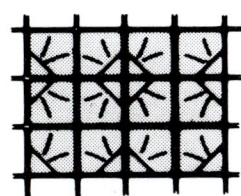

3 Dekorfliesen; schmale, an Plattenfarbe angeglichene Fuge

Welche Fugenfarbe soll gewählt werden?

Einige Hersteller geben grundsätzliche Ratschläge:

> – Beläge mit allen rustikalen Farben dunkelgrau verfugen.
>
> – Beläge mit intensiven Glasuren: dunkel- oder mittelgraue Fugenfarbe.
>
> – Beläge mit hellen Tönen: hell- oder mittelgraue Fugenfarbe.

Die Fuge muss sich auf alle Fälle abheben, da sonst der Belag verwaschen wirkt, soll jedoch nicht dominieren, da sonst die Fläche zerstückelt wird; Vorsicht bei kleinen Plattenformaten mit großem Fugenanteil!

Außer durch farbige Glasuren, die durch Farbwirkung das Auge und das Gefühl ansprechen, können durch keramische Beläge noch weitere Oberflächenwirkungen erzielt werden:

– grafische Darstellungen, die durch ein System zur Gesamtwirkung gebracht werden; z. B. durch Reihung,

– strukturierte Oberflächen, deren Wirkung oft allein vom Licht- und Schattenspiel bestimmt wird,

– verschieden große Formate, die, zusammen verlegt, sehr reizvolle Darstellungen ergeben können.

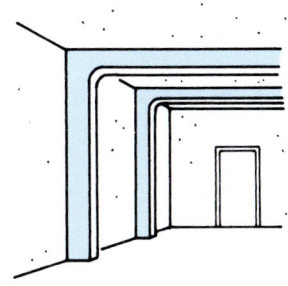

1 Farbe und statische Funktion

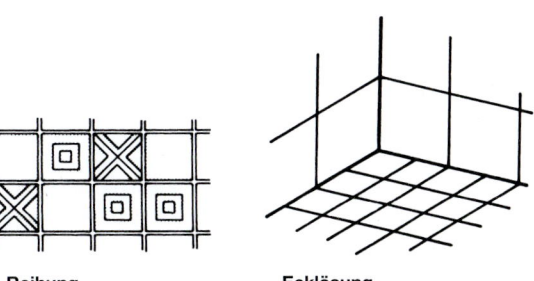

4 Reihung   **Ecklösung**

Werden Raster mit Einheitsgrößen verwendet, dann sollte auch immer darauf geachtet werden, dass die Passgröße des Rasters mit dem Gesamtraum übereinstimmt und keine unbefriedigenden Restgrößen übrig bleiben.

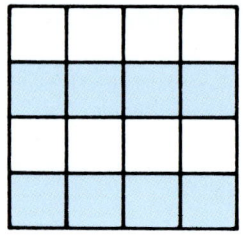

strenge
Betonung
einer Richtung

6   Quadrate zweifarbig

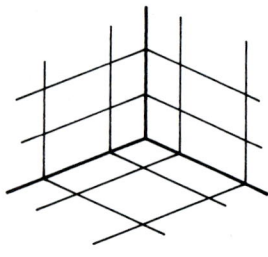

1   Abgestimmtes Raster

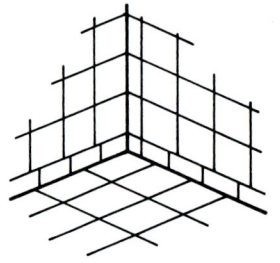

2   Unabgestimmtes Raster

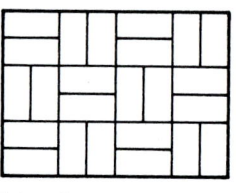

lebendig
für große Flächen

7   Schachbrettartig verlegt

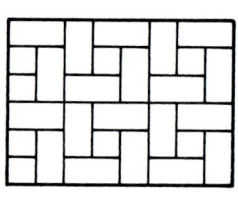

wirkt wohnlich

8   Parkettartig verlegt

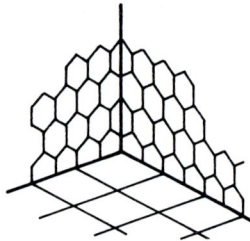

3   Stark unterschiedliche Raster sollte man nicht verwenden!

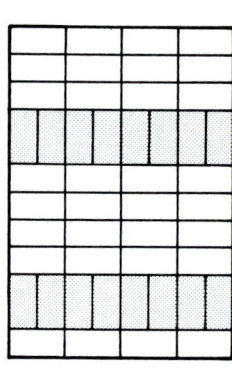

optische Verkürzung

9   Mit Rollschicht

14.3.2 Optische Wirkung von Verlegeverbänden

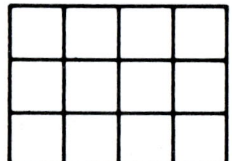

sachlich, flächig;
für große Flächen
geeignet

**4   Quadrate schnittfugig,
Rechtecke schnittfugig**

erzeugt Bewegung;
verkleinert die Fläche;
richtungsverstärkend

**5   Versetzte Quadrate,
versetzte Rechtecke**

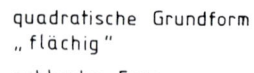

quadratische Grundform
„flächig"

schlanke Form
„richtungsbetonend"

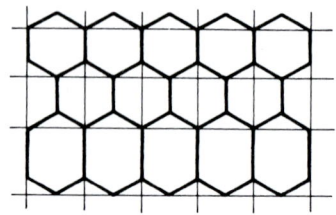

10 Vielecke

harmonisch;
nicht streng

1 Kreisformate

heiter, froh, beschwingt

2 Abgewandelte Rundformate

Zusammenfassung:

> Die Auswahl der Fliesen nach Art, Farbe, Dekor, ihre Farbwirkung auf den Menschen, die Farbabstimmung (Wand–Boden–Einrichtung), die optische Wirkung von Verlegeverbänden mit Fugenwirkung beeinflussen die Gestaltung bei Fliesenbelägen im Bauwesen.

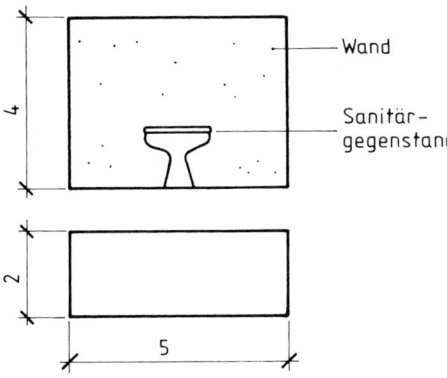

Aufgaben:

1. Aus welchen Grundfarben setzen sich alle Farben zusammen?

2. Erklären Sie den Begriff „Gegenfarben" oder „Komplementärfarben".

   Welche Bedeutung haben sie bei der farblichen Gestaltung?

3. Welche Empfindungen können Sie den Farben Rot, Orange, Gelb, Grün, Blau, Violett zuordnen?

4. Erklären Sie den Begriff „Proportion".

   Welche Bedeutung hat sie für den Fliesen- und Plattenleger?

5. Skizzieren Sie zwei Kontraste, die für Sie als Fliesen- und Plattenleger als Gestaltungsmittel infrage kommen.

6. Unterscheiden Sie folgende Gestaltlösungen:

   a) Symmetrie

   b) Reihung

   c) Gruppierung

   d) Rhythmus

   Geben Sie Beispiele aus Ihrer Tätigkeit an.

7. Welche Eigenschaften haben dunkle bzw. helle Farben in Räumen?

8. Warum sollten Farbe und statische Funktion stets eine Einheit bilden?

9. Wie kann die Fuge (Farbe, Fugenbreite) zur Gestaltung eines Raumes beitragen?

   Zeigen Sie verschiedene Möglichkeiten auf.

10. Bei Wand- und Bodenbelag mit sanitärer Einrichtung spielt die Farbharmonie eine große Rolle.

    Entwickeln Sie mit Farbstift oder Wasserfarben drei mögliche Kompositionen in den skizzierten Raster (Maße in cm).

Sachwortverzeichnis

Sachwortverzeichnis

Sachwortverzeichnis

Sachwortverzeichnis